图灵程序设计丛书

图解Java多线程设计模式

【日】结城浩 著　侯振龙 杨文轩 译

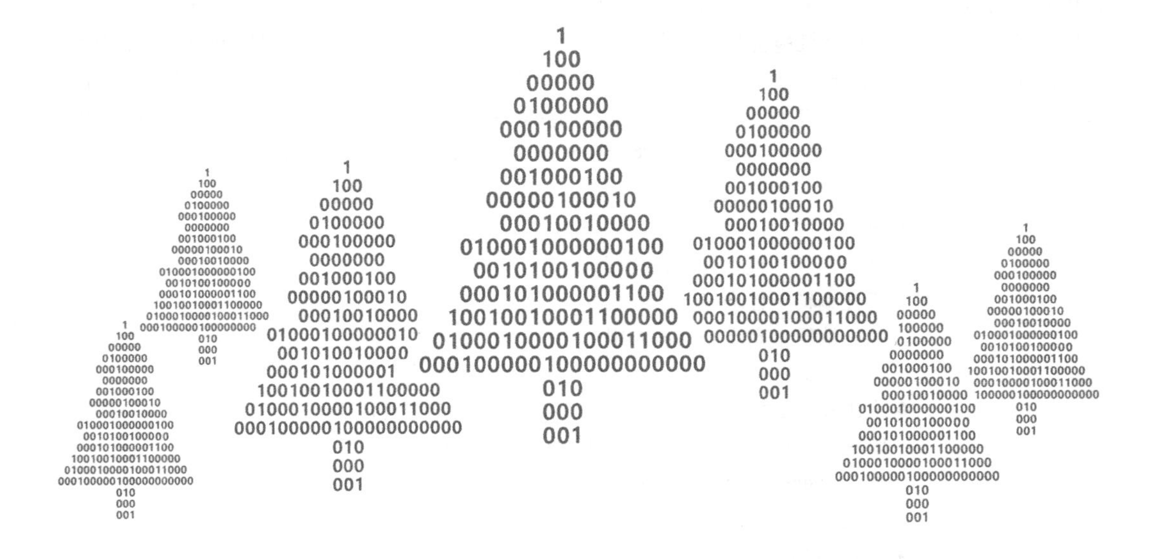

人民邮电出版社
北　京

图书在版编目（CIP）数据

图解 Java 多线程设计模式 /（日）结城浩著；侯振龙，杨文轩译 . -- 北京：人民邮电出版社，2017.8（2024.6 重印）

（图灵程序设计丛书）

ISBN 978-7-115-46274-9

Ⅰ . ①图… Ⅱ . ①结… ②侯… ③杨… Ⅲ . ① JAVA 语言－程序设计－图解 Ⅳ . ① TP312.8-64

中国版本图书馆 CIP 数据核字（2017）第 170408 号

内 容 提 要

本书通过具体的 Java 程序，以浅显易懂的语言逐一说明了多线程和并发处理中常用的 12 种设计模式。内容涉及线程的基础知识、线程的启动与终止、线程间的互斥处理与协作、线程的有效应用、线程的数量管理以及性能优化的注意事项等。此外，还介绍了一些多线程编程时容易出现的失误，以及多线程程序的阅读技巧等。在讲解过程中，不仅以图配文，理论结合实例，而且提供了运用模式解决具体问题的练习题和答案，帮助读者加深对多线程和并发处理的理解，并掌握其使用技巧。本书适合对多线程、Java 编程、设计模式以及面向对象开发感兴趣的读者阅读。

◆ 著　　[日] 结城浩
　译　　侯振龙　杨文轩
　责任编辑　杜晓静
　执行编辑　高宇涵　侯秀娟
　责任印制　彭志环

◆ 人民邮电出版社出版发行　　北京市丰台区成寿寺路 11 号
　邮编　100164　　电子邮件　315@ptpress.com.cn
　网址　https://www.ptpress.com.cn
　北京捷迅佳彩印刷有限公司印刷

◆ 开本：787×1092　1/16
　印张：33　　　2017 年 8 月第 1 版
　字数：944 千字　　　2024 年 6 月北京第 19 次印刷
　　著作权合同登记号　图字：01-2016-3943 号

定价：89.00 元

读者服务热线：(010)84084456-6009　印装质量热线：(010)81055316

反盗版热线：(010)81055315

广告经营许可证：京东市监广登字 20170147 号

译者序

提起多线程编程，恐怕许多开发人员都会摇头表示不懂。确实，在校生和刚就职的开发人员往往很少有机会能够实践多线程编程。多数情况下，他们都是在开发框架下编写单线程的业务代码，而多线程的部分则被封装在了框架内部。即使是经验丰富的开发人员也会感叹他们曾经在多线程上栽过的跟头。但不可否认的是，多线程的确是一把利器，活用多线程有助于提高程序的响应性和吞吐量。可以毫不夸张地说，多线程是开发人员在继续“升级”的过程中必须打倒的一只“怪物”。

“设计模式”一词也常常会让开发人员感到畏惧。其实设计模式不过是对代码设计方式的总结和归纳。在我们的代码中，设计模式无处不在，只是我们没有注意到它们而已。善用设计模式可以帮助我们编写出具有高可复用性且松耦合的代码。

那么，将“多线程”与“设计模式”这两个主题放在一起的这本书，恐怕书名就会让许多读者望而却步吧。但是软件开发就是这么一件有趣的事情——随着我们心中的恐惧与日俱增，想要试着挑战的心情也会越来越迫切。

下面就让我们看看这本书都讲了哪些内容吧。

本书整理了 12 种常用的多线程设计模式，“图、文、码”并茂地讲解了它们各自的优缺点、相互的关联以及适用场景。不过这并不表示本书只适合已经掌握多线程编程的开发人员阅读和参考，因为作者还在讲解各种设计模式的过程中体贴地为初学者穿插介绍了多线程的基本知识。相信无论是新手还是老鸟，都能在阅读本书的过程中有所收获。此外，除第 13 章外，本书每章末尾都配有练习题，读者可以通过做题检验自己是否掌握了各章的知识。

本书的另一大特点是在编写代码实现这 12 种设计模式的基础上，还讲解了如何使用 Java 并发包 `java.util.concurrent` 包去实现这些设计模式。`java.util.concurrent` 是自 J2SE 5.0 起加入的包，在实现并发时非常重要，是并发编程必须要掌握的知识点。

另外，请一定不要忘记学习本书附录 B、附录 C 和附录 D 中介绍的知识哦。

相信读者如果掌握本书中的知识和设计模式，再去理解框架代码或是编写 Swing 程序时一定会得心应手。

本书的出版，要感谢合作译者侯振龙以及图灵公司的高编辑和侯编辑。

最后祝大家都能乐享多线程编程！

杨文轩

2017 年 6 月

引言

大家好，我是结城浩。欢迎阅读《图解 Java 多线程设计模式》。

这是一本讲解 Java 多线程及并发处理模式的入门书。

如果我们在程序中巧妙地利用多线程，便能够并发执行多个处理；在 GUI 应用程序中巧妙地利用多线程，便能够提高对用户的响应性；在服务器上的应用程序中巧妙地利用多线程，便能够并发处理多个用户的请求。多线程是重要的编程技术之一。Java 语言从一开始就加入了多线程功能，所以非常便于初学者学习多线程编程。

一些在单线程程序中并不会发生的 Bug 却会在多线程程序中发生，例如数据可能会损坏，程序可能会发生死锁而无法运行。另外，相对于单线程，多线程可能会占用更多的资源。同时多线程程序中发生的 Bug 很难调试，甚至连 Bug 现象的重现都会非常困难。多线程程序的性能优化也是一项非常难的课题。由此可见，相比单线程编程，多线程编程需要注意的地方更多，因此我们在编程时不能随心所欲，而要采用常用的模式。

本书将通过具体的 Java 程序，逐章介绍多线程编程中常用的模式。首先介绍线程的基础知识，随后介绍线程的启动与终止、线程间的互斥处理与协作、线程的有效应用、线程数量的管理、性能优化的注意事项等。此外，本书还将介绍一些多线程编程时容易出现的失误及多线程程序的阅读技巧等。

自 J2SE 5.0 开始，Java 增加了易于多线程编程的类库——`java.util.concurrent` 包。大家在使用该包时，一定要充分理解 Java 多线程的相关内容，否则将无法充分理解该包提供的类的优势，或者会出现使用的类与自己的目的不匹配的危险情况。本书中随处可见使用 `java.util.concurrent` 包时的注意事项或建议，请务必正确地使用该包。

希望读者朋友们能够通过本书加深对多线程及并发处理相关内容的理解，并掌握其使用技巧。

本书的特点

◆多线程模式的讲解

本书第 1 章 ~ 第 12 章的每一章都会讲解一种多线程及并发处理的模式。另外，每章并不仅仅介绍各个模式的内容，还会讲解各个模式相关的 Java 语言功能，从而加深大家对 Java 语言的理解。

◆ Java 语言的示例程序

本书介绍的所有模式都配有具体的 Java 示例程序。为了便于大家通读整个程序，绝大多数示例程序都很短。另外，各示例程序中并无省略内容，每个程序都可单独编译并执行。

◆模式名称的讲解

模式名称均采用英文表述。本书还讲解了各模式名称的英文读法、含义及中文表述。因此，英文不好的人也可以很容易地记住各个模式并理解它们的内容。

◆练习题

除第 13 章外，每章末尾都配有练习题。为了扩展各章所学内容，以及了解这些模式在实际开发中的应用，请大家一定要做一下这些练习题。附录 A 提供了所有练习题的答案，自学者也可以轻松学习。

◆主要的 API 文档

附录 D 总结了一些线程相关的主要 API 文档。读者在阅读本书时，可以根据需要自行查阅，也可以整体阅读，以复习相关内容。

◆ java.util.concurrent 包的介绍

J2SE 5.0 的标准库中增加了易于多线程编程的 `java.util.concurrent` 包。在本书各章中，笔者会结合示例程序，讲解 `java.util.concurrent` 包中一些主要的类的用法。另外，附录 E 将全面介绍 `java.util.concurrent` 包。

本书的读者

本书适合以下读者阅读。

- 对多线程感兴趣的人
- 对 Java 编程感兴趣的人
- 对设计模式感兴趣的人
- 对面向对象开发感兴趣的人

阅读本书需具备 Java 语言的基础知识。具体而言，需要能够理解类、实例、字段及方法等，并能够独自编译和运行书中提供的 Java 代码。

虽然本书讲解的是设计模式，但必要时也会对 Java 语言进行讲解，因此读者还可以在阅读本书的过程中加深对 Java 语言的理解。即使是对不怎么了解 Java 多线程的读者而言，本书也具有很大的参考价值。

对于 Java 语言零基础的读者来说，在阅读本书之前，可以先阅读笔者之前出版的《Java 语言编程教程（上・下）第 2 次修订版》①（见附录 G 中的 [Yuki05]）。

另外，对于想从零开始学习设计模式的读者来说，在阅读本书之前，可以先阅读笔者之前出版的《图解设计模式》②（见附录 G 中的 [Yuki04]）。

本书的结构

本书第 1 章 ~ 第 12 章的每一章都会讲解一种设计模式，这些设计模式都是笔者基于如下两个原则从附录 G 中的参考文献里的设计模式之中挑选出来的。

- 与多线程和并发处理相关的设计模式
- 实际编程中常用的设计模式

序章 1 “Java 线程” 将通过运行一个小程序，来介绍 Java 多线程的基础知识。

① 原书名为『改訂第 2 版　Java 言語プログラミングレッスン（上・下）』，尚无中文版。——译者注

② 杨文轩译，人民邮电出版社，2017 年 1 月。——译者注

序章 2 “多线程程序的评价标准”将整理多线程程序的评价标准。

第 1 章 “Single Threaded Execution 模式——能通过这座桥的只有一个人”将介绍多线程编程中最基础的一种设计模式——Single Threaded Execution 模式。该模式可以确保执行处理的线程只能是一个，这样就可以有效防止实例不一致。本章还将深入介绍 Java 语言的 `synchronized` 关键字，并给出计数信号量 `java.util.concurrent.Semaphore` 的示例程序。

第 2 章 “Immutable 模式——想破坏也破坏不了”将介绍 Immutable 模式，即实例一旦创建完毕，其内容便不可更改的模式。在该模式下，由于实例不会不一致，所以无需执行互斥处理，程序性能也能提高。本章还将讲述 Java 语言中 `final` 的含义，并给出 `Collections.synchronizedList` 及 `java.util.concurrent.CopyOnWriteArrayList` 的示例程序。

第 3 章 “Guarded Suspension 模式——等我准备好哦”将介绍 Guarded Suspension 模式，即在实例进入目标状态之前，防止线程继续执行的模式。该模式也可以防止实例不一致。通过本章还可以练习 Java 语言中的 `wait` 方法和 `notifyAll` 方法的使用。本章还将给出阻塞队列 `java.util.concurrent.LinkedBlockingQueue` 的示例程序。

第 4 章 “Balking 模式——不需要就算了”将介绍 Balking 模式，即如果实例未进入目标状态，则中断方法执行的模式。该模式可防止执行无效的等待和多余的方法。

第 5 章 “Producer-Consumer 模式——我来做，你来用”将介绍 Producer-Consumer 模式。在该模式下，多个线程能够协调运行。采用该模式时，生成数据的线程与使用数据的线程在并发运行时不会互相抢占。本章还将给出阻塞队列 `java.util.concurrent.ArrayBlockingQueue` 的示例程序。

第 6 章 “Read-Write Lock 模式——大家一起读没问题，但读的时候不要写哦”将介绍 Read-Write Lock 模式，该模式会采用灵活的互斥处理。在该模式下，写数据的线程只能有一个，但读数据的线程可以有很多。该模式能够提高程序的整体性能。本章还将给出可重入的 `java.util.concurrent.locks.ReentrantReadWriteLock` 的示例程序。

第 7 章 “Thread-Per-Message 模式——这项工作就交给你了”将介绍 Thread-Per-Message 模式，即将处理委托给其他线程的模式。在该模式下，线程可以将任务委托给其他线程，自己则直接处理接下来的工作。该模式能够提高程序的响应性。本章还将介绍 Java 语言中内部类的使用方法，并给出 `java.util.concurrent` 包中 `Executor` 和 `ExecutorService` 的示例程序。

第 8 章 “Worker Thread 模式——工作没来就一直等，工作来了就干活”将介绍 Worker Thread 模式，即多个线程通过线程池进行等待，然后按照顺序接受工作并执行的模式。该模式可减少创建线程时的资源消耗，还可以通过调节等待线程的个数来控制可用的资源量。本章还将介绍 AWT 及 Swing（JFC）的线程处理方法，并给出通过 `java.util.concurrent` 包来使用线程池的示例程序。

第 9 章 “Future 模式——先给您提货单”将介绍 Future 模式。在该模式下，可以同步获取交给其他线程的任务的结果。该模式适用于调用异步方法的情况。另外，本章还将给出 `java.util.concurrent.Future`、`FutureTask` 及 `Callable` 的示例程序。

第 10 章 “Two-Phase Termination 模式——先收拾房间再睡觉”将介绍用于终止线程的 Two-Phase Termination 模式。该模式能够采用合适的终止处理来安全地终止线程。本章还将介绍线程的中断处理，并给出 `java.util.concurrent` 包中 `CountDownLatch`、`CyclicBarrier` 的示例程序。

第 11 章 “Thread-Specific Storage 模式——一个线程一个储物柜”将介绍 Thread-Specific

Storage 模式。在该模式下，每个线程都会拥有自己的变量空间。采用该模式时，多个线程之间的变量空间是完全分离的，所以并不需要执行互斥处理。本章还将介绍 `java.lang.ThreadLocal` 类的使用方法。

第 12 章“Active Object 模式——接收异步消息的主动对象”将介绍 Active Object 模式。在该模式下，程序会创建主动对象。该主动对象将接收外部消息，并交由自己的线程来处理。采用该模式时，方法调用和方法执行是彼此分开的。本章还将给出使用了 `java.util.concurrent` 包中的类的示例程序。

第 13 章“总结——多线程编程的模式语言”将采用模式语言的形式归纳本书所介绍的 12 种模式之间的关系。

本书中的示例程序

支持的版本

本书中的示例程序都是基于 Windows 版的 J2SE 5.0（JDK 1.5.0）[①] 编写的，并已在 Windows XP 上进行了确认。

示例程序的获取方法

本书的示例程序可以从以下网址下载（点击“随书下载”）。

`http://www.ituring.com.cn/book/1812`

关于 Main 类

在 Java 中，只要类中定义了以下方法，那么无论该类取什么名字，都可以将其作为程序的起点。

```
public static void main(String[] args)
```

但是，为了便于读者理解代码，本书各章的示例程序都是使用 `Main` 类作为程序的起点的。

关于本书中术语的注意事项

接口和 API

接口这个术语有多个意思。

一般而言，在提到“某个类的接口”时，多是指该类持有的方法的集合。当想要对该类执行某些操作和处理时，需要调用这些方法。

但是在 Java 中，也将“使用关键字 `interface` 声明的代码”称为接口。

这两个“接口”的意思有些相似，在使用时容易混淆。因此本书中采用以下方式加以区分。

---

① 在 J2SE 5.0 以后的环境中，编译和运行结果可能与本书不同。——译者注

- 接口（API）：通常的意思（API 是 Application Programming Interface 的缩写）
- 接口：使用关键字 `interface` 声明的代码

角色

角色是本书中特有的说法。它是指模式（设计模式）中出现的类、接口和实例在该模式中所起的作用。例如，书中会有“由 `MakerThread` 类扮演 Producer 角色”这种表述。请注意，角色的名字与类和接口的名字不一定相同。

致谢

感谢《Java 并发编程：设计原则与模式（第二版）》[①]（见附录 G 中的 [Lea]）一书的作者 Doug Lea，他的著作给了笔者很大帮助。在本书的写作过程中，笔者通过邮件咨询问题时，他都给予了莫大的支持。对此笔者深表感谢。

感谢设计模式邮件列表[②]中的各位参加者。

然后，还要向阅读笔者拙作，包括图书、连载杂志和电子邮件杂志的读者们表示感谢。另外，还要向笔者 Web 主页上的朋友们表示感谢。

笔者在编写本书的原稿、程序以及图示的过程中，还将它们公布在了互联网上，以供大家评审。在互联网上招募的评审人员不限年龄、国籍、性别、住址、职业，所有交流都是通过电子邮件和网络进行的。在此，笔者要向参与本书评审的朋友们表示感谢，特别是对给予了笔者宝贵意见、改进方案，向笔者反馈错误以及一直鼓励笔者的以下各位表示最真挚的感谢（按五十音图排序）：

新真千惠、天野胜、石井胜、石川草子、井芹义博、植田训弘、植松喜孝、宇田川胜俊、宇野敦之、胡田昌彦、大内宽和、大谷晋平、绪方彰、冈庭祐、奥野皓市、小田浩之、大根田雄一、片冈孝浩、镰田淳、萱森孝、神崎雄一郎、木村明治、清田信行、黑川裕之、小松慎一、酒井敦、榊原知香子、坂本善隆、贞池克己、佐藤贵行、佐藤正明、佐山秀晃、泽田大辅、式见彰浩、清水顺、清水宏行、城生贵幸、助田雅纪、铃木健司、高江洲睦、高岛修、高津修一、高野兼一、高桥武士、高安厚思、土居俊彦、中井健介、中岛雷太、中林俊晴、西海秀俊、平田守幸、藤田宗典、藤田幸久、藤山博人、古川洋介、前原正英、松冈正恭、松本成道、三宅喜义、宫本信二、村田贤一郎、茂木正治、八木希仁、山本耕司、山本正和、丁农、吉田慎太郎、鹫崎弘宜。

此外，对其他参与了评审工作的人员也一并表示感谢。

另外，还要向软银出版股份有限公司图书总编野泽喜美男和编辑松本香织表示感谢。

最后要感谢笔者最爱的妻子和两个健康活泼的儿子。跟上你们的步伐简直比多线程的调试还要难啊。

本书献给在笔者上学时教会笔者如何选购参考书的姐姐。

“在书店看到好的参考书，就要赶紧买下来，要是卖出去不就买不到了吗？”

您的这句话简直就是在说这本书嘛。

结城浩

2002 年 6 月 于横滨

---

① 赵涌等译，中国电力出版社，2004 年 2 月。——编者注

② 亦称“邮件清单”，包含许多接收者地址的一个电子邮件列表之中，主要用来进行信息发布。——编者注

写于“修订版”前

《图解 Java 多线程设计模式》拥有众多读者，笔者深感荣幸，在此再次向各位读者表示最真挚的感谢。

在这次修订中，笔者重新全面地审视了本书的内容和表述，还基于 J2SE 5.0 修改了示例程序，并新增了支持 `java.util.concurrent` 的示例程序。本次修订还参考了读者朋友们发送给笔者的无数反馈意见和建议，真心谢谢你们。

感谢对此次修订工作提供支持的软银出版股份有限公司的总编野泽喜美男和编辑中岛绫子。

希望本书也能在读者朋友的工作和学习中发挥些许作用。

结城浩

2006 年 3 月

关于 UML

UML

UML 是将系统可视化、让规格和设计文档化的表现方法，它是 Unified Modeling Language（统一建模语言）的简称。

本书使用 UML 来描述设计模式中的类和实例的关系，所以我们在这里先稍微了解一下 UML，以方便后面的阅读。但是请大家注意，在说明中我们使用的是 Java 语言的术语。例如，讲解时我们会用 Java 中的“字段”（field）取代 UML 中的“属性”（attribute），用 Java 中的“方法”取代 UML 中的“操作”（operation）。

UML 标准的内容非常多，这里我们只对书中使用到的 UML 内容进行讲解。如果想了解更多 UML 内容，请通过以下关键词搜索相关信息并从相关网站下载 UML 的规范书。

- UML Resource Page
- UML Resource Center
- UML 技术资料

类图

UML 中的类图（Class Diagram）用于表示类、接口、实例等之间相互的静态关系。虽然名字叫作类图，但是图中并不只有类。

类与层次关系

图 0-1 展示了一段 Java 程序及其对应的类图。

图 0-1　展示类的层次关系的类图

```
abstract class ParentClass {
    int field1;
    static char field2;
    abstract void methodA();
    double methodB() {
        // ...
    }
}

class ChildClass extends ParentClass {
    void methodA() {
        // ...
    }
    static void methodC() {
        // ...
    }
}
```

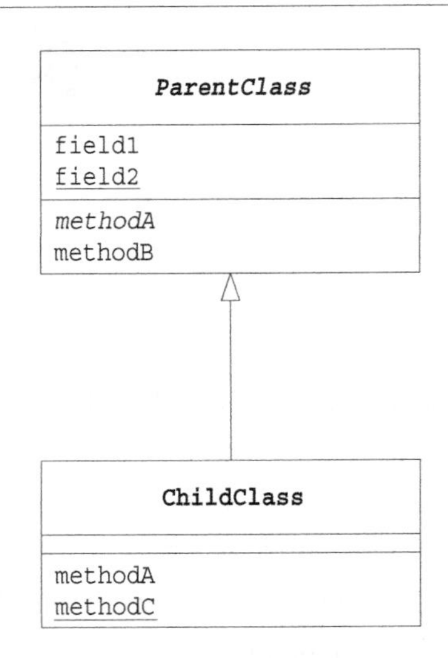

该图展示了 ParentClass 和 ChildClass 这两个类之间的关系，其中的空心实线箭头表明了两者之间的层次关系，箭头由子类指向父类，换言之，这是表示继承（extends）的箭头。

ParentClass 是 ChildClass 的父类，反过来说，ChildClass 是 ParentClass 的子类。父类也称为基类或超类，子类也称为派生类或继承类。

图中的长方形表示类，长方形内部被横线自上而下分为了如下三个区域。

- 类名
- 字段名
- 方法名

有时，图中除了会写出类名、字段名和方法名等信息外，还会写出其他信息（可见性、方法的参数和类型等）。反之，有时图中也会省略所有不必关注的内容（因此，我们无法确保一定可以根据类图生成源程序）。

abstract 类（抽象类）的名字以斜体方式显示。例如，在图 0-1 中，ParentClass 是抽象类，因此它的名字以斜体方式显示。

static 字段（静态字段）的名字带有下划线。例如，在图 0-1 中，field2 是静态字段，因此它的名字带有下划线。

abstract 方法（抽象方法）的名字以斜体方式显示。例如，在图 0-1 中，ParentClass 类的 methodA 是抽象方法，因此它以斜体方式显示。

static 方法（静态方法）的名字带有下划线。例如，在图 0-1 中 ChildClass 类的 methodC 是静态方法，因此它的名字带有下划线。

▶▶ 小知识：Java 术语与 C++ 术语

Java 术语跟 C++ 术语略有不同。Java 中的字段相当于 C++ 中的成员变量，而 Java 中的方法相当于 C++ 中的成员函数。

▶▶小知识：箭头的方向

UML 中规定的箭头方向是从子类指向父类。可能会有人认为子类是以父类为基础的，箭头从父类指向子类会更合理。

关于这一点，按照以下方法去理解有助于大家记住这条规则。在定义子类时需要通过 `extends` 关键字指定父类。因此，子类一定知道父类的定义，而反过来，父类并不知道子类的定义。只有在知道对方的信息时才能指向对方，因此箭头方向是从子类指向父类。

接口与实现

图 0-2 也是类图的示例。该图表示 `PrintClass` 类实现了 `Printable` 接口，其中接口名称为斜体。带有空心三角的虚线箭头代表了接口与实现类的关系，箭头从实现类指向接口。换言之，这是表示实现（`implements`）的箭头。

UML 以 `<<interface>>` 表示 Java 的接口。

图 0-2　展示接口与实现类的类图

```
interface Printable {
    abstract void print();
    abstract void newPage();
}

class PrintClass implements Printable {
    void print() {
        // ...
    }
    void newPage() {
        // ...
    }
}
```

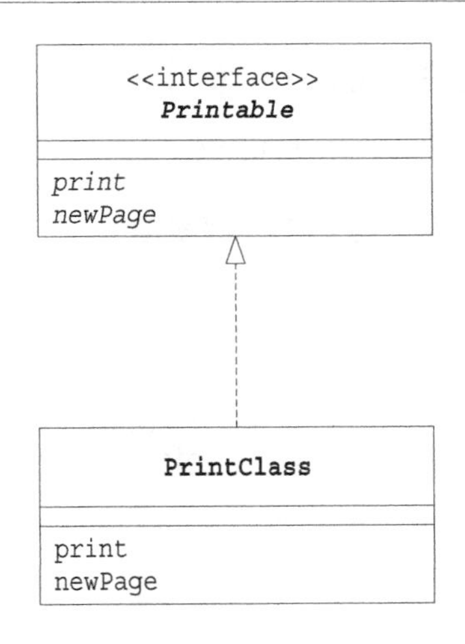

聚合

图 0-3 也是类图的示例。

该图展示了 `Color`（颜色）、`Fruite`（水果）和 `Basket`（果篮）这三个类之间的关系。`Basket` 类中的 `fruites` 字段是可以存放 `Fruite` 类型数据的数组，在一个 `Basket` 类的实例中可以持有多个 `Fruite` 类的实例；`Fruite` 类中的 `color` 字段是 `Color` 类型，一个 `Fruite` 类的实例中只能有一个 `Color` 类的实例。通俗地说就是在篮子中可以放入多个水果，每个水果都有其自身的颜色。

我们将这种“持有”关系称为聚合（aggregation）。只要在一个类中持有另外一个类的实例——无论是一个还是多个——它们之间就是聚合关系。就程序上而言，无论是使用数组、`java.util.ArrayList` 还是其他实现方式，只要在一个类中持有另外一个类的实例，它们之间就是聚合关系。

在 UML 中，我们使用带有空心菱形的实线表示聚合关系，因此可以进行联想记忆，将聚合关系想象为在菱形的器皿中装有其他物品。

图 0-3 展示聚合关系的类图

```
class Color {
    // ...
}

class Fruit {
    Color color;
    // ...
}

class Basket {
    Fruit[] fruits;
    // ...
}
```

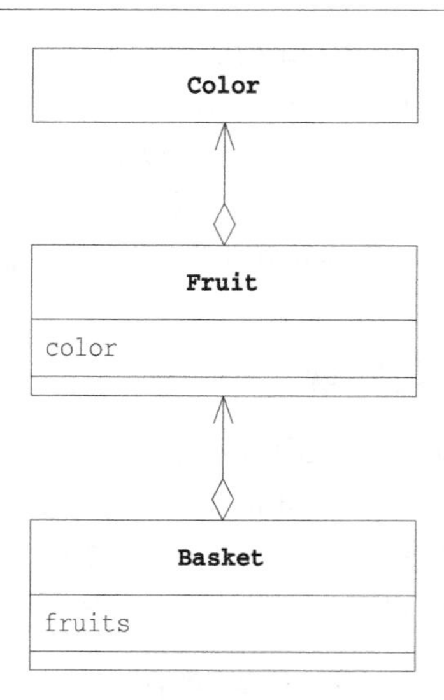

可见性（访问控制）

图 0-4 也是类图的示例。

图 0-4 标识出了可见性的类图

```
class Something {
    private   int privateField;
    protected int protectedField;
    public    int publicField;
    private   void privateMethod() {
    }
    protected void protectedMethod() {
    }
    public    void publicMethod() {
    }
}
```

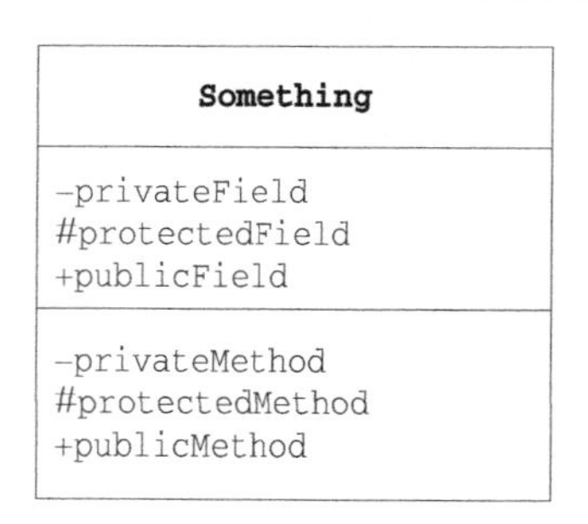

该图标识出了方法和字段的可见性。在 UML 中可以通过在方法名和字段名前面加上记号来表示可见性。

“+”号表示 public 方法和字段，可以从类外部访问这些方法和字段。

“-”号表示 private 方法和字段，无法从类外部访问这些方法和字段。

“#”号表示 protected 方法和字段，能够访问这些方法和字段的只能是该类自身、该类的子类以及同一个包中的类。

类的关联

可以在类名前面加上黑三角（▶）表示类之间的关联关系，如图 0-5 所示。

图 0-5　类的关联

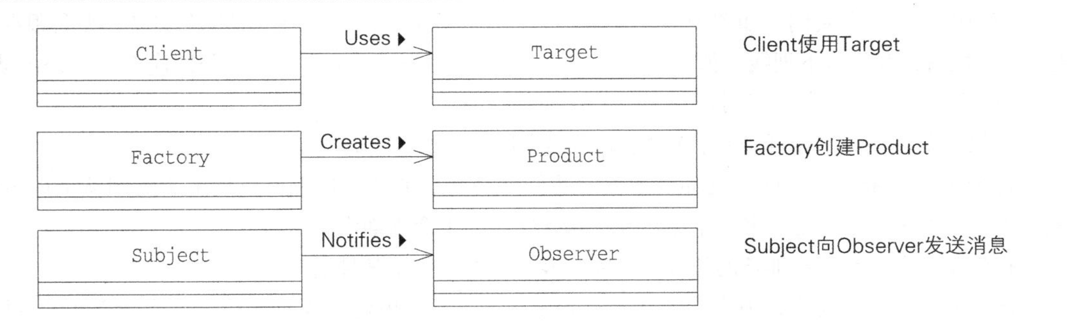

时序图

UML 的时序图（Sequence Diagram）用来表示在程序运行时，其内部方法的调用顺序，以及事件的发生顺序。

类图表示的是“不因时间流逝而发生变化的关系（静态关系）”，时序图则与之相反，表示的是“随时间流逝而发生变化的关系（动态行为）”。

处理流程与对象间的协作

图 0-6 展示的是时序图的一个例子。

图 0-6　时序图示例（方法的调用）

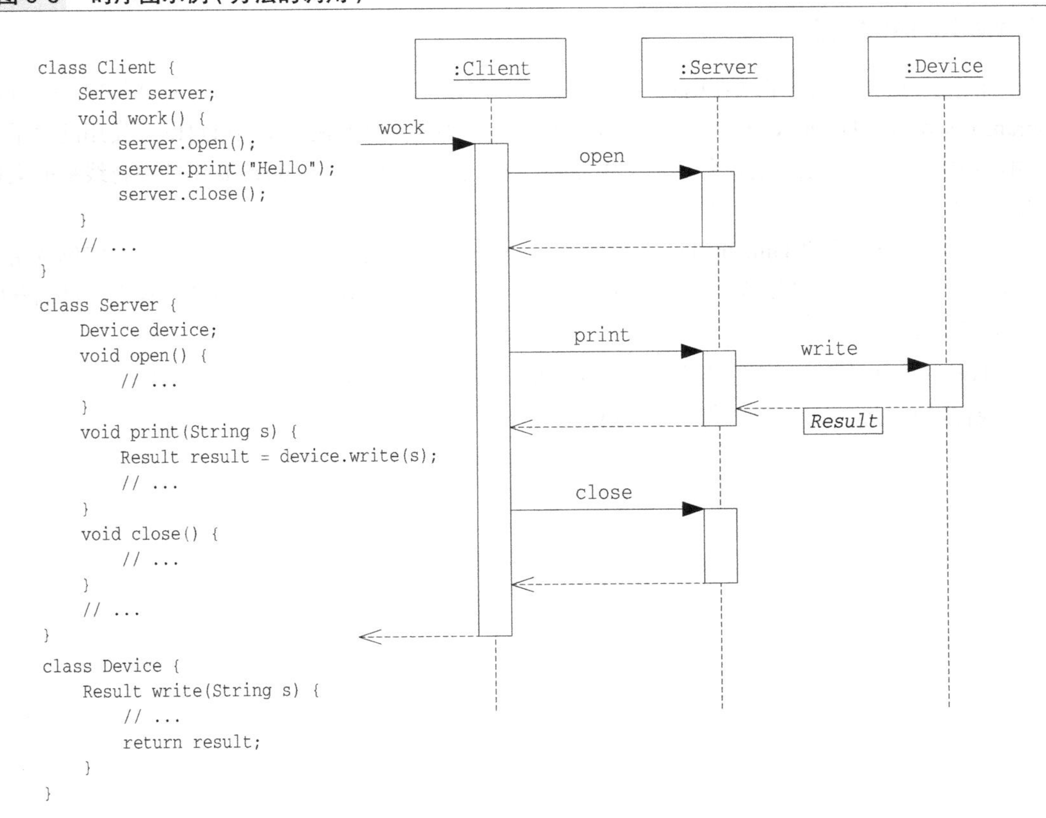

在图 0-6 中，右侧是时序图，左侧是与之对应的代码片段。

该图中共有三个实例，如图中最上方的三个长方形所示。在长方形内部写有类名，类名跟在冒号（：）之后，并带有下划线，如 :Client、:Server、:Device，它们分别代表 Client 类、Server 类、Device 类的实例。

如果需要，还可以在冒号（：）之前表示出实例名，如 server:Server。

每个实例都带有一条向下延伸的虚线，我们称其为生命线。这里可以理解为时间从上向下流逝，上面是过去，下面是未来。生命线仅存在于实例的生命周期内。

在生命线上，有一些细长的长方形，它们表示该对象处于某种活动中。

横方向上有许多箭头，请先看带有 open 字样的箭头。黑色实线箭头（—►）表示方法的调用，这里表示 client 调用 server 的 open 方法。当 server 的 open 方法被调用后，server 实例处于活动中，因此我们在 open 箭头处画出了一个细长的长方形来表示。

而在 open 箭头画出的长方形下方，还有一条指向 client 实例的虚线箭头（<┈），它表示返回 open 方法。在上图中，我们画出了所有的返回箭头，但是有些时序图也会省略返回箭头。

由于程序控制权已经返回至 client，所以表示 server 实例处于活动状态的长方形就此结束了。

接着，client 实例会调用 server 实例的 print 方法。不过这次不同的是在 print 方法中，server 会调用 device 实例的 write 方法。

这样，我们就将多个实例之间的行为用图示的方式展示出来了。时序图的阅读顺序是沿着生命线从上至下阅读。然后当遇到箭头时，我们可以顺着箭头所指的方向查看实例间的协作。

另外，在本书中，如果返回值很重要，需要像 Device 类中 write 方法的返回值 Result 一样，在箭头下方加上一个长方形表示出来（此方式依据附录 G 中的 [POSA2]）。

Timethreads 图

本书中，如果用时序图难以表示线程的运行状况，则会采用 Timethreads 图（Timethreads Diagram）来表示。Timethreads 图并不是 UML 中的标准概念，而是附录 G 中的 [Lea] 使用的表示方法。本书主要采用该方法，而对象名则采用 UML 中的表示方法。Timethreads 图能够将线程的运行可视化，易于理解。

图 0-7 是一个简单的 Timethreads 图的示例。在该示例中，有两个线程对 Data 类的实例调用了 setValue 方法。左侧的线程获取实例的锁并执行 setValue 方法，而右侧的线程则在试图获取该锁时陷入阻塞状态。

在 Timethreads 图中，实例用圆角长方形来表示。而 :Data 中的长方形表示实例持有的锁。关于锁及线程阻塞的内容，序章 1 将会详细讲解。

图 0-7　Timethreads 图示例

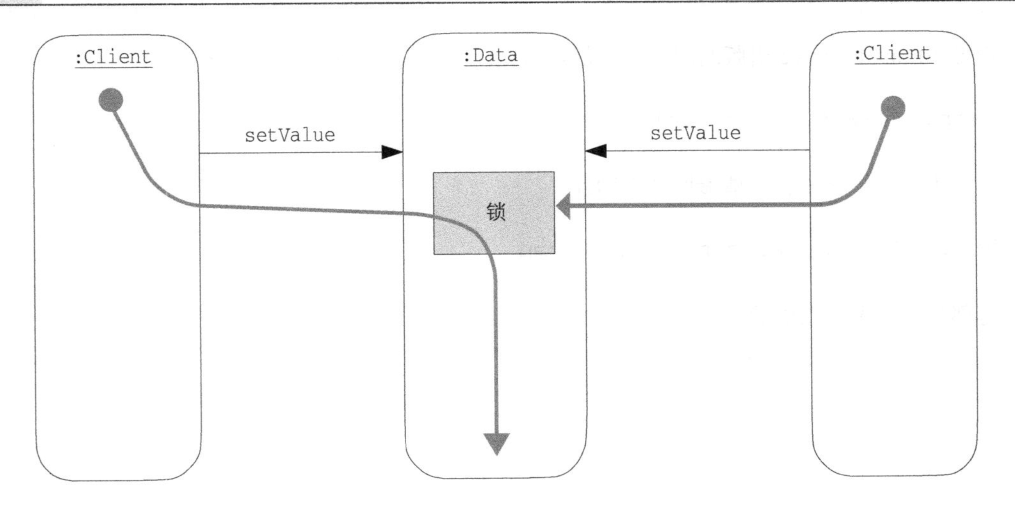

主　页

由 SoftBank Creative 出版的图书信息都发布在以下网站上，请读者自行查阅。

http://www.sbcr.jp/book

有关本书的最新内容，请参照如下网址。

http://www.hyuki.com/dp/dp2.html

这部分由作者本人维护。

目 录

第 8 章 Worker Thread 模式——工作没来就一直等，工作来了就干活······187

序章 1

Java 线程

I1.1 Java 线程

本章主要介绍 Java 线程的一些基础知识。如果读者已经熟悉这些内容，也可阅读一下以便检验自己的掌握程度。本章主要包含以下内容。

- 何谓线程

单线程和多线程、`Thread` 类、`run` 方法、`start` 方法

- 线程的启动

`Thread` 类、`Runnable` 接口

- 线程的暂停

`sleep` 方法

- 线程的互斥处理

`synchronized` 方法、`synchronized` 语句、锁

- 线程的协作

等待队列（wait set）、`wait` 方法、`notify` 方法、`notifyAll` 方法

其他内容会根据需要在各章中进行讲解。

另外，线程相关的一些主要 API 在附录 D 中。

I1.2 何谓线程

明为跟踪处理流程，实为跟踪线程

阅读程序时，我们会按处理流程来阅读。

首先执行这条语句

↓

然后执行这条语句

↓

接着再执行这条语句……

我们就是按照上面这样的流程阅读程序的。

如果将程序打印出来，试着用笔将执行顺序描画出来，就会发现最终描画出来的是一条弯弯曲曲的长线。

这条长线始终都会是一条。无论是调用方法，还是执行 `for` 循环、`if` 条件分支语句，甚至更复杂的处理，都不会对这条长线产生影响。对于这种处理流程始终如一条线的程序，我们称之为单线程程序（single threaded program）。

在单线程程序中，“在某一时间点执行的处理”只有一个。如果有人问起“程序的哪部分正在执行”，我们能够指着程序中的某一处回答说“这里，就是这儿”。这是因为，在单线程程序中，“正在执行程序的主体”只有一个。

线程对应的英文单词 Thread 的本意就是“线”。Java 语言中将此处所说的“正在执行程序的主

体”称为线程[①]。我们在阅读程序时，表面看来是在跟踪程序的处理流程，实际上跟踪的是线程的执行。

单线程程序

这里我们先来执行一个简单的单线程程序。代码清单 I1-1 是一个显示 10 000 次 Good! 字符串的单线程程序。

代码清单 I1-1　单线程程序（Main.java）

```
public class Main {
    public static void main(String[] args) {
        for (int i = 0; i < 10000; i++) {
            System.out.print("Good!");
        }
    }
}
```

该程序收录在本书配套的源代码 Introduction1/SingleThread 中

如果你使用的是 Java Development Kit（JDK），请在命令行输入如下内容。

```
javac Main.java ↵
```

接下来，javac 命令便会编译源文件 Main.java，并生成类文件 Main.class。

然后，在命令行再输入如下内容。

```
java Main ↵
```

接下来，java 命令便会执行该程序，在屏幕上显示 10 000 个 Good!，如图 I1-1 所示。

编译与执行的操作方法请参照附录 F。

图 I1-1　运行结果

```
Good!Good!Good!Good!Good!Good!Good!Good!Good!Good!Good!Good!Good!Good!Good!Good!
Good!Good!Good!Good!Good!Good!Good!Good!Good!Good!Good!Good!Good!Good!Good!Good!
Good!Good!Good!Good!Good!Good!Good!Good!Good!Good!Good!Good!Good!Good!Good!Good!
Good!Good!Good!Good!Good!Good!Good!Good!Good!Good!Good!Good!Good!Good!Good!Good!
（以下省略）
```

Java 程序执行时，至少会有一个线程在运行。代码清单 I1-1 中运行的是被称为**主线程**（main thread）的线程，执行的操作是显示字符串。

在命令行输入如下内容，主线程便会在 Java 运行环境中启动。

```
java 类名 ↵
```

然后，主线程会执行命令行中输入的类的 main 方法。main 方法中的所有处理都执行完后，主线程也就终止了（图 I1-2）。

代码清单 I1-1 中只有一个线程在运行，所以这是一个单线程程序。

---

① 有时也称为控制线程（thread of control）。

图 I1-2 单线程程序的运行情况

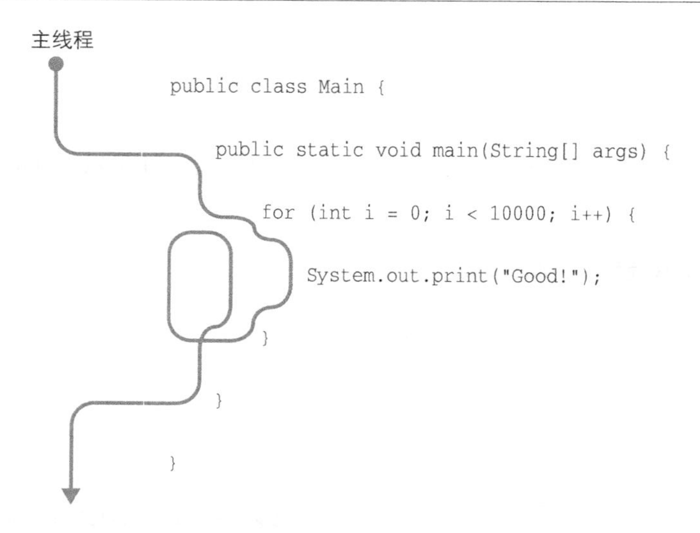

▶▶ 小知识：后台运行的线程

为了便于说明，前面的讲解说的是“只有一个线程在运行”。其实严格来讲，Java 处理的后台也有线程在运行。例如垃圾回收线程、GUI 相关线程等。

多线程程序

由多个线程组成的程序就称为**多线程程序**（multithreaded program）。Java 编程语言从一开始就把多线程处理列入编程规范了。

多个线程运行时，如果跟踪各个线程的运行轨迹，会发现其轨迹就像多条线交织在一起。

假设有人问起“程序的哪部分正在执行”，而我们需要指出程序位置，并回答“这里，就是这儿”。那么在多线程的情况下，一根手指根本不够用，这时需要和线程个数一样多的手指。也就是说，如果有两个线程在运行，那就需要指出两个地方并回答“第一个线程正在这里执行，第二个线程在那里执行”；如果有三个线程，就要指出三个地方；如果有一百个线程，就要指出一百个地方。

当规模大到一定程度时，应用程序中便会自然而然地出现某种形式的多线程。以下便是几种常见示例。

◆GUI 应用程序

几乎所有的 GUI 应用程序中都存在多线程处理。例如，假设用户在使用文本工具编辑较大的文本文件时执行了文字查找操作。那么当文本工具在执行查找时，屏幕上会出现“停止查找”按钮，用户可随时停止查找。此时就需要用到多线程。

（1）执行查找

（2）显示按钮，并在按钮被按下时停止查找

这两个操作是分别交给不同的线程来执行的。这样一来，（1）的操作线程专门执行查找，而（2）的操作线程则专门执行 GUI 操作，因此程序就会比较简单。

◆耗时的 I/O 处理

一般来说，文件与网络的 I/O 处理都非常消耗时间。如果在 I/O 处理期间，程序基本上无法执行其他处理，那么性能将会下降。在这种情况下，就可以使用多线程来解决。如果将执行 I/O 处理的线程和执行其他处理的线程分开，那么在 I/O 处理期间，其他处理也可以同时执行。

◆多个客户端

基本上，网络服务器都需要同时处理多个客户端。但是，如果让服务器端针对多个客户端执行处理，那么程序会变得异常复杂。这种情况下，在客户端连接到服务器时，我们会为该客户端准备一个线程。这样一来，服务器程序就被设计成了好像只处理一个客户端。具体示例将在第 7 章的习题 7-6 中再进行介绍。

▶▶小知识：兼具性能和可扩展性的 I/O 处理

`java.nio` 包中包含兼具性能和可扩展性的 I/O 处理。有了这个包，即便不使用线程，也可以执行兼具性能和可扩展性的 I/O 处理。具体内容请参见 API 文档。

Thread 类的 run 方法和 start 方法

接下来，我们试着编写一个多线程程序。Java 程序运行时，最开始运行的只能是主线程。所以，必须在程序中启动新线程，这才能算是多线程程序。

启动线程时，要使用如下类（一般称为 `Thread` 类）。

```
java.lang.Thread
```

我们来看一下代码清单 I1-2，即 `Thread` 的继承（`extends`）类 `MyThread`。

代码清单 I1-2　表示新线程的 MyThread 类（MyThread.java）

```
public class MyThread extends Thread {
    public void run () {
        for (int i = 0; i < 10000; i++) {
            System.out.print("Nice!");
        }
    }
}
```

该程序收录在本书配套的源代码 Introduction1/TwoThreads 中

`MyThread` 类中声明了如下 `run` 方法。

```
public void run() {
    ...
}
```

该方法执行的处理是输出 10 000 次 `Nice!` 字符串。

新启动的线程的操作都编写在 `run` 方法中（run 就是“跑”的意思）。新线程启动后，会调用 `run` 方法。随后，当 `run` 方法执行结束时，线程也会跟着终止。`MyThread` 类中的 `run` 方法写得没有问题，但如果仅是这样，程序什么操作也不会做，所以必须新启动一个线程，调用 `run` 方法才可以。

用于启动线程的代码如代码清单 I1-3 所示。代码清单 I1-3 创建一个 MyThread 的实例，并利用该实例启动新的线程。然后，程序会再执行自身（主线程）的任务，输出 10 000 次 Good!。主线程主要执行如下两个任务。

- 启动输出 Nice! 操作的新线程
- 输出 Good!

代码清单 I1-3　用于启动新线程的程序（Main.java）

```
public class Main {
    public static void main(String[] args) {
        MyThread t = new MyThread();
        t.start();
        for (int i = 0; i < 10000; i++) {
            System.out.print("Good!");
        }
    }
}
```

该程序收录在本书配套的源代码 Introduction1/TwoThreads 中

我们来看一下代码清单 I1-3。通过下面这行语句，主线程会创建 MyThread 类的实例，并将其赋给变量 t。

```
MyThread t = new MyThread();
```

下面这行语句则是由主线程启动新线程。

```
t.start();
```

start 方法是 Thread 类中的方法，用于启动新的线程。

在此需要注意的是，启动新线程时调用的是 start 方法，而不是 run 方法。当然 run 方法是可以调用的，但调用它并不会启动新的线程。

调用 start 方法后，程序会在后台启动新的线程。然后，由这个新线程调用 run 方法。start 方法主要执行以下操作。

- 启动新线程
- 调用 run 方法

start 方法与 run 方法之间的关系如图 I1-3 所示。图中出现了两条线（即图中的灰线）。

而代码清单 I1-2、代码清单 I1-3 的程序运行结果如图 I1-4 所示。

从图 I1-4 中我们可以发现 Good! 字符串和 Nice! 字符串是交织在一起输出的。由于这两个线程是并发运行的，所以结果会像图中这样混在一起。这两个线程负责的操作如下。

- 主线程输出 Good! 字符串
- 新启动的线程输出 Nice! 字符串

代码清单 I1-2、I1-3 的程序中运行着两个线程，所以这是一个多线程程序。

图 I1-3 启动新的线程（start 方法与 run 方法的关系）

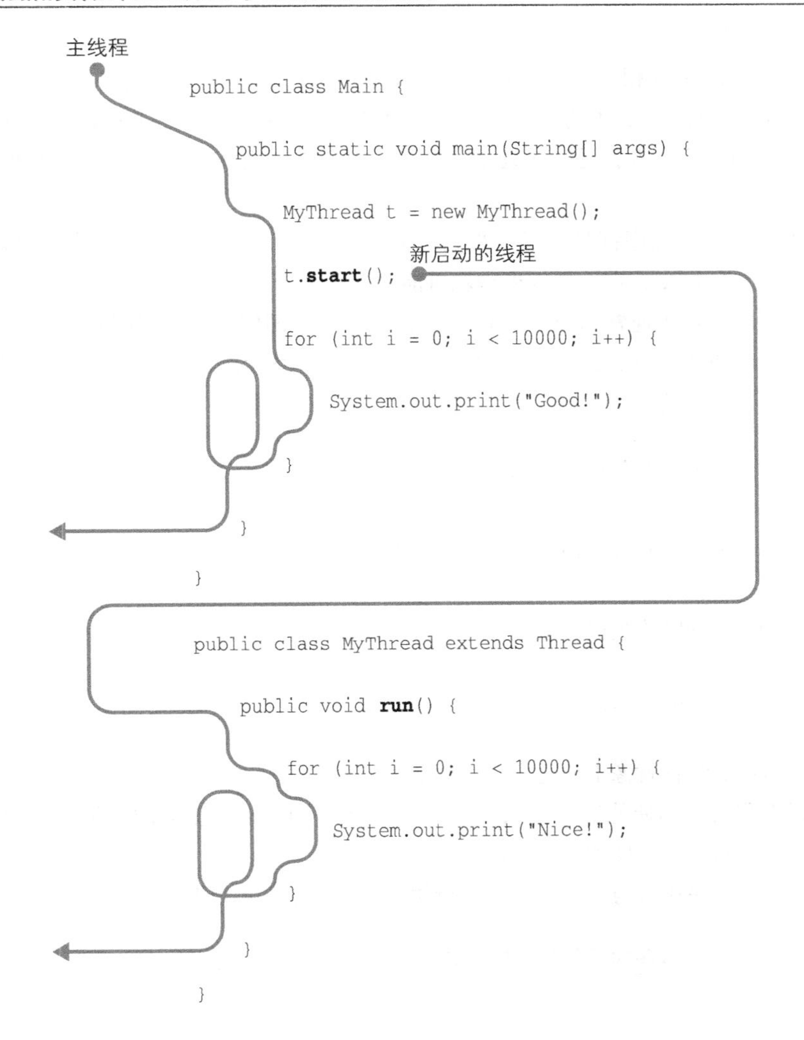

图 I1-4 运行结果示例（Good！ 和 Nice！ 交叉输出）

```
Good!Good!Good!Good!Good!Good!Good!Good!Good!Good!Good!Good!Good!Good!Good!Good!
Good!Good!Good!Good!Good!Good!Nice!Nice!Nice!Nice!Nice!Nice!Nice!Nice!Nice!Nice!
Nice!Nice!Nice!Nice!Nice!Nice!Nice!Nice!Nice!Nice!Nice!Nice!Nice!Nice!Nice!Nice!
Nice!Nice!Nice!Nice!Nice!Nice!Nice!Nice!Nice!Nice!Nice!Nice!Nice!Nice!Nice!Nice!
Nice!Nice!Nice!Nice!Nice!Nice!Nice!Nice!Nice!Nice!Nice!Good!Good!Good!Good!Good!
Good!Good!Good!Good!Good!Good!Good!Good!Good!Good!Good!Good!Good!Good!Good!Good!
Good!Good!Good!Good!Good!Good!Good!Good!Good!Good!Good!Good!Good!Good!Good!Good!
Good!Nice!Nice!Nice!Nice!Nice!Nice!Nice!Nice!Nice!Nice!Nice!Nice!Nice!Nice!Nice!
（以下省略）
```

▶▶小知识：顺序、并行与并发

下面简单说明一下顺序、并行与并发这三个概念。

顺序（sequential）用于表示多个操作“依次处理”。比如把十个操作交给一个人处理时，这个人要一个一个地按顺序来处理。

并行（parallel）用于表示多个操作“同时处理”。比如十个操作分给两个人处理时，这两个人就会并行来处理。

并发（concurrent）相对于顺序和并行来说比较抽象，用于表示“将一个操作分割成多个部分并且允许无序处理”。比如将十个操作分成相对独立的两类，这样便能够开始并发处理了。如果一个人来处理，这个人就是顺序处理分开的并发操作，而如果是两个人，这两个人就可以并行处理同一个操作。

本书中的多线程程序都是并发处理的。如果 CPU 只有一个，那么并发处理就是顺序执行的，而如果有多个 CPU，那么并发处理就可能会并行运行。

我们使用的计算机通常情况下只有一个 CPU，所以即便多个线程同时运行，并发处理也只能顺序执行。比如“输出 `Good!` 字符串的线程”和“输出 `Nice!` 字符串的线程”这两个线程就是像下面这样运行的。

- 输出 `Good!` 字符串的线程稍微运行一下后就停止

  ↓
- 输出 `Nice!` 字符串的线程稍微运行一下后就停止

  ↓
- 输出 `Good!` 字符串的线程稍微运行一下后就停止

  ↓
- 输出 `Nice!` 字符串的线程……

实际上运行的线程就像上面这样在不断切换，顺序执行并发处理。

多线程编程时，即使能够并行执行，也必须确保程序能够完全正确地运行。也就是说，必须正确编写线程的互斥处理和同步处理。

并发处理的顺序执行与并发处理的并行执行示意图如图 I1-5 所示。

图 I1-5 并发处理的顺序执行与并发处理的并行执行

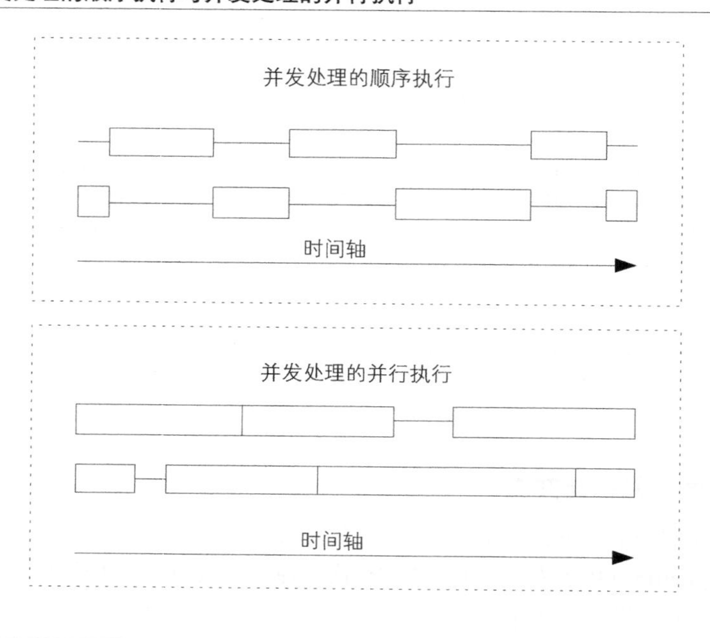

I1.3 线程的启动

下面回到线程启动这个话题上。启动线程的方法有如下两种。

（1）利用 Thread 类的子类的实例启动线程

（2）利用 Runnable 接口的实现类的实例启动线程

下面分别了解一下这两种方法。

线程的启动（1）——利用 Thread 类的子类

这里来学习一下利用 Thread 类的子类的实例来启动线程的方法，即上一节中使用的方法。

PrintThread 类（代码清单 I1-4）表示输出 10 000 次指定字符串的线程。输出的字符串通过构造函数的参数传入，并赋给 message 字段。PrintThread 类被声明为 Thread 的子类。

代码清单 I1-4　表示输出 10 000 次指定字符串的线程的类 PrintThread（PrintThread.java）

```
public class PrintThread extends Thread {
    private String message;
    public PrintThread(String message) {
        this.message = message;
    }
    public void run() {
        for (int i = 0; i < 10000; i++) {
            System.out.print(message);
        }
    }
}
```

该程序收录在本书配套的源代码 Introduction1/PrintThread 中

Main 类（代码清单 I1-5）是用于创建上面声明的 PrintThread 类的两个实例并利用它们来启动两个线程的程序。

代码清单 I1-5　利用 PrintThread 类启动 2 个线程（Main.java）

```
public class Main {
    public static void main(String[] args) {
        new PrintThread("Good!").start();
        new PrintThread("Nice!").start();
    }
}
```

该程序收录在本书配套的源代码 Introduction1/PrintThread 中

main 方法创建了 PrintThread 类的实例，并直接（不赋给某个变量）调用了该实例的 start 方法，代码如下。

```
new PrintThread("Good!").start();   这是
new PrintThread("Good!")             创建 PrintThread 类的实例，
                        .            并调用该实例的
                         start()     start 方法
                                ;    的语句。
```

start 方法会启动新的线程，然后由启动的新线程调用 PrintThread 类的实例的 run 方法。

最终结果就是由新启动的线程执行 10 000 次 Good! 字符串输出。

为了程序简洁，上面的程序只用一条语句启动了线程。但实际上，“创建 PrintThread 的实例”和“启动该实例对应的线程”是两个完全不同的处理。也就是说，即便已经创建了实例，但是如果不调用 start 方法，线程也不会被启动。上面这条语句也可以像下面这样写成两句。

```
Thread t = new PrintThread("Good!");
t.start();
```

另外，这里再提醒大家注意，“PrintThread 的实例”和“线程本身”不是同一个东西。即便创建了 PrintThread 的实例，线程也并没有启动，而且就算线程终止了，PrintThread 的实例也不会消失。

主线程在 Main 类的 main 方法中启动了两个线程。随后 main 方法便会终止，主线程也会跟着终止。但整个程序并不会随之终止，因为启动的两个线程在字符串输出之前是不会终止的。**直到所有的线程都终止后，程序才会终止**。也就是说，当这两个线程都终止后，程序才会终止。

▶▶ 小知识：程序的终止

Java 程序的终止是指除守护线程（Daemon Thread）以外的线程全部终止。守护线程是执行后台作业的线程。我们可以通过 setDaemon 方法把线程设置为守护线程。

创建 Thread 类的子类、创建子类的实例、调用 start 方法——这就是利用 Thread 类的子类启动线程的方法。

线程的启动（2）——利用 Runnable 接口

这里来学习一下利用 Runnable 接口的实现类的实例来启动线程的方法。Runnable 接口包含在 java.lang 包中，声明如下。

```
public interface Runnable {
    public abstract void run();
}
```

Runnable 接口的实现类必须要实现 run 方法[①]。

Printer 类（代码清单 I1-6）表示的是一个输出 10 000 次指定字符串的线程。输出的字符串通过构造函数的参数传入，并赋给 message 字段。由于 Printer 类实现（implements）了 Runnable 接口，所以此时也就无需再将 Printer 类声明为 Thread 类的子类。

代码清单 I1-6　输出指定字符串的 Printer 类（Printer.java）

```
public class Printer implements Runnable {
    private String message;
    public Printer(String message) {
        this.message = message;
    }
    public void run () {
        for (int i = 0; i < 10000; i++) {
```

① java.util.TimerTask 类（11.8 节）虽然实现了 Runnable 接口，但并未实现 run 方法，类似于这样的类都声明为抽象类。

```
            System.out.print(message);
        }
    }
}
```

该程序收录在本书配套的源代码 Introduction1/Printer 中

Main 类（代码清单 I1-7）是用于创建两个 Printer 类的实例，并利用它们来启动两个线程的程序。

代码清单 I1-7　利用 Runnable 接口启动两个线程（Main.java）

```
public class Main {
    public static void main(String[] args) {
        new Thread(new Printer("Good!")).start();
        new Thread(new Printer("Nice!")).start();
    }
}
```

该程序收录在本书配套的源代码 Introduction1/Printer 中

在代码清单 I1-7 中，创建 Thread 的实例时，构造函数的参数中会传入 Printer 类的实例，然后会调用 start 方法，启动线程，具体如下。

```
new Thread(new Printer("Good!")).start();       这是
           new Printer("Good!")                 新建 Printer 类的实例，再以该实例
new Thread(                    )                为参数创建 Thread 类的实例，
                                .               然后调用 Thread 类的实例的
                                 start()        start 方法
                                        ;       的语句。
```

start 方法会启动新的线程，然后由启动的新线程调用 Printer 类的实例的 run 方法。最终结果就是由新启动的线程执行 10 000 次 Good! 字符串输出。上面这条语句也可以像下面这样写成三句。

```
Runnable r = new Printer("Good!");
Thread t = new Thread(r);
t.start();
```

创建 Runnable 接口的实现类，将实现类的实例作为参数传给 Thread 的构造函数，调用 start 方法——这就是利用 Runnable 接口启动线程的方法。

不管是利用 Thread 类的子类的方法（1），还是利用 Runnable 接口的实现类的方法（2），启动新线程的方法最终都是 Thread 类的 start 方法。

▶▶ 小知识：Thread 类和 Runnable 方法

Thread 类本身还实现了 Runnable 接口，并且持有 run 方法，但 Thread 类的 run 方法主体是空的，不执行任何操作。Thread 类的 run 方法通常都由子类的 run 方法重写（override）。

▶▶ 小知识：java.util.concurrent.ThreadFactory 中的线程创建

java.util.concurrent 包中包含一个将线程创建抽象化的 ThreadFactory 接口。利用该接口，我们可以将以 Runnable 作为传入参数并通过 new 创建 Thread 实例的处理隐藏在

ThreadFactory 内部。典型用法如代码清单 I1-8 所示。默认的 ThreadFactory 对象是通过 Executors.defaultThreadFactory 方法获取的。

此处运行的 Printer 类与代码清单 I1-6 里的 Printer 类相同，运行结果与图 I1-4 相同。

代码清单 I1-8　利用 ThreadFactory 新启动线程（Main.java）

```
import java.util.concurrent.Executors;
import java.util.concurrent.ThreadFactory;

public class Main {
    public static void main(String[] args) {
        ThreadFactory factory = Executors.defaultThreadFactory();
        factory.newThread(new Printer("Nice!")).start();
        for (int i = 0; i < 10000; i++) {
            System.out.print("Good!");
        }
    }
}
```

该程序收录在本书配套的源代码 Introduction1/jucThreadFactory 中

I1.4　线程的暂停

下面该稍微休息一下了呢……不过，这里说的是线程休息，不是我们哦。本节将介绍一下让线程暂停运行的方法。

线程 Thread 类中的 sleep 方法能够暂停线程运行，Sleep 也就是“休眠”的意思。sleep 方法是 Thread 类的静态方法。

下面这条语句可以将**当前的线程（执行这条语句的线程）暂停约 1000 毫秒（约 1 秒）**。

```
Thread.sleep(1000);
```

代码清单 I1-9 的程序会输出 10 次 Good! 字符串，而每输出 1 次，线程就暂停约 1000 毫秒（约 1 秒）。也就是每隔约 1 秒就输出 1 次 Good! 字符串（图 I1-6）。

代码清单 I1-9　每隔约 1 秒输出 1 次 Good！ 的程序（Main.java）

```
public class Main {
    public static void main(String[] args) {
        for (int i = 0; i < 10; i++) {
            System.out.print("Good!");
            try {
                Thread.sleep(1000);
            } catch (InterruptedException e) {
            }
        }
    }
}
```

该程序收录在本书配套的源代码 Introduction1/Sleep 中

图 I1-6　运行结果

```
Good!Good!Good!Good!Good!Good!Good!Good!Good!Good!  ←每隔约 1 秒输出 1 次 Good!，共输出 10 次
```

sleep 方法的调用放在了 try...catch 中，这是因为，sleep 方法有可能会抛出 InterruptedException 异常。InterruptedException 异常能够取消线程的处理，详细内容请参见 5.6 节。

代码清单 I1-9 中的 catch 处理是空的，这样即使抛出 InterruptedException 异常，也不会执行任何特殊处理（即忽略该异常）。

本书在模拟“非常耗时的处理”时常会用到 sleep 方法。但在实际程序中，sleep 的使用频率并没有这么高。最多也就是在设计一定时间后自动关闭的对话框，或把按钮按下瞬间的状态显示给用户看时才会用到。

▶▶ 小知识：指定到纳秒（ns）单位

在 sleep 方法中，停止时间也可以指定到纳秒（10^{-9} 秒）单位，语法如下。

```
Thread.sleep(毫秒, 纳秒);
```

不过，通常情况下 Java 平台运行环境无法实现这么精确的控制。具体的精确程度依 Java 平台运行环境而不同。

▶▶ 小知识：如何唤醒呢

如果要中途唤醒被 Thread.sleep 休眠的线程，则可以使用 interrupt 方法。详细内容请参见 5.6 节中的“sleep 方法和 interrupt 方法”部分。

I1.5　线程的互斥处理

多线程程序中的各个线程都是自由运行的，所以它们有时就会同时操作同一个实例。这在某些情况下会引发问题。例如，从银行账户取款时，余额确认部分的代码应该是像下面这样的。

```
if (可用余额大于等于取款金额) {
    从可用余额上减掉取款金额
}
```

首先确认可用余额，确认是否允许取款。如果允许，则从可用余额上减掉取款金额。这样才不会导致可用余额变为负数。

但是，如果两个线程同时执行这段代码，那么可用余额就有可能会变为负数。

假设可用余额 = 1000 日元，取款金额 = 1000 日元，那么这种情况就如图 I1-7 所示。

图 I1-7 线程 A 执行的两个处理之间插入了线程 B 的处理

线程 A	线程 B
・可用余额大于等于取款金额？ →是的。	
<<<< 此处切换到线程 B>>>>	
	・可用余额大于等于取款金额？ →是的。 ・从可用余额上减掉取款金额。 →可用余额变为 0 日元。
<<<< 此处切换到线程 A>>>>	
・从可用余额上减掉取款金额。 →可用余额变为-1000 日元。	

（时间流逝顺序为自上而下）

线程 A 和线程 B 同时操作时，有时线程 B 的处理可能会插在线程 A 的“可用余额确认”和“从可用余额上减掉取款金额”这两个处理之间。

这种线程 A 和线程 B 之间互相竞争（race）而引起的与预期相反的情况称为数据竞争（data race）或竞态条件（race condition）。

这时候就需要有一种“交通管制”来协助防止发生数据竞争。例如，如果一个线程正在执行某一部分操作，那么其他线程就不可以再执行这部分操作。这种类似于交通管制的操作通常称为互斥（mutual exclusion）。这种处理就像十字路口的红绿灯，当某一方向为绿灯时，另一方向则一定是红灯。

Java 使用关键字 synchronized 来执行线程的互斥处理。

synchronized 方法

如果声明一个方法时，在前面加上关键字 synchronized，那么这个方法就只能由一个线程运行。只能由一个线程运行是每次只能由一个线程运行的意思，并不是说仅能让某一特定线程运行。这种方法称为 synchronized 方法，有时也称为**同步方法**。

代码清单 I1-10 中的类就使用了 synchronized 方法。Bank（银行）类中的 deposit（存款）和 withdraw（取款）这两个方法都是 synchronized 方法。

代码清单 I1-10 包含 deposit 和 withdraw 这两个 synchronized 方法的 Bank 类（Bank.java）

```
public class Bank {
    private int money;
    private String name;

    public Bank(String name, int money) {
        this.name = name;
        this.money = money;
    }

    // 存款
    public synchronized void deposit(int m) {
        money += m;
    }
```

```
    // 取款
    public synchronized boolean withdraw(int m) {
        if (money >= m) {
            money -= m;
            return true;     // 取款成功
        } else {
            return false;    // 余额不足
        }
    }

    public String getName() {
        return name;
    }
}
```

该程序收录在本书配套的源代码 Introduction1/Sync 中

如果有一个线程正在运行 Bank 实例中的 deposit 方法，那么其他线程就无法运行这个实例中的 deposit 方法和 withdraw 方法，需要排队等候。

Bank 类中还有一个 getName 方法。这个方法并不是 synchronized 方法，所以无论其他线程是否正在运行 deposit 或 withdraw，都可以随时运行 getName 方法[①]。

一个实例中的 synchronized 方法每次只能由一个线程运行，而非 synchronized 方法则可以同时由两个以上的线程运行。图 I1-8 展示了由两个线程同时运行 getName 方法的情况。

图 I1-8 多个线程同时运行非 synchronized 方法 getName

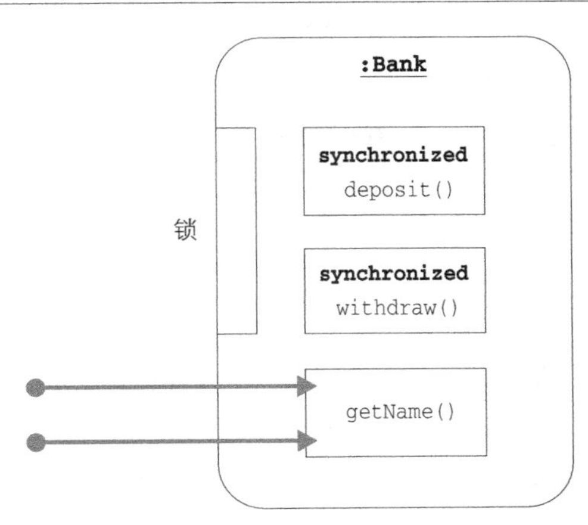

synchronized 方法不允许同时由多个线程运行。在图 I1-8 中，我们在 synchronized 方法左侧放了一个代表“锁”的长方形来表示这点。当一个线程获取了该锁后，长方形这块儿就像筑起的墙一样，可以防止其他线程进入。

图 I1-9 展示了由一个线程运行 deposit 方法的情况。由于该线程获取了锁，所以其他线程就无法运行该实例中的 synchronized 方法。图 I1-9 中，表示锁的长方形被涂成了灰色，这表示该锁已被某一线程获取。

① getName 并未声明为 synchronized 方法，这是因为该方法并未使用多个线程可同时读写的字段。

图 I1-9 synchronized 方法每次只能由一个线程运行

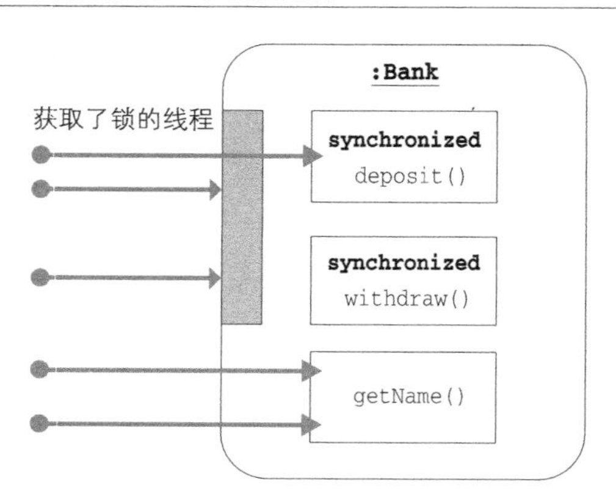

请注意，在图 I1-9 中，非 synchronized 的 getName 方法完全不受锁的影响。不管线程是否已经获取锁，都可以自由进入非 synchronized 方法。

当正在使用 synchronized 方法的线程运行完这个方法后，便会释放锁。图 I1-10 中的长方形锁变为白色表示这个锁已被释放。

图 I1-10 线程运行完 synchronized 方法 deposit 后，释放锁

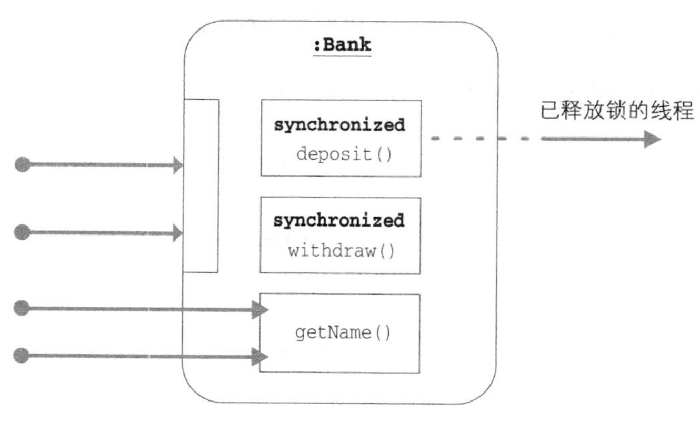

当锁被释放后，一直等待获取锁的线程中的某一个线程便会获取该锁。但无论何时，获取锁的线程只能是一个。如果等待的线程有很多个，那么没抢到的线程就只能继续等待。图 I1-11 展示的是新获取锁的另一个线程开始运行 synchronized 方法的情况。

图 I1-11 获取锁的另一个线程开始运行 synchronized 方法

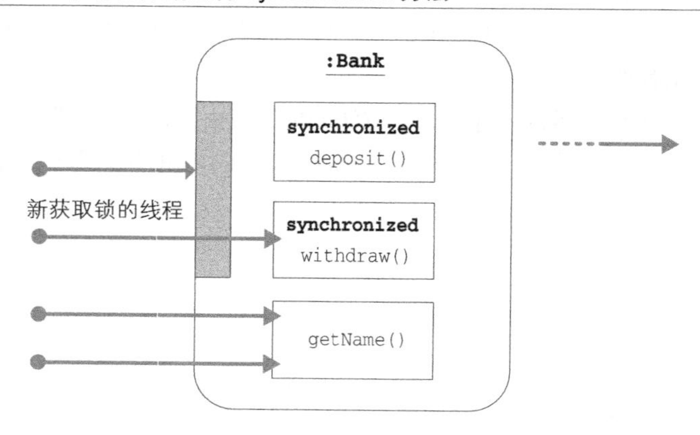

每个实例拥有一个独立的锁。因此，并不是说某一个实例中的 synchronized 方法正在执行中，其他实例中的 synchronized 方法就不可以运行了。图 I1-12 展示了 bank1 和 bank2 这两个实例中的 synchronized 方法由不同的线程同时运行的情况。

▶▶小知识：锁和监视

线程的互斥机制称为**监视**（monitor）。另外，获取锁有时也叫作"拥有（own）监视"或"持有（hold）锁"。

当前线程是否已获取某一对象的锁可以通过 Thread.holdsLock 方法来确认。当前线程已获取对象 obj 的锁时，可使用 assert 来像下面这样表示出来。

```
assert Thread.holdsLock(obj);
```

图 I1-12　每个实例都拥有一个独立的锁

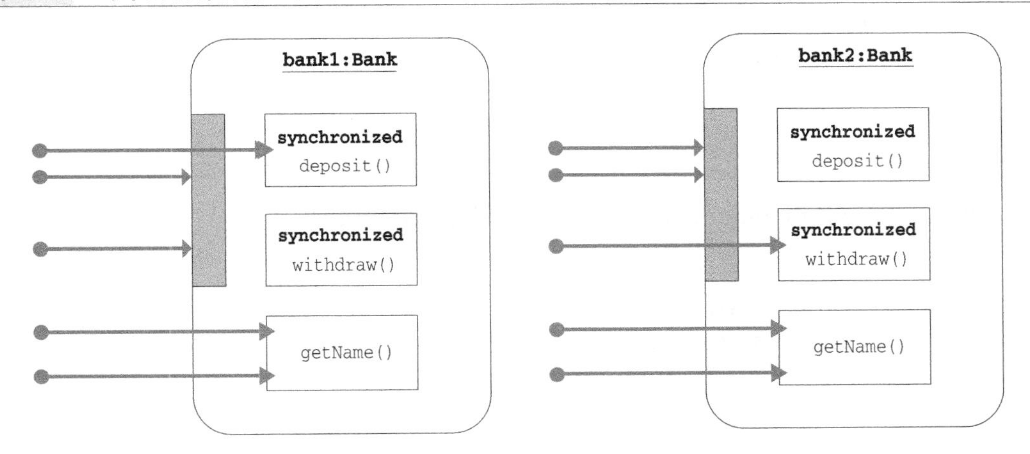

synchronized 代码块

如果只是想让方法中的某一部分由一个线程运行，而非整个方法，则可使用 synchronized 代码块，格式如下所示。

```
synchronized （表达式） {
    ...
}
```

其中的"表达式"为获取锁的实例。synchronized 代码块用于精确控制互斥处理的执行范围，具体示例将在第 6 章介绍。

◆synchronized 实例方法和 synchronized 代码块

假设有如下 synchronized 实例方法。

```
synchronized void method() {
    ...
}
```

这跟下面将方法体用 synchronized 代码块包围起来是等效的。

```
void method() {
    synchronized (this) {
        ...
    }
}
```

也就是说，synchronized 实例方法是使用 this 的锁来执行线程的互斥处理的。

◆synchronized 静态方法和 synchronized 代码块

假设有如下 synchronized 静态方法。synchronized 静态方法每次只能由一个线程运行，这一点和 synchronized 实例方法相同。但 synchronized 静态方法使用的锁和 synchronized 实例方法使用的锁是不一样的。

```
class Something {
    static synchronized void method() {
        ...
    }
}
```

这跟下面将方法体用 synchronized 代码块包围起来是等效的。

```
class Something {
    static void method() {
        synchronized (Something.class) {
            ...
        }
    }
}
```

也就是说，synchronized 静态方法是使用该类的类对象的锁来执行线程的互斥处理的。Something.class 是 Something 类对应的 java.lang.Class 类的实例。

▶▶小知识：synchronized 语句

《Java 编程规范》（见附录 G 中的 [JLS2] 和 [JLS3]）[1] 中将 synchronized 代码块称为 synchronized 语句（synchronized statement）。

关于线程的互斥处理，第 1 章“Single Threaded Execution 模式”中会详细讲解。

I1.6 线程的协作

上一节讲到，如果有一个线程正在运行 synchronized 方法，那么其他线程就无法再运行这个方法了。这就是简单的互斥处理。

① 此书第二版无中文版，第三版由中国电力出版社于 2006 年 7 月引进出版，译者为陈宗斌等。——编者注

假如我们现在想执行更加精确的控制，而不是单纯地等待其他线程运行终止，例如下面这样的控制。

- 如果空间为空则写入数据；如果非空则一直等待到变空为止
- 空间已为空时，“通知”正在等待的线程

此处是根据“空间是否为空”这个条件来执行线程控制的。Java 提供了用于执行线程控制的 wait 方法、notify 方法和 notifyAll 方法。wait 是让线程等待的方法，而 notify 和 notifyAll 是唤醒等待中的线程的方法。

等待队列——线程休息室

在学习 wait、notify 和 notifyAll 之前，我们先来学习一下等待队列。所有实例都拥有一个等待队列，它是在实例的 wait 方法执行后停止操作的线程的队列。打个比方来说，就是为每个实例准备的线程休息室。

在执行 wait 方法后，线程便会暂停操作，进入等待队列这个休息室。除非发生下列某一情况，否则线程会一直在等待队列中休眠。当下列任意一种情况发生时，线程便会退出等待队列。

- 有其他线程的 notify 方法来唤醒线程
- 有其他线程的 notifyAll 方法来唤醒线程
- 有其他线程的 interrupt 方法来唤醒线程
- wait 方法超时

下面以图配文依次讲解 wait、notify 和 notifyAll。而关于 interrupt 方法，将会在 5.6 节中的“wait 方法和 interrupt 方法”部分进行讲解。关于 wait 方法的超时，将会在 4.6 节讲解。

wait 方法——将线程放入等待队列

wait（等待）方法会让线程进入等待队列。假设我们执行了下面这条语句。

```
obj.wait();
```

那么，当前线程便会暂停运行，并进入实例 obj 的等待队列中。这叫作“线程正在 obj 上 wait”。

如果实例方法中有如下语句（1），由于其含义等同于（2），所以执行了 wait() 的线程将会进入 this 的等待队列中，这时可以说“线程正在 this 上 wait”。

```
wait();                  (1)
this.wait();             (2)
```

若要执行 wait 方法，线程必须持有锁（这是规则）。但如果线程进入等待队列，便会释放其实例的锁。整个操作过程如图 I1-13 ～图 I1-15 所示。

▶▶小知识：等待队列

等待队列是一个虚拟的概念。它既不是实例中的字段，也不是用于获取正在实例上等待的线程的列表的方法。

图 I1-13 获取了锁的线程 A 执行 wait 方法

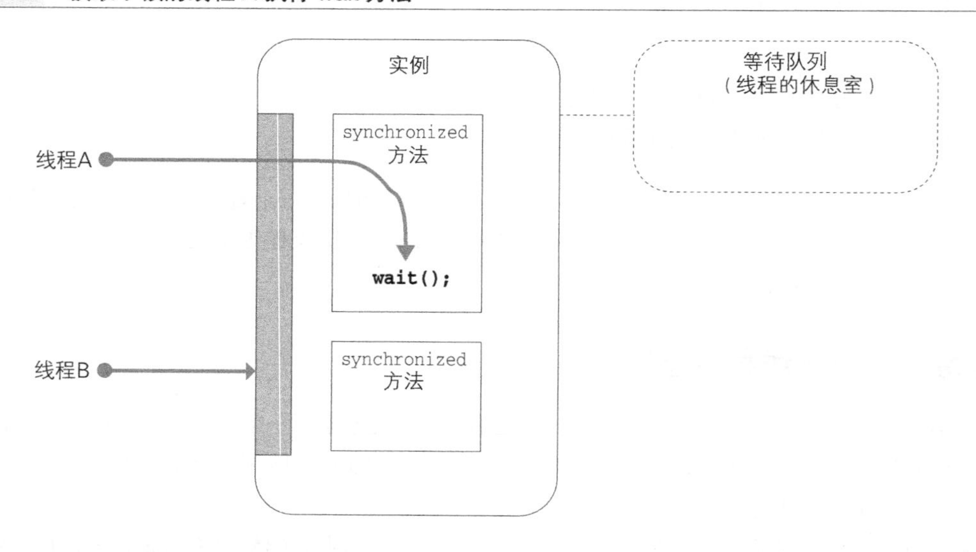

图 I1-14 线程 A 进入等待队列，释放锁

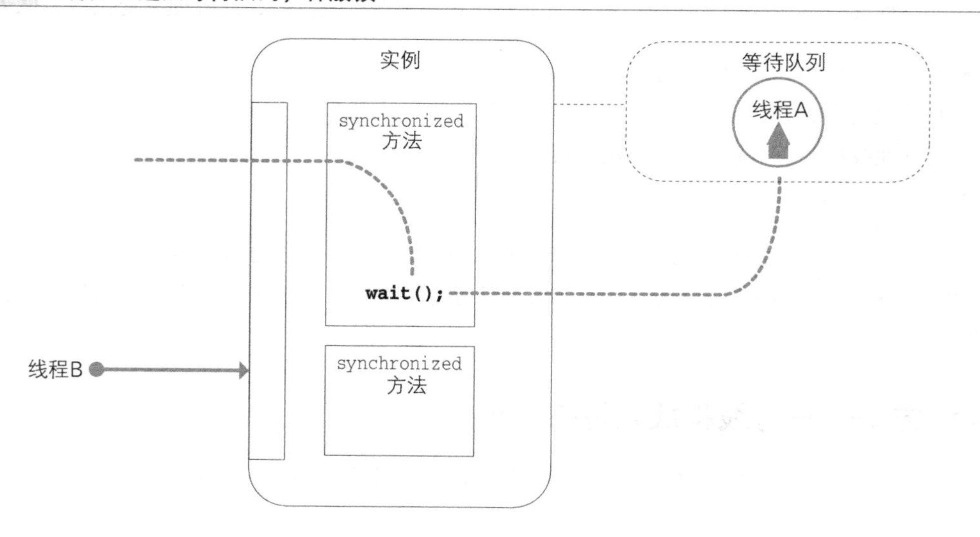

图 I1-15 线程 B 能够获取锁

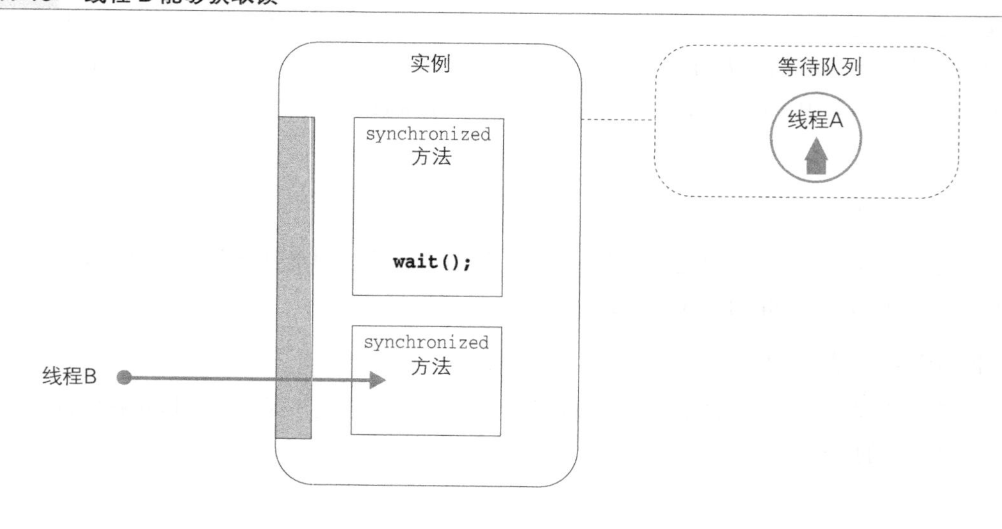

notify 方法——从等待队列中取出线程

`notify`（通知）方法会将等待队列中的一个线程取出。假设我们执行了下面这条语句。

```
obj.notify();
```

那么 `obj` 的等待队列中的一个线程便会被选中和唤醒，然后就会退出等待队列。

整个操作过程如图 I1-16 ~ 图 I1-19 所示。

图 I1-16　获取了锁的线程 B 执行 notify 方法

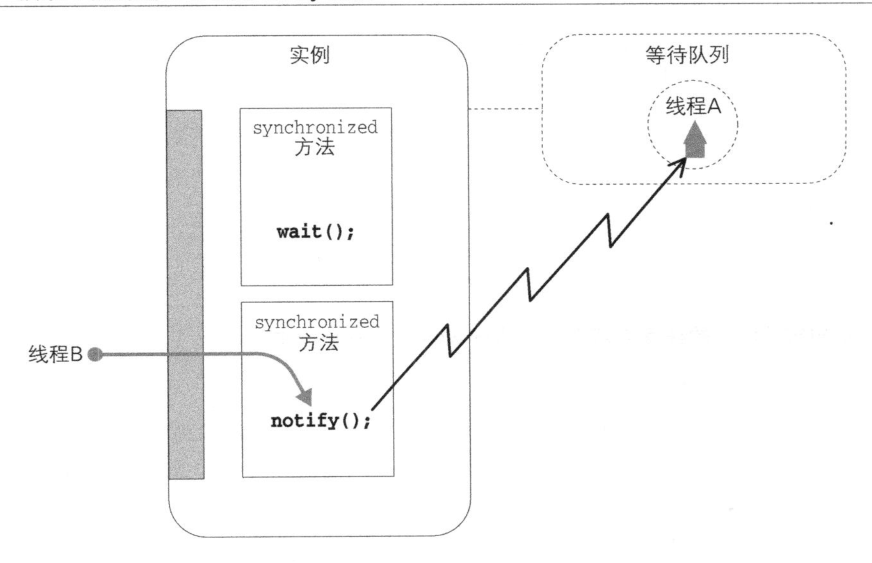

图 I1-17　线程 A 退出等待队列，想要进入 wait 的下一个操作，但刚才执行 notify 的线程 B 仍持有着锁

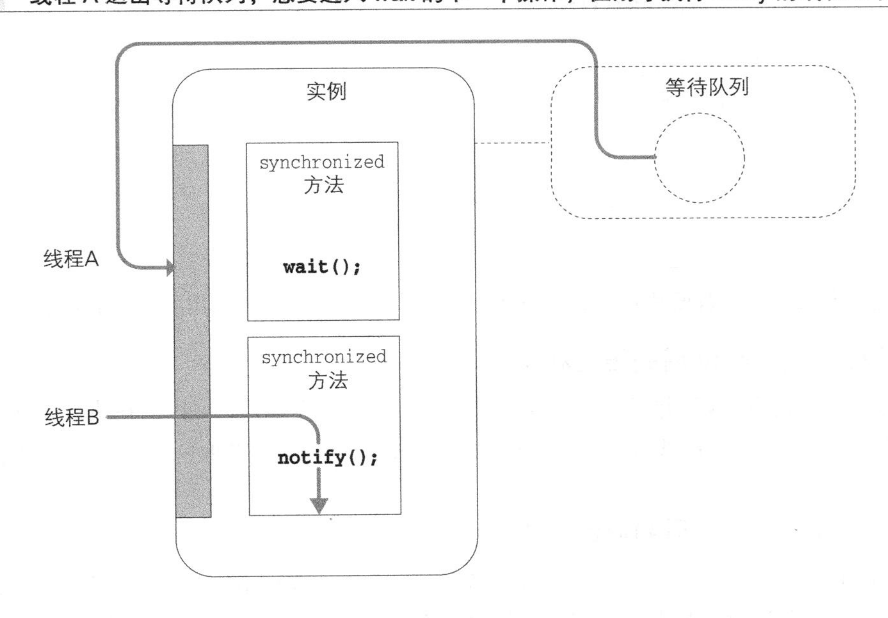

图 I1-18 刚才执行 notify 的线程 B 释放了锁

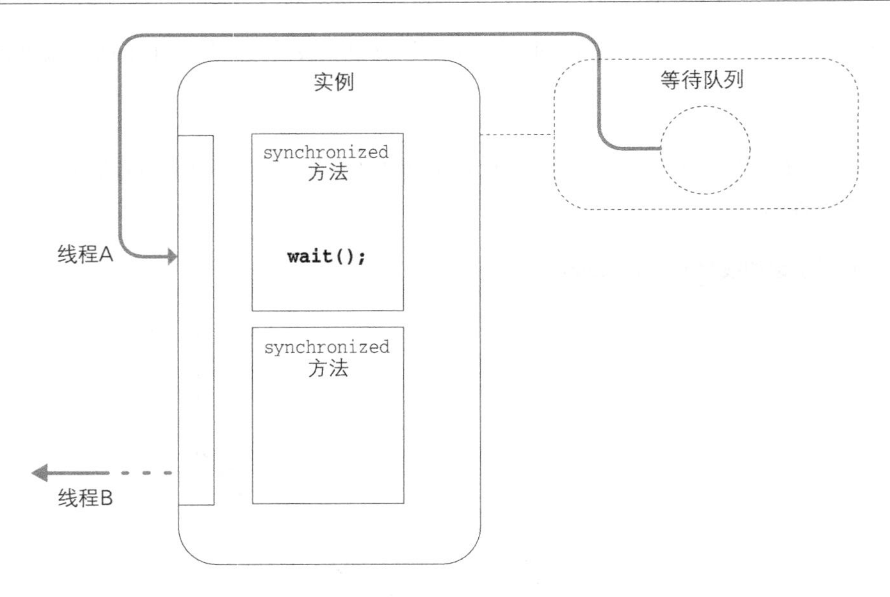

图 I1-19 退出等待队列的线程 A 获取锁，执行 wait 的下一个操作

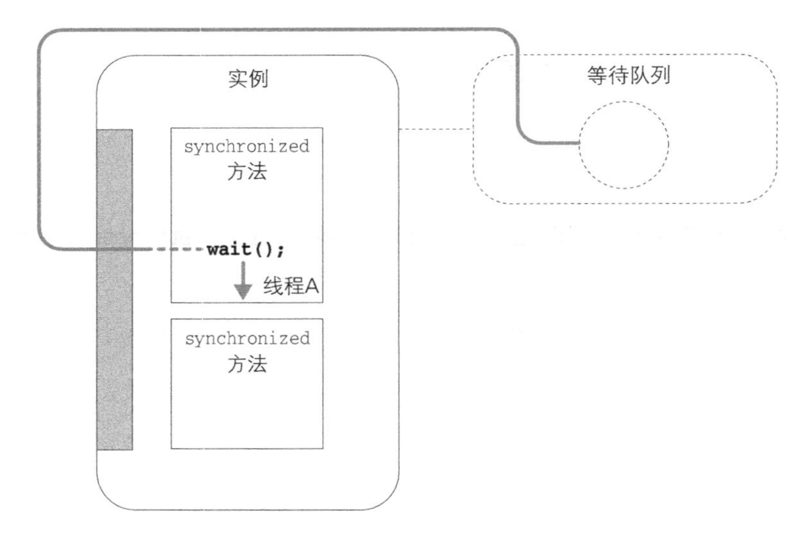

同 wait 方法一样，若要执行 notify 方法，线程也必须持有要调用的实例的锁（这是规则）。

▶▶ 小知识：执行 notify 后的线程状态

notify 唤醒的线程并不会在执行 notify 的一瞬间重新运行。因为在执行 notify 的那一瞬间，执行 notify 的线程还持有着锁，所以其他线程还无法获取这个实例的锁（图 I1-17）。

▶▶ 小知识：执行 notify 后如何选择线程

假如在执行 notify 方法时，正在等待队列中等待的线程不止一个，对于“这时该如何来选择线程”这个问题规范中并没有作出规定。究竟是选择最先 wait 的线程，还是随机选择，或者采用其他方法要取决于 Java 平台运行环境。因此编写程序时需要注意，最好不要编写依赖于所选线程的程序。

notifyAll 方法——从等待队列中取出所有线程

notifyAll（通知大家）方法会将等待队列中的所有线程都取出来。例如，执行下面这条语句之后，在 obj 实例的等待队列中休眠的所有线程都会被唤醒。

```
obj.notifyAll();
```

如果简单地在实例方法中写成下面（1）这样，那么由于其含义等同于（2），所以该语句所在方法的实例（this）的等待队列中所有线程都会退出等待队列。

```
notifyAll();            (1)
this.notifyAll();       (2)
```

图 I1-20 和图 I1-21 展示了 notify 方法和 notifyAll 方法的差异。notify 方法仅唤醒一个线程，而 notifyAll 则唤醒所有线程，这是两者之间唯一的区别。

图 I1-20 notify 方法仅唤醒一个线程，并让该线程退出等待队列

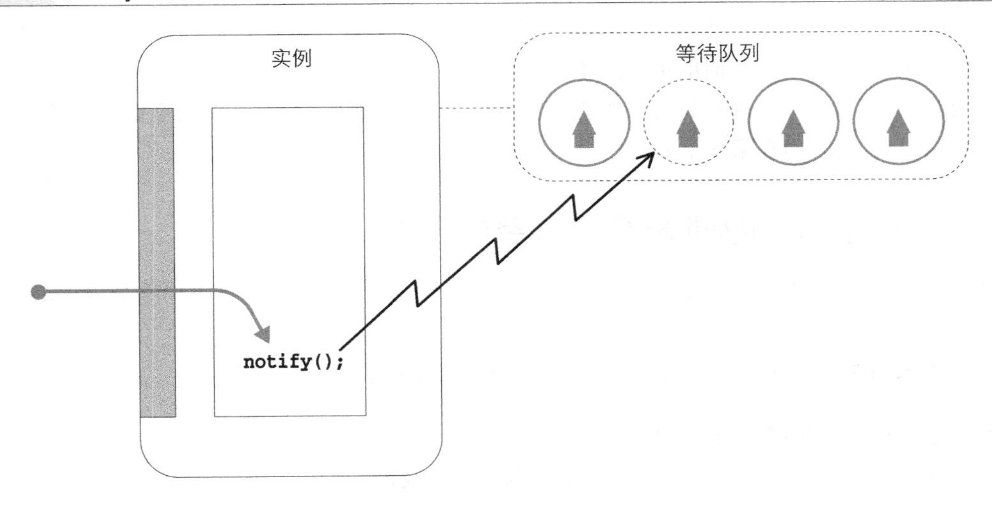

图 I1-21 notifyAll 方法唤醒所有线程，并让所有线程都退出等待队列

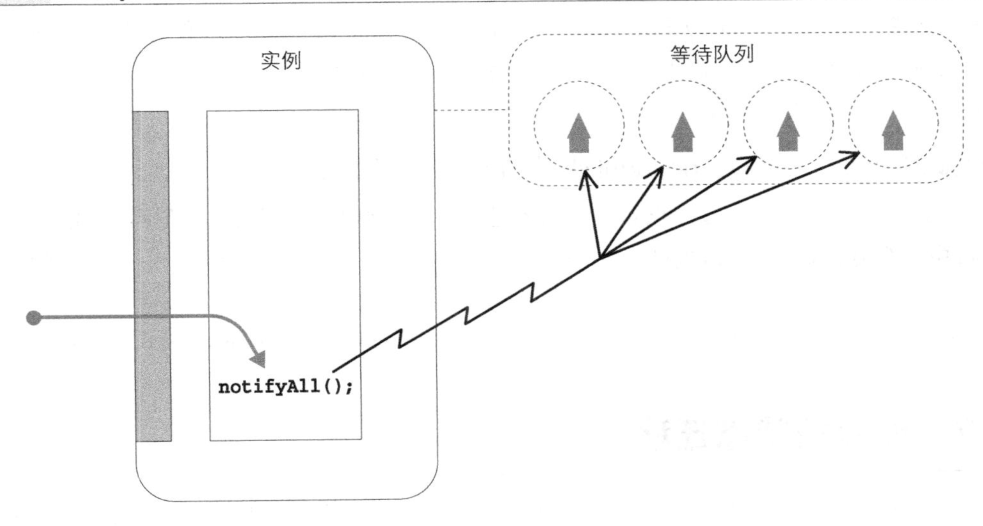

同 wait 方法和 notify 方法一样，notifyAll 方法也只能由持有要调用的实例的锁的线程调用。

刚被唤醒的线程会去获取其他线程在进入 wait 状态时释放的锁。但现在锁是在谁的手中呢？对，就是执行 notifyAll 的线程正持有着锁。因此，唤醒的线程虽然都退出了等待队列，但都在等待获取锁，处于阻塞状态。只有在执行 notifyAll 的线程释放锁以后，其中一个幸运儿才能够实际运行。

▶▶ 小知识：如果线程未持有锁会怎样呢

如果未持有锁的线程调用 wait、notify 或 notifyAll，异常 java.lang.IllegalMonitorStateException 会被抛出。

▶▶ 小知识：该使用 notify 方法还是 notifyAll 方法呢

notify 方法和 notifyAll 方法非常相似，到底该使用哪一个呢？实际上，这很难选择。

由于 notify 唤醒的线程较少，所以处理速度要比使用 notifyAll 时快。

但使用 notify 时，如果处理不好，程序便可能会停止。一般来说，使用 notifyAll 时的代码要比使用 notify 时的更为健壮。

除非开发人员完全理解代码的含义和范围，否则使用 notifyAll 更为稳妥。使用 notify 时发生问题的示例将在第 5 章的习题 5-8 中探讨。

wait、notify、notifyAll 是 Object 类的方法

wait、notify 和 notifyAll 都是 java.lang.Object 类的方法，而不是 Thread 类中固有的方法。

下面再来回顾一下 wait、notify 和 notifyAll 的操作。

- obj.wait() 是将当前线程放入 obj 的等待队列中
- obj.notify() 会从 obj 的等待队列中唤醒一个线程
- obj.notifyAll() 会从 obj 的等待队列中唤醒所有线程

换句话说，wait、notify 和 notifyAll 这三个方法与其说是针对线程的操作，倒不如说是针对实例的等待队列的操作。由于所有实例都有等待队列，所以 wait、notify 和 notifyAll 也就成为了 Object 类的方法。

▶▶ 小知识：wait、notify、notifyAll 也是 Thread 类的方法

wait、notify 和 notifyAll 确实不是 Thread 类中固有的方法。但由于 Object 类是 Java 中所有类的父类，所以也可以说 wait、notify 和 notifyAll 都是 Thread 类的方法。

关于 wait、notify 和 notifyAll 的用法，第 3 章“Guarded Suspension 模式”将会详细解说。

I1.7 线程的状态迁移

图 I1-22 中整理了线程的状态迁移，供各位读者参考。图中的线程状态（Thread.Stat 中定

义的 Enum 名）NEW、RUNNABLE、TERMINATED、WAITING、TIMED_WAITING 和 BLOCKED 都能够在程序中查到。各个状态的值都可以通过 Thread 类的 getState 方法获取。

图 I1-22 线程的状态迁移图

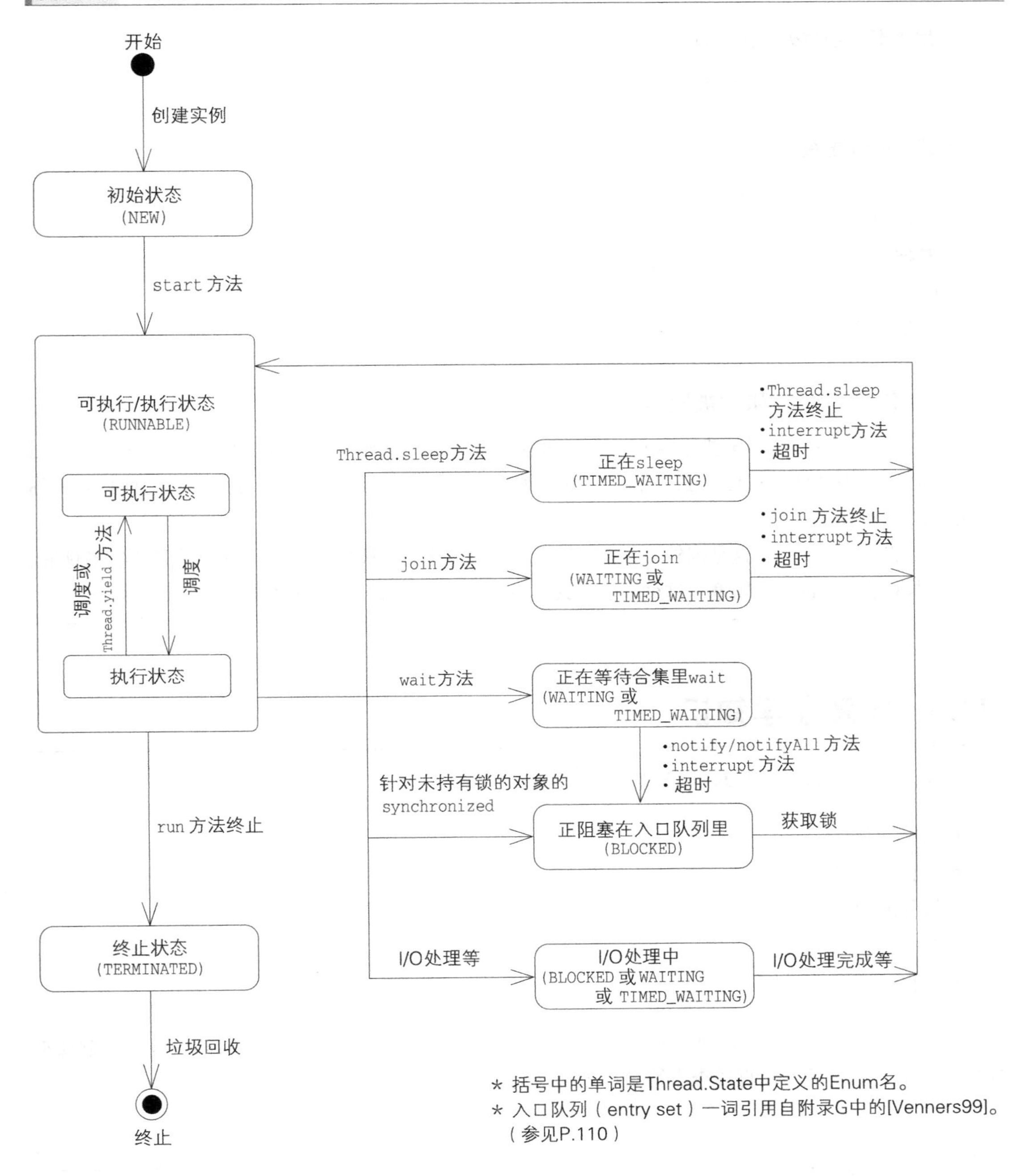

* 括号中的单词是Thread.State中定义的Enum名。
* 入口队列（entry set）一词引用自附录G中的[Venners99]。（参见P.110）

本图制作时参考了附录G中的[Lea][JLS2][JLS3][Holub00]
及《JavaWorld》2002年4月刊的内容

I1.8 线程相关的其他话题

下列与线程相关的话题会在相关章节中介绍。

- **用于取消线程处理的中断**
  （interrupt、isInterrupted、interrupted、InterruptedException）
  →第 5 章
- **线程的优先级**
  （setPriority、getPriority）
  →附录 C
- **等待线程终止**
  （join）
  →第 5 章、第 10 章

▶▶小知识："阻塞"和"被阻塞"

有时候，线程会因某些原因而无法继续运行。例如，当某线程 A 欲执行 synchronized 方法时，如果其他方法已经获取了该实例的锁，那么线程 A 就无法继续运行了。这种状态就称为"线程 A 阻塞"。

有的读者可能认为这是因外部因素而停止的，应该称为"被阻塞"，这种被动表达更容易理解。虽然本书采用的都是"阻塞"这种表达方式，但这里的"阻塞"跟"被阻塞"含义是相同的。

I1.9 本章所学知识

在本章中，我们学习了 Java 线程的相关内容。

- 何谓线程
- 线程的启动
- 线程的暂停
- 线程的互斥处理
- 线程的协作

请读者试着做一做下面的练习题，测验一下自己是否真正理解了本章所学习的内容。答案在本书附录 A 中，但是请不要直接查看答案，先自己动脑好好思考哦。

I1.10 练习题

答案请参见附录 A（P.338）

●习题 I1-1（基础知识测试）

阅读下面内容，叙述正确请打√，错误请打 ×。

（1）在 Java 程序中，至少有一个线程在运行。

（2）调用 Thread 类的 run 方法后，新的线程就会启动。

（3）start 方法和 run 方法声明在 Runnable 接口中。

（4）有时多个线程会调用同一个实例的方法。

（5）有时多个线程会调用 Thread 类的一个实例的方法。

（6）sleep 方法执行后，在指定时间内所有的线程都会暂停。

（7）某个线程在运行 synchronized 方法时，其他所有线程都会停止运行。

（8）执行 sleep 方法后的线程仅在指定时间内待在等待队列中。

（9）wait 方法的调用语句必须写在 synchronized 方法中。

（10）notifyAll 方法是 java.lang.Object 类的实例方法。

● 习题 I1-2（互斥处理）

在图 I1-4 的运行结果示例中，Good! 和 Nice! 字符串并没有像下面这样以字母为单位交错排列。

```
GoNiod!ce!
GooNdi!ce!
```

这是为什么呢？

● 习题 I1-3（线程的运行）

当下面的程序（代码清单 I1-11 和代码清单 I1-12）运行时，程序会在输出 1000 个 “*” 后，再输出 1000 个 “+”（图 I1-23）。请问，为什么输出结果并不是 “*” 和 “+” 交错混杂的呢？

代码清单 I1-11　哪里有问题（Main.java）

```
public class Main {
    public static void main(String[] args) {
        new PrintThread("*").run();
        new PrintThread("+").run();
    }
}
```

代码清单 I1-12　用于输出指定字符串的 PrintThread 类（PrintThread.java）

```
public class PrintThread extends Thread {
    private String message;
    public PrintThread(String message) {
        this.message = message;
    }
    public void run() {
        for (int i = 0; i < 1000; i++) {
            System.out.print(message);
        }
    }
}
```

图 I1-23 运行结果

●习题 I1-4（异常检测）

代码清单 I1-13 在本章的 Bank 类（代码清单 I1-10）的基础上，去掉了 synchronized 关键字，并新增了一个 check 方法。check 方法会在可用余额为负数时显示警告消息。请确认当有多个线程使用这个银行（Bank 类）时，可用余额变为负数的可能性。

代码清单 I1-13 确认可用余额变为负数的可能性（Bank.java）

```
public class Bank {
    private int money;
    private String name;
    public Bank(String name, int money) {
        this.name = name;
        this.money = money;
    }
    public void deposit(int m) {
        money += m;
    }
    public boolean withdraw(int m) {
        if (money >= m) {
            money -= m;
            check();
            return true;
        } else {
            return false;
        }
    }
    public String getName() {
        return name;
    }
```

```
    private void check() {
        if (money < 0) {
            System.out.println("可用余额为负数！ money = " + money);
        }
    }
}
```

●习题 I1-5（线程的暂停）

某人写了如下代码，想让启动的线程暂停约 1 秒。但这个代码是错误的，为什么呢？假设下面的 MyThread 就是代码清单 I1-2 中声明的那个类。

```
// 创建实例
MyThread t = new MyThread();
// 启动线程
t.start();
// 暂停已启动的线程
try {
    t.sleep(1000);
} catch (InterruptedException e) {
}
```

●习题 I1-6（互斥处理）

假设存在一个如代码清单 I1-14 这样声明的 Something 类，变量 x,y 表示 Something 类的两个不同实例。请判断下列组合是否允许多个线程同时运行，允许请画√，否则请画 ×。

代码清单 I1-14　Something 类（Something.java）

```
public class Something {
    public                     void iA() { }
    public                     void iB() { }
    public        synchronized void iSyncA() { }
    public        synchronized void iSyncB() { }
    public static              void cA() { }
    public static              void cB() { }
    public static synchronized void cSyncA() { }
    public static synchronized void cSyncB() { }
}
```

（1）x.iA(); 与 x.iA();

（2）x.iA(); 与 x.iB();

（3）x.iA(); 与 x.iSyncA();

（4）x.iSyncA(); 与 x.iSyncA();

（5）x.iSyncA(); 与 x.iSyncB();

（6）x.iSyncA(); 与 y.iSyncA();

（7）x.iSyncA(); 与 y.iSyncB();

（8）x.iSyncA(); 与 Something.cA();

（9）x.iSyncA(); 与 Something.cSyncA();

（10）Something.cSyncA(); 与 Something.cSyncA();

（11）Something.cSyncA(); 与 Something.cSyncB();

（12）x.cSyncA(); 与 y.cSyncB();

序章 2

多线程程序的评价标准

I2.1　多线程程序的评价标准

如果你对程序的评价仅仅停留在“这个程序写得好”“这个程序写得差”的程度，那么你就无法深入研究程序。不能只是单纯地指出“好与差”，而应该遵照一个评价标准，指出程序“好在哪儿、差在哪儿”。

本章将根据 Doug Lea 的分类，探讨多线程程序的评价标准。详细内容请参见附录 G 中的 [Lea]。

安全性——不损坏对象

所谓安全性（safety）就是不损坏对象。这是程序正常运行的必要条件之一。

对象损坏只是一种比喻，实际上，对象是内存上的一种虚拟事物，并不会实际损坏。对象损坏是指对象的状态和设计者的原意不一致，通常是指对象的字段的值并非预期值。

以序章 1 中介绍的银行账户为例，假设银行账户的可用余额变为了负数，而设计者此前并没有设想它会变为负数。这时就可以说，表示银行账户的对象“损坏”了。

如果一个类即使被多个线程同时使用，也可确保安全性，那么这个类就称为线程安全（thread-safe）类。由于类库中还存在着非线程安全的类，所以在多线程程序中使用类时一定要特别注意。例如，`java.util.Vector` 类是线程安全的类，而 `java.util.ArrayList` 则是非线程安全的类。一般在 API 文档中能够查到各个类是否是线程安全的。

▶▶ 小知识：线程安全和线程兼容

`ArrayList` 虽然是非线程安全的，但通过执行适当的互斥处理，也可以安全地使用。附录 G 中的 [Bloch] 将此种情况称为线程兼容（thread-compatible）。详细内容请参见 [Bloch] 中的第 52 项。

另外，本书 2.7 节会展示一个对 `ArrayList` 执行适当的互斥处理的程序。

▶▶ 小知识：synchronized 和线程安全

某个线程是线程安全的还是非线程安全的，与这个类的方法是否是 `synchronized` 方法无关。javadoc 生成的 API 文档中也并未明确标注 `synchronized`，因为 `synchronized` 仅是具体编写方法时的信息而已。

生存性——必要的处理能够被执行

生存性（liveness）是指无论是什么时候，必要的处理都一定能够被执行。这也是程序正常运行的必要条件之一（也有人也将 liveness 翻译为“**活性**”）。

即使对象没有损坏，也不代表程序就一定好。极端一点说，假如程序在运行过程中突然停止了，这时，由于处理已经停止，对象的状态就不会发生变化了，所以对象状态也就不会异常。这虽然符合前面讲的“安全性”条件，但无法运行的程序根本没有任何意义。无论是什么时候，必要的处理都一定能够被执行——这就是生存性。

有时候安全性和生存性会相互制约。例如，有时只重视安全性，生存性就会下降。最典型的事例就是死锁（deadlock），即多个线程互相等待对方释放锁的情形。关于死锁的详细内容将在第 1 章“Single Threaded Execution 模式”中讲解。

可复用性——类可重复利用

可复用性（reusability）是指类能够重复利用。这虽然不是程序正常运行的必要条件，但却是提高程序质量的必要条件。

类如果能够作为组件从正常运行的软件中分割出来，那么就说明这个类有很高的可复用性。

在编写多线程程序时，如果能够巧妙地将线程的互斥机制和方针隐藏到类中，那这就是一个可复用性高的程序。J2SE 5.0 中引入的 `java.util.concurrent` 包中就提供了便于多线程编程的可复用性高的类。

性能——能快速、大批量地执行处理

性能（performance）是指能快速、大批量地执行处理。这也不是程序正常运行的必要条件，但却是提高程序质量时应该考虑的条件。

影响性能的因素有好多种。下面是从 Doug Lea 的性能分类中摘录出的主要部分。

吞吐量（throughput）是指单位时间内完成的处理数量。能完成的处理越多，则表示吞吐量越大。

响应性（responsiveness）是指从发出请求到收到响应的时间。时间越短，响应性也就越好。在 GUI 程序中，相比于到处理“结束”时的时间，到处理“开始”时的时间更为重要。前者是指实际处理所花费的时间，而后者是到程序开始响应用户所花费的时间。相比于按下按钮后无任何反应，10 秒后才提示“处理完毕”这种方式，在按下按钮时立刻提示“处理开始”这种方式的响应性更高，即便到处理结束花费的时间稍多一点也没关系。响应性好也称为等待时间（latency）短。

容量（capacity）是指可同时进行的处理数量。例如，服务器能同时处理的客户端数或文件数等。

其他的诸如效率（efficiency）、可伸缩性（scalability）、降级（degradation）等，也可作为性能的评价标准。

有时候，这些要素之间会相互制约（也就是常说的有得必有失）。例如，如果要提高吞吐量，那么在很多情况下，程序的响应性就会下降。就像我们为了提高工作量而目不转睛地干活时，如果有人打招呼，那我们的反应就会慢半拍这样。反应慢半拍也就是说响应性变低了。另外，如果要提高安全性，那么性能就可能会下降（如吞吐量变小）。这就好比是为了防止混乱而减少一次处理的工作量时，一定时间内能处理的工作量自然而然地就变少了。

评价标准总结

安全性（safety）和生存性（liveness）是必须遵守的标准。既不能损坏对象，也一定要执行必要的处理。设计多线程系统时，请务必遵守安全性和生存性这两个标准。

重要的是，还要在满足这两个必要条件的基础上，考虑**如何提高可复用性（reusability）和性能（performance）**。

本书遵从下列评价标准来分析各个模式。

- 安全性和生存性：必要条件
- 可复用性和性能：提高质量

另外，在设计模式时使用的评价标准也称为**约束力（force）**。约束力是设计者面对的“限制”

和“压力”。尤其是在与并发相关的模式中，安全性、生存性、可复用性和性能都应该算是特别重要的约束力。

I2.2 本章所学知识

在本章中，我们学习了多线程程序的评价标准，同时也了解到这些评价标准有时是互相制约的。

下一章将正式开始介绍各个模式。在这之前先来做做下面的练习题，测验一下自己是否真正理解了本章所学习的内容吧。

I2.3 练习题

答案请参见附录 A（P.341）

●习题 I2-1（评价标准应用）

请参照本章讲述的评价标准分析一下下列表述。

（1）在方法中一概加上 synchronized 就“好”。

（2）synchronized 方法中进入了无限循环，这程序“不好”。

（3）由于程序错误，启动了 100 个只是进行无限循环的线程，但这些线程也不过是在循环执行而已，所以还算“好”吧。

（4）这个服务器每次只能连接一个客户端，请将该服务器改“好”一点。

（5）这个查找程序可真够“差”的，一旦查找开始，在全部查找完毕之前都无法取消。

（6）这样的话，线程 A 和线程 B 就都需要互斥处理，这点“不好”。

●习题 I2-2（吞吐量）

如果把线程个数变为 2 倍，那么吞吐量是不是也会变为 2 倍呢？

第 1 章 Single Threaded Execution 模式

能通过这座桥的只有一个人

1.1 Single Threaded Execution 模式

有一座独木桥，非常细，每次只允许一个人经过。如果这个人还没有走到桥的另一头，则下一个人无法过桥。如果同时有两个人上桥，桥就会塌掉，掉进河里。

本章，我们将学习 Single Threaded Execution 模式。所谓 Single Threaded Execution 模式，意即“以一个线程执行”。就像独木桥同一时间内只允许一个人通行一样，该模式用于设置限制，以确保同一时间内只能让一个线程执行处理。

Single Threaded Execution 模式是多线程程序设计的基础，请务必学好它。

Single Threaded Execution 有时候也称为临界区（critical section）或临界域（critical region）。Single Threaded Execution 这个名称侧重于执行处理的线程（过桥的人），而临界区或临界域的名称则侧重于执行范围（人过的桥）。

1.2 示例程序 1：不使用 Single Threaded Execution 模式的程序

首先，我们来看一个应该使用 Single Threaded Execution 模式却没有使用的程序，体会一下在多线程下无法正确执行的程序会引发什么现象。

该程序模拟的是三个人频繁地通过一个只允许一个人经过的门的情形（图 1-1）。当人们通过门的时候，统计人数便会递增。另外，程序还会记录通行者的“姓名与出生地”。

该程序使用到的类如表 1-1 所示。

图 1-1 一次只允许一个人经过的门

表 1-1 类的一览表

名字	说明
Main	创建门，并让三个人不断地通过的类
Gate	表示门的类。它会在人们通过门时记录其姓名与出生地
UserThread	表示人的类。人们将不断地通过门

Main 类

Main 类（代码清单 1-1）将创建一个门（Gate），并让三个人（UserThread）不断地通过。首先 Main 类会创建 Gate 类的实例，并将该实例作为参数传递给 UserThread 类的构造函数，意即告诉人们“请通过这个门”。

三名通行者分别如下。

- Alice：出生于 Alaska（阿拉斯加）
- Bobby：出生于 Brazil（巴西）
- Chris：出生于 Canada（加拿大）

为了便于一一对应，每个人的名字与出生地的首字母都设置成了相同的。

主线程会创建三个 UserThread 类的实例，并调用 start 方法启动这些线程。

代码清单 1-1　Main 类（Main.java）

```
public class Main {
    public static void main(String[] args) {
        System.out.println("Testing Gate, hit CTRL+C to exit.");
        Gate gate = new Gate();
        new UserThread(gate, "Alice", "Alaska").start();
        new UserThread(gate, "Bobby", "Brazil").start();
        new UserThread(gate, "Chris", "Canada").start();
    }
}
```

该程序收录在本书配套的源代码 SingleThreadedExecution/Sample1 中

非线程安全的 Gate 类

Gate 类（代码清单 1-2）表示的是人通过的门。

counter 字段表示的是到目前为止已经通过这道门的“人数”。name 字段表示的是最后一个通行者的“姓名”，address 字段则表示该人的“出生地”。

pass 方法表示的是通过门。这个方法会将表示通过人数的 counter 字段的值递增 1，并将参数中传入的通行者的姓名与出生地分别赋给 name 字段与 address 字段。

```
this.name = name;
```

在上面这行赋值语句中，左边的 name 是 gate 类的实例的字段，而右边的 name 则是 pass 方法的参数。

toString 方法会返回表示门当前状态的字符串。如下所示，该字符串包含当前状态下的 counter、name、address 这三个字段的值。

```
"No.123: Alice, Alaska"
```

- 123 —— counter 字段的值
- Alice —— name 字段的值
- Alaska —— address 字段的值

check 方法用于检查门的当前状态（最后一个通行者的记录数据）是否正确。如果姓名

（name）与出生地（address）首字母不同，那么说明记录数据是异常的。当发现记录数据异常时，则显示如下字符串，并显示通过 toSring 方法获取的门的状态。Broken 就是“出错了”的意思。

```
***** BROKEN *****
```

该 Gate 类在单线程时可以正常运行，但在多线程下就无法正常运行。由于代码清单 1-2 中 Gate 类是非线程安全的，所以我们无法保证程序是安全的（本章 1.3 节对其进行了修正）。

代码清单 1-2 非线程安全的 Gate 类（Gate.java）

```
public class Gate {
    private int counter = 0;
    private String name = "Nobody";
    private String address = "Nowhere";
    public void pass(String name, String address) {
        this.counter++;
        this.name = name;
        this.address = address;
        check();
    }
    public String toString() {
        return "No." + counter + ": " + name + ", " + address;
    }
    private void check() {
        if (name.charAt(0) != address.charAt(0)) {
            System.out.println("***** BROKEN ***** " + toString());
        }
    }
}
```

该程序收录在本书配套的源代码 SingleThreadedExecution/Sample1 中

UserThread 类

UserThread 类（代码清单 1-3）表示的是不断通过门的人。这个类被声明为了 Thread 类的子类。

gate 字段表示的是人们要通过的门，myname 字段表示的是姓名，myaddress 表示的则是出生地。由于这几个字段在构造函数中初始化之后就不会再被赋值，所以我们可以将其声明为 final 字段。将不想被重复赋值的字段声明为 final 字段是一种良好的编程习惯。如果事先将字段声明为 final 字段，那么即使该字段在程序中不小心被再次赋值，编译的时候也会被检查出来。这种不在字段声明时赋初始值，而是在构造函数中将字段初始化的形式在 Java 里叫作 Blank Final（空白 final）。

▶▶小知识：final 与创建线程安全的实例

从创建线程安全的实例这个角度来看，将字段声明为 final 是非常重要的。详细内容请参见附录 B。

在 run 方法中，线程首先显示通行者姓名与 BEGIN 字样，随后执行 while 无限循环，并在循环中反复调用 pass 方法来表示这个人在门里不断地穿梭通过。

代码清单 1-3　UserThread 类（UserThread.java）

```
public class UserThread extends Thread {
    private final Gate gate;
    private final String myname;
    private final String myaddress;
    public UserThread(Gate gate, String myname, String myaddress) {
        this.gate = gate;
        this.myname = myname;
        this.myaddress = myaddress;
    }
    public void run() {
        System.out.println(myname + " BEGIN");
        while (true) {
            gate.pass(myname, myaddress);
        }
    }
}
```

该程序收录在本书配套的源代码 SingleThreadedExecution/Sample1 中

执行起来看看……出错了

当这个程序执行时，时间点不同，生成的结果也会不一样，比如会出现图 1-2 所示的结果。下面我们参照图 1-2 好好思考一下多线程程序。

图 1-2　运行结果示例

```
Testing Gate, hit CTRL+C to exit.
Alice BEGIN
Bobby BEGIN
Chris BEGIN
***** BROKEN ***** No.1010560: Bobby, Brazil
***** BROKEN ***** No.1753974: Alice, Alaska
***** BROKEN ***** No.2179746: Bobby, Canada
***** BROKEN ***** No.3440418: Bobby, Brazil
***** BROKEN ***** No.3864350: Chris, Canada
***** BROKEN ***** No.5948274: Bobby, Brazil
***** BROKEN ***** No.6289207: Chris, Canada
***** BROKEN ***** No.7969382: Alice, Alaska
（以下省略。按 CTRL+C 终止程序）
```

◆ Gate 类是非线程安全的

开始时，与 Alice、Bobby、Chris 相应的 BEGIN 都分别显示了出来，但之后便不断出现 ****** BROKEN *****。这是 Gate 类中的检查方法 check 输出的字符串。当最后一个通行者的姓名与出生地首字母不同时，程序便会输出该字符串。但如果仔细观察，你会发现即使首字母相同，也会输出这段字符串。关于原因，我们将在后文解释。

这样看来，当代码清单 1-2 中的 Gate 类的实例被多个线程使用时，运行结果会与预期不一致。也就是说，这个 Gate 类是不安全的，是非线程安全类。

◆测试也无法证明安全性

另外，从图 1-2 中是不是还可以看出点什么呢？请仔细看一下 counter 的值，最开始显示 BROKEN 的时候，counter 的值已经变为了 1010560。也就是说，在检查出第一个错误的时候，三人已经穿梭 100 万次以上了。

在这里，因为 UserThread 类的 run 方法执行的是无限循环，所以才检查出了错误。但是，如果只测试几次，不，就算是几万次，也找不出错误。

这就是多线程程序设计的难点之一。如果检查出错误，那么说明程序并不安全。但是，就算没检查出错误，也不能说程序就一定是安全的。测试次数不够、时间点不对，都有可能检查不出错误。一般来说，操作测试并不足以证明程序的安全性。操作测试（操作试验）只不过是为了提高“程序也许安全”的概率而已。

◆调试信息也不可靠

不知大家有没有注意到图 1-2 中还有一个很奇怪的现象，比如下面这行信息。

```
***** BROKEN ***** No.1010560: Bobby, Brazil
```

虽然此处输出了 BROKEN 信息，但姓名（Bobby）和出生地（Brazil）首字母是一样的。尽管显示了 BROKEN，但调试信息好像并没有错。

在如图 1-2 所示的运行结果示例中，姓名和出生地首字母真正不同的其实只有下面这一行。

```
***** BROKEN ***** No.2179746: Bobby, Canada
```

导致这种现象的原因是，在某个线程执行 check 方法时，其他线程不断执行 pass 方法，改写了 name 字段和 address 字段的值。

这也是多线程程序设计的难点之一。如果显示调试信息的代码本身就是非线程安全的，那么显示的调试信息就很可能是错误的。

▶▶小知识：代码评审

如果连操作测试和调试信息都无法确保安全性，那就进行代码评审吧。多个人一起仔细阅读代码，确认是否会发生问题，这是确保程序安全性的一个有效方法。

为什么会出错呢

那么我们来好好看一下，为什么使用代码清单 1-2 中的 Gate 类时程序会显示 BROKEN 呢？这是因为 pass 方法会被多个线程执行。pass 方法包含下面四条语句。

```
this.counter++;
this.name = name;
this.address = address;
check();
```

这里简化一下，只考虑两个线程（Alice 和 Bobby）。在这两个线程执行 pass 方法时，上面这四条语句有可能是交错执行的[①]。比如，按照图 1-3 的顺序执行后，在将要调用 check 方法时，

① 此处是以语句作为线程操作的基本单位，但实际上线程有时会以更小的单位进行切换。

name 会变为 "Alice"，而 address 会变为 "Brazil"，这时就会显示 BROKEN。

或者，如果按照图 1-4 的顺序执行，那么在将要调用 check 方法时，name 会变为 "Bobby"，而 address 会变为 "Alaska"，这时也会显示 BROKEN。

图 1-3　线程 Alice 和线程 Bobby 执行 pass 方法的情形（1）

线程 Alice	线程 Bobby	this.name 的值	this.address 的值
this.counter++;	this.counter++;	（之前的值）	（之前的值）
	this.name = name;	**"Bobby"**	（之前的值）
this.name = name;		**"Alice"**	（之前的值）
this.address = address;		"Alice"	**"Alaska"**
	this.address = address;	"Alice"	**"Brazil"**
check();	check();	"Alice"	"Brazil"
		***** BROKEN *****	

（时间流逝顺序为自上而下）

图 1-4　线程 Alice 和线程 Bobby 执行 pass 方法的情形（2）

线程 Alice	线程 Bobby	this.name 的值	this.address 的值
this.counter++;	this.counter++;	（之前的值）	（之前的值）
this.name = name;		**"Alice"**	（之前的值）
	this.name = name;	**"Bobby"**	（之前的值）
	this.address = address;	"Bobby"	**"Brazil"**
this.address = address;		"Bobby"	**"Alaska"**
check();	check();	"Bobby"	"Alaska"
		***** BROKEN *****	

在上面这两种情况下，字段 name 和字段 address 的值都与预期相反。

通常情况下，线程并不会考虑其他线程的操作，而是自己一直跑下去。线程 Bobby 对“线程 Alice 现在正处于给 name 赋值和给 address 赋值这两个操作之间”的情况并不知情。

示例程序 1 之所以会显示 BROKEN，是因为线程改写共享的实例字段时并未考虑其他线程的操作。

对于 name 字段，两个相互竞争的线程中获胜的一方会先写入值。对于 address 字段同样如此，两个线程会再次竞争，获胜的一方先写入值。这也就是所谓的数据竞争（data race）。此时，各字段的值都无法预测。

以上便是程序不使用 Single Threaded Execution 模式时的情况。

1.3　示例程序 2：使用 Single Threaded Execution 模式的程序

接下来，我们将代码清单 1-2 中的 Gate 类修改为线程安全的类。这里，其他的类（Main 和 UserThread）并不需要修改。

线程安全的 Gate 类

代码清单 1-4 就是线程安全的 Gate 类。其中有两处修改，即分别在 pass 方法和 toString

方法前面加上了 synchronized。这样一来，Gate 类就变成了线程安全的类。

代码清单 1-4 线程安全的 Gate 类（Gate.java）

```
public class Gate {
    private int counter = 0;
    private String name = "Nobody";
    private String address = "Nowhere";
    public synchronized void pass(String name, String address) {
        this.counter++;
        this.name = name;
        this.address = address;
        check();
    }
    public synchronized String toString() {
        return "No." + counter + ": " + name + ", " + address;
    }
    private void check() {
        if (name.charAt(0) != address.charAt(0)) {
            System.out.println("***** BROKEN ***** " + toString());
        }
    }
}
```

该程序收录在本书配套的源代码 SingleThreadedExecution/Sample2 中

运行结果如图 1-5 所示，无论等多久，都不会显示 BROKEN。按 CTRL+C 可终止程序。虽说这样也无法证明 Gate 类的安全性，但可以说它安全的可能性很高。

图 1-5 运行结果

```
Testing Gate, hit CTRL+C to exit.
Alice BEGIN
Bobby BEGIN
Chris BEGIN
（无论等多久都不会显示 BROKEN。按 CTRL+C 终止程序）
```

synchronized 的作用

为什么将 pass 方法和 toString 方法修改为 synchronized 方法后，BROKEN 就不再显示了呢？

前面讲过，之所以会显示 BROKEN，是因为 pass 方法中的代码被多个线程交错执行。

而 synchronized 方法能够确保该方法同时只能由一个线程执行。也就是说，在线程 Alice 执行 pass 方法时，线程 Bobby 就无法再执行 pass 方法。在线程 Alice 执行完 pass 方法之前，线程 Bobby 就阻塞在 pass 方法的入口处。线程 Alice 执行完 pass 方法，释放锁之后，线程 Bobby 才能够开始执行 pass 方法。

将 pass 方法声明为 synchronized 方法之后，绝对不会再出现图 1-3 和图 1-4 那样的情况，将会出现的是图 1-6 或图 1-7 这样的情况。

关于在 toString 方法的前面加上 synchronized，而未在 check 方法前面加上 synchronized 的原因，我们留到本章习题 1-3 中再思考。

图 1-6 线程 Alice 和线程 Bobby 执行 synchronized 修饰的 pass 方法的情形（1）

线程 Alice	线程 Bobby	this.name 的值	this.address 的值
【获取锁】			
`this.counter++;`		（之前的值）	（之前的值）
`this.name = name;`		**"Alice"**	（之前的值）
`this.address = address;`		"Alice"	**"Alaska"**
`check();`		"Alice"	"Alaska"
【释放锁】			
	【获取锁】		
	`this.counter++;`	"Alice"	"Alaska"
	`this.name = name;`	**"Bobby"**	"Alaska"
	`this.address = address;`	"Bobby"	**"Brazil"**
	`check();`	"Bobby"	"Brazil"
	【释放锁】		

图 1-7 线程 Alice 和线程 Bobby 执行 synchronized 修饰的 pass 方法的情形（2）

线程 Alice	线程 Bobby	this.name 的值	this.address 的值
	【获取锁】		
	`this.counter++;`	（之前的值）	（之前的值）
	`this.name = name;`	**"Bobby"**	（之前的值）
	`this.address = address;`	"Bobby"	**"Brazil"**
	`check();`	"Bobby"	"Brazil"
	【释放锁】		
【获取锁】			
`this.counter++;`		"Bobby"	"Brazil"
`this.name = name;`		**"Alice"**	"Brazil"
`this.address = address;`		"Alice"	**"Alaska"**
`check();`		"Alice"	"Alaska"
【释放锁】			

1.4 Single Threaded Execution 模式中的登场角色

相信通过上面的示例程序，各位读者已经对 Single Threaded Execution 模式有了初步了解。接下来我们抛开具体的代码，使用更常见的表达方式，来归纳一下 Single Threaded Execution 模式。

◆SharedResource（共享资源）

Single Threaded Execution 模式中出现了一个发挥 SharedResource（共享资源）作用的类。在示例程序 2 中，由 `Gate` 类扮演 SharedResource 角色。

SharedResource 角色是可被多个线程访问的类，包含很多方法，但这些方法主要分为如下两类。

- safeMethod：多个线程同时调用也不会发生问题的方法
- unsafeMethod：多个线程同时调用会发生问题，因此必须加以保护的方法

对于 safeMethod（安全的方法），我们无需特殊考虑。

而 unsafeMethod（不安全的方法）在被多个线程同时执行时，实例状态有可能会发生分歧。这时就需要保护该方法，使其不被多个线程同时访问。

Single Threaded Execution 模式会保护 unsafeMethod，使其同时只能由一个线程访问。Java 则是通过将 unsafeMethod 声明为 `synchronized` 方法来进行保护。

我们将只允许单个线程执行的程序范围称为临界区。

类图如图 1-8 所示，Timethreads 图如图 1-9 所示。

图 1-8 Single Threaded Execution 模式的类图

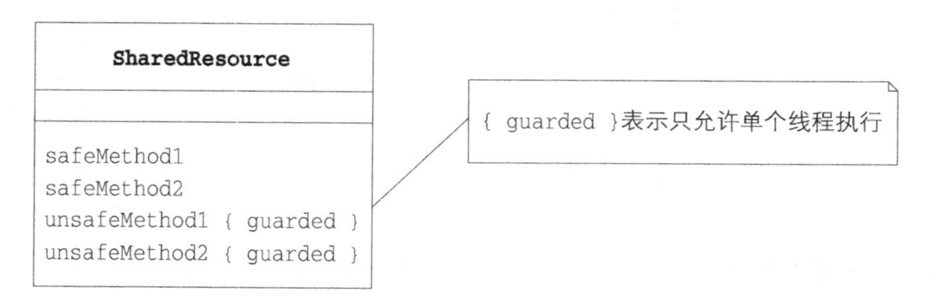

图 1-9 Single Threaded Execution 模式的 Timethreads 图

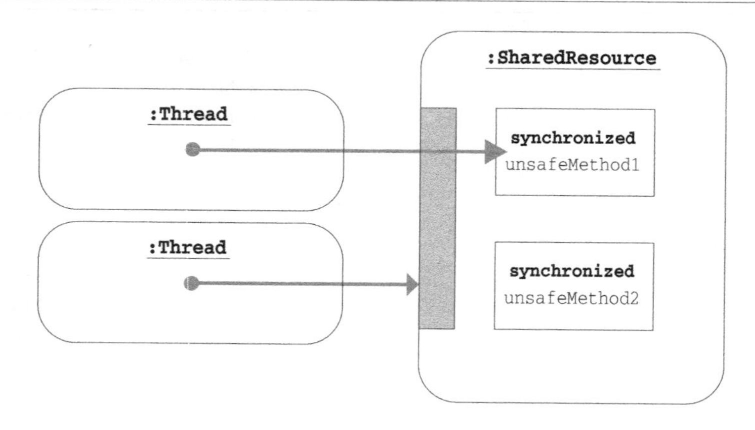

1.5 拓展思路的要点

何时使用（可使用 Single Threaded Execution 模式的情况）

Single Threaded Execution 模式该在哪些情况下使用呢？

◆多线程时

单线程程序中并不需要使用 Single Threaded Execution 模式，因此也就无需使用 `synchronized` 方法。

当然，在单线程程序中使用 `synchronized` 方法并不会破坏程序的安全性。但是，调用 `synchronized` 方法要比调用一般方法花费时间，这会稍微降低程序性能。

在单线程程序中使用 `synchronized` 方法，就好比一个独居的人在家上厕所时还将厕所门锁上一样。既然是一个人生活，那么即使不锁，也不用担心有谁会突然打开厕所门。

◆多个线程访问时

当 ShareResource 角色的实例有可能被多个线程同时访问时，就需要使用 Single Threaded Execution 模式。

即便是多线程程序，如果所有线程都是完全独立操作的，那么也无需使用 Single Threaded Execution 模式。这种状态称为线程互不干涉（interfere）。

在某些处理多个线程的框架中，有时线程的独立性是由框架控制的。这时，框架使用者也就无需再考虑是否使用 Single Threaded Execution 模式。

◆状态有可能发生变化时

之所以需要使用 Single Threaded Execution 模式，是因为 ShareResource 角色的状态会发生变化。

如果在创建实例后，实例的状态再也不会发生变化，那就无需使用 Single Threaded Execution 模式。

第 2 章将介绍的 Immutable 模式就相当于这种情形。在 Immutable 模式中，实例的状态不会发生变化，所以也就无需使用 `synchronized` 方法。

◆需要确保安全性时

当然，只有在需要确保安全性时，才需要使用 Single Threaded Execution 模式。

例如，Java 的集合类大多都是非线程安全的。这是为了在不需要考虑安全性的时候提高程序运行速度。对于非线程安全的类，API 文档中都进行了明确标记。

因此，用户在使用类时，需要考虑自己要用的类是否是线程安全的。

▶▶小知识：线程安全的方法

Java 提供了下列方法，这些方法可以确保集合类为线程安全的。

- `synchronizedCollection` 方法
- `synchronizedList` 方法
- `synchronizedMap` 方法
- `synchronizedSet` 方法
- `synchronizedSortedMap` 方法
- `synchronizedSortedSet` 方法

其中，本书 2.7 节中展示了 `synchronizedList` 的使用示例。详细内容请参见 `java.util.Collections` 的 API 文档。

生存性与死锁

现在我们来思考一下 Single Threaded Execution 模式的生存性。

在使用 Single Threaded Execution 模式时，会存在发生死锁的危险。

死锁是指两个线程分别持有着锁，并相互等待对方释放锁的现象。发生死锁的线程都无法再继续运行，程序也就失去了生存性。

打个比方，假如 Alice 和 Bobby 一起吃大盘子中的意大利面，而盘子旁边只有一把勺子和一把叉子，但是要想吃意大利面，勺子和叉子又缺一不可。

仅有的一把勺子被 Alice 拿走了，而仅有的一把叉子被 Bobby 拿走了，于是……

- 拿着勺子的 Alice 一直等着 Bobby 放下叉子
- 拿着叉子的 Bobby 一直等着 Alice 放下勺子

Alice 和 Bobby 就这样面面相觑，谁也吃不了。像这样，多个线程僵持下去，无法运行的状态就称为死锁。

在 Single Threaded Execution 模式中，满足下列条件时，死锁就会发生。

（1）存在多个 SharedResource 角色

（2）线程在持有着某个 SharedResource 角色的锁的同时，还想获取其他 SharedResource 角色的锁

（3）获取 SharedResource 角色的锁的顺序并不固定（SharedResource 角色是对称的）

下面以吃不到意大利面的两个人为例来思考一下。

（1）多个 SharedResource 角色也就相当于勺子和叉子

（2）在持有着某个 SharedResource 角色的锁的同时还去获取其他 SharedResource 角色的锁，也就相当于握着勺子，还想拿到对方的叉子，或者握着叉子，还想拿到对方的勺子

（3）SharedResource 角色是对称的，相当于“拿勺子→拿叉子”和“拿叉子→拿勺子”这两种操作。也就是说勺子和叉子二者并不分优先顺序

只要破坏（1）、（2）、（3）中的一个条件，就可以防止死锁发生。具体程序留到本章习题 1-6 中再思考。

可复用性和继承反常

现在我们来思考一下 Single Threaded Execution 模式的可复用性。

假设现在要编写一个 SharedResource 角色的子类。如果子类能够访问 SharedResource 角色的字段，那么编写子类的开发人员就可能会不小心编写出无保护的 unsafeMethod。即使能够确保好不容易编写的 SharedResource 角色的安全性，在子类化时还是有可能会失去安全性。如果不将包含子类在内的所有 unsafeMethod 都声明为 `synchronized` 方法，就无法确保 SharedResource 角色的安全性。

在面向对象的程序设计中，伴随子类化而出现的“继承”起着非常重要的作用。但对于多线程程序设计来说，继承会引起一些麻烦的问题。我们通常称之为继承反常（inheritance anomaly）。

临界区的大小和性能

一般情况下，Single Threaded Execution 模式会降低程序性能，原因有如下两个方面。

◆理由（1）：获取锁花费时间

进入 `synchronized` 方法时，线程需要获取对象的锁，该处理会花费时间。

如果 SharedResource 角色的数量减少了，那么要获取的锁的数量也会相应地减少，从而就能够抑制性能的下降了。

◆理由（2）：线程冲突引起的等待

当线程Alice执行临界区内的处理时，其他想要进入临界区的线程会阻塞。这种状况称为线程冲突（conflict）。发生冲突时，程序的整体性能会随着线程等待时间的增加而下降。

如果尽可能地缩小临界区的范围，降低线程冲突的概率，那么就能够抑制性能的下降。

▶▶小知识：不易发生线程冲突的 ConcurrentHashMap

即使是拥有相似功能的类库，也会存在是否易于发生线程冲突的区别。例如，java.util.Hashtable和java.util.concurrent.ConcurrentHashMap两者功能相似，都是线程安全的类，但其相应的方法却并不一样。

Hashtable中的所有方法都采用Single Threaded Execution模式，而ConcurrentHashMap则将内部数据结构分成多段，针对各段操作的线程互不相干，因而也就无需针对其他线程执行互斥处理。这样看来，Hashtable更容易发生线程冲突。

但是，实际性能和运行环境也紧密相关，也不是说在任何情况下ConcurrentHashMap就一定是有利的。请注意这一点。

1.6 相关的设计模式

许多与多线程、并发性相关的模式都跟Single Threaded Execution模式有关联。

Guarded Suspension 模式（第3章）

在Single Threaded Execution模式中，是否发生线程等待取决于“是否有其他线程正在执行受保护的unsafeMethod”。

而在Guarded Suspension模式中，是否发生线程等待取决于“对象的状态是否合适”。

另外，在构建Guarded Suspension模式时，“检查对象状态”部分就使用了Single Threaded Execution模式。

Read-Write Lock 模式（第6章）

在Single Threaded Execution模式中，如果受保护的unsafeMethod正在被一个线程执行，那么想要执行该方法的其他所有线程都必须等待该线程执行结束。

而在Read-Write Lock模式中，多个线程可以同时执行read方法。这时要进行等待的只有想要执行write方法的线程。

另外，在构建Read-Write Lock模式时，“检查线程种类和个数”部分就使用了Single Threaded Execution模式。

Immutable 模式（第2章）

在Single Threaded Execution模式中，unsafeMethod必须要加以保护，确保只允许一个线程执行。

而Immutable模式中的Immutable角色，其对象的状态不会发生变化。因此，所有方法都无需进行保护。换而言之，Immutable模式中的所有方法都是safeMethod。

Thread-Specific Storage 模式（第 11 章）

在 Single Threaded Execution 模式中，会有多个线程访问 SharedResource 角色。所以，我们需要保护方法，对线程进行交通管制。

而 Thread-Specific Storage 模式会确保每个线程都有其固有的区域，且这块固有区域仅由一个线程访问，所以也就无需保护方法。

1.7 延伸阅读 1：关于 synchronized

下面深入讲解一下 Java 中的 synchronized。

synchronized 语法与 Before/After 模式

不管是 synchronized 方法，还是 synchronized 代码块，都如代码清单 1-5 和代码清单 1-6 这样，是由“{”和“}”括起来的代码块。

代码清单 1-5 synchronized 方法

```
synchronized void method() {
    ...
}
```

代码清单 1-6 synchronized 代码块

```
synchronized (obj) {
    ...
}
```

无论哪种，都可以看作在“{”处获取锁，在“}”处释放锁。下面我们来比较一下使用 synchronized 的代码与显式处理锁的代码。假设存在一个获取锁的 lock 方法和一个释放锁的 unlock 方法。

如代码清单 1-7 所示，在方法开头调用 lock，在方法结尾调用 unlock，这就和使用了 synchronized 的代码的功能一样了。

代码清单 1-7 显示处理锁的方法

```
void method() {
    lock();
    ...
    unlock();
}
```

大家是不是认为“这虽然看起来有点复杂，但和使用 synchronized 的代码也没有什么大的区别”呢？其实区别很大。问题主要在于省略的部分。如果在调用 lock 方法和调用 unlock 方法之间存在 return，那么锁就有可能无法被释放（代码清单 1-8）。

代码清单 1-8 存在 return 时，锁无法被释放

```
void method() {
    lock();
```

```
    if （条件表达式）{
        return;        // 此处如果执行 return，unlock() 就不会被调用
    }
    unlock();
}
```

大家也许会想“注意不要设置 return 语句不就好了么”。并不是这样的，因为问题并不仅仅在于 return 语句，**异常处理**同样也是一个问题。调用的方法（或者该方法调用的方法）抛出异常时，锁也可能无法被释放。

代码清单 1-9　doMethod 抛出异常时，锁无法被释放

```
void method() {
    lock();
    doMethod();        // 如果该方法中抛出异常，unlock() 就不会被调用
    unlock();
}
```

相对地，synchronized 方法和 synchronized 代码块无论是执行 return 还是抛出异常，都一定能够释放锁。

如果想让一个方法能够同时成对执行 lock() 和 unlock()，即“该方法在调用 lock() 后，无论执行什么操作，unlock() 都会被调用”，那么可以像下面这样使用 finally（也就是“最后”的意思）。

代码清单 1-10　调用 lock 方法之后，无论执行什么操作，都会调用 unlock 方法

```
void method() {
    lock();
    try {
        ...
    } finally {
        unlock();
    }
}
```

不管代码清单 1-10 中省略的部分是执行 return、抛出异常，还是其他任何操作，finally 部分都会被调用到，这是 Java 规范。

finally 的这种用法是 Before/After 模式（事前 / 事后模式）的实现方法之一。关于 Before/After 模式，我们将通过第 6 章中的习题 6-5 了解一下。

synchronized 在保护着什么

如果我们在阅读程序时看到了 synchronized，一定要思考一下“这个 synchronized 在保护着什么”。

不管是 synchronized 方法，还是 synchronized 代码块，其中的 synchronized 一定在保护着什么。例如，在代码清单 1-4 中，我们将 pass 声明为了 synchronized 方法。这个 synchronized 就保护着 Gate 类中的 counter、name 和 address 这三个字段，确保这些字段不可被多个线程同时访问。

在明确了“保护着什么”之后，接下来就需要思考“其他地方也妥善保护了吗”。

当多个地方都使用字段时，虽然这边使用了 synchronized 保护，但如果那边没有保护，那

这个字段最终还是没有被保护。就像虽然把前门和后门都锁好了，但如果窗户开着，那还是没有任何意义一样。

现在我们再来看一下代码清单 1-4。pass 方法和 toSring 方法确实声明为了 synchronized，保护着字段。但 check 方法也用到了 name 字段和 address 字段，却未声明为 synchronized。那这是否就是打开的窗户了呢？

并不是。因为只有 pass 方法调用了 check 方法，而 pass 方法已经声明为了 synchronized。另外，由于 check 方法声明为了 private，所以从该类外部并不可以调用该方法。因此，check 方法无需声明为 synchronized（虽然声明为 synchronized 也没关系，但可能会降低性能）。

synchronized 就像是门上的锁。当看到门上了锁时，我们还应该确认其他的门和窗户是不是都锁好了。只要是访问多个线程共享的字段的方法，就需要使用 synchronized 进行保护。

该以什么单位来保护呢

这里我们接着对前面介绍的“保护着什么”进行更深一层的思考。如果在代码清单 1-4 中加上下面这个 synchronized 方法，会怎么样呢？

```
public synchronized void setName(String name) {
    this.name = name;
}
public synchronized void setAddress(String address) {
    this.address = address;
}
```

这两个方法确实都是 synchronized 方法，但如果加上这两个方法，Gate 类就不安全了。

为什么呢？因为在 Gate 类中，姓名和出生地必须一起赋值。我们将 pass 方法声明为 synchronized，就是为了防止多个线程交错执行赋值操作（图 1-6、图 1-7）。如果定义像 setName 和 setAddress 这样的方法，线程就会分别给字段赋值。在保护 Gate 类时，如果不将字段合在一起保护，那就没有意义了。

使用哪个锁保护

前面讲到在看见 synchronized 时，首先要考虑“保护着什么”。接下来我们进一步考虑“使用哪个锁进行保护”。

线程要执行 synchronized 的实例方法，必须获取 this 的锁，而能够获取一个实例的锁的线程只能有一个。正是因为这种唯一性，才能够使用 synchronized 来实现 Single Threaded Execution 模式。

实例不同，锁也就不一样。虽说“使用 synchronized 保护着”，但如果实例不同，那各个线程也可以分别执行各实例中的 synchronized 方法（见图 I1-12）。

在使用 synchronized 代码块时，需特别考虑“使用哪个锁进行保护”。因为在 synchronized 代码块中，需明确指定获取哪个实例的锁。我们来看一下下面这段代码。

```
synchronized (obj) {
    ...
}
```

其中，obj 就是应该获取的锁的实例。千万注意不要弄错实例。获取了错的实例的锁，就好比要保护自己家，却去锁邻居家的门一样。

原子操作

synchronized 方法只允许一个线程同时执行。如果某个线程正在执行 synchronized 方法，其他线程就无法进入该方法。也就是说，从多线程的观点来看，这个 synchronized 方法执行的操作是“不可分割的操作”。这种不可分割的操作通常称为原子（atomic）操作。Atom 是物理学中的“原子”，本意就是“无法分割的物体”。

为了确保示例程序中的 Gate 类是线程安全的，我们将 pass 声明为了 synchronized 方法（代码清单 1-4）。这样，pass 方法也就成为了原子操作。

long 与 double 的操作不是原子的

Java 编程规范定义了一些原子操作。例如，char、int 等基本类型（primitive type）的赋值和引用操作都是原子的。另外，对象等引用类型（reference type）的赋值和引用操作也是原子的。由于本来就是原子的，所以就算不加上 synchronized，这些操作也不会被分割。

例如，假设存在一个 int 类型字段 n，某个线程执行了以下赋值操作。

```
n = 123;
```

并且，相继有另外一个线程执行了以下赋值操作。

```
n = 456;
```

那么，n 的值肯定不是 123 就是 456[①]。不用担心这两个值的位模式（bit pattern）会混杂在一起。

虽说基本类型的赋值和引用操作是原子的，但实际上也存在例外情况。Java 编程规范规定，long、double 的赋值和引用操作并不是原子的。

例如，假设存在一个 long 类型字段 longField，某个线程执行了以下赋值操作。

```
longField = 123L;
```

同时，另外一个线程执行了以下赋值操作。

```
longField = 456L;
```

那么，longField 的值是无法确定的。有可能是 123L，也有可能是 456L，还有可能是 0L，甚至有可能是 31415926L。当然，这只是 Java 编程规范中的规定而已。实际上，大部分 Java 虚拟机也都将 long 和 double 的操作实现为了原子的，不过那只是那些 Java 虚拟机的实现碰巧如此而已。

由于 long 和 double 的赋值和引用是非原子操作，所以如果 long 字段或 double 字段是线程共享的，那么在对该字段执行操作时，就必须使用 Single Threaded Execution 模式。最简单的方法就是在 synchronized 方法中执行操作。

---

① 这种说法严格来说是不正确的。当线程给某个字段赋值时，如果这个字段不是 volatile，也没有加上 synchronized 进行同步化，那么其他线程有可能不会立刻看到赋值结果。这并不是是否原子（atomicity）的问题，而是其他线程是否能看到的问题，即可见性问题。详细内容请参见附录 B。

还有一种方法是不使用 synchronized，而是在声明该字段时加上 volatile 关键字。加上 volatile 关键字后，对该字段的操作就是原子的了。

总结如下。

- 基本类型、引用类型的赋值和引用是原子操作
- 但 long 和 double 的赋值和引用是非原子操作
- long 或 double 在线程间共享时，需要将其放入 synchronized 中操作，或者声明为 volatile

volatile 的作用并不仅仅是将 long、double 的赋值和引用操作变为原子的。详细内容请参见附录 B。

另外，java.util.concurrent.atomic 包提供了便于原子操作编程的类，如 AtomicInteger、AtomicLong、AtomicIntegerArray 和 AtomicLongArray 等，这是通过封装 volatile 功能而得到的类库。详细内容请参见附录 E。

1.8 延伸阅读 2：java.util.concurrent 包和计数信号量

计数信号量和 Semaphore 类

首先来学习一下计数信号量。

本章介绍的 Single Threaded Execution 模式用于确保某个区域“只能由一个线程”执行。下面我们将这种模式进一步扩展，以确保某个区域“最多只能由 *N* 个线程”执行。这时就要用计数信号量来控制线程数量。

接下来更进一步扩展，假设能够使用的资源个数有 *N* 个，而需要这些资源的线程个数又多于 *N* 个。这就会导致资源竞争，因此需要进行交通管制。这种情况下也需要用到计数信号量。

java.util.concurrent 包提供了表示计数信号量的 Semaphore 类。

资源的许可个数（permits）将通过 Semaphore 的构造函数来指定。

Semaphore 的 acquire 方法用于确保存在可用资源。当存在可用资源时，线程会立即从 acquire 方法返回，同时信号量内部的资源个数会减 1。如无可用资源，线程则阻塞在 acquire 方法内，直至出现可用资源。

Semaphore 的 release 方法用于释放资源。释放资源后，信号量内部的资源个数会增加 1。另外，如果 acquire 中存在等待的线程，那么其中一个线程会被唤醒，并从 acquire 方法返回。

使用 Semaphore 类的示例程序

代码清单 1-11 是一个使用 Semaphore 类的示例程序。

该程序模拟的是多个线程使用数量有限的资源的情形。

BoundedResource 是表示数量有限的资源的类，它会在构造函数中指定资源的个数。

use 方法“使用”1 个资源。

```
semaphore.acquire();
```

上面这条语句用于确认“是否确实存在可用资源”。当所有资源都已被使用时，线程会阻塞在该方法中。

当线程从 acquire 方法返回时，则一定存在可用资源。线程随后将调用 doUse 方法，并在最后执行以下语句，释放所用的资源。

```
semaphore.release();
```

由于 acquire 方法和 release 方法必须成对调用，所以这里使用 finally 创建了 Before/After 模式（见第 6 章习题 6-5）。

在 doUse 方法中，permits - semaphore.availablePermits() 表示当前正在使用中的资源个数。

代码清单 1-11　操作 Semaphore 类的 Main 类（Main.java）

```
import java.util.Random;

import java.util.concurrent.Semaphore;

class Log {
    public static void println(String s) {
        System.out.println(Thread.currentThread().getName() + ": " + s);
    }
}

// 资源个数有限
class BoundedResource {
    private final Semaphore semaphore;
    private final int permits;
    private final static Random random = new Random(314159);

    // 构造函数(permits 为资源个数)
    public BoundedResource(int permits) {
        this.semaphore = new Semaphore(permits);
        this.permits = permits;
    }

    // 使用资源
    public void use() throws InterruptedException {
        semaphore.acquire();
        try {
            doUse();
        } finally {
            semaphore.release();
        }
    }

    // 实际使用资源(此处仅使用 Thread.sleep)
    protected void doUse() throws InterruptedException {
        Log.println("BEGIN: used = " + (permits - semaphore.availablePermits()));
        Thread.sleep(random.nextInt(500));
        Log.println("END:   used = " + (permits - semaphore.availablePermits()));
    }
}

// 使用资源的线程
class UserThread extends Thread {
    private final static Random random = new Random(26535);
    private final BoundedResource resource;
```

```
    public UserThread(BoundedResource resource) {
        this.resource = resource;
    }

    public void run() {
        try {
            while (true) {
                resource.use();
                Thread.sleep(random.nextInt(3000));
            }
        } catch (InterruptedException e) {
        }
    }
}

public class Main {
    public static void main(String[] args) {
        // 设置 3 个资源
        BoundedResource resource = new BoundedResource(3);

        // 10 个线程使用资源
        for (int i = 0; i < 10; i++) {
            new UserThread(resource).start();
        }
    }
}
```

该程序收录在本书配套的源代码 SingleThreadedExecution/jucSemaphore 中

运行结果示例如图 1-10 所示。

从图中可以看出，10 个线程交替使用资源，但同时可以使用的资源最多只能是 3 个。

图 1-10 运行结果示例

```
Thread-0: BEGIN: used = 1        ←Thread-0 开始使用资源
Thread-1: BEGIN: used = 2        ←Thread-1 开始使用资源
Thread-2: BEGIN: used = 3        ←Thread-2 开始使用资源
Thread-1: END:   used = 3        ←Thread-1 结束使用资源
Thread-3: BEGIN: used = 3        ←Thread-3 开始使用可用资源
Thread-3: END:   used = 3        ←Thread-3 结束使用资源
Thread-4: BEGIN: used = 3        ←Thread-4 开始使用可用资源
Thread-2: END:   used = 3        ←Thread-2 结束使用资源
Thread-5: BEGIN: used = 3        ←Thread-5 开始使用可用资源
Thread-4: END:   used = 3        ←Thread-4 结束使用资源
Thread-6: BEGIN: used = 3        ←Thread-6 开始使用可用资源
Thread-6: END:   used = 3        ←Thread-6 结束使用资源
Thread-7: BEGIN: used = 3        ←Thread-7 开始使用可用资源
Thread-0: END:   used = 3        ←Thread-0 结束使用资源
Thread-8: BEGIN: used = 3        ←Thread-8 开始使用可用资源
Thread-5: END:   used = 3        ←Thread-5 结束使用资源
Thread-9: BEGIN: used = 3        ←Thread-9 开始使用可用资源
Thread-8: END:   used = 3        ←Thread-8 结束使用资源
Thread-9: END:   used = 2        ←Thread-9 结束使用资源
Thread-1: BEGIN: used = 2        ←Thread-1 开始使用可用资源
（按 CTRL+C 结束程序）
```

1.9 本章所学知识

在本章中，我们学习了 Single Threaded Execution 模式。

当我们修改多个线程共享的实例时，实例就会失去安全性。所以，我们应该仔细找出实例状态不稳定的范围，将这个范围设为临界区，并对临界区进行保护，使其只允许一个线程同时执行。

Java 使用 `synchronized` 来定义临界区，保护多个线程共享的字段。

这就是 Single Threaded Execution 模式。

1.7 节介绍了学习 `synchronized` 时应该注意的事项。另外，1.8 节介绍了计数信号量和 `java.util.concurrent.Semaphore` 类的使用方法。

好啦，下面来做一下练习题吧。

1.10 练习题

答案请参见附录 A（P.343）

●习题 1-1（使错误更容易发生）

我们来看一下示例程序 1 的运行结果示例（图 1-2），在非线程安全的 `Gate` 类（代码清单 1-2）检查出第一个错误的时候，`counter` 字段的值已经变为了 `1010560`。也就是说，在检查出第一个错误时，`pass` 方法已经执行了 100 万次以上。请试着修改一下代码清单 1-2 中的 `Gate` 类，使其在 `counter` 值很小时就能够检查出错误。

●习题 1-2（private 字段的作用）

在本章中，`Gate` 类中的字段如代码清单 1-2 和代码清单 1-4 所示，都声明为了 `private`。

```
private int counter = 0;
private string name = "Nobody";
private string address = "Nowhere";
```

为什么要将这些字段声明为 `private` 呢？另外，如果将这些字段声明为 `protected` 或 `public`，会怎么样呢？请从类的安全性这个角度来分析一下。

●习题 1-3（synchronized 的理由）

示例程序 2 的 `Gate` 类（代码清单 1-4）中有如下三个方法。

（1）`pass` 方法：`synchronized` 方法
（2）`toString` 方法：`synchronized` 方法
（3）`check` 方法：非 `synchronized` 方法

对于将（1）的 `pass` 方法声明为 `synchronized` 方法的理由，以及未将（3）的 `check` 方法声明为 `synchronized` 方法的理由，正文中已经讲解过了。这里请思考一下将（2）的 `toString` 方法声明为 `synchronized` 方法的理由。

●习题 1-4（读到一半的源代码）

代码清单 1-12 是 `Point` 类的一部分源代码，请根据所读代码判断下面关于 `Point` 类的描述，正确请打√，错误请打 ×。

（1）无法创建 Point 类的子类。

（2）给 Point 类的 x 字段赋值的语句不可以写在 Point 类之外的类中。

（3）对于 Point 类的实例，此处的 move 方法同时只能由一个线程执行。

（4）该 Point 类即使由多个线程使用也是安全的。

（5）读完 Point 类的其他所有方法后就能够判断是否会发生死锁。

代码清单 1-12　从这一部分源代码中能看出些什么呢（Point.java）

```
public final class Point {
    private int x;
    private int y;
    public Point(int x, int y) {
        this.x = x;
        this.y = y;
    }
    public synchronized void move(int dx, int dy) {
        x += dx;
        y += dy;
    }
（读到这里为止）
```

●习题 1-5（安全性的确认）

下面的 SecurityGate 类（代码清单 1-13）模拟的是一个机密设施入口处的门。进入（enter）时，人数（counter）会递增 1；出来（exit）时，人数会递减 1。计数获取（getCounter）方法能够获取当前停留在设施内的人数。

这里的各方法并未声明为 synchronized。请问这个类在多线程下使用是否安全？

代码清单 1-13　这个安全门安全吗（SecurityGate.java）

```
public class SecurityGate {
    private int counter = 0;
    public void enter() {
        counter++;
    }
    public void exit() {
        counter--;
    }
    public int getCounter() {
        return counter;
    }
}
```

●习题 1-6（避免死锁）

下面的代码清单 1-14 ~ 代码清单 1-16 是 1.5 节提到的会引起死锁的程序。请试着修改该程序，避免死锁的发生。此处使用到的类如表 1-2 所示。

表 1-2　用于死锁实验的类的一览表

名字	说明
Main	创建勺子和叉子，并让 Alice 和 Bobby 运行的类

（续）

名字	说明
Tool	表示餐具（勺子和叉子）的类
EaterThread	左手和右手分别拿起餐具，开始用餐的类

在 Main 类中创建 Tool 类的实例勺子和叉子，并传给 EaterThread 类，启动线程。

代码清单 1-14　Main 类（Main.java）

```
public class Main {
    public static void main(String[] args) {
        System.out.println("Testing EaterThread, hit CTRL+C to exit.");
        Tool spoon = new Tool("Spoon");
        Tool fork = new Tool("Fork");
        new EaterThread("Alice", spoon, fork).start();
        new EaterThread("Bobby", fork, spoon).start();
    }
}
```

代码清单 1-15　Tool 类（Tool.java）

```
public class Tool {
    private final String name;
    public Tool(String name) {
        this.name = name;
    }
    public String toString() {
        return "[ " + name + " ]";
    }
}
```

EaterThread 类在线程启动后，便无限循环调用 eat 方法。

eat 方法的处理如下。

（1）使用外层 synchronized 代码块获取左手（lefthand）餐具的锁。

（2）显示如下消息，表示左手拿起餐具。

```
Alice takes up [ Spoon ] (left).
```
（Alice 拿起勺子）

（3）使用内层 synchronized 代码块获取右手（righthand）餐具的锁。

（4）显示如下消息，表示右手拿起餐具。

```
Alice takes up [ Fork ] (right).
```
（Alice 拿起叉子）

（5）然后开始用餐。

```
Alice is eating now, yum yum!
```
（Alice 正在用餐，啊呜啊呜！）

（6）显示如下消息，表示右手放下餐具。

```
Alice puts down [ Fork ] (right).
```
（Alice 放下叉子）

（7）退出内层 synchronized 代码块，释放右手（righthand）餐具的锁。

（8）显示如下消息，表示左手放下餐具。

```
Alice puts down [ Spoon ] (left).
```
（Alice 放下勺子）

（9）退出外层 synchronized 代码块，释放左手（lefthand）餐具的锁。

代码清单 1-16 EaterThread 类（EaterThread.java）

```
public class EaterThread extends Thread {
    private String name;
    private final Tool lefthand;
    private final Tool righthand;
    public EaterThread(String name, Tool lefthand, Tool righthand) {
        this.name = name;
        this.lefthand = lefthand;
        this.righthand = righthand;
    }
    public void run() {
        while (true) {
            eat();
        }
    }
    public void eat() {
        synchronized (lefthand) {
            System.out.println(name + " takes up " + lefthand + " (left).");
            synchronized (righthand) {
                System.out.println(name + " takes up " + righthand + " (right).");
                System.out.println(name + " is eating now, yum yum!");
                System.out.println(name + " puts down " + righthand + " (right).");
            }
            System.out.println(name + " puts down " + lefthand + " (left).");
        }
    }
}
```

直接执行该程序，运行结果示例如图 1-11 所示，程序陷入死锁。

图 1-11 运行结果示例（发生死锁的情形）

```
Testing EaterThread, hit CTRL+C to exit.
Alice takes up [ Spoon ] (left).
Alice takes up [ Fork ] (right).
Alice is eating now, yum yum!
Alice puts down [ Fork ] (right).
Alice puts down [ Spoon ] (left).
Bobby takes up [ Fork ] (left).
Bobby takes up [ Spoon ] (right).
Bobby is eating now, yum yum!
Bobby puts down [ Spoon ] (right).
Bobby puts down [ Fork ] (left).
（中间省略）
Alice takes up [ Spoon ] (left).
Alice takes up [ Fork ] (right).
```

图 1-11 （续）

```
Alice is eating now, yum yum!
Alice puts down [ Fork ] (right).
Alice puts down [ Spoon ] (left).
Bobby takes up [ Fork ] (left).
Bobby takes up [ Spoon ] (right).
Bobby is eating now, yum yum!
Bobby puts down [ Spoon ] (right).
Bobby puts down [ Fork ] (left).
Alice takes up [ Spoon ] (left).
Alice takes up [ Fork ] (right).
Alice is eating now, yum yum!
Alice puts down [ Fork ] (right).
Alice puts down [ Spoon ] (left).
Alice takes up [ Spoon ] (left).    ← Alice 拿起勺子
Bobby takes up [ Fork ] (left).     ← Bobby 拿起叉子
（到此处停止执行。按 CTRL+C 终止程序）
```

程序执行到最后停止时，显示如下消息。

```
Alice takes up [ Spoon ] (left).
Bobby takes up [ Fork ] (left).
```

的确如前文所讲，最终是 Alice 拿着勺子，Bobby 拿着叉子，程序停止不动了。

下面，请大家自行修改这个程序，避免死锁发生。

● 习题 1-7（创建 mutex）

> 这个问题涉及第 3 章“Guarded Suspension 模式”，大家也可以在读完第 3 章之后再来解答。

某人思考了“不在 Gate 类中使用 synchronized，该如何实现 Single Threaded Execution 模式”这个问题之后，写下了如代码清单 1-17 所示的 Gate 类。

下面，请大家编写代码清单 1-17 中使用的 Mutex 类。

另外，像 Mutex 类这样执行互斥处理的机制通常称为 Mutex。Mutex 是 Mutual Exclusion（互斥）的缩写。

代码清单 1-17　Gate 类（Gate.java）

```
public class Gate {
    private int counter = 0;
    private String name = "Nobody";
    private String address = "Nowhere";
    private final Mutex mutex = new Mutex();
    public void pass(String name, String address) { // 非 synchronized 方法
        mutex.lock();
        try {
            this.counter++;
            this.name = name;
            this.address = address;
            check();
        } finally {
            mutex.unlock();
```

```
        }
    }
    public String toString() { // 非synchronized方法
        String s = null;
        mutex.lock();
        try {
            s = "No." + counter + ": " + name + ", " + address;
        } finally {
            mutex.unlock();
        }
        return s;
    }
    private void check() {
        if (name.charAt(0) != address.charAt(0)) {
            System.out.println("***** BROKEN ***** " + toString());
        }
    }
}
```

第 2 章 Immutable 模式

想破坏也破坏不了

2.1 Immutable 模式

Java.lang.String 类用于表示字符串。String 类中并没有修改字符串内容的方法。也就是说，String 的实例所表示的字符串的内容绝对不会发生变化。

正因为如此，String 类中的方法无需声明为 synchronized。因为实例的内部状态不会发生改变，所以无论 String 实例被多少个线程访问，也无需执行线程的互斥处理。

本章，我们将学习 **Immutable 模式**。Immutable 就是不变的、不发生改变的意思。Immutable 模式中存在着确保实例状态不发生改变的类（**immutable 类**）。在访问这些实例时并不需要执行耗时的互斥处理，因此若能巧妙利用该模式，定能提高程序性能。

Immutable 的反义词是 Mutable（易变的）。在设计类或理解已有类的时候，大家一定要注意“这个类是不变的还是易变的”，即注意类的不可变性（immutability）。String 就是一个 Immutable 类。

2.2 示例程序

我们先来编写一个使用了 Immutable 模式的简单程序。

表 2-1 类的一览表

名字	说明
Person	表示人的类
Main	测试程序行为的类
PrintPersonThread	显示 Person 实例的线程的类

使用 Immutable 模式的 Person 类

代码清单 2-1 中的 Person 类用于表示人，包含姓名（name）和地址（address）这两个字段。

Person 类的字段值仅可通过构造函数来设置。类中设有引用字段值的 getName 方法和 getAddress 方法，但并没有修改字段值的 setName 方法或 setAddress 方法。

因此，Person 类的实例一旦创建，其字段的值就不会发生改变。

这时，即便多个线程同时访问同一个实例，Person 类也是安全的。Person 类中的所有方法也都允许多个线程同时执行。Person 类中的 getName、getAddress 和 toString 这三个方法都无需声明为 synchronized。

Person 类声明为了 final 类型，这就表示我们无法创建 Person 类的子类。虽然这并不是 Immutable 模式的必要条件，但却是防止子类修改其字段值的一种措施。

Person 类的字段 name 和 address 的可见性都为 private。也就是说，这两个字段都只有从该类的内部才可以访问。这也不是 Immutable 模式的必要条件，而是防止子类修改其字段值的一种措施。另外，Person 类的字段 name 和 address 都声明为了 final，意即一旦字段被赋值一次，就不会再被赋值。这也不是 Immutable 模式的必要条件，只是为了明确编程人员的意图。这样一来，即使不小心写了赋值代码，在编译时也会有错误提示。

代码清单 2-1　Person 类（Person.java）

```
public final class Person {
    private final String name;
    private final String address;
    public Person(String name, String address) {
        this.name = name;
        this.address = address;
    }
    public String getName() {
        return name;
    }
    public String getAddress() {
        return address;
    }
    public String toString() {
        return "[ Person: name = " + name + ", address = " + address + " ]";
    }
}
```

该程序收录在本书配套的源代码 Immutable/Sample 中

Main 类

Main 类（代码清单 2-2）会创建一个 Person 类的实例（alice），并启动三个线程访问该实例。

代码清单 2-2　Main 类（Main.java）

```
public class Main {
    public static void main(String[] args) {
        Person alice = new Person("Alice", "Alaska");
        new PrintPersonThread(alice).start();
        new PrintPersonThread(alice).start();
        new PrintPersonThread(alice).start();
    }
}
```

该程序收录在本书配套的源代码 Immutable/Sample 中

PrintPersonThread 类

PrintPersonThread 类（代码清单 2-3）用于持续显示构造函数中传入的 Person 类的实例。显示的字符串格式如下。

```
Thread.currentThread().getName() + " prints " + person
```

其中，下面这条语句用于获取自身线程的名称。

```
Thread.currentThread().getName()
```

此处的 Thread.currentThread 方法用于获取当前的线程[①]，即获取调用 currentThread 方法的线程本身。currentThread 是 Thread 类的静态方法，而 getName 是 Thread 类的实例方法，用于获取线程的名称。

① 准确来说，是用于获取与当前线程对应的 java.lang.Thread 类的实例的方法。

另外，如下语句（1）的含义等同于（2）。

```
... + " prints " + person                (1)
... + " prints " + person.toString()     (2)
```

字符串和实例表达式通过运算符“+”连接时，程序会自动调用实例表达式的 `toString` 方法（这是 Java 规范）。

代码清单 2-3　PrintPersonThread 类（PrintPersonThread.java）

```
public class PrintPersonThread extends Thread {
    private Person person;
    public PrintPersonThread(Person person) {
        this.person = person;
    }
    public void run() {
        while (true) {
            System.out.println(Thread.currentThread().getName() + " prints " + person);
        }
    }
}
```

该程序收录在本书配套的源代码 Immutable/Sample 中

运行结果示例如图 2-1 所示。从图中可以看出，确实有多个线程在调用 `toString` 方法，但是（也是理所当然地）值未出现异常。因为想要破坏它也破坏不了。

图 2-1　运行结果示例

```
Thread-2 prints [ Person: name = Alice, address = Alaska ]
Thread-2 prints [ Person: name = Alice, address = Alaska ]
Thread-2 prints [ Person: name = Alice, address = Alaska ]
Thread-2 prints [ Person: name = Alice, address = Alaska ]
Thread-0 prints [ Person: name = Alice, address = Alaska ]
Thread-0 prints [ Person: name = Alice, address = Alaska ]
Thread-0 prints [ Person: name = Alice, address = Alaska ]
Thread-1 prints [ Person: name = Alice, address = Alaska ]
Thread-1 prints [ Person: name = Alice, address = Alaska ]
Thread-1 prints [ Person: name = Alice, address = Alaska ]
Thread-1 prints [ Person: name = Alice, address = Alaska ]
Thread-0 prints [ Person: name = Alice, address = Alaska ]
Thread-0 prints [ Person: name = Alice, address = Alaska ]
（按 CTRL+C 终止程序）
```

示例程序的类图如图 2-2 所示。

图 2-2　示例程序的类图

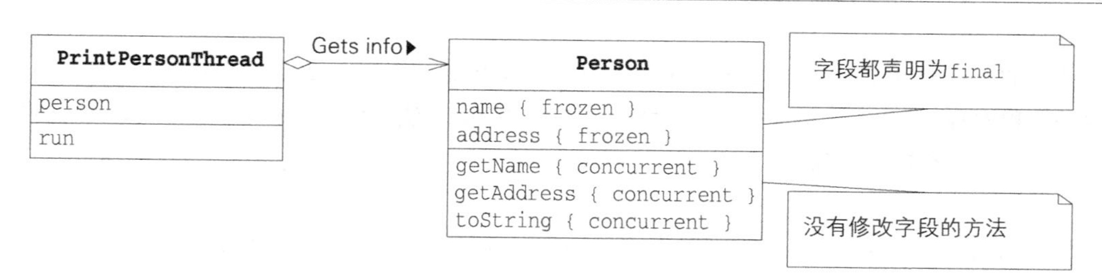

在上图中，字段名后面都添加了 { frozen } 约束（frozen 也就是“冻结”的意思）。这是 UML 的标识法，表示“实例被创建且字段被初始化之后，字段的值就不会再被修改”。这对应于 Java 中的“`final` 字段”。

另外，方法名后面都添加了 { concurrent } 约束（concurrent 也就是“并发”的意思）。这也是 UML 的标识法，它明确表示“多个线程同时执行也没关系”。这对应于 Java 中的“无需声明为 `synchronized` 方法”（即使不加 `synchronized` 也能正确执行）。

现在我们来回想一下 Single Threaded Execution 模式（第 1 章）。该模式会将修改或引用实例状态的地方设置为临界区，使这个区域只能由一个线程同时执行。但像 `Person` 类这样，实例的状态绝对不会发生改变时，情况就不一样了。即使多个线程同时对该实例执行处理，实例也不会出错，因为实例的状态肯定不会发生改变。既然实例的状态肯定不会发生改变，那么也就无须使用 `synchronized` 来保护实例。因为即使想破坏实例，也破坏不了。

对于适用 Immutable 模式的类（immutable 类），我们无需再使用 `synchronized` 方法执行线程的互斥处理，因为即使不使用 `synchronized`，也能确保安全性。虽然到此为止的内容全都是该模式的优点，但确保 Immutability 是一项出乎意料的难题，还请大家注意（本章习题 2-4 中将详细讲解）。

2.3 Immutable 模式中的登场角色

在 Immutable 模式中有以下登场角色。

◆Immutable（不可变的）

Immutable 角色是一个类，在这个角色中，字段的值不可以修改，也不存在修改字段内容的方法。Immutable 角色的实例被创建后，状态将不再发生变化。这时，无需对 Immutable 角色应用 Single Threaded Execution 模式。也就是说，无需将 Immutable 角色的方法声明为 `synchronized`。

在示例程序中，由 `Person` 类扮演此角色。

Immutable 模式的类图和 Timethreads 图分别如图 2-3 和图 2-4 所示。

图 2-3 Immutable 模式的类图

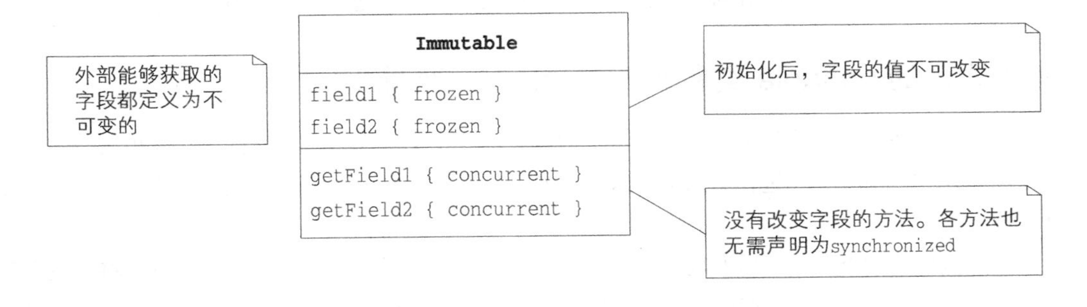

图 2-4 多个线程能够自由访问 Immutable 角色（Timethreads 图）

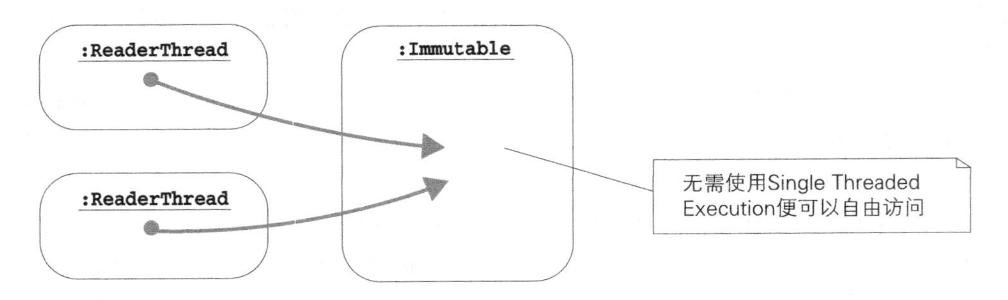

2.4 拓展思路的要点

何时使用（可使用 Immutable 模式的情况）

Immutable 模式该在哪些情况下使用呢？换言之，设计人员应该在什么情况下考虑不可变性呢？

◆实例创建后，状态不再发生变化时

首先，如前面反复讲述的那样，“实例创建后，状态不再发生变化”是必要条件。实例的状态是由字段的值决定的，所以“将字段声明为 `final` 字段，且不存在 `setter` 方法”是重点所在（`setter` 方法就是像 `setName` 和 `setAddress` 这样的用于修改字段值的方法的总称）。

但这还不够充分。即便字段是 `final` 字段，且不存在 `setter` 方法，也有可能不是不可变的（immutable）。因为即使字段的值不会发生变化，字段引用的实例也有可能会发生变化。具体示例我们留到习题 2-4 中再体会。

◆实例是共享的，且被频繁访问时

Immutable 模式的优点是“不需要使用 `synchronized` 进行保护”。不需要使用 `synchronized` 进行保护就意味着能够在不失去安全性和生存性的前提下提高性能。当实例被多个线程共享，且有可能被频繁访问时，Immutable 模式的优点就会凸显出来。关于不使用 `synchronized` 能多大程度地提高性能，我们留到习题 2-3 中通过实验来看看。

考虑成对的 mutable 类和 immutable 类 [性能]

关于性能，我们进一步思考一下。例如，假设存在一个类，由于该类会被多个线程访问，所以我们使用 `synchronized` 进行了保护。这里，如果该类中存在 `setter` 方法，那么 Immutable 模式就不成立了。

但是，假设我们查看程序后发现实际上这个 `setter` 方法并未被使用，那么就可以将字段声明为 `final`，删除 `setter` 方法，并注意遵守不可变性，这样或许就能将其改造为可适用于 Immutable 模式了。这样一来，性能便能得到很好地提高，可喜可贺啊。

下面再来假设我们查看程序后遗憾地发现实际上 `setter` 方法被使用了。这时，该类就不适用于 Immutable 模式了，但这还不是放弃的时候。我们来仔细查看一下整个程序是如何使用该类的，看是不是可以分为使用 `setter` 方法的情况与不使用 `setter` 方法的情况。如果可以明确分为这两

种情况，那我们是不是可以将这个类拆分为 mutable 类和 immutable 类，然后再设计成可以根据 mutable 实例创建 immutable 实例，并可以反过来根据 immutable 实例创建 mutable 实例呢？这样，immutable 类的部分就可以应用 Immutable 模式了。

这里来介绍一个具体示例。Java 的标准类库中就有成对的 mutable 类和 immutable 类，例如，`java.lang.StringBuffer` 类和 `java.lang.String` 类。`StringBuffer` 类是表示字符串的 mutable 类。`StringBuffer` 表示的字符串能够随便改写，为了确保安全，改写时需要妥善使用 `synchronized`。而 `String` 类是表示字符串的 immutable 类。`String` 实例表示的字符串不可以改写。由于对 `String` 执行操作的方法都不是 `synchronized` 方法，所以引用的速度也就更快[①]。

`StringBuffer` 类中有一个以 `String` 为参数的构造函数，而 `String` 类中有一个以 `StringBuffer` 为参数的构造函数。也就是说，`StringBuffer` 的实例和 `String` 的实例可以互相转换。

针对“字符串”这个概念，Java 提供了成对的 `StringBuffer` 类和 `String` 类。如果需要频繁修改字符串内容，则使用 `StringBuffer`；如果不需要修改字符串内容，只是引用其内容，则使用 `String`。请妥善区分各个类的作用。

为了确保不可变性 [可复用性]

不可变性是一个很微妙的性质。代码稍微一修改，程序可能就会失去不可变性。如果从使用了 Immutable 模式的程序中删除了 `synchronized`，那么当失去不可变性时，程序的安全性就会完全丧失，所以一定要多加注意。在程序的注释或 API 文档中，一定要明确记载不可变性。如果以后因“不知道某个类的不可变性很重要”而粗心地删掉了字段的 `final`，并定义了 setter 方法，那么这个类的不可变性就会丧失。请注意，即便没有定义 setter 方法，只要字段的可见性不是 `private`，该字段的值就有被其他类修改的风险。

另外，下列这些修改也有可能会破坏不可变性。乍一看这些修改好像没有什么问题，但实际上需要十分谨慎。具体示例我们留到相应的习题中再来了解。

- 将字段里保存的实例直接作为 getter 方法的返回值→习题 2-4
  getter 方法是用于返回字段值的方法。
- 将构造函数的参数中传入的实例直接赋给字段→习题 2-5

标准类库中用到的 Immutable 模式

这里将介绍一些 Java 的标准类库中用到的 Immutable 模式。

◆表示字符串的 java.lang.String 类

`java.lang.String` 是 immutable 类。

在创建完实例之后，字符串的内容就不会再发生变化。

◆表示大数字的 java.math.BigInteger 类

`java.math.BigInteger` 与 `java.math.BigDecimal` 都是 immutable 类。`BigInteger` 表示所有精度的整数，`BigDecimal` 则表示所有精度的数。这两个类的实例在赋值之后就不会再发生变化。

---

① 当多个字符串组成新的字符串时，`StringBuffer` 类的速度比 `String` 类快。

◆表示正则表达式模式的 java.util.regex.Pattern 类

`java.util.regex.Pattern` 是 immutable 类。`Pattern` 类表示正则表达式的模式，但即使在处理模式匹配时，值也不会发生变化。

◆java.lang.Integer 类等

`java.lang.Integer`、`java.lang.Short` 等基本类型的包装类（wrapper class）（表 2-2）都是 immutable 类。在创建好实例之后，实例包装的值不会再发生变化。

表 2-2 包装类

基本类型	包装类
`boolean`	`java.lang.Boolean`
`byte`	`java.lang.Byte`
`char`	`java.lang.Character`
`double`	`java.lang.Double`
`float`	`java.lang.Float`
`int`	`java.lang.Integer`
`long`	`java.lang.Long`
`short`	`java.lang.Short`
`void`	`java.lang.Void`

▶▶小知识：java.lang.Void 类

`java.lang.Void` 类不同于其他的包装类，它无法创建实例。该类用于保存表示基本类型 `void` 的 `Class` 类的实例，用在反射（reflection）和序列化（serialization）中。详细内容已超出了本书的范围，请参照 API 文档等。

◆表示颜色的 java.awt.Color 类

`java.awt.Color` 是 immutable 类。

一旦其实例创建好之后，`java.awt.Color` 类表示的颜色就不会再发生变化。

特别是实例 `Color.red` 和 `Color.blue` 等，当需要特定颜色时，可以共享使用。

▶▶小知识：java.awt.Point 不是 immutable 类

`java.awt.Point` 是表示“点”的类，并不是 immutable 类。我们查看 API 文档中 `Point` 类的方法会发现，虽然没有带 `set` 的方法，但有 `move` 方法。由于这些方法也会改变 `Point` 的字段值，所以 `Point` 并不是 immutable 类。

2.5 相关的设计模式

Single Threaded Execution 模式（第 1 章）

在 Immutable 模式中，实例的状态不会发生变化，所以无需进行保护。

而在 Single Threaded Execution 模式中，当一个线程正在修改实例状态时，不允许其他的线程来访问该实例。此时会出现如下两种情况之一。

- **写入与写入的冲突（write-write conflict）**

当一个线程正在修改实例状态（write），而其他线程也在试图修改其状态（write）时发生的冲突。

- **读取与写入的冲突（read-write conflict）**

当一个线程正在读取实例状态（read），而其他线程试图修改其状态（write）时发生的冲突。

在 Immutable 模式中，状态不会发生变化，所以也就不会发生 write-write conflict 和 read-write conflict。Immutable 模式中只会发生 read-read 的情况，但这并不算是 conflict。

Read-Write Lock 模式（第 6 章）

就像上面讲到的那样，在 Immutable 模式中，多个线程之间只会发生 read-read 的情况。因此，多个线程可以自由地访问实例。

Read-Write Lock 模式也利用了 read-read 不会引起 conflict 的特点。在 Read-Write Lock 模式中，执行 read 的线程和执行 write 的线程是分开考虑的。发生 write-write conflict 或 read-write conflict 时，需要执行线程的互斥处理，而发生 read-read 时就不需要执行线程的互斥处理，这会提高程序性能。

Flyweight 模式（附录 G[GoF][Yuki04]）

在 Immutable 模式中，实例的状态不会发生变化，所以多个线程可以共享一个实例。

在 Flyweight 模式中，为了提高内存的使用效率，也会共享实例。因此，Immutable 模式和 Flyweight 模式有时可以同时使用。

2.6 延伸阅读 1：final

final 的含义

Java 中的 `final` 有多种不同的用途，含义也稍有不同。这里我们一起来确认一下。

◆final 类

如果在类的声明中加上 `final`，则表示该类无法扩展。也就是说，无法创建 `final` 类的子类。由于无法创建 `final` 类的子类，所以 `final` 类中声明的方法也就不会被重写。

◆final 方法

如果在实例方法的声明中加上 final，则表示该方法不会被子类的方法重写。如果在静态方法的声明中加上 final，则表示该方法不会被子类的方法隐藏（hide）。如果试图重写或隐藏 final 方法，编译时会提示错误。

在 Template Method 模式（见附录 G 中的 [GoF][Yuki04]）中，有时模板方法会声明为 final 方法。

◆final 字段

本章中使用了许多 final 字段。

final 字段只能赋值一次。

对 final 实例字段赋值的方法有如下两种。

一种是在字段声明时赋上初始值。

```
class Something {
    final int value = 123;
}
```

另一种是在构造函数中对字段赋值（blank final）。

```
class Something {
    final int value;
    Something() {
        this.value = 123;
    }
}
```

对 final 静态字段赋值的方法有如下两种。

一种是在字段声明时赋上初始值。

```
class Something {
    static final int value = 123;
}
```

另一种是在 static 代码块（静态初始化代码块）中对字段赋值（blank final）。

```
class Something {
    static final int value;
    static {
        value = 123;
    }
}
```

前面已经反复强调，final 字段不可以由 setValue 这样的 setter 方法再次赋值。

▶▶小知识：final 与创建线程安全的实例

即使从创建线程安全的实例这个角度来看，将字段声明为 final 也是非常重要的。详细内容请参见附录 B。

◆final 变量和 final 参数

局部变量和方法的参数也可以声明为 final。final 变量只可以赋值一次。

而 final 参数不可以赋值，因为在调用方法时，已经对其赋值了。

2.7 延伸阅读 2：集合类与多线程

管理多个实例的接口或类统称为集合（collection）。例如，java.util 包中的 List 接口和 ArrayList 类就是最具代表性的集合。

Java 中的大部分集合都是非线程安全的。因此，在多个线程操作集合时，一定要查看 API 文档，确认要用的类或接口是否是线程安全的。

这里，我们通过下面的示例 1 ~ 示例 3 来了解一下多个线程访问集合时的注意事项。

- 示例 1：非线程安全的 java.util.ArrayList 类
- 示例 2：利用 Collections.synchronizedList 方法所进行的同步
- 示例 3：使用写时复制（copy-on-write）的 java.util.concurrent.CopyOnWriteArrayList 类

示例 1：非线程安全的 java.util.ArrayList 类

java.util.ArrayList 类用于提供可调整大小的数组，是非线程安全的。因此，当多个线程并发执行读写时，是不安全的。

下面我们通过代码清单 2-4 ~ 代码清单 2-6 的程序来看一下多个线程同时读写 ArrayList 时的情况。

Main 类（代码清单 2-4）会首先创建一个 ArrayList<Integer> 类的实例，并保存到 List<Integer> 类型的变量中。之后，WriteThread 类（代码清单 2-5）会对 list 执行“写”操作，而 ReaderThread 类（代码清单 2-6）则执行“读”操作。

代码清单 2-4　示例 1：多个线程同时读写 java.util.ArrayList 类的实例（Main.java）

```
import java.util.List;

import java.util.ArrayList;

public class Main {
    public static void main(String[] args) {
        List<Integer> list = new ArrayList<Integer>();
        new WriterThread(list).start();
        new ReaderThread(list).start();
    }
}
```

该程序收录在本书配套的源代码 Immutable/jucSample1 中

WriteThread 类是“写”线程，会无限循环调用构造函数中传入的 List 对象的 add 方法和 remove 方法。add(i) 用于将变量 i 的值作为元素追加到列表中，remove(0) 则用于删除列表中的首个元素。

代码清单 2-5　示例 1：List 接口的“写”线程（WriteThread.java）

```
import java.util.List;

public class WriterThread extends Thread {
    private final List<Integer> list;
    public WriterThread(List<Integer> list) {
        super("WriterThread");
        this.list = list;
    }
    public void run() {
        for (int i = 0; true; i++) {
            list.add(i);
            list.remove(0);
        }
    }
}
```

该程序收录在本书配套的源代码 Immutable/jucSample1 中

ReaderThread 类是“读”线程，会在如下部分无限循环显示构造函数中传入的 List 对象的内容。

```
for (int n : list) {
    System.out.println(n);
}
```

这是从 J2SE 5.0 开始出现的增强 for 循环（Enhanced for Loop）语法，与下面这段代码的作用基本相同。使用增强 for 循环会让集合遍历的代码变得十分简洁。

```
Iterator<Integer> it = list.iterator();
While (it.hasNext()) {
    int n = it.next();
    System.out.println(n);
}
```

代码清单 2-6　示例 1：List 接口的“读”线程（ReaderThread.java）

```
import java.util.List;

public class ReaderThread extends Thread {
    private final List<Integer> list;
    public ReaderThread(List<Integer> list) {
        super("ReaderThread");
        this.list = list;
    }
    public void run() {
        while (true) {
            for (int n : list) {
                System.out.println(n);
            }
        }
    }
}
```

该程序收录在本书配套的源代码 Immutable/jucSample1 中

ArrayList 类（及迭代器）在被多个线程同时读写而失去安全性时，便会抛出 ConcurrentModificationException 异常。该运行时（runtime）的异常用于表示“执行并发修改了”。

但该异常不过是调查 Bug 根本原因时的提示而已，所以编写程序时并不能依赖于抛出的 ConcurrentModificationException 异常。

执行代码清单 2-4 的程序后，如果抛出如图 2-5 所示的 ConcurrentModificationException 异常，或如图 2-6 所示的 NullPointerException 异常，我们便可知程序失去了安全性。

图 2-5　示例 1 的运行结果示例（1）（抛出 ConcurrentModificationException 异常）

```
733910
733910
733910
733910
733910
733910
733910
733910
733910
Exception in thread "ReaderThread" java.util.ConcurrentModificationException
        at java.util.AbstractList$Itr.checkForComodification(Unknown Source)
        at java.util.AbstractList$Itr.next(Unknown Source)
        at ReaderThread.run(ReaderThread.java:12)
（按 CTRL+C 终止程序）
```

图 2-6　示例 1 的运行结果示例（2）（抛出 NullPointerException 异常）

```
2619473
2619473
2619473
2619473
2619473
2619473
2619473
2619473
2619473
2918399
2918399
2918399
2918399
2918399
2918399
2918399
2918399
2918399
Exception in thread "ReaderThread" java.lang.NullPointerException
        at ReaderThread.run(ReaderThread.java:12)
（到此处停止执行。按 CTRL+C 终止程序）
```

示例 2：利用 Collections.synchronizedList 方法所进行的同步

java.util.ArrayList 是非线程安全的类，但如果使用 Collections.synchronizedList 方法进行同步，就能够得到线程安全的实例。

实际程序如代码清单 2-7 ~ 代码清单 2-8 所示。

在代码清单 2-7 中，创建的 ArrayList 实例通过 Collections.synchronizedList 方法进行同步后，被保存到了变量 list 中。

代码清单 2-7　示例 2：通过 Collections.synchronizedList 方法同步 ArrayList 实例的程序（Main.java）

```
import java.util.List;

import java.util.ArrayList;
import java.util.Collections;

public class Main {
    public static void main(String[] args) {
        final List<Integer> list = Collections.synchronizedList(new ArrayList<Integer>());
        new WriterThread(list).start();
        new ReaderThread(list).start();
    }
}
```

该程序收录在本书配套的源代码 Immutable/jucSample2 中

“写”线程是显式调用 add 方法和 remove 方法，故可沿用示例 1 的代码，而“读”线程是隐式调用迭代器，故需要修改其代码。如下面这样，当执行 list 的增强 for 循环时，使用 synchronized 代码块同步。

```
synchronized (this) {
    for (int n : list) {
        System.out.println(n);
    }
}
```

代码清单 2-8　示例 2：使用 list 同步后的“读”线程（ReaderThread.java）

```
import java.util.List;

public class ReaderThread extends Thread {
    private final List<Integer> list;
    public ReaderThread(List<Integer> list) {
        super("ReaderThread");
        this.list = list;
    }
    public void run() {
        while (true) {
            synchronized (list) {
                for (int n : list) {
                    System.out.println(n);
                }
            }
        }
    }
}
```

该程序收录在本书配套的源代码 Immutable/jucSample2 中

运行结果示例如图 2-7 所示。ReaderThread 显示了许多数字，但并未抛出 ConcurrentModificationException 异常和 NullPointerException 异常。各编号是跳跃的，这是因为在 ReaderThread 读取之前，WriteThread 不断改写了其值。

图 2-7 示例 2 的运行结果示例

```
83732
83732
83732
83732
83733
83734
83735
83736
83737
140501
140502
140503
140504
140505
140506
140506
140506
140506
140506
140506
140506
140506
（以下省略。按 CTRL+C 终止程序）
```

示例 3：使用 copy-on-write 的 java.util.concurrent.CopyOnWriteArrayList 类

java.util.concurrent.CopyOnWriteArrayList 类是线程安全的。与使用 Collections.synchronizedList 方法进行同步不同，CopyOnWriteArrayList 类是采用 copy-on-write 技术来避免读写冲突的。

所谓 copy-on-write，就是"写时复制"的意思。如果使用 copy-on-write，当对集合执行"写"操作时，内部已确保安全的数组就会被整体复制。复制之后，就无需在使用迭代器依次读取元素时担心元素会被修改了。因此，CopyOnWriteArrayList 类（及迭代器）绝对不会抛出 ConcurrentModificationException 异常。

实际的程序如代码清单 2-9 所示，其中的 WriterThread 类和 ReaderThread 类与示例 1 相同。运行结果示例如图 2-8 所示。

代码清单 2-9 示例 3：操作 CopyOnWriteArrayList 类的 Main 类（Main.java）

```
import java.util.List;
import java.util.concurrent.CopyOnWriteArrayList;

public class Main {
    public static void main(String[] args) {
```

```
        final List<Integer> list = new CopyOnWriteArrayList<Integer>();
        new WriterThread(list).start();
        new ReaderThread(list).start();
    }
}
```

该程序收录在本书配套的源代码 Immutable/jucSample3 中

图 2-8 示例 3 的运行结果示例

```
345268
345268
345268
345268
345268
345268
345268
345268
345268
345268
345268
345268
9207509
9207509
9207509
9207509
9207509
9207509
9207509
（以下省略。按 CTRL+C 终止程序）
```

使用 copy-on-write 时，每次执行“写”操作都会执行复制。因此，程序频繁执行“写”操作时，如果使用 `CopyOnWriteArrayList`，会比较花费时间。但如果写操作比较少，而读操作频率非常高时，使用 `CopyOnWriteArrayList` 是非常棒的。像示例 2 那样设计还是像示例 3 那样设计，需要根据实际的程序来判断。

2.8 本章所学知识

在本章中，我们学习了 Immutable 模式。

当一个类的实例创建完成后，其状态就完全不会发生变化。这时，该类的方法就算被多个线程同时执行也没关系，所以这些方法也就无需声明为 `synchronized`。这样一来就可在安全性和生存性都不丧失的同时提高性能。

这就是 Immutable 模式。

本章 2.6 节介绍了创建 immutable 对象必需的 `final`，而 2.7 节介绍了集合与多线程之间的关系。

在 Immutable 模式中，保护类的并不是 `synchronized`，而是 immutability（不可变性）。这样一来，保护类的 immutability 就是程序设计人员的工作了。接下来请务必挑战一下下面的练习题。

2.9 练习题

答案请参见附录 A（P.352）

●习题 2-1（基础知识测试）

阅读下面内容，叙述正确请打√，错误请打×。

（1）`java.lang.String` 类是 immutable 类。

（2）`java.lang.StringBuffer` 类是 immutable 类。

（3）声明为 `final` 的字段不可以赋值两次。

（4）声明为 `private` 的字段可由所在类及子类直接访问。

（5）将方法声明为 `synchronized` 也不会有什么问题，所以应该尽可能地加上 `synchronized`。

●习题 2-2（immutability 的确认）

某人在阅读 `String` 类的 API 文档时，看到一个 `replace` 方法，他这样说道："`replace` 方法用于替换字符串中的字符。例如，执行代码清单 2-10 的程序后，如图 2-9，`BAT` 中的 `'B'` 会替换为 `'C'`，最终显示为 `CAT`。但之前说过 `String` 类符合 Immutable 模式，我看不对吧。"

请针对该意见提出你的反驳。

代码清单 2-10　String 类真的是 immutable 类吗（Main.java）

```
public class Main {
    public static void main(String[] args) {
        String s = "BAT";
        System.out.println(s.replace('B', 'C'));          // 将'B'替换为'C'
    }
}
```

图 2-9　运行结果

```
CAT
```

●习题 2-3（性能比较）

代码清单 2-11 的程序会将 `synchronized` 替换为 Immutable 模式，并测试性能的提高程度。`Synch` 类的 `toString` 方法是 `synchronized` 方法，而 `NotSynch` 类的 `toString` 方法并不是 `synchronized` 方法。请试着从 `Main` 类中循环调用各方法，并在你的计算机环境中比较二者的执行时间。在执行之前，请先预估一下大概会相差多长时间。

在这里，我们使用 `System.currentTimeMillis()`，以毫秒为单位获取当前时刻。调用次数 `CALL_COUNT` 可根据你的计算机环境自行修改。

代码清单 2-11　使用 Immutable 模式能提高多少性能呢（Main.java）

```
public class Main {
    private static final long CALL_COUNT = 1000000000L;
    public static void main(String[] args) {
        trial("NotSynch", CALL_COUNT, new NotSynch());
        trial("Synch",    CALL_COUNT, new Synch());
    }
```

```
    private static void trial(String msg, long count, Object obj) {
        System.out.println(msg + ": BEGIN");
        long start_time = System.currentTimeMillis();
        for (long i = 0; i < count; i++) {
            obj.toString();
        }
        System.out.println(msg + ": END");
        System.out.println("Elapsed time = " + (System.currentTimeMillis() - start_time)
+ "msec.");
    }
}

class NotSynch {
    private final String name = "NotSynch";
    public String toString() {
        return "[ " + name + "]";
    }
}

class Synch {
    private final String name = "Synch";
    public synchronized String toString() {
        return "[ " + name + "]";
    }
}
```

●习题 2-4（明明没有 setter 方法，却不是 immutable 类）

下面的 `UserInfo` 类（代码清单 2-12）用于表示用户的信息。在该类中，`info` 字段为 `private final` 类型，也没有 setter 方法，但 `UserInfo` 类并不是 immutable 类，请问这是为什么呢？

代码清单 2-12　为什么不是 immutable 类呢（UserInfo.java）

```
public final class UserInfo {
    private final StringBuffer info;
    public UserInfo(String name, String address) {
        this.info = new StringBuffer("<info name=\"" + name + "\" address=\"" + address
+ "\" />");
    }
    public StringBuffer getInfo() {
        return info;
    }
    public String toString() {
        return "[ UserInfo: " + info + " ]";
    }
}
```

●习题 2-5（判断是否是 immutable 类）

某个人写了一个表示画面上的直线的 `Line` 类（代码清单 2-13）。请问这个 `Line` 类是 immutable 类吗？

代码清单 2-13　Line 是 immutable 类吗（Line.java）

```
public class Line {
    private final Point startPoint;
    private final Point endPoint;
```

```
    public Line(int startx, int starty, int endx, int endy) {
        this.startPoint = new Point(startx, starty);
        this.endPoint = new Point(endx, endy);
    }
    public Line(Point startPoint, Point endPoint) {
        this.startPoint = startPoint;
        this.endPoint = endPoint;
    }
    public int getStartX() { return startPoint.getX(); }
    public int getStartY() { return startPoint.getY(); }
    public int getEndX() { return endPoint.getX(); }
    public int getEndY() { return endPoint.getY(); }
    public String toString() {
        return "[ Line: " + startPoint + "-" + endPoint + " ]";
    }
}
```

代码清单 2-14 Line 类中使用的 Point 类（Point.java）

```
public class Point {
    public int x;
    public int y;
    public Point(int x, int y) {
        this.x = x;
        this.y = y;
    }
    public int getX() { return x; }
    public int getY() { return y; }
    public String toString() {
        return "(" + x + "," + y + ")";
    }
}
```

●习题 2-6（从 mutable 实例创建 immutable 实例）

下面的 MutablePerson 类（代码清单 2-15）和 ImmutablePerson 类（代码清单 2-16）就是本章前面所讲的成对的 mutable 类和 immutable 类。

MutablePerson 的实例在创建之后，其字段的值还会发生变化（mutable）。而 ImmutablePerson 的实例在创建之后，其字段的值不再发生变化（immutable）。

MutablePerson 中的 getName 方法和 getAddress 方法的可见性既不是 public，也不是 private，而是默认的（仅可被同一个包里的类访问）。这是为了只允许 ImmutablePerson 类访问 getName 方法和 getAddress 方法（为此，这两个类被放在了同一个 person 包内）。

这两个类中存在一些安全性方面的问题，请指出来。

代码清单 2-15 MutablePerson 类（MutablePerson.java）

```
package person;

public final class MutablePerson {
    private String name;
    private String address;
    public MutablePerson(String name, String address) {
        this.name = name;
        this.address = address;
    }
```

```
    public MutablePerson(ImmutablePerson person) {
        this.name = person.getName();
        this.address = person.getAddress();
    }
    public synchronized void setPerson(String newName, String newAddress) {
        name = newName;
        address = newAddress;
    }
    public synchronized ImmutablePerson getImmutablePerson() {
        return new ImmutablePerson(this);
    }
    String getName() {              // Called only by ImmutablePerson
        return name;
    }
    String getAddress() {           // Called only by ImmutablePerson
        return address;
    }
    public synchronized String toString() {
        return "[ MutablePerson: " + name + ", " + address + " ]";
    }
}
```

代码清单 2-16 ImmutablePerson 类（ImmutablePerson.java）

```
package person;

public final class ImmutablePerson {
    private final String name;
    private final String address;
    public ImmutablePerson(String name, String address) {
        this.name = name;
        this.address = address;
    }
    public ImmutablePerson(MutablePerson person) {
        this.name = person.getName();
        this.address = person.getAddress();
    }
    public MutablePerson getMutablePerson() {
        return new MutablePerson(this);
    }
    public String getName() {
        return name;
    }
    public String getAddress() {
        return address;
    }
    public String toString() {
        return "[ ImmutablePerson: " + name + ", " + address + " ]";
    }
}
```

第3章 Guarded Suspension 模式

等我准备好哦

3.1 Guarded Suspension 模式

当你正在家换衣服时，门铃突然响了，原来是邮递员来送邮件了。这时，因为正在换衣服出不去，所以只能先喊道“请稍等一下”，让邮递员在门口稍等一会儿。换好衣服后，才说着“让您久等了”并打开门。

本章，我们将学习 Guarded Suspension 模式。Guarded 是被守护、被保卫、被保护的意思，Suspension 则是“暂停”的意思。如果执行现在的处理会造成问题，就让执行处理的线程进行等待——这就是 Guarded Suspension 模式。

Guarded Suspension 模式通过让线程等待来保证实例的安全性。这正如同你让邮递员在门口等待，以保护个人隐私一样。

Guarded Suspension 模式还有 guarded wait、spin lock 等称呼，关于详细内容，后文将进行说明（见本章 3.4 节中的“各种称呼”部分）。

3.2 示例程序

我们先来看一下示例程序。在这个程序中，一个线程（ClientThread）会将请求（Request）的实例传递给另一个线程（ServerThread）。这是一种最简单的线程间通信。

表 3-1 类的一览表

名字	说明
Request	表示一个请求的类
RequestQueue	依次存放请求的类
ClientThread	发送请求的类
ServerThread	接收请求的类
Main	测试程序行为的类

示例程序的时序图如图 3-1 所示。

在该图中，:ClientThread 与 :ServerThread 的边框都是以粗线表示的。粗框长方形用于表示该对象与线程有关联。也就是说，该对象能够主动调用方法（这是 UML 的标识法）。我们将 :ClientThread 和 :ServerThread 这样的对象称为主动对象（active object），将 :RequestQueue 这样的对象称为被动对象（passive object）。

图 3-1　示例程序的时序图

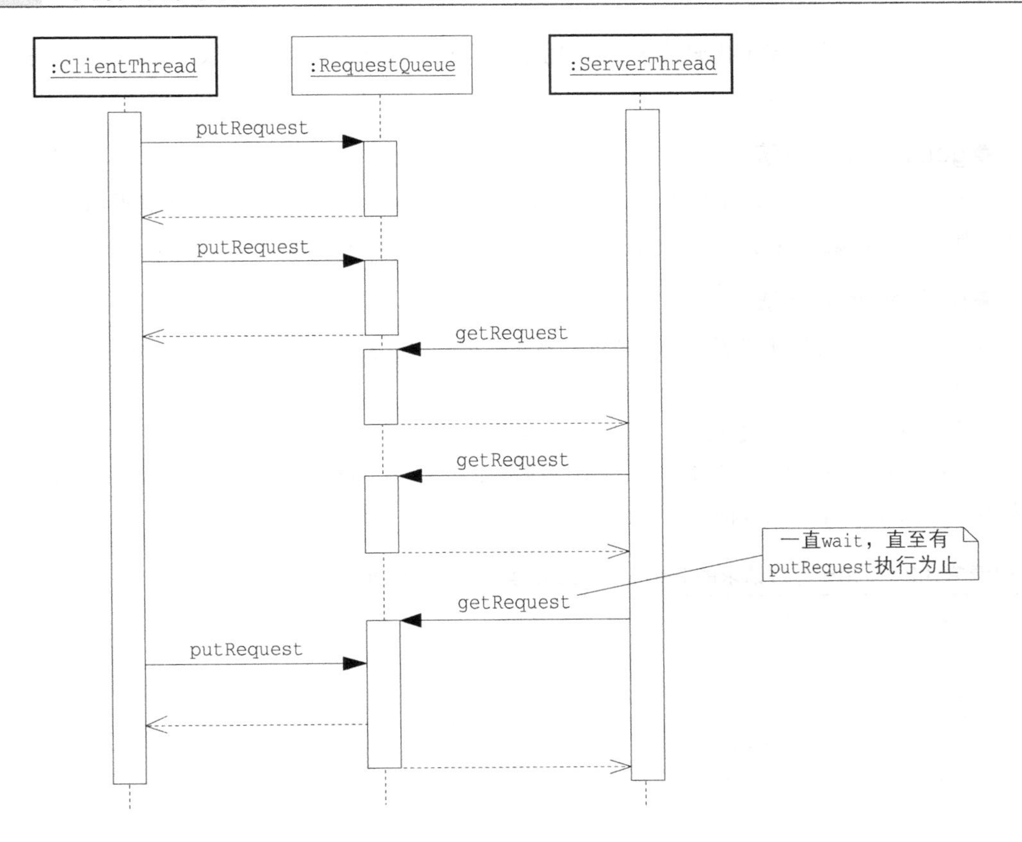

Request 类

Request 类（代码清单 3-1）用于表示请求。虽说是请求，但由于只是用于表示 ClientThread 传递给 ServerThread 的实例，所以不提供什么特殊的处理。Request 类只有一个名称属性（name 字段）。

代码清单 3-1　表示请求的 Request 类（Request.java）

```
public class Request {
    private final String name;
    public Request(String name) {
        this.name = name;
    }
    public String getName() {
        return name;
    }
    public String toString() {
        return "[ Request " + name + " ]";
    }
}
```

该程序收录在本书配套的源代码 GuardedSuspension/Sample 中

RequestQueue 类

RequestQueue 类（代码清单 3-2）用于依次存放请求。该类中定义了 getRequest 和 putRequest 这两个方法。

◆getRequest 方法

getRequest 方法会取出最先存放在 RequestQueue 中的一个请求，作为其返回值。如果一个请求都没有，那就一直等待，直到其他某个线程执行 putRequest。

◆putRequest 方法

putRequest 方法用于添加一个请求。当线程想要向 RequestQueue 中添加 Request 实例时，可以调用该方法。

总的来说，RequestQueue 通过 putRequest 放入 Request 实例，并按放入顺序使用 getRequest 取出 Request 实例。这种结构通常称为队列（queue）或 FIFO（First In First Out，先进先出）。例如，在银行窗口前依次等待的队伍就是队列的一种。

代码清单 3-2　用于存放请求的 RequestQueue 类（RequestQueue.java）

```
import java.util.Queue;
import java.util.LinkedList;

public class RequestQueue {
    private final Queue<Request> queue = new LinkedList<Request>();
    public synchronized Request getRequest() {
        while (queue.peek() == null) {
            try {
                wait();
            } catch (InterruptedException e) {
            }
        }
        return queue.remove();
    }
    public synchronized void putRequest(Request request) {
        queue.offer(request);
        notifyAll();
    }
}
```

该程序收录在本书配套的源代码 GuardedSuspension/Sample 中

关于代码清单 3-2，我们将在后文详细解读，这里先列出一些要点。

- getRequest、putRequest 都是 synchronized 方法
- getRequest 的开头有一个 while 语句，用于检查条件是否成立
- 在 while 语句中执行 wait
- 执行完 while 语句之后，程序才会执行实际想要的处理（remove）
- 在 putRequest 中执行 notifyAll

ClientThread 类

ClientThread类(代码清单3-3)用于表示发送请求的线程。ClientThread持有RequestQueue的实例(requestQueue),并连续调用该实例的putRequest,放入请求。请求的名称依次为"No.0"、"No.1"、"No.2"……

为了错开发送请求(执行putRequest)的时间点,这里使用java.util.Random类随机生成了0到1000之间的数,来作为sleep的时间(以毫秒为单位)。

代码清单 3-3 发送请求的 ClientThread 类(ClientThread.java)

```
import java.util.Random;

public class ClientThread extends Thread {
    private final Random random;
    private final RequestQueue requestQueue;
    public ClientThread(RequestQueue requestQueue, String name, long seed) {
        super(name);
        this.requestQueue = requestQueue;
        this.random = new Random(seed);
    }
    public void run() {
        for (int i = 0; i < 10000; i++) {
            Request request = new Request("No." + i);
            System.out.println(Thread.currentThread().getName() + " requests " + request);
            requestQueue.putRequest(request);
            try {
                Thread.sleep(random.nextInt(1000));
            } catch (InterruptedException e) {
            }
        }
    }
}
```

该程序收录在本书配套的源代码 GuardedSuspension/Sample 中

ServerThread 类

ServerThread类(代码清单3-4)用于表示接收请求的线程。该类也持有RequestQueue的实例(requestQueue)。ServerThread使用getRequest方法接收请求。

与ClientThread一样,ServerThread也使用随机数进行sleep。

代码清单 3-4 接收请求的 ServerThread 类(ServerThread.java)

```
import java.util.Random;

public class ServerThread extends Thread {
    private final Random random;
    private final RequestQueue requestQueue;
    public ServerThread(RequestQueue requestQueue, String name, long seed) {
        super(name);
        this.requestQueue = requestQueue;
        this.random = new Random(seed);
    }
    public void run() {
        for (int i = 0; i < 10000; i++) {
```

```
                Request request = requestQueue.getRequest();
                System.out.println(Thread.currentThread().getName() + " handles  " + request);
                try {
                    Thread.sleep(random.nextInt(1000));
                } catch (InterruptedException e) {
                }
            }
        }
}
```

该程序收录在本书配套的源代码 GuardedSuspension/Sample 中

Main 类

Main 类（代码清单 3-5）会首先创建 RequestQueue 的实例（requestQueue），然后分别创建名为 Alice 的实例 ClientThread 和名为 Bobby 的实例 ServerThread，并将 requestQueue 传给这两个实例，最后执行 start。

3141592L 和 6535897L 只是用来作为随机数的种子，并没有什么特别意义。

代码清单 3-5　Main 类（Main.java）

```
public class Main {
    public static void main(String[] args) {
        RequestQueue requestQueue = new RequestQueue();
        new ClientThread(requestQueue, "Alice", 3141592L).start();
        new ServerThread(requestQueue, "Bobby", 6535897L).start();
    }
}
```

该程序收录在本书配套的源代码 GuardedSuspension/Sample 中

运行结果示例如图 3-2 所示。从图中可以看出，Alice 会一直发送请求（requests），而 Bobby 则会不停地处理请求（handles）。

图 3-2　运行结果示例

```
Alice requests [ Request No.0 ]    ←Alice 发送请求 No.0
Bobby handles  [ Request No.0 ]    ←Bobby 处理请求 No.0
Alice requests [ Request No.1 ]    ←Alice 发送请求 No.1、No.2
Alice requests [ Request No.2 ]
Bobby handles  [ Request No.1 ]    ←Bobby 处理请求 No.1、No.2
Bobby handles  [ Request No.2 ]
Alice requests [ Request No.3 ]    ←Alice 发送请求 No.3
Bobby handles  [ Request No.3 ]    ←Bobby 处理请求 No.3
Alice requests [ Request No.4 ]    ←Alice 发送请求 No.4
Bobby handles  [ Request No.4 ]    ←Bobby 处理请求 No.4
Alice requests [ Request No.5 ]    ←Alice 发送请求 No.5、No.6
Alice requests [ Request No.6 ]
Bobby handles  [ Request No.5 ]    ←Bobby 处理请求 No.5、No.6
Bobby handles  [ Request No.6 ]
（以下省略。按 CTRL+C 终止程序）
```

java.util.Queue 与 java.util.LinkedList 的操作

在详细解读代码清单 3-2 之前，我们先来整理一下提供队列功能的 java.util.Queue 接口的操作。queue 字段中实际保存的是实现 Queue 接口的 java.util.LinkedList 类的实例。LinkedList 类表示串状连接在一起的对象集合，可以作为通用链表结构使用，但示例程序只使用了 LinkedList 类的如下三个方法。

◆Request remove()

该方法用于移除队列的第一个元素，并返回该元素。如果队列中一个元素都没有，则抛出 java.util.NoSuchElementException 异常（该元素不存在）。

◆boolean offer(Request req)

该方法用于将元素 req 添加到队列末尾。

◆Request peek()

如果队列中存在元素，则该方法会返回头元素；如果为空，则返回 null。该方法并不移除元素。

java.util.LinkedList 是一个可以指定元素类型的泛型类（generic class）。该示例程序（代码清单 3-2）采用 LinkedList<Request> 这种写法来表示元素的类型为 Request。Queue 接口也一样，是用 Queue<Request> 这种写法表示元素的类型为 Request。“<” 与 “>” 之间的部分称为类型参数。

另外，java.util.LinkedList 类是非线程安全的。关于类库中提供的线程安全的队列的示例，本章 3.4 节中的“使用 java.util.concurrent.LinkedBlockingQueue 的示例程序”部分将为大家介绍。

getRequest 详解

getRequest 方法如下所示，我们来仔细读一下吧。

```
public synchronized Request getRequest() {
    while (queue.peek() == null) {
        try {
            wait();
        } catch (InterruptedException e) {
        }
    }
    return queue.remove();
}
```

◆施加守护条件进行保护

首先，我们来思考一下 getRequest 方法应该执行的“目标处理”是什么。该方法的目的是“从 queue 中取出一个 Request 实例”，也就是执行下面这条语句。

```
queue.remove()
```

但是，为了安全地执行这条语句，必须满足如下条件。

```
queue.peek() != null
```

该条件就是“存在想要取出的元素”。这种必须要满足的条件就称为 Guarded Suspension 模式的守护条件（guard condition）。

```
queue.peek() != null        ……守护条件
```

仔细查看 getRequest 中的 while 语句的条件表达式，你会发现 while 语句的条件表达式是守护条件的逻辑非运算。这条 while 语句会保证在 remove 方法被调用时，守护条件一定是成立的。

```
queue.peek() == null        ……守护条件的逻辑非运算
```

当守护条件的逻辑非运算满足时——也就是说守护条件不成立时——绝对不会继续执行 while 之后的语句（调用 remove）。

◆不等待的情况和等待的情况

当线程执行到 while 语句时，需要考虑守护条件成立与不成立这两种情况。

当守护条件成立时，线程不会进入 while 语句内，而是立即执行 while 的下一条语句，调用 remove 方法。这时不会执行到 wait，所以线程也就不会等待。

当守护条件不成立时，线程会进入 while 语句内，执行 wait，开始等待。

◆执行 wait，等待条件发生变化

当守护条件不成立时，线程执行 wait，开始等待，那到底在等待什么呢？

“当然是在等待 notify/notifyAll 喽。”对，确实如此。正在 wait 的线程如果不被 notify/notifyAll，便会一直待在等待队列中。不过，我们需要思考一下更深层的含义。线程真正在等待的是实例状态的变化。线程之所以等待，是因为守护条件未被满足。也就是说该守护条件进行了保护，从而阻止了线程继续向前执行。线程等待的是实例状态发生变化，守护条件成立的时刻。

这里又啰里啰嗦地说了一大堆理所当然的事情，因为这部分内容真的需要读者多加留心。只有知道“线程在等待什么”，才会明白“应该何时执行 notify/notifyAll”。

在守护条件成立时，正在 wait 的线程希望被 notify/notifyAll。因为只有在这时，while 后面的语句才能够执行。

◆执行到 while 的下一条语句时一定能确定的事情

下面继续解读 getRequest 方法。

假如 while 的下一条语句肯定会执行，那么执行时，while 语句的守护条件一定是成立的。

也就是说，调用 remove 方法时，下述表达式一定是成立的。

```
queue.peek() == null        ……守护条件
```

由于“queue 中存在可供取出的元素”，所以 remove 方法绝对不会抛出 NoSuchElementException 异常。

这就是 getRequest 方法。

整个结构可以整理如下。

```
while （守护条件的逻辑非） {
        使用 wait 进行等待；
}
执行目标处理；
```

在执行目标处理之前，守护条件一定是成立的。我们将执行某个处理之前必须满足的条件称为前置条件（precondition）。守护条件就是“目标处理”的前置条件。

putRequest 详解

下面是 putRequest 方法，这个方法比较短，很快就能读完。

```
public synchronized void putRequest(Request request) {
    queue.offer(request);
    notifyAll();
}
```

这段处理执行 offer 方法，向 queue 的末尾添加一个请求（request）。

这时，queue 中至少存在一个可供取出的元素。因此，下面的表达式为真。

```
queue.peek() != null
```

在前面的 getRequest 中，正在 wait 的线程等待的是什么呢？对，正是这个条件，即守护条件的成立。那么，这里就来执行 notifyAll 吧。

这就是 putRequest 方法。

synchronized 的含义

前面我们解读了 getRequest 方法和 putRequest 方法，这两个方法都是 synchronized 方法。

如 1.7 节所讲，当看到 synchronized 时，我们需要思考一下“这个 synchronized 在保护着什么”。在这里，synchronized 保护的是 queue 字段（LinkedList 的实例）。例如 getRequest 方法中的如下两个处理就必须确保同时“只能由一个线程执行”。这就是 Single Threaded Execution 模式（第 1 章）。

- 判断 queue 字段中是否存在可供取出的元素
- 从 queue 字段中取出一个元素

wait 与锁

对于还不熟悉 Java 中 wait 方法的运行的读者，这里再补充说明一下。

假设线程要执行某个实例的 wait 方法。这时，线程必须获取该实例的锁。上面的 synchronized 方法中，wait 方法被调用时，获取的就是 this 的锁。

线程执行 this 的 wait 方法后，进入 this 的等待队列，并释放持有的 this 锁。

notify、notifyAll 或 interrupt 会让线程退出等待队列，但在实际地继续执行处理之前，还必须再获取 this 的锁。

关于上述这些线程的操作，序章 1 中的 I1.6 节已经进行了详细讲解。如果你已经忘记了，就请翻到前面再复习一下吧。这并不是什么高级知识，只是 Java 线程的基础知识，请务必牢记。

3.3 Guarded Suspension 模式中的登场角色

在 Guarded Suspension 模式中有以下登场角色。

◆GuardedObject（被守护的对象）

GuardedObject 角色是一个持有被守护的方法（guardedMethod）的类。当线程执行 guardedMethod 方法时，若守护条件成立，则可以立即执行；当守护条件不成立时，就要进行等待。守护条件的成立与否会随着 GuardedObject 角色的状态不同而发生变化。

除了 guardedMethod 之外，GuardedObject 角色还有可能持有其他改变实例状态（特别是改变守护条件）的方法（stateChangingMethod）。

在 Java 中，guardedMethod 通过 while 语句和 wait 方法来实现，stateChangingMethod 则通过 notify/notifyAll 方法来实现。

在示例程序中，由 RequestQueue 类扮演此角色。getRequest 方法对应 guardedMethod，putRequest 方法则对应 stateChangingMethod。

Guarded Suspension 模式的类图和 Timethreads 图分别如图 3-3 和图 3-4 所示。

图 3-3 Guarded Suspension 模式的类图

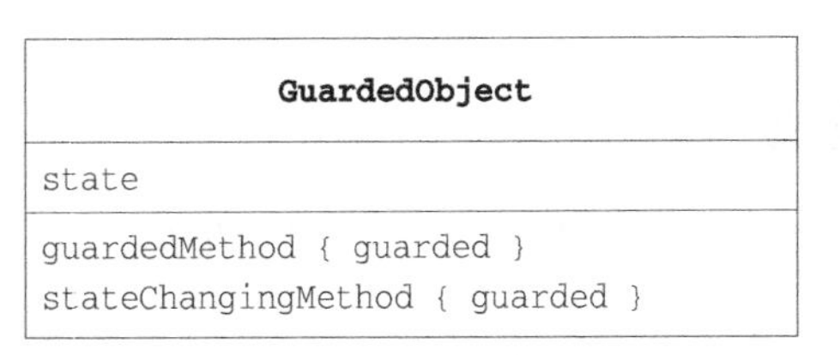

图 3-4 Guarded Suspension 模式的 Timethreads 图

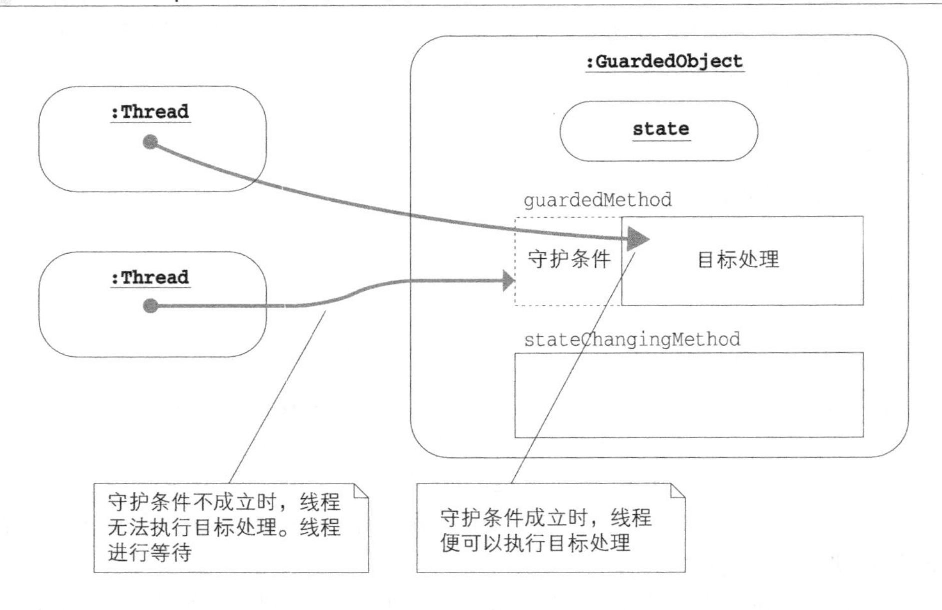

3.4　拓展思路的要点

附加条件的 synchronized

在 Single Threaded Execution 模式中，只要有一个线程进入临界区，其他线程就无法进入，只能等待。

而在 Guarded Suspension 模式中，线程是否等待取决于守护条件。Guarded Suspension 模式是在 Single Threaded Execution 模式的基础上附加了条件而形成的。也就是说，Guarded Suspension 模式是类似于“附加条件的 `synchronized`”这样的模式。

多线程版本的 if

当然，单线程程序中并不需要 Guarded Suspension 模式。在单线程中，执行操作的主体线程只有一个。如果该唯一线程进入等待状态，就没有线程来改变实例的状态了。因此，如果实例的状态“现在”不确切，那无论线程等待到什么时候，也都是持续保持这种状态。

在单线程程序中，守护条件的检查仅使用 `if` 语句就可以了。

这样说来，Guarded Suspension 模式就像是“多线程版本的 `if`”。

忘记改变状态与生存性

正在 `wait` 的线程每次被 `notify/notifyAll` 时都会检查守护条件。不管被 `notify/notifyAll` 多少次，如果守护条件不成立，线程都会随着 `while` 再次 `wait`。

如果程序错误，没有修改 GuardedObject 角色的状态的处理，那么守护条件永远都不会成立。这时，不管执行多少次 `notify/notifyAll`，线程处理都无法继续，程序也就失去了生存性。

`wait` 一段时间之后，如果还没有 `notify/notifyAll`，我们或许就想中断处理。在这种情况下，可以在调用 `wait` 方法时，在参数中指定超时（timeout）时间。详细内容将在第 4 章“Balking 模式”的 4.6 节中讲解。

wait 与 notify/notifyAll 的责任 [可复用性]

仔细查看示例程序，你会发现 `wait/notifyAll` 只出现在 `RequestQueue` 类中，而并未出现在 `ClientThread`、`ServerThread`、`Main` 类中。Guarded Suspension 模式的实现封装在 `RequestQueue` 类中。

这种将 `wait/notifyAll` 隐藏起来的做法对 `RequestQueue` 类的可复用性来说是非常重要的。这是因为，使用 `RequestQueue` 的其他类无需考虑 `wait` 或 `notifyAll` 的问题，只要调用 `getRequest` 方法或 `putRequest` 方法就行了。

各种称呼

与 Guarded Suspension 模式类似的处理有着各种不同的称呼。另外，参考文献或上下文不同时，即使称呼相同，也可能存在不同的含义。因此，下面介绍一下各处理的称呼及其含义，供大家参考。

它们的共同特征有如下三点。

- 存在循环
- 存在条件检查
- 因为某种原因而“等待”

◆guarded suspension

“被守护而暂停执行”的含义。该名称并不体现其实现方法。

◆guarded wait

“被守护而等待”的意思。其实现方法为线程使用 `wait` 进行等待，被 `notify/notifyAll` 后，再次检查条件是否成立。由于线程在使用 `wait` 进行等待的期间是待在等待队列中停止执行的，所以并不会浪费 Java 虚拟机的处理时间。

◎等待端的示例
```
while (!ready) {
    wait();
}
```
◎唤醒端的示例
```
ready = true;
notifyAll();
```

◆busy wait

“忙于等待”的意思。其实现方法为线程并未使用 `wait` 进行等待，而是执行 `yield`（尽可能地将优先级让给其他线程）的同时检查守护条件。由于等待端的线程也是在持续运行的，所以会浪费 Java 虚拟机的时间。`yield` 是 `Thread` 类的静态方法[①]。

◎等待端的示例
```
while (!ready) {
    Thread.yield();
}
```
◎唤醒端的示例
```
ready = true;
```

◆spin lock

“通过旋转来锁定”的意思。指的是在条件成立之前，通过 `while` 循环“旋转”等待的情形。spin lock 在使用上有时与 guarded wait 相同（见附录 G 中的 [Holub00]），有时与 busy wait 相同。另外，有时虽然一开始通过 busy wait 方式进行等待，但是之后会切换到 guarded wait 方式（见附录 G 中的 [Lewis00]）。有些硬件层实现的同步机制也称为 spin lock。

---

① `Thread.yield` 并不会释放锁，所以这段代码不可以写在 `synchronized` 中。另外，`ready` 字段必须声明为 `volatile`。

◆polling

“进行舆论调查”的意思，即反复检查某个事件是否发生，若发生，则执行相应处理的方式（见附录 G 中的 [Lea]）。

使用 java.util.concurrent.LinkedBlockingQueue 的示例程序

代码清单 3-2 使用 java.util.LinkedList 类和 Guarded Suspension 模式构成了 RequestQueue 类。实际上，J2SE 5.0 的 java.util.concurrent 包中提供了与该 RequestQueue 类功能相同的一个类，那就是 java.util.concurrent.LinkedBlockingQueue 类。该类实现了 java.util.concurrent.BlockingQueue 接口。

采用 LinkedBlockingQueue 时，示例程序中的 RequestQueue 类可以简化为如代码清单 3-6 所示的代码。这里使用的 take 方法和 put 方法都是 BlockingQueue 接口中声明的方法。take 方法用于“取出队首元素”，put 方法则用于“向队列末尾添加元素”。当队列为空时，若调用 take 方法便会进行 wait，这与代码清单 3-2 相同。

由于 take 方法和 put 方法已经考虑了互斥处理，所以 getRequest 方法和 putRequest 方法也就无需声明为 synchronized 方法。LinkedBlockingQueue 类中使用了 Guarded Suspension 模式，能够保证线程安全。

代码清单 3-6　使用 java.util.concurrent.LinkedBlockingQueue 类编写的 RequestQueue 类（RequestQueue.java）

```
import java.util.concurrent.BlockingQueue;
import java.util.concurrent.LinkedBlockingQueue;

public class RequestQueue {
    private final BlockingQueue<Request> queue = new LinkedBlockingQueue<Request>();
    public Request getRequest() {
        Request req = null;
        try {
            req = queue.take();
        } catch (InterruptedException e) {
        }
        return req;
    }
    public void putRequest(Request request) {
        try {
            queue.put(request);
        } catch (InterruptedException e) {
        }
    }
}
```

该程序收录在本书配套的源代码 GuardedSuspension/jucSample 中

java.util 包中的 Queue 接口与 LinkedList 类，以及 java.util.comcurrent 包中的 BlockingQueue 接口与 LinkedBlockingQueue 类之间的关系类图如图 3-5 所示。

图 3-5 BlockingQueue 接口与 LinkedBlockingQueue 类的类图

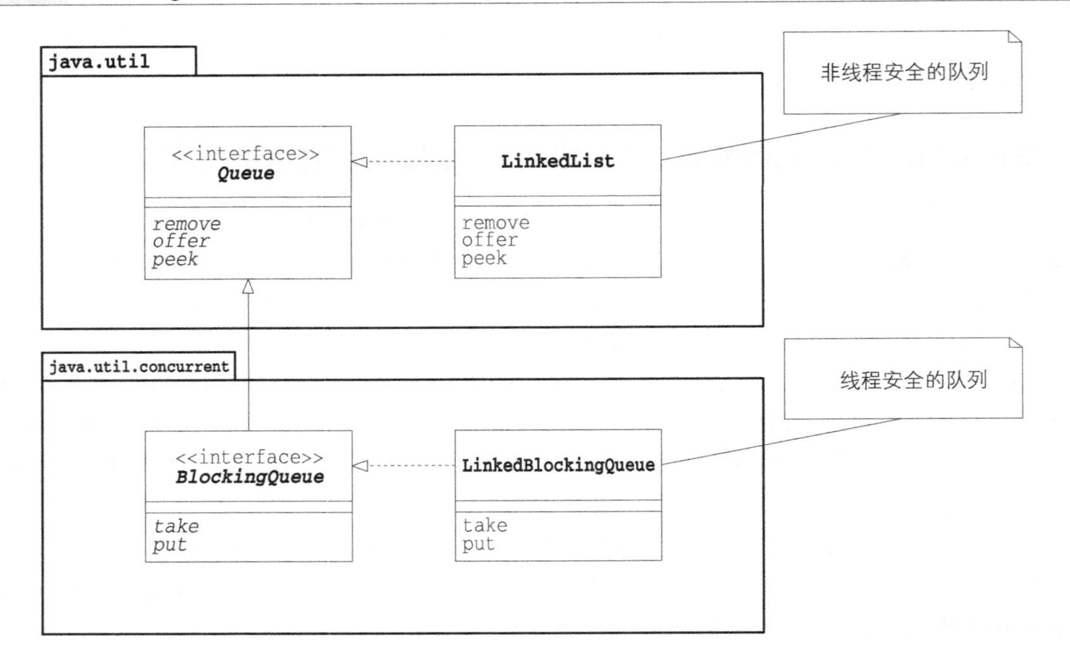

3.5 相关的设计模式

Guarded Suspension 模式在许多与并发性相关的模式中都有所使用。

Single Threaded Execution 模式（第 1 章）

“检查守护条件的部分”和“检查后修改（设置）状态的部分”都使用了 Single Threaded Execution 模式。检查和设置等一连串处理都必须单线程执行。这是因为在检查之后、设置之前，其他线程不可以执行检查。检查和设置都必须是原子操作。

Balking 模式（第 4 章）

在 Guarded Suspension 模式中，当守护条件不成立时，线程会一直等待，直至守护条件成立为止。而在 Balking 模式中，线程不会等待守护条件成立，而是直接返回。

Producer-Consumer 模式（第 5 章）

在 Producer-Consumer 模式中，Producer 角色放置数据时，以及 Consumer 角色获取数据时，都会使用 Guarded Suspension 模式。

Future 模式（第 9 章）

在 Future 模式中，当线程想要获取目标信息，而目标信息还未准备好时，则使用 Guarded Suspension 模式进行等待。

3.6 本章所学知识

在本章中，我们学习了 Guarded Suspension 模式。

该模式中存在一个持有状态的对象。该对象只有在自身的状态合适时，才会允许线程执行目标处理。

为此，我们需要首先将对象的合适状态表示为“守护条件”。然后，在执行目标处理之前，检查守护条件是否成立。只有当守护条件成立时，线程才会执行目标处理；而当守护条件不成立时，线程就会一直等到成立为止。

Java 中是使用 `while` 语句来检查条件，使用 `wait` 方法来执行等待的。当条件发生变化时，使用 `notify/notifyAll` 方法发出通知。

这就是 Guarded Suspension 模式。

好了，接下来做一下练习题吧。

3.7 练习题

答案请参见附录 A（P.358）

●习题 3-1（基础知识测试）

阅读下面关于示例程序（代码清单 3-1 ~代码清单 3-5）运行的内容，叙述正确请打√，错误请打×。

（1）`getRequest` 和 `putRequest` 是由不同的线程调用的。

（2）`RequestQueue` 的实例创建了两个。

（3）`getRequest` 中的 `remove` 方法被调用时，`queue.peek() != null` 的值一定是 `true`。

（4）`getRequest` 中的 `wait` 方法被调用时，`queue.peek() != null` 的值一定是 `false`。

（5）`ClientThread` 线程正在执行 `putRequest` 时，`ServerThread` 线程是不运行的。

（6）线程调用 `getRequest` 中的 `wait` 方法后会释放锁，并进入 `queue` 的等待队列。

（7）`putRequest` 方法中的 `notifyAll();` 语句与 `queue.notifyAll();` 的含义是等同的。

●习题 3-2（notifyAll 的位置）

假设将示例程序中 `RequestQueue` 类（代码清单 3-2）的 `putRequest` 方法改为如代码清单 3-7 所示的代码（在执行 `offer` 之前先执行 `notifyAll`）。那么，修改后的 `RequestQueue` 类能安全运行吗？为什么？

代码清单 3-7　先执行 notifyAll 的 putRequest 方法

```
public synchronized void putRequest(Request request) {
    notifyAll();
    queue.offer(request);
}
```

●习题 3-3（加上调试输出）

从图 3-2 可以看出，`ClientThread`（代码清单 3-3）发送的请求确实依次被 `ServerThread`（代码清单 3-4）处理了，但我们却并不清楚 `wait` 方法和 `notifyAll` 方法是否是按预期调用的。

请在 `RequestQueue` 类中加上调试输出，查看程序是否是按预期运行的。

●习题 3-4（似是而非的 Guarded Suspension 模式）

如果将 RequestQueue 类（代码清单 3-2）中的 getRequest 方法改写为下列（1）～（4）这样，会发生什么问题呢？

（1）将 while 改为 if（代码清单 3-8）

（2）将 synchronized 的范围改为只包含 wait（代码清单 3-9）

（3）将 try...catch 移到 while 外面（代码清单 3-10）

（4）将 wait 替换为 Thread.sleep（代码清单 3-11）

代码清单 3-8　将 while 改为 if

```
public synchronized Request getRequest() {
    if (queue.peek() == null) {
        try {
            wait();
        } catch (InterruptedException e) {
        }
    }
    return queue.remove();
}
```

代码清单 3-9　将 synchronized 的范围改为只包含 wait

```
public Request getRequest() {
    while (queue.peek() == null) {
        try {
            synchronized (this) {
                wait();
            }
        } catch (InterruptedException e) {
        }
    }
    return queue.remove();
}
```

代码清单 3-10　将 try…catch 移到 while 外面

```
public synchronized Request getRequest() {
    try {
        while (queue.peek() == null) {
            wait();
        }
    } catch (InterruptedException e) {
    }
    return queue.remove();
}
```

代码清单 3-11　将 wait 替换为 Thread.sleep

```
public synchronized Request getRequest() {
    while (queue.peek() == null) {
        try {
            Thread.sleep(100);
        } catch (InterruptedException e) {
        }
    }
    return queue.remove();
}
```

●习题 3-5（两个 Guarded Suspension）

某人想以示例程序为基础，创建“以对话方式互相发送请求的两个线程”。

TalkThread 类（代码清单 3-12）中有两个 RequestQueue（代码清单 3-2）的实例。一个用于输入（input），另一个用于输出（output）。TalkThread 类首先使用 getRequest 方法从用于输入的 RequestQueue 中获取一个请求（request1）。

然后，在 request1 的名称后面加上一个感叹号（！），创建一个新的请求（request2）。随后，使用用于输出的 RequestQueue 的 putRequest 方法，将该新的请求发送给交谈对象的线程。

这个人认为，如果创建两个这样的 TalkThread 实例，并共享用于输入 / 用于输出的两个 RequestQueue 实例（互相交换使用），那么请求将会在两个线程之间互相发送，感叹号会不断增多。于是，他写出了如代码清单 3-13 所示的 Main 类。

但实际运行起来后，结果却如图 3-6 所示。Alice 和 Bobby 两个线程的确启动了，但之后什么都没显示。这是为什么呢？另外，为了实现预期的请求交换，这个程序该怎么改呢？

代码清单 3-12　对话线程（TalkThread.java）

```
public class TalkThread extends Thread {
    private final RequestQueue input;
    private final RequestQueue output;
    public TalkThread(RequestQueue input, RequestQueue output, String name) {
        super(name);
        this.input = input;
        this.output = output;
    }
    public void run() {
        System.out.println(Thread.currentThread().getName() + ":BEGIN");
        for (int i = 0; i < 20; i++) {
            // 接收对方的请求
            Request request1 = input.getRequest();
            System.out.println(Thread.currentThread().getName() + " gets  " + request1);

            // 加上一个感叹号（！）再返给对方
            Request request2 = new Request(request1.getName() + "!");
            System.out.println(Thread.currentThread().getName() + " puts  " + request2);
            output.putRequest(request2);
        }
        System.out.println(Thread.currentThread().getName() + ":END");
    }
}
```

代码清单 3-13　想让 Alice 和 Bobby 进行对话，但无法正常运行的 Main 类（Main.java）

```
public class Main {
    public static void main(String[] args) {
        RequestQueue requestQueue1 = new RequestQueue();
        RequestQueue requestQueue2 = new RequestQueue();
        new TalkThread(requestQueue1, requestQueue2, "Alice").start();
        new TalkThread(requestQueue2, requestQueue1, "Bobby").start();
    }
}
```

图 3-6　运行结果

```
Alice:BEGIN
Bobby:BEGIN
（到此处停止执行。按 CTRL+C 终止程序）
```

●习题 3-6（线程的取消）（难）

> 这个问题涉及 interrupt 方法。大家可以在读完第 5 章的讲解后再来解答这个问题。

如果不用 CTRL+C 来强制终止，那么本章的示例程序要过很长时间才能终止运行。因此，我们将 Main 类改写为了如代码清单 3-14 所示的代码。在这个 Main 类中，大约经过 10 秒之后，程序便会调用 ClientThread（代码清单 3-3）和 ServerThread（代码清单 3-4）的 interrupt 方法。但这样修改之后的程序还是无法终止（图 3-7）。请保持这个 Main 类不变，试着修改其他的类，让程序在约 10 秒之后终止。

代码清单 3-14　约 10 秒后调用 interrupt 方法的 Main 类（Main.java）

```
public class Main {
    public static void main(String[] args) {
        // 启动线程
        RequestQueue requestQueue = new RequestQueue();
        Thread alice = new ClientThread(requestQueue, "Alice", 314159L);
        Thread bobby = new ServerThread(requestQueue, "Bobby", 265358L);
        alice.start();
        bobby.start();

        // 等待约 10 秒
        try {
            Thread.sleep(10000);
        } catch (InterruptedException e) {
        }

        // 调用 interrupt 方法
        System.out.println("***** calling interrupt *****");
        alice.interrupt();
        bobby.interrupt();
    }
}
```

图 3-7　运行结果示例

```
（以上省略）
Alice requests [ Request No.15 ]
Bobby handles  [ Request No.15 ]
Alice requests [ Request No.16 ]
Bobby handles  [ Request No.16 ]
Alice requests [ Request No.17 ]
Bobby handles  [ Request No.17 ]
***** calling interrupt *****         ←调用 interrupt 方法
Alice requests [ Request No.18 ]      ←但线程并未停止
Bobby handles  [ Request No.18 ]
Alice requests [ Request No.19 ]
Bobby handles  [ Request No.19 ]
Alice requests [ Request No.20 ]
（以下省略。按 CTRL+C 终止程序）
```

第 4 章 Balking 模式

不需要就算了

4.1 Balking 模式

我正坐在餐馆中，合计着吃点什么。

想好之后，我举起手示意服务员点菜。于是，看到我举手的服务员就向我走来点菜。

这时，另一位服务员也看到我举手示意了，但他看到已经有一位服务员走向了我，所以就没有再过来……

本章，我们将学习 Balking 模式。

如果现在不适合执行这个操作，或者没必要执行这个操作，就停止处理，直接返回——这就是 Balking 模式。

所谓 Balk，就是"停止并返回"的意思。棒球中的"投手犯规"也是 Balk 这个词。"当垒上有跑垒员时，投手已踏投手板但中途停止投球"的犯规行为就称为 Balk。

Balking 模式与 Guarded Suspension 模式（第 3 章）一样，也存在守护条件。在 Balking 模式中，如果守护条件不成立，则立即中断处理。这与 Guarded Suspension 模式有所不同，因为 Guarded Suspension 模式是一直等待至可以运行。

4.2 示例程序

我们来看一个使用了 Balking 模式的简单示例程序。这个程序会定期将当前数据内容写入文件中。

当数据内容被写入时，会完全覆盖上次写入的内容，只有最新的内容才会被保存。

另外，当写入的内容与上次写入的内容完全相同时，再向文件写入就显得多余了，所以就不再执行写入操作。也就是说，该程序以"数据内容存在不同"作为守护条件，如果数据内容相同，则不执行写入操作，直接返回（balk）。

在此我们来思考一下文本工具的"自动保存功能"。所谓自动保存功能，就是为了防止电脑突然死机，而定期地将数据保存到文件中的功能。本章介绍的示例程序可以说是自动保存功能的超级精简版。

类的一览表如表 4-1 所示。

`Data` 类对应的是文本工具的文本内容，`SaverThread` 类对应的则是执行自动保存的线程。而 `ChangerThread` 类则是模仿"进行文本修改并随时保存的用户"。

表 4-1 类的一览表

名字	说明
`Data`	表示可以修改并保存的数据的类
`SaverThread`	定期保存数据内容的类
`ChangerThread`	修改并保存数据内容的类
`Main`	测试程序行为的类

Data 类

`Data` 类（代码清单 4-1）用于表示当前数据。

filename 字段是执行保存的文件名称。

content 字段是表示数据内容的字符串，也就是写入文件的内容。

changed 字段用于表示自上次保存之后，content 字段是否又进行了修改。changed 的值为 true 时表示进行了修改，而为 false 时则表示未修改过。程序根据 changed 的值，即 true/false 决定要不要执行文件写入。这种表示两种状态的字段或变量，我们通常称为标志（flag）。这里，"changed 字段标志为 true"便是守护条件。

Data 类中包含用于修改数据内容的方法（change），以及要求将数据内容保存到文件中的方法（save）。另外还有一个实际执行文件保存的方法（doSave）。

在 change 方法中，新的数据内容会被赋给 content 字段。同时，changed 标志会被设置为 true，这表示内容进行了修改。

save 方法会先检查 changed 标志的值。如果 changed 标志为 false，表明数据内容并未修改过，那么 save 方法便会立即 return（也就是说，不执行实际的保存操作）。这个 return 也就相当于 balk 处理。如果 changed 标志为 true，则 save 方法会调用 doSave 方法，执行文件写入操作。然后，为了表示 content 字段的内容与文件内容一致，需要将 changed 标志设置为 false。

change 和 save 这两个方法都被声明为了 synchronized 方法。我们前面讲过，当看到 synchronized 时，就应该思考一下"这个 synchronized 在保护着什么"（1.7 节）。这里的 synchronized 保护的是 content 字段和 changed 字段。

doSave 方法会使用 java.io.FileWriter 类将 content 的内容写入到文件中。如果在文件写入时发生错误，FileWriter 类的构造函数和 write 方法、close 方法之一将抛出 java.io.IOException 异常。当该异常被抛出时，程序便会跳出 doSave 方法和 save 方法。这时，doSave 被调用之后，将 changed 标志设置为 false 的处理便不会被执行。changed 标志仍然为 true，这表明数据内容和文件内容是不一致的。

代码清单 4-1　表示当前数据的类（Data.java）

```java
import java.io.IOException;
import java.io.FileWriter;
import java.io.Writer;

public class Data {
    private final String filename;  // 保存的文件名称
    private String content;         // 数据内容
    private boolean changed;        // 修改后的内容若未保存，则为 true

    public Data(String filename, String content) {
        this.filename = filename;
        this.content = content;
        this.changed = true;
    }

    // 修改数据内容
    public synchronized void change(String newContent) {
        content = newContent;
        changed = true;
    }

    // 若数据内容修改过，则保存到文件中
    public synchronized void save() throws IOException {
        if (!changed) {
            return;
```

```
        }
        doSave();
        changed = false;
    }

    // 将数据内容实际保存到文件中
    private void doSave() throws IOException {
        System.out.println(Thread.currentThread().getName() + " calls doSave, content
= " + content);
        Writer writer = new FileWriter(filename);
        writer.write(content);
        writer.close();
    }
}
```

该程序收录在本书配套的源代码 Balking/Sample 中

SaverThread 类

SaverThread 类（代码清单 4-2）用于定期保存数据内容。

在 run 方法中，每隔约 1000 毫秒（约 1 秒）就调用一次 Data 实例（data）的 save 方法。如果文件操作发生错误，java.io.IOException 异常被抛出，该线程便会终止运行。

代码清单 4-2　定期要求保存数据的 SaverThread 类（SaverThread.java）

```
import java.io.IOException;

public class SaverThread extends Thread {
    private final Data data;
    public SaverThread(String name, Data data) {
        super(name);
        this.data = data;
    }
    public void run() {
        try {
            while (true) {
                data.save();              // 要求保存数据
                Thread.sleep(1000);       // 休眠约 1 秒
            }
        } catch (IOException e) {
            e.printStackTrace();
        } catch (InterruptedException e) {
            e.printStackTrace();
        }
    }
}
```

该程序收录在本书配套的源代码 Balking/Sample 中

ChangerThread 类

ChangerThread 类（代码清单 4-3）用于修改数据内容，并执行保存处理。

启动的线程以 "No.0", "No.1", "No.2", ... 字符串为参数，循环调用 change 方法来修改数据。每修改完一个数据，线程都会“执行点别的操作”（实际上，只是使用 sleep 方法随机暂停一段时间），然后调用 save 方法保存数据。这用来表示“将刚才修改的数据反映到文件中”。

注意 Data 类的 doSave 方法每次都是重新创建文件。由于在重新创建之后，文件内容会全部消失，所以该示例程序并不能直接用作应用程序的自动保存功能。实际上，实现自动保存功能时，文件必须要进行备份。

代码清单 4-3　用于修改并保存数据的 ChangerThread 类（ChangerThread.java）

```
import java.io.IOException;
import java.util.Random;

public class ChangerThread extends Thread {
    private final Data data;
    private final Random random = new Random();
    public ChangerThread(String name, Data data) {
        super(name);
        this.data = data;
    }
    public void run() {
        try {
            for (int i = 0; true; i++) {
                data.change("No." + i);                  // 修改数据
                Thread.sleep(random.nextInt(1000)); // 执行其他操作
                data.save();                             // 显式地保存
            }
        } catch (IOException e) {
            e.printStackTrace();
        } catch (InterruptedException e) {
            e.printStackTrace();
        }
    }
}
```

该程序收录在本书配套的源代码 Balking/Sample 中

Main 类

Main 类（代码清单 4-4）首先会创建一个 Data 实例，然后 ChangerThread 和 SaveThread 的实例会共用该实例，分别启动各自的线程。

运行结果示例如图 4-1 所示。从图中可以看出，有时是 SaverThread 调用 doSave 方法，有时是 ChangerThread 调用 doSave 方法（两者都通过 save 方法执行调用）。

请注意，不管是哪种情况，content 字段的内容都“不是重复保存的”（没有重复的编号）。这是因为当 content 内容相同时，线程就会 balk，不再调用 doSave 方法。

代码清单 4-4　Main 类（Main.java）

```
public class Main {
    public static void main(String[] args) {
        Data data = new Data("data.txt", "(empty)");
        new ChangerThread("ChangerThread", data).start();
        new SaverThread("SaverThread", data).start();
    }
}
```

该程序收录在本书配套的源代码 Balking/Sample 中

图 4-1 运行结果示例

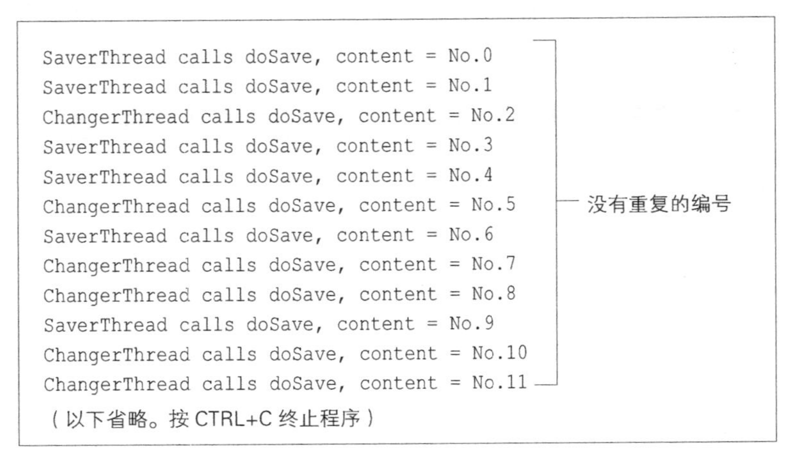

```
SaverThread calls doSave, content = No.0
SaverThread calls doSave, content = No.1
ChangerThread calls doSave, content = No.2
SaverThread calls doSave, content = No.3
SaverThread calls doSave, content = No.4
ChangerThread calls doSave, content = No.5
SaverThread calls doSave, content = No.6
ChangerThread calls doSave, content = No.7
ChangerThread calls doSave, content = No.8
SaverThread calls doSave, content = No.9
ChangerThread calls doSave, content = No.10
ChangerThread calls doSave, content = No.11
（以下省略。按 CTRL+C 终止程序）
```

没有重复的编号

示例程序的时序图如图 4-2 所示。

图 4-2 示例程序的时序图

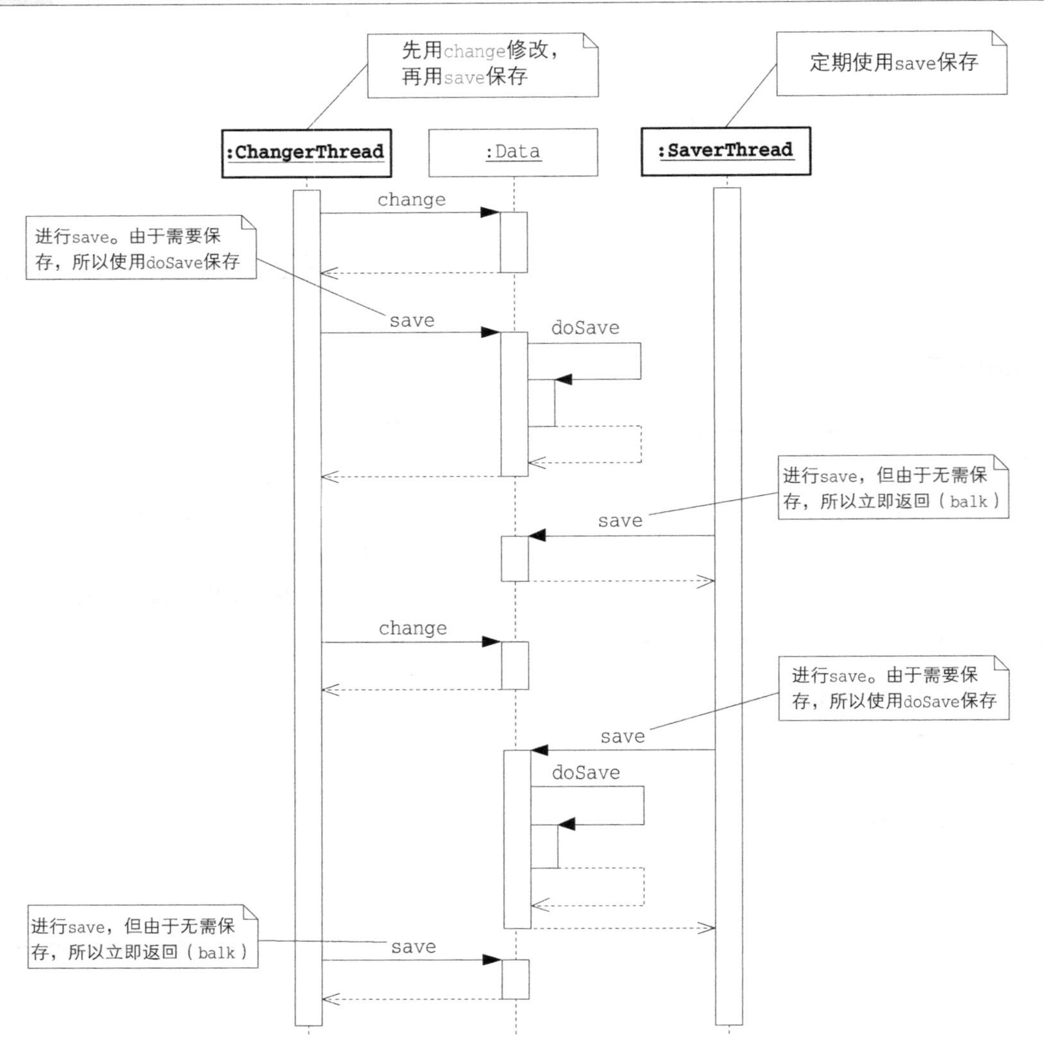

4.3 Balking 模式中的登场角色

在 Balking 模式中有以下登场角色。

◆GuardedObject（被防护的对象）

GuardedObject 角色是一个拥有被防护的方法（guardedMethod）的类。当线程执行 guardedMethod 方法时，若守护条件成立，则执行实际的处理。而当守护条件不成立时，则不执行实际的处理，直接返回。守护条件的成立与否，会随着 GuardedObject 角色的状态变化而发生变化。

除了 guardedMethod 之外，GuardedObject 角色还有可能有其他来改变状态的方法（stateChangingMethod）。

在示例程序中，由 Data 类扮演此角色。save 方法对应的是 guardedMethod，change 方法对应的则是 stateChangingMethod。

守护条件为“changed 字段为 true”。

类图如图 4-3 所示，Timethreads 图如图 4-4 所示。请试着与 Guarded Suspension 模式中的 Timethreads 图（图 3-4）进行比较。

图 4-3　Balking 模式的类图

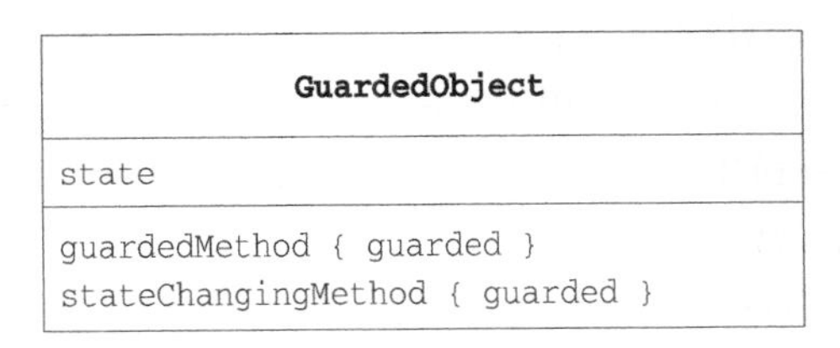

图 4-4　Balking 模式的 Timethreads 图

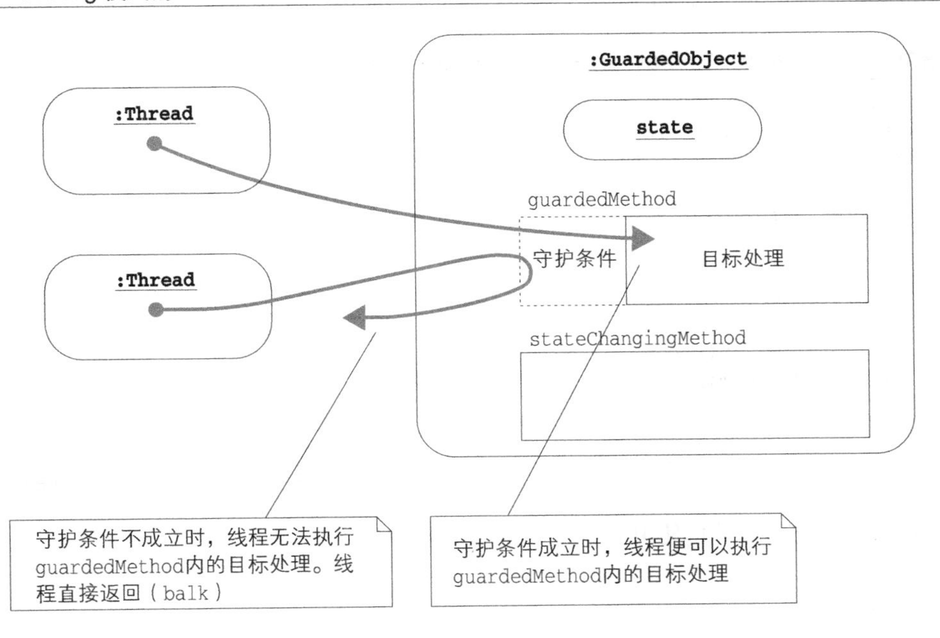

4.4 拓展思路的要点

何时使用（可使用 Balking 模式的情况）

Balking 模式该在哪些情况下使用呢？也就是说，在什么情况下应该考虑在处理前执行 balk 呢？

◆并不需要执行时

在示例程序中，content 字段的内容并没有发生修改时，就将 save 方法 balk 了。

之所以要 balk，是因为 content 的内容已经写进文件中了，无需再耗费工夫去写了。

像这种“并不需要执行”时，就可以使用 Balking 模式。在这里执行 balk 能够提高程序性能。

◆不需要等待守护条件成立时

Balking 模式的特点就是“不进行等待”。若守护条件不成立时，想要立即返回并进入下一个操作，就可以使用 Balking 模式。这能够提高程序的响应性。

◆守护条件仅在第一次成立时

当“守护条件仅在第一次成立”时，就可以使用 Balking 模式。

例如，我们来思考一下代码清单 4-5 中的 Something 类。在这里，initialized 字段表示初始化是否已经完成。当 init 方法被调用后，它会首先来检查 initialized 字段。

如果 initialized 字段的值为 true，就表明字段已经初始化了，此时需要使用 return 执行 balk（也可以设计成抛出异常）。

如果 initialized 字段的值为 false，就需要调用 doInit 方法执行实际的初始化处理，然后将 initialized 字段设置为 true，来记录“初始化已经完成了”这一事实（这相当于没有 stateChangingMethod 方法的情况）。

代码清单 4-5　只执行一次初始化处理的类（Something.java）

```
public class Something {
    private boolean initialized = false;
    public synchronized void init() {
        if (initialized) {
            return;
        }
        doInit();
        initialized = true;
    }
    private void doInit() {
        // 实际的初始化处理
    }
}
```

该程序收录在本书配套的源代码 Balking/Init1 中

在代码清单 4-5 中，我们使用了 if 语句来检查守护条件。

```
if (initialized) {
    return;
}
```

在这里，如果像下面这样使用 Guarded Suspension 模式，那就错了。

```
while (initialized) {
    wait();
}
```

这是因为，`initialized` 字段一旦变为 `true` 之后，就不会再变为 `false` 了。也就是说，在该类中，守护条件一旦不成立，以后也绝对不会再成立了。

"守护条件仅在第一次成立"的具体示例经常是像实例的初始化和终止处理这种"不会执行两次及以上的处理"。练习题中有相关习题（很隐蔽），届时请试着找出来。

像 `Something` 类的 `initialized` 字段这样"状态仅变化一次的变量"，我们通常称为**闭锁**（latch，门闩）。这个门闩一旦插上，就再也打不开了[①]。

balk 结果的表示方式

当从 `guardedMethod` 方法中 balk 并返回时，balk 结果的表示方式有如下几种。

◆忽略 balk

最简单的方式就是不通知调用端"发生了 balk"。示例程序中采用的就是这种方式。

◆通过返回值来表示 balk

有时我们会通过 `boolean` 类型的值来表示 balk。例如，若返回值为 `true`，则表明未发生 balk，处理被执行了，而如果为 `false`，则表明发生了 balk，处理并未被执行。

返回值为引用类型的方法有时也会用 `null` 来表示"发生了 balk"。

◆通过异常来表示 balk 的发生

有时我们也可以通过异常来表示"发生了 balk"。即，当 balk 发生时，程序并不是从方法中 `return`，而是抛出异常。本章习题 4-5 采用的就是这种方式。

4.5 相关的设计模式

Guarded Suspension 模式（第 3 章）

在 Guarded Suspension 模式中，`guardedMethod` 的守护条件成立之前，线程会一直等待。

而在 Balking 模式中，当守护条件不成立时，线程立即返回。

Observer 模式（附录 G[GoF][Yuki04]）

当在多线程环境下使用 Observer 模式时，有时会用到 Balking 模式。当 Subject 角色通知 Observer 角色状态发生变化时，如果 Observer 角色的状态不适合处理该通知，则会 balk 该通知处理。

---

① 参考：J2SE 5.0 中提供一种 `java.util.concurrent.CountDownLatch` 闭锁。程序示例参见代码清单 10-4。

4.6 延伸阅读：超时

本节，我们来了解一下超时（timeout）。

Balking 模式和 Guarded Suspension 模式之间

在本章介绍的 Balking 模式中，当守护条件不成立时，线程会直接 balk 并返回。

而在第 3 章介绍的 Guarded Suspension 模式中，当守护条件不成立时，线程会一直等待到成立为止。

介于“直接 balk 并返回”和“等待到守护条件成立为止”这两种极端的处理方法之间，还有一种处理方法，那就是“在守护条件成立之前等待一段时间”。在守护条件成立之前等待一段时间，如果到时条件还未成立，则直接 balk。我们将这种处理称为 guarded timed 或 timeout。

wait 何时终止呢

在调用 Java 的 `wait` 方法时，我们可以传入参数，以指定超时时间。例如，下面这条语句中，我们将超时时间指定为约 1000 毫秒（约 1 秒），并调用实例 `obj` 的 `wait` 方法。

```
obj.wait(1000);     // 超时时间指定为约 1000 毫秒
```

当执行这条语句时，线程会进入 `obj` 的等待队列，停止运行，并释放持有的 `obj` 锁。当下列情况发生时，线程便会退出等待队列。

◆notify 方法执行时

即 `obj` 的 `notify` 方法被执行后，线程被唤醒了的情况。

但当等待队列中有多个等待线程时，只能有一个线程被唤醒。到底唤醒哪一个线程，Java 规范中并没有明确规定。

◆notifyAll 方法执行时

即 `obj` 的 `notifyAll` 方法被执行了的情况。

`notifyAll` 会唤醒实例的等待队列中的所有线程。不管是 `notify`，还是 `notifyAll`，线程被唤醒后，都必须重新获取 `obj` 的锁。

◆interrupt 方法执行时

即线程的 `interrupt` 方法被执行了的情况。

当被 `interrupt` 时，等待队列中的线程（与被 `notify`、`notifyAll` 时一样）会重新获取 `obj` 的锁，然后抛出 `InterruptedException` 异常。

`notify` 和 `notifyAll` 这两个方法是用于调用实例的，而 `interrupt` 方法是用于调用线程的。

关于中断，我们将在 5.6 节学习。

◆超时发生时

即 `wait` 方法的参数中指定的超时时间到期的情况。

与被 `notify`、`notifyAll` 时一样，这时也要重新获取 `obj` 的锁。

看完上面的讲解，大家或许会注意到，我们无法区分 `wait` 方法是被 `notify/notifyAll` 了，还是超时了。为了进行区分，在实现 guarded timed 时，我们需要编写一些复杂的代码。具体内容将在下面讲解。

Allen Holub 将其著作（见附录 G 中的 [Holub00]）最后一章标题定为 If I Were King（如果我是国王），并列举了 Java 多线程的一些问题（标题的含义为“如果我是国王，我就下令消灭 Java 的这些问题”）。其中一个问题就是“没有判断 `wait` 是否超时的方法”。

guarded timed 的实现（使用 wait）

下面，我们试着编写一个使用 `wait` 方法来实现 guarded timed 的示例程序。超时异常使用 `java.util.concurrent.TimeoutException`。

`Host` 类（代码清单 4-6）中有一个用于修改状态的 `setExecutable` 方法和一个用于运行的 `execute` 方法。`execute` 方法的守护条件是“`ready` 字段为 `true`”。`execute` 方法经过大约 `timeout` 毫秒之后就会发生超时。当发生超时时，程序会抛出 `TimeoutException` 异常。

当 `wait` 的参数传入 0 时，就表示没有超时时间（超时时间无限长），而当 `wait` 的参数传入负数时，则会抛出 `IllegalArgumentException`（参数不正确的异常）。因此，在编程时一定要多加注意（在 `Host` 类中，`timeout` 的值为负数时和为 0 时的处理一样）。

代码清单 4-6　带有超时的 Host 类（Host.java）

```
import java.util.concurrent.TimeoutException;

public class Host {
    private final long timeout; // 超时时间
    private boolean ready = false; // 方法正常执行时值为 true

    public Host(long timeout) {
        this.timeout = timeout;
    }

    // 修改状态
    public synchronized void setExecutable(boolean on) {
        ready = on;
        notifyAll();
    }

    // 检查状态之后再执行
    public synchronized void execute() throws InterruptedException, TimeoutException {
        long start = System.currentTimeMillis(); // 开始时间
        while (!ready) {
            long now = System.currentTimeMillis(); // 当前时间
            long rest = timeout - (now - start); // 剩余的等待时间
            if (rest <= 0) {
                throw new TimeoutException("now - start = " + (now - start) + ", timeou
t = " + timeout);
            }
            wait(rest);
        }
        doExecute();
    }

    // 实际的处理
    private void doExecute() {
        System.out.println(Thread.currentThread().getName() + " calls doExecute");
    }
}
```

该程序收录在本书配套的源代码 Balking/Timeout 中

在 Main 类（代码清单 4-7）中，我们会创建一个 Host 类的实例，并将超时时间设置为约 10 000 毫秒（约 10 秒）。如果 Host 的 execute 方法执行时，不调用 setExecutable(true)，程序就会超时，如图 4-5 所示。该示例中存在约 5 毫秒的误差。

代码清单 4-7　Main 类（Main.java）

```java
import java.util.concurrent.TimeoutException;

public class Main {
    public static void main(String[] args) {
        Host host = new Host(10000);
        try {
            System.out.println("execute BEGIN");
            host.execute();
        } catch (TimeoutException e) {
            e.printStackTrace();
        } catch (InterruptedException e) {
            e.printStackTrace();
        }
    }
}
```

该程序收录在本书配套的源代码 Balking/Timeout 中

图 4-5　运行结果示例

```
execute BEGIN  ←立即显示
java.util.concurrent.TimeoutException: now - start = 10005, timeout = 10000 ←约 10 秒后显示
        at Host.execute(Host.java:24)                                          （超时）
        at Main.main(Main.java:8)
```

以上就是使用了 wait 的 guarded timed 的实现。

synchronized 中没有超时，也不能中断

我们来思考一下线程的下列两种状态（关于线程的状态迁移，请参见图 I1-22）。

（1）想要使用 synchronized 获取锁但处于阻塞状态

（2）执行 wait 并进入等待队列的状态

在这两种状态下，线程都是不运行的，这一点两者非常相似，但也存在不同。

（1）想要使用 synchronized 获取锁但处于阻塞状态

我们无法让（1）状态下的线程发生超时。这是因为，synchronized 方法和 synchronized 代码块都无法设置超时时间。

另外，即使对（1）状态下的线程执行 interrupt，也不会抛出 InterruptedException 异常。线程必须在获取锁并进入 synchronized 之后，调用那些会注意着中断状态的方法，如 wait、sleep、join 等，或者使用 isInterrupted 方法或 interrupted 方法检查中断状态，自己抛出去（见附录 G 中的 [Holub00]）。

在附录 G 中的 [Venners99] 中，（1）的状态也称为“在入口队列（entry set）中”。Java 编程规范

中并没有该概念，但我们可以用它来与等待队列进行比较，帮助理解。

（2）执行 wait 并进入等待队列的状态

关于让（2）状态下的线程发生超时的方法，前面“guarded timed 的实现”部分进行了介绍。

另外，对（2）状态下的线程执行 `interrupt` 时，程序会抛出 `InterruptedException` 异常。

java.util.concurrent 中的超时

J2SE 5.0 的 `java.util.concurrent` 包中提供了如下两个用于超时处理的方法。

（1）通过异常通知超时

当发生超时抛出异常时，返回值并不适合用于表示超时，需要使用 `java.util.concurrent.TimeoutException` 异常。

- **`java.util.concurrent.Future` 接口的 `get` 方法**
- **`java.util.concurrent.Exchanger` 类的 `exchange` 方法**
- **`java.util.concurrent.Cyclicarrier` 类的 `await` 方法**
- **`java.util.concurrent.CountDownLatch` 类的 `await` 方法**

（2）通过返回值通知超时

当执行多次 `try` 时，则不使用异常，而是使用返回值来表示超时。

- **`java.util.concurrent.BlockingQueue` 接口**

当 `offer` 方法的返回值为 `false`，或 `poll` 方法的返回值为 `null` 时，表示发生了超时。

- **`java.util.concurrent.Semaphore` 类**

当 `tryAcquire` 方法的返回值为 `false` 时，表示发生了超时。

- **`java.util.concurrent.locks.lock` 接口**

当 `tryLock` 方法的返回值为 `false` 时，表示发生了超时。

4.7 本章所学知识

在本章中，我们学习了 Balking 模式——对象本身拥有状态，该对象只有在自身状态合适时才会执行处理，否则便不会执行处理。

我们首先将对象的合适状态表示为守护条件。然后，在执行处理之前，检查守护条件是否成立。只有当守护条件成立时，对象才会继续执行处理；如果守护条件不成立，则不执行处理，立即从方法中返回。

在 Java 中，我们使用 `if` 来检查守护条件。balk 处理的执行则是使用 `return` 从方法中退出，或者使用 `throw` 抛出异常。守护条件的检查处理则是使用 `synchronized` 放在临界区中。

这就是 Balking 模式。

此外，4.6 节还介绍了经过一定时间便会中断的超时处理。

下面来做一下练习题吧。

4.8 练习题

答案请参见附录 A（P.365）

●习题 4-1（基础知识测试）

阅读下面关于示例程序的内容，叙述正确请打√，错误请打 ×。

（1）save 方法仅可由 SaverThread 调用。

（2）将所有的 synchronized 都删掉，并将 changed 字段声明为 volatile 之后，程序运行仍然是一样的。

（3）在 change 方法中，给 content 字段赋值后，必须将 changed 设置为 true。

（4）doSave 方法不是 synchronized 方法。

（5）doSave 方法不可以由两个线程同时调用。

●习题 4-2（示例程序运行确认 1）

从示例程序的运行结果示例（图 4-1）中可以看出，doSave 方法执行时，content 字段的值没有重复的，可见程序并没有执行多余的文件访问。但我们并不清楚 balk 时的情形（不执行 doSave 而直接 return 的情形）。

（1）请加上调试输出，来查看 balk 时的情形。

（2）请故意删掉 save 方法的 synchronized，并确认执行多余的文件访问的情况。为了让多余的文件访问情况容易发生，可以加入 sleep。

●习题 4-3（示例程序的运行确认 2）

在示例程序的运行过程中，changed 字段是什么时候为 true 呢？请在示例程序的时序图（图 4-2）中标记出 changed 字段为 true 时的范围。

●习题 4-4（使用超时检查死锁）

请试着修改 Guarded Suspension 模式的示例程序中的 RequestQueue 类，使其能够查出死锁。在修改后的 RequestQueue 类中，当经过约 30 秒守护条件还未成立时，则抛出如代码清单 4-8 所示的 LivenessException 异常。

▶▶小知识：RuntimeException 与 Exception 的用法区别

在代码清单 4-8 中，LivenessException 被声明为了 java.lang.RuntimeException 的子类。所谓生存性不足的状态，是指运行时稳定，无法恢复的状态。

如果某些处理造成的异常状态可以恢复，则使用 java.lang.Exception 的子类来表示这些异常状态。解决异常状态的代码则写在 catch 语句块里。

但如果某些处理造成的异常状态无法恢复，则使用 java.lang.RuntimeException 的子类来表示这些异常状态。这通常都是一些编程错误。

关于异常的设计的详细内容，请参见附录 G 中的 [Bloch] 里的第 40 项。

代码清单 4-8 LivenessException 类（LivenessException.java）

```
public class LivenessException extends RuntimeException {
    public LivenessException(String msg) {
        super(msg);
    }
}
```

请分别思考一下使用 `java.util.LinkedList` 的版本（代码清单 4-9）和使用 `java.util.concurrent.LinkedBlockingQueue` 的版本（代码清单 4-10）。

注意 准确来说这里并不是要查出死锁，而是要根据守护条件很长时间都不成立来检查生存性不足。

代码清单 4-9 第 3 章的 RequestQueue 类使用 java.util.LinkedList（RequestQueue.java）

```
import java.util.Queue;
import java.util.LinkedList;

public class RequestQueue {
    private final Queue<Request> queue = new LinkedList<Request>();
    public synchronized Request getRequest() {
        while (queue.peek() == null) {
            try {
                wait();
            } catch (InterruptedException e) {
            }
        }
        return queue.remove();
    }
    public synchronized void putRequest(Request request) {
        queue.offer(request);
        notifyAll();
    }
}
```

代码清单 4-10 第 3 章的 RequestQueue 类使用 java.util.LinkedBlockingQueue（RequestQueue.java）

```
import java.util.concurrent.BlockingQueue;
import java.util.concurrent.LinkedBlockingQueue;

public class RequestQueue {
    private final BlockingQueue<Request> queue = new LinkedBlockingQueue<Request>();
    public Request getRequest() {
        Request req = null;
        try {
            req = queue.take();
        } catch (InterruptedException e) {
        }
        return req;
    }
    public void putRequest(Request request) {
        try {
            queue.put(request);
        } catch (InterruptedException e) {
        }
    }
}
```

●习题 4-5（IllegalThreadStateException 异常）

某人正在练习使用线程。

他创建了一个很小的 TestThread 类（代码清单 4-11），并在 Main 类（代码清单 4-12）中执行了调用。由于 Main 类中的 while 是无限循环，所以应该不停地显示如下内容，但结果却是抛出了 IllegalThreadStateException 异常（这个异常是表示线程的状态异常的）。并且，BEGIN...END 仅显示了一次（图 4-6）。

```
BEGIN..................................................END
```

这是为什么呢？

代码清单 4-11　TestThread 类（TestThread.java）

```
public class TestThread extends Thread {
    public void run() {
        System.out.print("BEGIN");
        for (int i = 0; i < 50; i++) {
            System.out.print(".");
            try {
                Thread.sleep(100);
            } catch (InterruptedException e) {
            }
        }
        System.out.println("END");
    }
}
```

代码清单 4-12　Main 类（Main.java）

```
public class Main {
    public static void main(String[] args) {
        Thread thread = new TestThread();
        while (true) {
            thread.start();
        }
    }
}
```

图 4-6　运行结果示例

```
Exception in thread "main" java.lang.IllegalThreadStateException  ←抛出了异常
        at java.lang.Thread.start(Unknown Source)
        at Main.main(Main.java:5)
BEGIN..................................................END          ←但只显示了一次
```

第 5 章 Producer-Consumer 模式

我来做，你来用

5.1 Producer-Consumer 模式

本章，我们将学习 Producer-Consumer 模式。

Producer 是“生产者”的意思，指的是生成数据的线程。Consumer 则是“消费者”的意思，指的是使用数据的线程。

生产者安全地将数据交给消费者。虽然仅是这样看似简单的操作，但当生产者和消费者以不同的线程运行时，两者之间的处理速度差异便会引起问题。例如，消费者想要获取数据，可数据还没生成，或者生产者想要交付数据，而消费者的状态还无法接收数据等。

Producer-Consumer 模式在生产者和消费者之间加入了一个“桥梁角色”。该桥梁角色用于消除线程间处理速度的差异。

一般来说，在该模式中，生产者和消费者都有多个，当然生产者和消费者有时也会只有一个。当两者都只有一个时，我们称之为 **Pipe 模式**（见附录 G 中的 [Grand]）。

5.2 示例程序

为了理解 Producer-Consumer 模式，我们先来看一个示例程序。在这个示例程序中，有 3 位糕点师制作蛋糕并将其放到桌子上，然后有 3 位客人来吃这些蛋糕。程序运行如下所示。

- 糕点师（`MakerThread`）制作蛋糕（`String`），并将其放置到桌子（`Table`）上
- 桌子上最多可放置 3 个蛋糕
- 如果桌子上已经放满 3 个蛋糕时糕点师还要再放置蛋糕，必须等到桌子上空出位置
- 客人（`EaterThread`）取桌子上的蛋糕吃
- 客人按蛋糕被放置到桌子上的顺序来取蛋糕
- 当桌子上 1 个蛋糕都没有时，客人若要取蛋糕，必须等到桌子上新放置了蛋糕

类的一览表如表 5-1 所示。

表 5-1 类的一览表

名字	说明
`Main`	测试程序行为的类
`MakerThread`	表示糕点师的类
`EaterThread`	表示客人的类
`Table`	表示桌子的类

Main 类

`Main` 类会创建一个桌子的实例，并启动表示糕点师和客人的线程。`MakerThread` 和 `EaterThread` 的构造函数中传入的数字只是用来作为随机数的种子，数值本身并没有什么特别的意义。

代码清单 5-1　用于启动糕点师和客人的 Main 类 (Main.java)

```
public class Main {
    public static void main(String[] args) {
        Table table = new Table(3);     // 创建一个能放置 3 个蛋糕的桌子
        new MakerThread("MakerThread-1", table, 31415).start();
        new MakerThread("MakerThread-2", table, 92653).start();
        new MakerThread("MakerThread-3", table, 58979).start();
        new EaterThread("EaterThread-1", table, 32384).start();
        new EaterThread("EaterThread-2", table, 62643).start();
        new EaterThread("EaterThread-3", table, 38327).start();
    }
}
```

该程序收录在本书配套的源代码 ProducerConsumer/Sample 中

MakerThread 类

MakerThread 类 (代码清单 5-2) 用于制作蛋糕，并将其放置到桌子上，也就是糕点师。为了简单起见，我们像下面这样以“流水号”和制作该蛋糕的“线程名称”来表示蛋糕。

```
[ Cake No.123 by MakerThread-1 ]
           |        |
           |        └────────── 线程名称
           └─────────────────── 流水号
```

为了使程序的运行结果方便查看，蛋糕的流水号在所有的糕点师之间是共用的。为此，这里将流水号 (id) 声明为了静态字段。

MakerThread 会先暂停一段随机长 (0 到约 1000 毫秒之间) 的时间，然后再调用 Table 类的 put 方法将制作好的蛋糕放置到桌子上。暂停的这段时间模拟的是“制作蛋糕所花费的时间”。

MakerThread 无限循环执行“制作蛋糕→放置到桌子上”，是蛋糕的生产者。

代码清单 5-2　制作蛋糕并将其放置到桌子上的 MakerThread 类 (MakerThread.java)

```
import java.util.Random;

public class MakerThread extends Thread {
    private final Random random;
    private final Table table;
    private static int id = 0;      // 蛋糕的流水号 ( 所有糕点师共用 )
    public MakerThread(String name, Table table, long seed) {
        super(name);
        this.table = table;
        this.random = new Random(seed);
    }
    public void run() {
        try {
            while (true) {
                Thread.sleep(random.nextInt(1000));
                String cake = "[ Cake No." + nextId() + " by " + getName() + " ]";
                table.put(cake);
            }
        } catch (InterruptedException e) {
        }
    }
    private static synchronized int nextId() {
        return id++;
```

```
    }
}
```

该程序收录在本书配套的源代码 ProducerConsumer/Sample 中

EaterThread 类

EaterThread 类（代码清单 5-3）用于表示从桌子上取蛋糕吃的客人（虽说是“吃”，其实这里只是执行 sleep 操作）。

客人通过 Table 类的 take 方法取桌子上的蛋糕。然后，与 MakerThread 类一样，EaterThread 也会暂停一段随机长的时间。这段暂停时间模拟的是“吃蛋糕花费的时间”。

EaterThread 无限循环执行“从桌子上取蛋糕→吃蛋糕”，是蛋糕的消费者。

代码清单 5-3　吃桌子上放置的蛋糕的 EaterThread 类（EaterThread.java）

```
import java.util.Random;

public class EaterThread extends Thread {
    private final Random random;
    private final Table table;
    public EaterThread(String name, Table table, long seed) {
        super(name);
        this.table = table;
        this.random = new Random(seed);
    }
    public void run() {
        try {
            while (true) {
                String cake = table.take();
                Thread.sleep(random.nextInt(1000));
            }
        } catch (InterruptedException e) {
        }
    }
}
```

该程序收录在本书配套的源代码 ProducerConsumer/Sample 中

Table 类

Table 类（代码清单 5-4）用于表示放置蛋糕的桌子。

可放置的蛋糕个数通过构造函数来指定。

在示例程序中，蛋糕以 Sring 实例来表示。Table 类声明了一个 String 数组类型（String[]）的 buffer 字段，用于作为蛋糕的实际放置位置。

为了正确放置（put）和取（take）蛋糕，Table 类还声明了 int 类型的字段 tail、head 和 count。各字段的含义分别如下所示。

- tail 字段：表示下一次放置（put）蛋糕的位置
- head 字段：表示下一次取（take）蛋糕的位置
- count 字段：表示当前桌子上放置的蛋糕个数

关于 put 方法和 take 方法，后文将详细说明。

代码清单 5-4 表示桌子的 Table 类（Table.java）

```
public class Table {
    private final String[] buffer;
    private int tail;              // 下次 put 的位置
    private int head;              // 下次 take 的位置
    private int count;             // buffer 中的蛋糕个数
    public Table(int count) {
        this.buffer = new String[count];
        this.head = 0;
        this.tail = 0;
        this.count = 0;
    }
    // 放置蛋糕
    public synchronized void put(String cake) throws InterruptedException {
        System.out.println(Thread.currentThread().getName() + " puts " + cake);
        while (count >= buffer.length) {
            wait();
        }
        buffer[tail] = cake;
        tail = (tail + 1) % buffer.length;
        count++;
        notifyAll();
    }
    // 拿取蛋糕
    public synchronized String take() throws InterruptedException {
        while (count <= 0) {
            wait();
        }
        String cake = buffer[head];
        head = (head + 1) % buffer.length;
        count--;
        notifyAll();
        System.out.println(Thread.currentThread().getName() + " takes " + cake);
        return cake;
    }
}
```

该程序收录在本书配套的源代码 ProducerConsumer/Sample 中

该程序的运行结果示例如图 5-1 所示。

仔细查看图 5-1，你会发现 EaterThread 是按 MakerThread 放置蛋糕的顺序取蛋糕的。关于线程运行更详细的内容，我们留到本章习题 5-2 中再进行研究。

图 5-1 运行结果示例

```
MakerThread-1 puts [ Cake No.0 by MakerThread-1 ]      ←放置 No.0 的蛋糕
MakerThread-2 puts [ Cake No.1 by MakerThread-2 ]      ←放置 No.1 的蛋糕
MakerThread-3 puts [ Cake No.2 by MakerThread-3 ]      ←放置 No.2 的蛋糕
EaterThread-1 takes [ Cake No.0 by MakerThread-1 ]     ←拿走 No.0 的蛋糕
EaterThread-2 takes [ Cake No.1 by MakerThread-2 ]     ←拿走 No.1 的蛋糕
EaterThread-3 takes [ Cake No.2 by MakerThread-3 ]     ←拿走 No.2 的蛋糕
MakerThread-2 puts [ Cake No.3 by MakerThread-2 ]      ←放置 No.3 的蛋糕
MakerThread-1 puts [ Cake No.4 by MakerThread-1 ]      ←放置 No.4 的蛋糕
MakerThread-3 puts [ Cake No.5 by MakerThread-3 ]      ←放置 No.5 的蛋糕
```

图 5-1 （续）

```
EaterThread-1 takes [ Cake No.3 by MakerThread-2 ]        ←拿走 No.3 的蛋糕
EaterThread-3 takes [ Cake No.4 by MakerThread-1 ]        ←拿走 No.4 的蛋糕
MakerThread-2 puts [ Cake No.6 by MakerThread-2 ]         ←放置 No.6 的蛋糕
EaterThread-2 takes [ Cake No.5 by MakerThread-3 ]        ←拿走 No.5 的蛋糕
EaterThread-3 takes [ Cake No.6 by MakerThread-2 ]        ←拿走 No.6 的蛋糕
MakerThread-3 puts [ Cake No.7 by MakerThread-3 ]         ←放置 No.7 的蛋糕
EaterThread-1 takes [ Cake No.7 by MakerThread-3 ]        ←拿走 No.7 的蛋糕
MakerThread-1 puts [ Cake No.8 by MakerThread-1 ]         ←放置 No.8 的蛋糕
MakerThread-2 puts [ Cake No.9 by MakerThread-2 ]         ←放置 No.9 的蛋糕
EaterThread-3 takes [ Cake No.8 by MakerThread-1 ]        ←拿走 No.8 的蛋糕
EaterThread-2 takes [ Cake No.9 by MakerThread-2 ]        ←拿走 No.9 的蛋糕
MakerThread-3 puts [ Cake No.10 by MakerThread-3 ]        ←放置 No.10 的蛋糕
EaterThread-3 takes [ Cake No.10 by MakerThread-3 ]       ←拿走 No.10 的蛋糕
MakerThread-1 puts [ Cake No.11 by MakerThread-1 ]        ←放置 No.11 的蛋糕
EaterThread-1 takes [ Cake No.11 by MakerThread-1 ]       ←拿走 No.11 的蛋糕
MakerThread-2 puts [ Cake No.12 by MakerThread-2 ]        ←放置 No.12 的蛋糕
EaterThread-2 takes [ Cake No.12 by MakerThread-2 ]       ←拿走 No.12 的蛋糕
（以下省略。按 CTRL+C 终止程序）
```

解读 put 方法

我们来解读一下放置蛋糕的 put 方法。

◆throws InterruptedException

put 方法被声明为了可能会抛出 InterruptedException 异常的方法。当看到 throws InterruptedException 时，我们可以理解为“该方法可以取消”。详细内容将在本章 5.6 节中介绍。

◆Guarded Suspension 模式

put 方法使用了 Guarded Suspension 模式（第 3 章）。守护条件为 while 条件表达式的逻辑非运算，如下所示。

```
!(count >= buffer.length)          ……守护条件
```

该条件表达式等同于下面这个表达式。

```
count < buffer.length              ……守护条件
```

也就是说，守护条件为“当前桌子上放置的蛋糕个数小于能够放置的最大个数”。简单来说，就是“还有可以放置蛋糕的位置”，把它作为放置蛋糕的 put 方法的守护条件，相信大家都能够理解。

如果把守护条件改为下面这样，或许大家能更容易理解“还有可以放置蛋糕的位置”的意思。

```
buffer.length - count > 0          ……守护条件
```

上面这个表达式表示的是“桌子上可以放置的蛋糕最大个数减去当前桌子上已经放置的个数”，即“可放置蛋糕的位置数”要大于 0。

◆tail 和 count 的更新

tail（尾巴）字段表示的是下次放置蛋糕的位置（数组 buffer 的索引）。因此，下面这条语句表示放置蛋糕。

```
buffer[tail] = cake;
```

放置了蛋糕之后，tail 就应该前进到“下次放置蛋糕的位置”了。基本上只要将 tail 加 1 就可以了，但当 tail 到了 buffer 的最后一个位置时，必须返回到 0。也就是说，需要像下面这样处理。

```
tail++;
if (tail >= buffer.length) {
    tail = 0;
}
```

这个处理还可以使用取余运算符“%”写成下面这样，结果是一样的。

```
tail = (tail + 1) % buffer.length;
```

另外，桌子上的蛋糕增多了，所以 count 的值也需要加 1。

◆notifyAll

通过上面的处理，蛋糕已经被放置到了桌子上。由于桌子的状态发生了变化，所以要执行 notifyAll，唤醒所有正在 wait 的线程。

解读 take 方法

接下来我们解读一下代码清单 5-4 中的 take 方法，该方法的操作正好与 put 方法相反。

◆throws InterruptedException

take 方法也被声明为了可能会抛出 InterruptedException 异常的方法。因此，该方法也是可以取消的方法。

◆Guared Suspension 模式

take 方法也使用了 Guarded Suspension 模式。守护条件为 while 条件表达式的逻辑非运算，如下所示。

```
!(count <= 0)          ……守护条件
```

该条件表达式等同于下面这个表达式。

```
count > 0              ……守护条件
```

也就是说，“当前桌子上放置的蛋糕个数大于 0”，即“至少有一个蛋糕”，把它作为取蛋糕的 take 方法的守护条件，相信大家也都能够理解。

◆head 和 count 的更新

head（头）字段表示下次取蛋糕的位置。取蛋糕之后，head 也要前进。与 put 方法一样，这里也使用了取余运算符。

```
head = (head + 1) % buffer.length;
```

另外，桌子上的蛋糕被取走了一个，所以 count 的值也需要减 1。

◆notifyAll

通过上面的处理，蛋糕已经被取走了。由于桌子的状态发生了变化，所以要执行 notifyAll，唤醒所有正在 wait 的线程。

示例程序的时序图如图 5-2 所示。

图 5-2 示例程序的时序图（MakerThread 和 EaterThread 各一个）

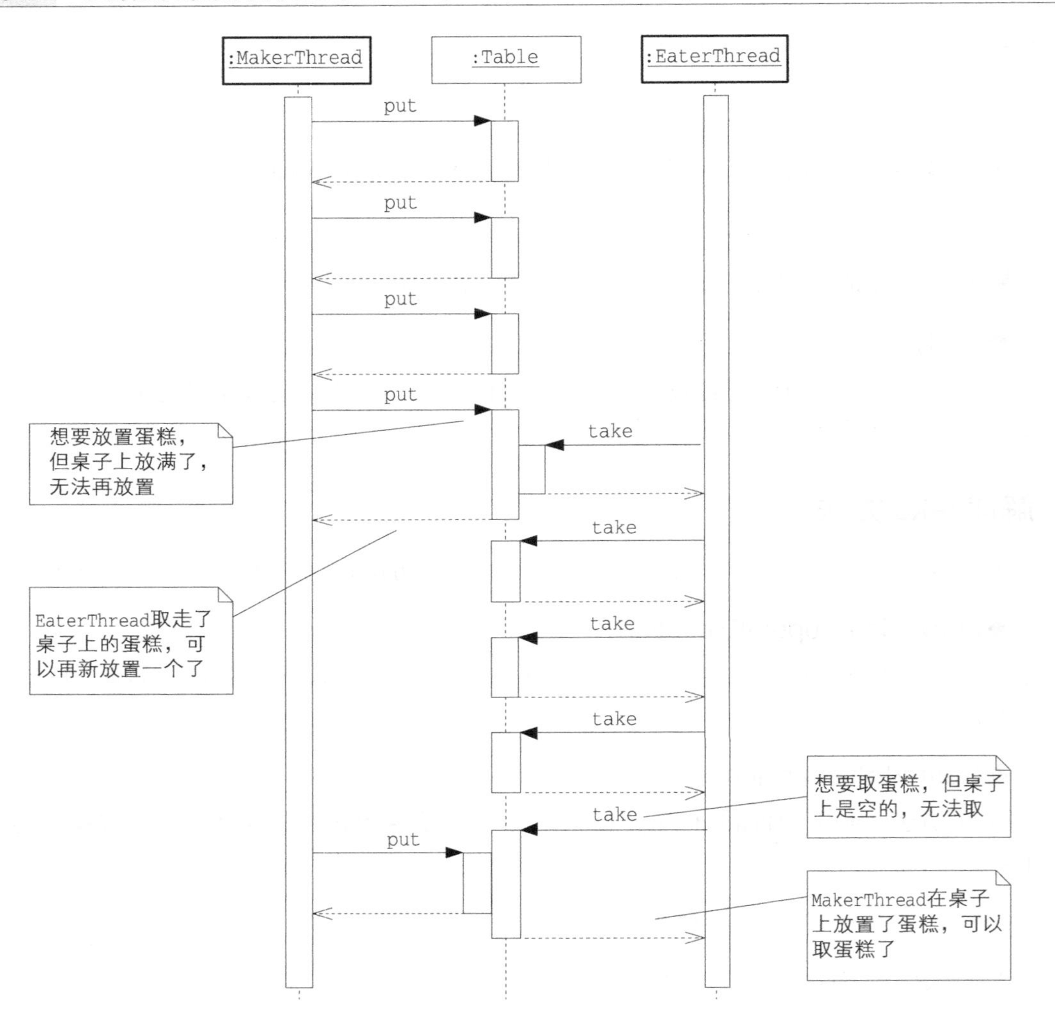

5.3 Producer-Consumer 模式中的登场角色

在 Producer-Consumer 模式中有以下登场角色。

◆Data

Data 角色由 Producer 角色生成，供 Consumer 角色使用。在示例程序中，由 String 类（蛋糕）扮演此角色。

◆Producer（生产者）

Producer 角色生成 Data 角色，并将其传递给 Channel 角色。在示例程序中，由 MakerThread 扮演此角色。

◆Consumer（消费者）

Consumer 角色从 Channel 角色获取 Data 角色并使用。在示例程序中，由 EaterThread 扮演此角色。

◆Channel（通道）

Channel 角色保管从 Producer 角色获取的 Data 角色，还会响应 Consumer 角色的请求，传递 Data 角色。为了确保安全性，Channel 角色会对 Producer 角色和 Consumer 角色的访问执行互斥处理。

当 Producer 角色将 Data 角色传递给 Channel 角色时，如果 Channel 角色的状态不适合接收 Data 角色，那么 Producer 角色将一直等待，直至 Channel 角色的状态变为可以接收为止。

当 Consumer 角色从 Channel 角色获取 Data 角色时，如果 Channel 角色中没有可以传递的 Data 角色，那么 Consumer 角色将一直等待，直至 Channel 角色的状态变为可以传递 Data 角色为止。

当存在多个 Producer 角色和 Consumer 角色时，为了避免各处理互相影响，Channel 角色需要执行互斥处理。

这样看来，Channel 角色位于 Producer 角色和 Consumer 角色之间，承担用于传递 Data 角色的中转站、通道的任务。

在示例程序中，由 Table 类扮演此角色。

Producer-Consumer 模式的类图如图 5-3 所示。

图 5-3　Producer-Consumer 模式的类图

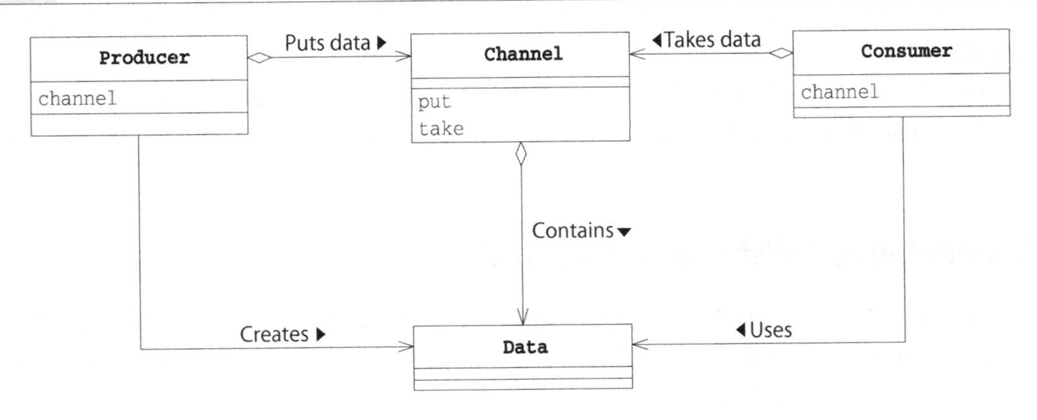

5.4　拓展思路的要点

守护安全性的 Channel 角色（可复用性）

在 Producer-Consumer 模式中，承担安全守护责任的是 Channel 角色。Channel 角色执行线程间的互斥处理，确保 Producer 角色正确地将 Data 角色传递给 Consumer 角色。

通过查看示例程序，我们会发现 `Table` 类的 `put` 方法和 `take` 方法都使用了 Guarded Suspension 模式。但 `MakerThread` 类和 `EaterThread` 类并不依赖于 `Table` 类的具体实现。也就是说，`MakerThread` 不会顾虑其他线程如何，而是直接调用 `put` 方法，同样地，`EaterThread` 也是直接调用 `take` 方法。那些使用 `synchronized`、`wait` 和 `notifyAll` 等来控制多线程运行的代码，都隐藏在了 Channel 角色的 `Table` 类中。

不可以直接传递吗

Producer-Consumer 模式为了从 Producer 角色向 Consumer 角色传递 Data 角色，在中间设置了一个 Channel 角色。在这里，大家或许会有疑问：Producer 角色不可以直接调用 Consumer 角色的方法吗？我们来思考一下直接调用方法与插入 Channel 角色这两种方法有什么不同。

◆直接调用方法

Consumer 角色想要获取 Data 角色，通常都是因为想使用这些 Data 角色来执行某些处理。如果 Producer 角色直接调用 Consumer 角色的方法，那么执行处理的就不是 Consumer 角色的线程，而是 Producer 角色的线程了。

这样一来，执行处理花费的时间就必须由 Producer 角色的线程来承担，准备下一个数据的处理也会相应发生延迟。这样会使程序的响应性变得很差。

直接调用方法就好比糕点师做好蛋糕，直接交给客人，在客人吃完后再做下一个蛋糕一样。

◆插入 Channel 角色

我们再来思考一下插入 Channel 角色这种方法。Producer 角色将 Data 角色传递给 Channel 角色之后，无需等待 Consumer 角色对 Data 角色进行处理，可以立即开始准备下一个 Data 角色。也就是说，Producer 角色可以持续不断地创建 Data 角色。Producer 角色不会受到 Consumer 角色的处理进展状况的影响。

当然，虽然可以持续不断地创建 Data 角色，但也只能是在 Channel 角色能够储存的范围之内。如果 Channel 角色中没有剩余空间，那么就无法再添加 Data 角色了。下面来看一下这个“剩余空间”。

Channel 角色的剩余空间所导致的问题

在示例程序中，桌子上最多可以放置 3 个蛋糕。当糕点师放置蛋糕时，如果桌子上的蛋糕个数在 3 个以内，则可以顺利放置，但如果是 4 个及 4 个以上时，就必须等待客人取走蛋糕才行。如果客人吃得很慢，糕点师就必须等待很久。

如果桌子上可以放置的蛋糕个数增多会怎么样呢？这时，就算客人吃得慢，糕点师也无需等待，可以直接制作蛋糕并放到桌子上。桌子上可以放置的蛋糕个数（`buffer` 字段的元素个数）是用于缓冲 `MakerThread` 和 `EaterThread` 之间的处理速度差的。

当然，如果客人吃蛋糕的平均速度小于糕点师制作蛋糕的速度，那么桌子上的蛋糕会逐渐增多，一段时间后还是会达到 `buffer` 字段的元素个数上限。

如果像 Guarded Suspension 模式的示例程序一样，使用 `java.util.LinkedList` 类，那么创建的 Channel 角色能储存的实例个数就不会存在上限。但这时，如果 `EaterThread` 的平均速度较慢，一段时间之后（或许要过很长一段时间）内存就会不足，也就无法再创建表示蛋糕的实例。

以什么顺序传递 Data 角色呢

Channel 角色从 Producer 角色接收 Data 角色，并传递给 Consumer 角色。当 Channel 角色持有多个 Data 角色时，应该以什么顺序传递给 Consumer 角色呢？下面我们来分析一下各种传递顺序。

◆队列——先接收的先传递

最常用的方法就是先接收的先传递。这在 Guarded Suspension 模式中也有用到（见 3.2 节中的“RequestQueue 类”）。我们将这种方法称为 FIFO、先进先出或者队列。

示例程序的 `Table` 类也使用了队列。Guarded Suspension 模式的示例程序中的 `RequestQueue` 类（代码清单 3-2）就使用了 `java.util.LinkedList` 类来实现队列。而本章的示例程序则是使用数组来实现队列的。不管哪种实现方式，只要是先进先出，就是队列。

◆栈——后接收的先传递

与队列相反，该方法是后接收的先传递。我们将这种方法称为 LIFO（Last In First Out）、后进先出或者栈（stack，stack 为“叠起来”的意思）。

Producer-Consumer 模式并不怎么使用栈。但在日常生活中，我们会经常用到“栈”这种思路。例如，想象一下叠放碟子的情形。我们会把洗好的碟子依次向上叠放好，在使用时则是从上往下挨个拿，最后摞上的碟子最先被使用，这就是栈。

◆优先队列——“优先”的先传递

比较常用的方法还有优先队列（priority queue）。Channel 角色给接收到的 Data 角色赋予优先级，优先级高的先被传递给 Consumer 角色，而优先级的确定方法千差万别。

队列和栈都可以说是一种特殊的优先队列。Data 角色的接收时间越早优先级越高的便是队列，而 Data 角色的接收时间越晚优先级越高的则是栈。

“存在中间角色”的意义

在 Producer-Consumer 模式中，Producer 角色和 Consumer 角色之间的中间角色——Channel 具有非常重要的意义。正是因为 Channel 角色的存在，Producer 角色和 Consumer 角色这些线程才能够保持协调运行。Channel 这个中间角色可以实现线程的协调运行。

另外，大家还记得我们在第 1 章“Single Threaded Execution 模式”中学习过的“`synchronized` 在保护着什么”（1.7 节）吗？当时我们了解到，思考线程的互斥处理时，从“在保护着什么”的观点入手更容易发现问题所在。

上面的想法可以总结为如下口诀。

- 线程的协调运行要考虑“放在中间的东西”
- 线程的互斥处理要考虑“应该保护的东西”

深入思考一下你会发现，协调运行和互斥处理其实是内外统一的。为了让线程协调运行，必须执行互斥处理，以防止共享的内容被破坏。而线程的互斥处理是为了线程的协调运行才执行的。因此，协调运行和互斥处理之间有着很深的关系。上面的口诀可以说是解决多线程问题的重要启示。

Consumer 角色只有一个时会怎么样呢

Producer-Consumer 模式考虑的是多个 Producer 角色给多个 Consumer 传递数据的情况。这里，我们来思考一下 Consumer 角色只有一个时程序会怎么样。也就是“多个 Producer 角色和一个 Consumer 角色”的情况。

Producer 角色有多个，也就是说有多个线程来创建 Data 角色。创建出的 Data 角色都存储在 Channel 角色中。

Consumer 角色有一个，也就是说处理 Channel 角色中储存的 Data 角色的线程只有一个。如果 Consumer 角色有多个，我们就要注意不能让 Consumer 角色的线程之间互相影响。但如果 Consumer 角色只有一个，我们也就无需注意 Consumer 角色的线程之间的影响了①。

具体来说，在只有 Consumer 角色的线程会访问的地方，无需执行互斥处理。这可以提高程序性能。

Producer 角色有多个，而 Consumer 角色有一个的情况也就相当于将多线程的处理放进单线程中。

在 Swing（JFC）框架中，事件处理部分使用的就是这种方法（多个 Producer 角色对应一个 Consumer 角色）。执行 Swing 事件处理的线程称为事件分发线程（the event-dispatching thread）。这个线程相当于从 Channel 角色的事件队列取出事件并进行处理的 Consumer 角色。事件分发线程只有一个。这种设计可以使得事件处理程序的设计变简单，处理速度也会变快。

关于事件分发线程，我们将在第 8 章“Worker Thread 模式”中的 8.6 节中详细了解。

5.5 相关的设计模式

Mediator 模式（附录 G[GoF][Yuki04]）

在 Mediator 模式中，多个 ConcreteColleague 角色之间并不直接进行通信，而是通过中间角色 ConcreteMediator 来调解、控制处理。

Producer-Consumer 模式中的 Channel 角色也负责调解、控制 Producer 角色和 Consumer 角色的处理。但 Producer-Consumer 模式中的调解和控制并不是通过调用 Producer 角色和 Consumer 角色的方法来进行的，而是通过对各线程执行互斥处理来进行的。

Worker Thread 模式（第 8 章）

在 Producer-Consumer 模式中，焦点在于 Producer 角色将数据传递给 Consumer 角色。

在 Worker Thread 模式中，是由 Client 角色将数据传递给 Worker 角色，不过焦点在于共享数据处理的线程，以及降低线程启动时的资源消耗。

Command 模式（附录 G[GoF][Yuki04]）

在 Producer-Consumer 模式中，Producer 角色会将 Data 角色传递给 Consumer 角色，Data 角色

① 当然，Consumer 角色和 Producer 角色之间的影响还是要考虑的。

部分有时会用到 Command 模式。

Strategy 模式（附录 G[GoF][Yuki04]）

在 Producer-Consumer 模式中，Producer 角色会将 Data 角色传递给 Consumer 角色。确定 Data 角色传递顺序的部分可以使用 Strategy 模式。

5.6 延伸阅读 1：理解 InterruptedException 异常

可能会花费时间，但可以取消

当习惯了 Java 多线程程序设计之后，我们会留意方法后面是否加了 `throws InterruptedException`。如果方法后面加了 `throws InterruptedException`，则表明该方法中（或者该方法进一步调用的方法中）可能会抛出 `InterruptedException` 异常。

这包含下面两层含义。

- 是“花费时间”的方法
- 是“可以取消”的方法

用一句话来说就是，加了 `throws InterruptedException` 的方法可能会花费时间，但可以取消。

下面我们来具体思考一下这句话的含义。

加了 throws InterruptedException 的方法

在 Java 的标准类库中，加了 `throws InterruptedException` 的典型方法有如下三个。

- `java.lang.Object` 类的 `wait` 方法
- `java.lang.Thread` 类的 `sleep` 方法
- `java.lang.Thread` 类的 `join` 方法

◆花费时间的方法

线程执行 `wait` 方法后，会进入等待队列，等待被 `notify/notifyAll`。在等待期间，线程是不运行的，但需要花费时间来等待被 `notify/notifyAll`。

线程执行 `sleep` 方法后，会暂停执行（暂停多长时间由参数指定）。这也是花费时间的方法。

线程执行 `join` 方法后，会等待指定线程终止。该方法需要花费时间，来等待指定线程终止。

如上所述，上面这三个方法需要等待“被 `notify/notifyAll`、指定时间、指定线程终止”，确实是“花费时间”的方法。

◆可以取消的方法

花费时间的处理会降低程序的响应性，所以如果存在像下面这样可以中途停止执行（取消）的方法，就非常方便了。

- 取消“wait 方法等待 notify/notifyAll”的处理
- 取消“在 sleep 方法指定的时间内停止执行”的处理
- 取消“join 方法等待其他线程终止”的处理

取消之后应该执行什么处理呢？这当然取决于程序的不同需求，可能会终止线程，或者通知用户已经取消，还有可能中止当前处理后继续执行下一个处理。

sleep 方法和 interrupt 方法

这里我们以 sleep 方法为例，进一步思考关于取消的处理。

假设线程 Alice 执行了下面这条语句，使用 sleep 方法暂停了运行。

```
Thread.sleep(604800000);
```

这里假设我们想要取消线程 Alice 的暂停状态（毕竟 604800000 毫秒是 7 天的时间呢）。

由于线程 Alice 正处于暂停状态，所以只能由其他线程来执行取消操作（这个线程就假设为 Bobby 吧）。

于是，线程 Bobby 就会执行下面这条语句，中途停止线程 Alice 的暂停操作。

```
alice.interrupt();
```

变量 alice 里保存着与线程 Alice 对应的 Thread 实例。

这里使用的 interrupt 方法是 Thread 类的实例方法。当执行 interrupt 时，线程并不需要获取 Thread 实例的锁。无论何时，任何线程都可以调用其他线程的 interrupt 方法。

interrupt 方法被调用后，正在 sleep 的线程会终止暂停状态，抛出 InterruptedException 异常。此处抛出异常的是线程 Alice。

这样，线程 Alice 的控制权就会转移到捕捉该异常的 catch 语句块中。

wait 方法和 interrupt 方法

线程 Alice 使用 wait 进行等待时，与使用 sleep 暂停运行时一样，也是可以取消的。当使用 interrupt 方法时，该操作意即告诉正在 wait 的线程“不用再等待 notify/notifyAll 了，从等待队列中出来吧”。

当线程 Bobby 执行下面这条语句时，与 sleep 时一样，线程 Alice 也会抛出 InterruptedException 异常。

```
alice.interrupt();
```

但在 wait 的情况下，我们需要注意锁的问题。线程在进入等待队列时，已经释放了锁。当正在 wait 的线程被调用 interrupt 方法时（即线程被取消执行时），该线程会在重新获取锁之后，抛出 InterruptedException 异常。在获取锁之前，线程不会抛出 InterruptedException 异常。

▶▶小知识：notify 方法和 interrupt 方法

从让正在 wait 的线程重新运行这一点来说，notify 方法和 interrupt 方法的作用有些类似，但仍有以下不同之处。

notify/notifyAll 是 java.lang.Object 类的方法，唤醒的是该实例的等待队列中的线程，而不是直接指定的线程。notify/notifyAll 唤醒的线程会继续执行 wait 的下一条语句。另外，执行 notify/notifyAll 时，线程必须要获取实例的锁。

interrupt 方法是 java.lang.Thread 类的方法，可以直接指定线程并唤醒。当被 interrupt 的线程处于 sleep 或 wait 中时，会抛出 InterruptedException 异常。执行 interrupt（取消其他线程）时并不需要获取要取消的线程的锁。

join 方法和 interrupt 方法

当线程使用 join 方法等待其他线程终止时，也可以使用 interrupt 方法进行取消。由于调用 join 方法时无需获取锁，所以与使用 sleep 暂停运行时一样，线程的控制权也会立即跳到 catch 语句块中。

interrupt 方法只是改变中断状态

有人也许会认为"当调用 interrupt 方法时，调用对象的线程就会抛出 InterruptedException 异常"，其实这是一种误解。实际上，interrupt 方法只是改变了线程的中断状态而已（图 5-4）。所谓中断状态（interrupted status），是一种用于表示线程是否被中断的状态。

假设当线程 Alice 执行了 sleep、wait、join 而停止运行时，线程 Bobby 调用了 Alice 的 interrupt 方法。这时，线程 Alice 的确会抛出 InterruptedException 异常。但这其实是因为 sleep、wait、join 方法内部对线程的中断状态进行了检查，进而抛出了 InterruptedException 异常。

假设线程 Alice 执行了 1+2 之类的计算或 a=123 之类的赋值操作。这时，即使 Bobby 调用 Alice 的 interrupt 方法，Alice 也不会抛出 InterruptedException 异常，而是继续执行处理。不仅仅是计算和赋值，for 语句、while 语句、if 语句及方法调用都不会检查中断状态。因此，线程 Alice 不会抛出 InterruptedException 异常，而是继续执行处理。当线程 Alice 继续执行到 sleep、wait、join 等方法的调用时，才会抛出 InterruptedException 异常。

如果没有调用 sleep、wait、join 等方法，或者没有编写检查线程的中断状态并抛出 InterruptedException 异常的代码，那么 InterruptedException 异常就不会被抛出。

接下来我们将学习检查线程中断状态的方法。

图 5-4　线程的中断状态

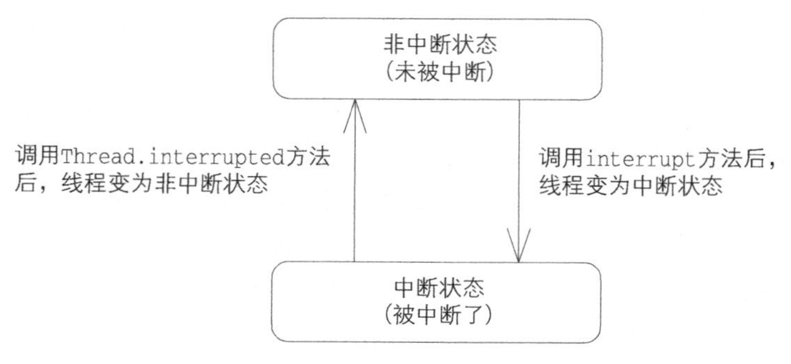

isInterrupted 方法——检查中断状态

isInterrupted 是 Thread 类的实例方法，用于检查指定线程的中断状态。若指定线程处于中断状态，则返回 true；若指定线程未处于中断状态（即处于非中断状态），则返回 false。**isInterrupted 并不会改变中断状态。**

Thread.interrupted 方法——检查并清除中断状态

Thread.interrupted 是 Thread 类的静态方法，用于检查并清除当前线程的中断状态。若当前线程处于中断状态，则返回 true；若当前线程未处于中断状态，则返回 false。调用 Thread.interrupted 后，中断状态会被清除（线程变为非中断状态）。

只有这个方法才可以清除中断状态。Thread.interrupted 的操作对象是当前线程（即线程本身），所以该方法并不能用于清除其他线程的中断状态。

▶▶小知识：interrupt 方法和 interrupted 方法

interrupt 方法和 interrupted 方法看起来非常像，但其实是不同的方法。请注意末尾是否有 ed。

interrupt 是让线程变为中断状态的方法。

interrupted 是检查并清除中断状态的方法。

不可以使用 Thread 类的 stop 方法

前面我们学习了使用 interrupt 方法进行取消的处理。

然而，Thread 类中还有 stop 这个 Deprecated 方法（不推荐使用的方法）。该方法用于终止运行中的线程。但 stop 方法有可能会破坏安全性，所以不要使用。这是因为，即使线程正在运行临界区中的操作，Thread 类的 stop 方法也会立刻终止该线程。从安全性观点来看，这是非常危险的，因为临界区中的一连串执行处理会被中断。

另外，虽然 java.applet.Applet 类中也有 stop 方法，但与 Thread 类的 stop 方法毫无关系。

5.7 延伸阅读2: java.util.concurrent 包和 Producer-Consumer 模式

java.util.concurrent 包中的队列

java.util.concurrent 包提供了 BlockingQueue 接口及其实现类，它们相当于 Producer-Consumer 模式中的 Channel 角色。类图如图 5-5 所示。

图 5-5 java.util.concurrent 包中的队列

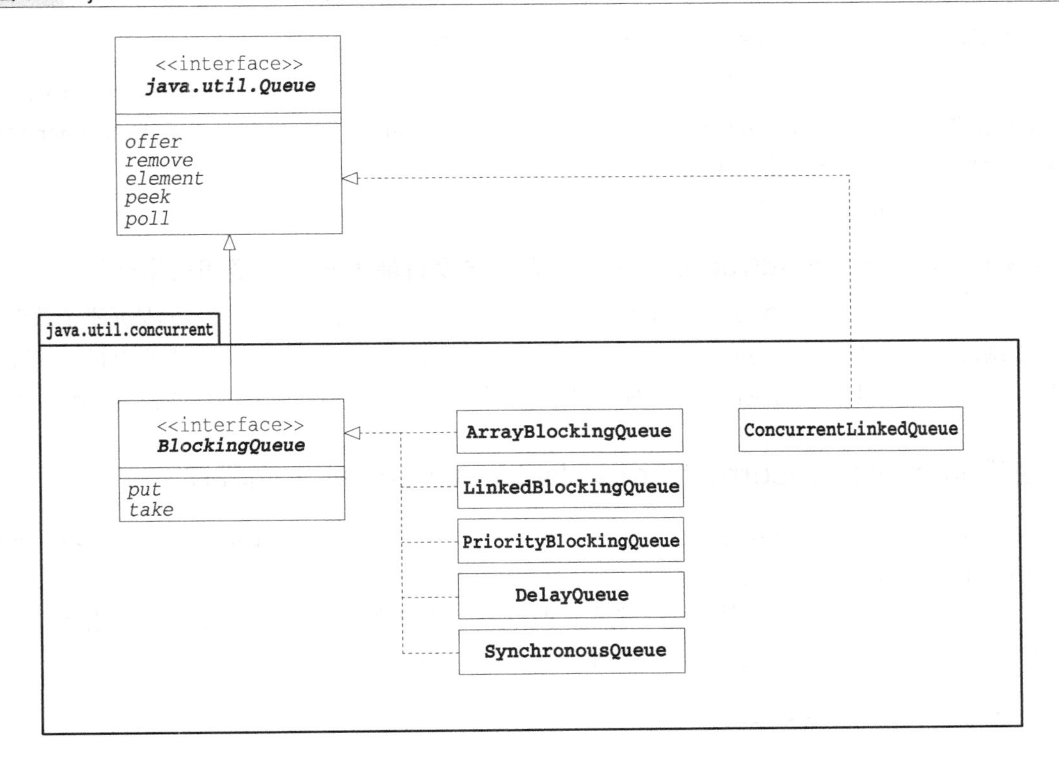

◆BlockingQueue 接口——阻塞队列

BlockingQueue 接口表示的是在达到合适的状态之前线程一直阻塞（wait）的队列。BlockingQueue 是 java.util.Queue 接口的子接口，拥有 offer 方法和 poll 方法等。但实际上，实现“阻塞”功能的方法是 BlockingQueue 接口固有的 put 方法和 take 方法。

由于 BlockingQueue 是一个接口，所以在实际使用时，需要使用 BlockingQueue 的实现类。下面列举的就是 BlockingQueue 的实现类。

◆ArrayBlockingQueue 类——基于数组的 BlockingQueue

ArrayBlockingQueue 类表示的是元素个数有最大限制的 BlockingQueue。该类基于数组，非常接近于本章示例程序中创建的 Table 类。当数组满了但仍要 put 数据时，或者数组为空但仍要 take 数据时，线程就会阻塞。

◆LinkedBlockingQueue 类——基于链表的 BlockingQueue

LinkedBlockingQueue 类表示的是元素个数没有最大限制的 BlockingQueue。该类基于链表，如果没有特别指定，元素个数将没有最大限制。只要还有内存，就可以 put 数据。

◆PriorityBlockingQueue 类——带有优先级的 BlockingQueue

PriorityBlockingQueue 类表示的是带有优先级的 BlockingQueue。数据的"优先级"是依据 Comparable 接口的自然排序，或者构造函数的 Comparator 接口决定的顺序指定的。

◆DelayQueue 类——一定时间之后才可以 take 的 BlockingQueue

DelayQueue 类表示的是用于储存 java.util.concurrent.Delayed 对象的队列。当从该队列 take 时，只有在各元素指定的时间到期后才可以 take。另外，到期时间最长的元素将先被 take。

◆SynchronousQueue 类——直接传递的 BlockingQueue

SynchronousQueue 类表示的是 BlockingQueue，该 BlockingQueue 用于执行由 Producer 角色到 Consumer 角色的"直接传递"。如果 Producer 角色先 put，在 Consumer 角色 take 之前，Producer 角色的线程将一直阻塞。相反，如果 Consumer 角色先 take，在 Producer 角色 put 之前，Consumer 角色的线程将一直阻塞。

◆ConcurrentLinkedQueue 类——元素个数没有最大限制的线程安全队列

ConcurrentLinkedQueue 类并不是 BlockingQueue 的实现类，它表示的是元素个数没有最大限制的线程安全队列。在 ConcurrentLinkedQueue 中，内部的数据结构是分开的，线程之间互不影响，所以也就无需执行互斥处理。根据线程情况的不同，有时程序的性能也会有所提高。

使用 java.util.concurrent.ArrayBlockingQueue 的示例程序

接下来我们使用 ArrayBlockingQueue 来实现本章的示例程序（代码清单 5-5），学习一下如何使用 java.util.concurrent 包。

ArrayBlockingQueue 是一个泛型类，可以通过参数类型来指定队列中添加的元素类型。代码清单 5-5 中有一个处理 String 类型实例的 ArrayBlockingQueue 类，其标记方法如下。

```
ArrayBlockingQueue<String>
```

示例程序中的 Table 类基本上等同于 ArrayBlockingQueue 类，所以只要将 Table 类修改为继承 ArrayBlockingQueue<String>，编码就差不多完成了。

由于无需再表示蛋糕的位置循环，所以这里可以简化 put 方法和 take 方法的实现。

代码清单 5-5　继承 ArrayBlockingQueue 类之后创建的 Table 类（Table.java）

```
import java.util.concurrent.ArrayBlockingQueue;

public class Table extends ArrayBlockingQueue<String> {
    public Table(int count) {
        super(count);
    }
    public void put(String cake) throws InterruptedException {
        System.out.println(Thread.currentThread().getName() + " puts " + cake);
        super.put(cake);
    }
    public String take() throws InterruptedException {
        String cake = super.take();
        System.out.println(Thread.currentThread().getName() + " takes " + cake);
```

```
        return cake;
    }
}
```

该程序收录在本书配套的源代码 ProducerConsumer/jucSample1 中

使用 java.util.concurrent.Exchanger 类交换缓冲区

我们来展示一个使用 java.util.concurrent 包的有趣示例。

java.util.concurrent.Exchanger 类用于让两个线程安全地交换对象。

在代码清单 5-6 ~代码清单 5-8 中，向缓冲区中填充字符的 ProducerThread 类和从缓冲区中取出字符的 ConsumerThread 类之间互相交换缓冲区。该示例程序是参考 java.util.concurrent.Exchanger 类的 API 文档编写而成的。

Main 类（代码清单 5-6）首先将 buffer1 缓冲区传给 ProducerThread，然后将 buffer2 缓冲区传给 ConsumerThread，同时还会将通用的 Exchanger 的实例分别传给 ProducerThread 和 ConsumerThread。

代码清单 5-6 用于启动 ProducerThread 和 ConsumerThread 的 Main 类（Main.java）

```
import java.util.concurrent.Exchanger;

public class Main {
    public static void main(String[] args) {
        Exchanger<char[]> exchanger = new Exchanger<char[]>();
        char[] buffer1 = new char[10];
        char[] buffer2 = new char[10];
        new ProducerThread(exchanger, buffer1, 314159).start();
        new ConsumerThread(exchanger, buffer2, 265358).start();
    }
}
```

该程序收录在本书配套的源代码 ProducerConsumer/jucSample2 中

ProducerThread（代码清单 5-7）循环执行如下操作。

- 填充字符，直至缓冲区被填满
- 使用 exchange 方法将填满的缓冲区传递给 ConsumerThread
- 传递缓冲区后，作为交换，接收空的缓冲区

ConsumerThread（代码清单 5-8）循环执行如下操作。

- 使用 exchange 方法将空的缓冲区传递给 ProducerThread
- 传递空的缓冲区后，作为交换，接收被填满字符的缓冲区
- 使用缓冲区中的字符（显示）

ProducerThread 和 ConsumerThread 在调用 exchange 方法前后分别输出字符串 BEFORE...和 AFTER...。

代码清单 5-7 向缓冲区中填充字符的 ProducerThread 类（ProducerThread.java）

```
import java.util.Random;
```

```
import java.util.concurrent.Exchanger;

public class ProducerThread extends Thread {
    private final Exchanger<char[]> exchanger;
    private char[] buffer = null;
    private char index = 0;
    private final Random random;

    public ProducerThread(Exchanger<char[]> exchanger, char[] buffer, long seed) {
        super("ProducerThread");
        this.exchanger = exchanger;
        this.buffer = buffer;
        this.random  = new Random(seed);
    }

    public void run() {
        try {
            while (true) {
                // 向缓冲区填充字符
                for (int i = 0; i < buffer.length; i++) {
                    buffer[i] = nextChar();
                    System.out.println(Thread.currentThread().getName() + ": " +
buffer[i] + " -> ");
                }

                // 交换缓冲区
                System.out.println(Thread.currentThread().getName() + ": BEFORE exchange");
                buffer = exchanger.exchange(buffer);
                System.out.println(Thread.currentThread().getName() + ": AFTER exchange");
            }
        } catch (InterruptedException e) {
        }
    }

    // 生成字符
    private char nextChar() throws InterruptedException {
        char c = (char)('A' + index % 26);
        index++;
        Thread.sleep(random.nextInt(1000));
        return c;
    }
}
```

该程序收录在本书配套的源代码 ProducerConsumer/jucSample2 中

代码清单 5-8　从缓冲区中取出字符的 ConsumerThread 类（ConsumerThread.java）

```
import java.util.Random;

import java.util.concurrent.Exchanger;

public class ConsumerThread extends Thread {
    private final Exchanger<char[]> exchanger;
    private char[] buffer = null;
    private final Random random;

    public ConsumerThread(Exchanger<char[]> exchanger, char[] buffer, long seed) {
        super("ConsumerThread");
        this.exchanger = exchanger;
        this.buffer = buffer;
```

```
            this.random = new Random(seed);
        }

        public void run() {
            try {
                while (true) {
                    // 交换缓冲区
                    System.out.println(Thread.currentThread().getName() + ": BEFORE exchange");
                    buffer = exchanger.exchange(buffer);
                    System.out.println(Thread.currentThread().getName() + ": AFTER exchange");

                    // 从缓冲区中取出字符
                    for (int i = 0; i < buffer.length; i++) {
                        System.out.println(Thread.currentThread().getName() + ":  -> " + buffer[i]);
                        Thread.sleep(random.nextInt(1000));
                    }
                }
            } catch (InterruptedException e) {
                e.printStackTrace();
            }
        }
    }
```

该程序收录在本书配套的源代码 ProducerConsumer/jucSample2 中

表示缓冲区交换情形的 Timethreads 图如图 5-6 所示。

另外，程序的运行结果示例如图 5-7 所示。

被填满字符的缓冲区从 `ProducerThread` 流向 `ConsumerThread`。也就是说，生成的字符从 `ProducerThread` 单向流向 `ConsumerThread`。而如果查看空的缓冲区，你会发现正好与被填满字符的缓冲区相反，这个空的缓冲区是从 `ConsumerThread` 流向 `ProducerThread` 的。

该示例程序使用"安全地交换两个对象"这个功能实现了 Producer-Consumer 模式。

图 5-6　java.util.concurrent.Exchanger 交换缓冲区的 Timethreads 图

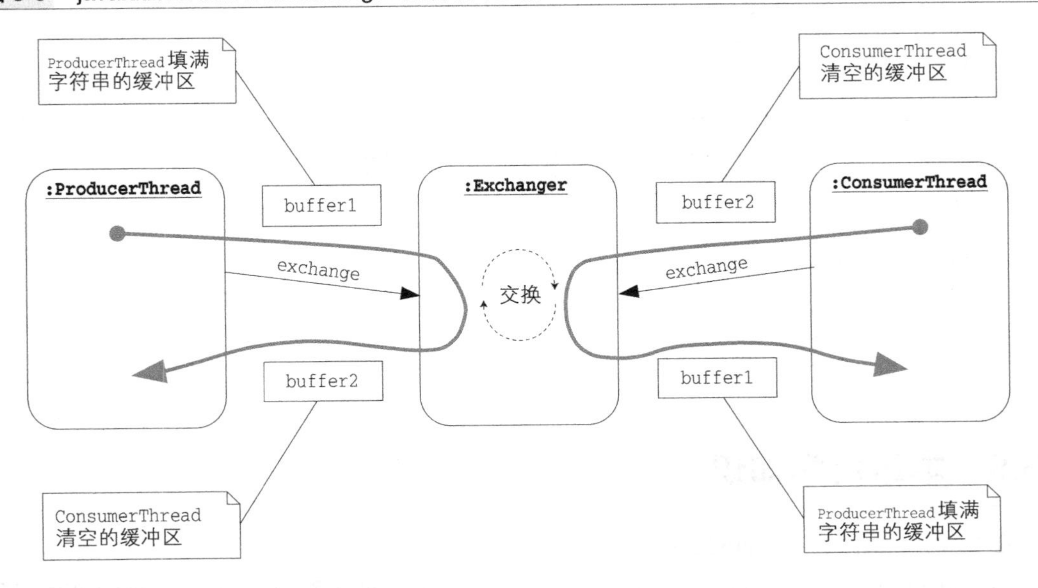

图 5-7 代码清单 5-6~ 代码清单 5-8 的运行结果示例

```
ConsumerThread: BEFORE exchange   ←ConsumerThread 等待 exchange 方法被执行
ProducerThread: A ->              ←ProducerThread 向 buffer1 中填充 A~J
ProducerThread: B ->
ProducerThread: C ->
ProducerThread: D ->
ProducerThread: E ->
ProducerThread: F ->
ProducerThread: G ->
ProducerThread: H ->
ProducerThread: I ->
ProducerThread: J ->
ProducerThread: BEFORE exchange   ←ProducerThread 也在等待 exchange 方法被执行（进行交换）
ConsumerThread: AFTER exchange    ←ConsumerThread 接收填充着 A~J 的 buffer1
ConsumerThread:  -> A             ←ConsumerThread 依次输出 A~J
ProducerThread: AFTER exchange    ←ProducerThread 接收空的 buffer2
ConsumerThread:  -> B
ProducerThread: K ->              ←ProducerThread 向 buffer2 中填充 K~T
ConsumerThread:  -> C
ProducerThread: L ->
ProducerThread: M ->
ConsumerThread:  -> D
ProducerThread: N ->
ConsumerThread:  -> E
ProducerThread: O ->
ConsumerThread:  -> F
ProducerThread: P ->
ConsumerThread:  -> G
ProducerThread: Q ->
ConsumerThread:  -> H
ProducerThread: R ->
ConsumerThread:  -> I
ConsumerThread:  -> J
ConsumerThread: BEFORE exchange   ←ConsumerThread 等待 exchange 方法被执行
ProducerThread: S ->
ProducerThread: T ->
ProducerThread: BEFORE exchange   ←ProducerThread 也在等待 exchange 方法被执行（进行交换）
ProducerThread: AFTER exchange    ←ProducerThread 接收空的 buffer1
ConsumerThread: AFTER exchange    ←ConsumerThread 接收填充着 K~T 的 buffer2
ConsumerThread:  -> K
ConsumerThread:  -> L
ConsumerThread:  -> M
ProducerThread: U ->
ProducerThread: V ->
（按 CTRL+C 终止程序）
```

5.8 本章所学知识

在本章中，我们学习了 Producer-Consumer 模式。

创建 Data 角色的线程（Producer 角色）和使用 Data 角色的线程（Consumer 角色）正在运行。假设现在我们想要从 Producer 角色向 Consumer 角色传递 Data 角色。

这时，我们需要在 Producer 角色和 Consumer 角色之间设置一个 Channel 角色，用于储存想要传递的 Data 角色。Channel 角色担当着 Data 角色的中转地、桥梁、通道的任务。

由于将有多个线程使用 Channel 角色，所以我们需要在 Channel 角色中执行互斥处理。在 Channel 角色中，“从 Producer 角色获取 Data 角色的部分”和“向 Consumer 角色传递 Data 角色的部分”都使用了 Guarded Suspension 模式。

这样，线程之间便可以安全地进行通信。如果 Channel 角色可储存的 Data 角色数量足够多，那么便可以缓解 Producer 角色和 Consumer 角色之间处理速度的差异。

这就是 Producer-Consumer 模式。

本章的 5.6 节介绍了 `InterruptedException` 异常。另外，5.7 节展示了使用 `java.util.concurrent` 包来实现的 Producer-Consumer 模式的示例。

好了，接下来做一下练习题吧。

5.9 练习题

答案请参见附录 A（P.372）

●习题 5-1（基础知识测试）

阅读下面关于示例程序的内容，叙述正确请打√，错误请打×。

（1）`MakerThread` 类的构造函数中所写的表达式 `super(name)` 用于调用 `Thread` 类的构造函数。

（2）将 `MakerThread` 类的 `nextId` 方法声明为 `synchronized` 是因为 `EaterThread` 类也会调用该方法。

（3）当桌子上一个蛋糕都没有时，如果调用 `take` 方法，线程会在获取 `Table` 实例的锁时阻塞。

（4）当桌子上一个蛋糕都没有时，`count` 字段的值为 0。

（5）当桌子上放满蛋糕，再也放不下时，`count` 字段的值等于 `buffer.length-1`。

（6）`head` 字段的值不会大于 `buffer.length`。

●习题 5-2（停住的程序）

将示例程序的 `Main` 类（代码清单 5-1）修改为代码清单 5-9 所示的代码后，运行结果（图 5-8）如下所示，输出停止了。请问发生了什么问题呢？

代码清单 5-9　不能正常运行的 Main 类（Main.java）

```
public class Main {
    public static void main(String[] args) {
        new MakerThread("Alice", new Table(3), 31415).start();
        new EaterThread("Bobby", new Table(3), 92653).start();
    }
}
```

图 5-8　运行结果

```
Alice puts [ Cake No.0 by Alice ]
Alice puts [ Cake No.1 by Alice ]
Alice puts [ Cake No.2 by Alice ]
Alice puts [ Cake No.3 by Alice ]
（到此处停止执行。按 CTRL+C 终止程序）
```

●习题 5-3（回答疑问）

有人对 Single Threaded Execution 模式（第 1 章）和 Guarded Suspension 模式（第 3 章）不是很理解，在读完本章的示例程序后，产生了下面这样的疑问。

“take 方法中，只是“没有蛋糕就等，有蛋糕就取走”的处理，是吧？为什么一定要声明为 synchronized 呢？真令人不解。”

请回答该疑问。

●习题 5-4（加上调试输出）

请在 Table 类（代码清单 5-4）中加上调试输出，以便于查看线程实际上是否正在 wait。

●习题 5-5（加上清除蛋糕的方法）

请在示例程序的 Table 类（代码清单 5-4）中加上 clear 方法，来清除桌子上的所有蛋糕。clear 方法没有参数，返回值类型为 void。

●习题 5-6（终止线程）

请修改示例程序的 Main 类（代码清单 5-1），在程序开始约 10 秒之后，终止所有线程。但请不要修改除 Main 类以外的内容。

●习题 5-7（可以取消繁重的处理）

代码清单 5-10 所示的 Host 类的 execute 方法会按参数 count 指定的次数循环调用 doHeavyJob 方法。假设 doHeavyJob 执行的是繁重的处理（实际上只是线程需要长时间执行的处理），且无法取消。如果 count 传入的值非常大，线程将在 execute 方法中花费非常多的时间。

请修改 Host 类的 execute 方法，使其可以取消。

代码清单 5-10　繁重的处理（Host.java）

```
public class Host {
    public static void execute(int count) {
        for (int i = 0; i < count; i++) {
            doHeavyJob();
        }
    }
    private static void doHeavyJob() {
        // 下面代码用于表示“无法取消的繁重处理”（循环处理约 10 秒）
        System.out.println("doHeavyJob BEGIN");
        long start = System.currentTimeMillis();
        while (start + 10000 > System.currentTimeMillis()) {
            // busy loop
        }
        System.out.println("doHeavyJob END");
    }
}
```

●习题 5-8（notify 无法正常运行的情况）

代码清单 5-11 将示例程序的 Table 类（代码清单 5-4）中的 notifyAll 方法改为了 notify 方法。使用该类时，有时会出现蛋糕无法正常传递的情况。

请思考一下什么情况下会无法正常传递，并编写代码进行验证。

代码清单 5-11 不使用 notifyAll，而使用 notify 的 Table 类（Table.java）

```
public class Table {
    private final String[] buffer;
    private int tail;           // 下次 put 的位置
    private int head;           // 下次 take 的位置
    private int count;          // buffer 中的蛋糕个数
    public Table(int count) {
        this.buffer = new String[count];
        this.head = 0;
        this.tail = 0;
        this.count = 0;
    }
    // 放置蛋糕
    public synchronized void put(String cake) throws InterruptedException {
        System.out.println(Thread.currentThread().getName() + " puts " + cake);
        while (count >= buffer.length) {
            wait();
        }
        buffer[tail] = cake;
        tail = (tail + 1) % buffer.length;
        count++;
        notify();
    }
    // 拿取蛋糕
    public synchronized String take() throws InterruptedException {
        while (count <= 0) {
            wait();
        }
        String cake = buffer[head];
        head = (head + 1) % buffer.length;
        count--;
        notify();
        System.out.println(Thread.currentThread().getName() + " takes " + cake);
        return cake;
    }
}
```

●习题 5-9（智力测验）

这里我们休息一下，玩个智力测验放松一下心情吧。

Something 类（代码清单 5-12）中声明了一个 method 方法。请问这个方法到底是干什么用的呢？

代码清单 5-12 这是干什么用的呢（Something.java）

```
public class Something {
    public static void method(long x) throws InterruptedException {
        if (x != 0) {
            Object object = new Object();
            synchronized (object) {
                object.wait(x);
            }
        }
    }
}
```

第6章 Read-Write Lock 模式

大家一起读没问题，但读的时候不要写哦

6.1 Read-Write Lock 模式

学生们正在一起看老师在黑板上写的板书。这时，老师想擦掉板书，再写新的内容。而学生们说道："老师，我们还没看完，请先不要擦掉！"于是，老师就会等待大家都看完。

本章，我们将学习 Read–Write Lock 模式。

当线程"读取"实例的状态时，实例的状态不会发生变化。实例的状态仅在线程执行"写入"操作时才会发生变化。从实例的状态变化这个观点来看，"读取"和"写入"有着本质的区别。

在 Read-Write Lock 模式中，读取操作和写入操作是分开考虑的。在执行读取操作之前，线程必须获取用于读取的锁。而在执行写入操作之前，线程必须获取用于写入的锁。

由于当线程执行读取操作时，实例的状态不会发生变化，所以多个线程可以同时读取。但在读取时，不可以写入。

当线程执行写入操作时，实例的状态就会发生变化。因此，当有一个线程正在写入时，其他线程不可以读取或写入。

一般来说，执行互斥处理会降低程序性能。但如果把针对写入的互斥处理和针对读取的互斥处理分开来考虑，则可以提高程序性能。

Read-Write Lock 模式有时也称为 Readers and Writers 模式（见附录 G 中的 [Lea]）、Reader/Writer Lock 模式（见附录 G 中的 [Holub00][Lewis00]）、Readers/Writer Lock 模式（见附录 G 中的 [Lewis00]）。其中，Readers/Writer Lock 这个模式关注的是读取端为复数（Readers）时的情况。

6.2 示例程序

我们来看一个使用了 Read-Write Lock 模式的示例程序。这里编写的示例程序是多个线程对 Data 类的实例执行读写操作的程序。

类的一览表如表 6-1 所示，示例程序的类图如图 6-1 所示。

表 6-1 类的一览表

名字	说明
Main	测试程序行为的类
Data	可以读写的类
WriterThread	表示写入线程的类
ReaderThread	表示读取线程的类
ReadWriteLock	提供读写锁的类

图 6-1 示例程序的类图

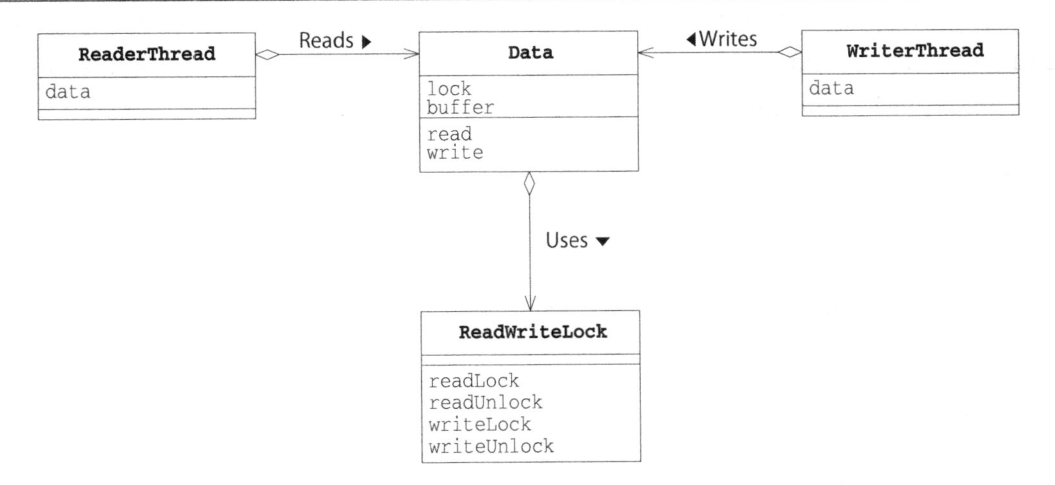

Main 类

Main 类（代码清单 6-1）会先创建一个 Data 类的实例。然后，创建对该 Data 实例执行读取操作的线程（ReaderThread）实例，以及执行写入操作的线程（WriterThread）实例，并启动它们。

这里启动了六个读取线程和两个写入线程。

代码清单 6-1 Main 类（Main.java）

```
public class Main {
    public static void main(String[] args) {
        Data data = new Data(10);
        new ReaderThread(data).start();
        new ReaderThread(data).start();
        new ReaderThread(data).start();
        new ReaderThread(data).start();
        new ReaderThread(data).start();
        new ReaderThread(data).start();
        new WriterThread(data, "ABCDEFGHIJKLMNOPQRSTUVWXYZ").start();
        new WriterThread(data, "abcdefghijklmnopqrstuvwxyz").start();
    }
}
```

该程序收录在本书配套的源代码 ReadWriteLock/Sample 中

Data 类

Data 类（代码清单 6-2）是可以执行读取（read）和写入（write）操作的类。

buffer 字段是实际的读写对象 char 的数组。

lock 字段保存的是该模式的主角 ReadWriteLock 的实例。

构造函数会根据参数传入的长度来分配一个 char 数组，并初始化 buffer 字段，同时以字符“*”填满 buffer，此处的“*”为初始值。

read 方法执行读取操作。实际的读取操作是通过 doRead 方法执行的，而 doRead 方法夹在 lock.readLock() 和 lock.readUnlock() 之间。lock.readLock() 表示获取用于读取的锁，lock.readUnlock() 则表示释放用于读取的锁。

夹住 doRead 的地方使用了 try...finally 结构。这是为了确保在执行了 lock.readLock() 之后，不管 doRead 中发生什么情况，lock.readUnlock() 都一定会被调用。这部分采用的是 Before/After 模式（习题 6-5），该模式结构如下。

```
前置处理（获取锁）
try {
    实际的操作
} finally {
            后置处理（释放锁）
}
```

这里我们回顾一下 synchronized 代码块。synchronized 代码块的结构如下。

```
synchronized （获取锁的实例） {
    实际的操作
}
```

这两种结构在概念上是相同的，都表示如下所示的一连串处理。

```
获取锁
  ↓
实际的操作
  ↓
释放锁
```

下面，我们应用一下“当看到 synchronized 时，就应该考虑它在保护着什么”这个原则，看看 lock.readLock()~lock.readUnlock() 在保护着什么。可以看到，这里保护的是 buffer 字段。

write 方法的结构和 read 方法基本相同，不过有些地方的语句进行了如下替换。

```
lock.readLock()          →        lock.writeLock()
doRead()                 →        doWrite(c)
lock.readUnlock()        →        lock.writeUnlock()
```

doRead 方法用于执行实际的读取操作。该方法会创建一个新的 char 数组（newbuf），来复制 buffer 字段的内容，并返回 newbuf。

doWrite 方法用于执行实际的写入操作。该方法会以参数传入的字符 c 来填满 buffer 字段。“以传入的字符填满数组”这个操作并没有什么特别的意义，只是为了让运行结果容易理解而已。

slowly 方法用于辅助模拟耗时的操作，此处是 sleep 约 50 毫秒。虽然 doRead 方法和 doWrite 方法都调用了 slowly 方法，但调用方式稍有不同。doRead 每被调用一次，slowly 也就被调用一次。而 doWrite 每被调用一次时，则是当 buffer 中每写入一个字符时，slowly 才会被调用一次。也就是说，Data 类假定了写入操作的时间比读取操作的时间长。

代码清单 6-2　Data 类（Data.java）

```
public class Data {
    private final char[] buffer;
    private final ReadWriteLock lock = new ReadWriteLock();
    public Data(int size) {
        this.buffer = new char[size];
        for (int i = 0; i < buffer.length; i++) {
            buffer[i] = '*';
        }
    }
    public char[] read() throws InterruptedException {
        lock.readLock();
        try {
            return doRead();
        } finally {
            lock.readUnlock();
        }
    }
    public void write(char c) throws InterruptedException {
        lock.writeLock();
        try {
            doWrite(c);
        } finally {
            lock.writeUnlock();
        }
    }
    private char[] doRead() {
        char[] newbuf = new char[buffer.length];
        for (int i = 0; i < buffer.length; i++) {
            newbuf[i] = buffer[i];
        }
        slowly();
        return newbuf;
    }
    private void doWrite(char c) {
        for (int i = 0; i < buffer.length; i++) {
            buffer[i] = c;
            slowly();
        }
    }
    private void slowly() {
        try {
            Thread.sleep(50);
        } catch (InterruptedException e) {
        }
    }
}
```

该程序收录在本书配套的源代码 ReadWriteLock/Sample 中

▶▶ 小知识：return 和 finally

在代码清单 6-2 中，`read` 方法的 `try` 语句块执行了 `return` 语句。即便如此，在程序从方法中退出之前，`finally` 语句块中的内容还是会被执行。

▶▶ 小知识：数组的复制

在 doRead 方法中，我们使用 for 语句来复制数组的内容。这是为了和 doWrite 方法进行比较而编写的。数组内容的复制操作通常使用 java.lang.System.arraycopy。

WriterThread 类

WriterThread 类（代码清单 6-3）表示的是对 Data 实例执行写入操作的线程。构造函数的参数 filler 是一个字符串，程序会逐个取出该字符串中的字符，并 write 到 Data 的实例中。每写入一次，线程就会在 0 ~ 3000 毫秒这个范围内随机 sleep 一段时间。此外，nextchar 方法用于获取下一次应该写入的字符。

该类中并没有与互斥处理相关的代码。

代码清单 6-3　WriterThread 类（WriterThread.java）

```
import java.util.Random;

public class WriterThread extends Thread {
    private static final Random random = new Random();
    private final Data data;
    private final String filler;
    private int index = 0;
    public WriterThread(Data data, String filler) {
        this.data = data;
        this.filler = filler;
    }
    public void run() {
        try {
            while (true) {
                char c = nextchar();
                data.write(c);
                Thread.sleep(random.nextInt(3000));
            }
        } catch (InterruptedException e) {
        }
    }
    private char nextchar() {
        char c = filler.charAt(index);
        index++;
        if (index >= filler.length()) {
            index = 0;
        }
        return c;
    }
}
```

该程序收录在本书配套的源代码 ReadWriteLock/Sample 中

ReaderThread 类

ReaderThread 类（代码清单 6-4）表示的是执行读取操作的线程。该类会循环调用 data.read()，并显示读取到的 char 数组。String.valueOf 是 String 类的静态方法，用于将参数（此处是 char[]）转换为字符串。

该类中也没有与互斥处理相关的代码。

代码清单 6-4　ReaderThread 类（ReaderThread.java）

```
public class ReaderThread extends Thread {
    private final Data data;
    public ReaderThread(Data data) {
        this.data = data;
    }
    public void run() {
        try {
            while (true) {
                char[] readbuf = data.read();
                System.out.println(Thread.currentThread().getName() + " reads " +
String.valueOf(readbuf));
            }
        } catch (InterruptedException e) {
        }
    }
}
```

该程序收录在本书配套的源代码 ReadWriteLock/Sample 中

ReadWriteLock 类

终于轮到主角 ReadWriteLock 类（代码清单 6-5）出场了。该类提供了用于读取的锁和用于写入的锁。这个类看似简单，但其中蕴含着很微妙的细节，请一定要仔细阅读。

为了确保安全性，我们必须防止如下两种冲突。

- “读取”和“写入”的冲突（read-write conflict）
- “写入”和“写入”的冲突（write-write conflict）

由于不存在“读取”和“读取”的冲突，所以我们无需对其进行考虑。

为了防止发生冲突，我们来思考一下获取用于读取的锁和用于写入的锁的条件。这里存在如下（1）～（4）这四种情况。

◆当线程想要获取用于读取的锁时……

（1）如果有线程正在执行写入，则等待。

理由：否则，会引起 read-write conflict。

（2）如果有线程正在执行读取，则无需等待。

理由：read-read 不会引起 conflict。

◆当线程想要获取用于写入的锁时……

（3）如果有线程正在执行写入，则等待。

理由：否则，会引起 write-write conflict。

（4）如果有线程正在执行读取，则等待。

理由：否则，会引起 read-write conflict。

我们将引起冲突的情况整理成了下表 6-2。

表 6-2 引起冲突的情况

	读取	写入
读取	无冲突	“读取”和“写入”的冲突（read-write conflict）
写入	“读取”和“写入”的冲突（read-write conflict）	“写入”和“写入”的冲突（write-write conflict）

ReadWriteLock 类的编码就满足上面这些条件。我们先来了解一下各字段的含义。

readingReaders 字段是实际正在读取中的线程的个数，也就是执行了 readLock，但尚未执行 readUnlock 的线程个数。readingReaders 的值一定大于 0。

waitingWriters 字段是执行到 writeLock 之后，使用 wait 执行等待的线程的个数。关于该字段的含义，我们留到本章习题 6-6 中再来思考。

writingWriters 字段是实际正在写入中的线程的个数，也就是执行了 writeLock，但尚未执行 writeUnlock 的线程的个数。writingWriters 的值只能是 0 或 1，肯定不会大于或等于 2（任何时候都不会）。

preferWriter 字段是一个标志，当值为 true 时，表示“写入优先”，而当值为 false 时，表示“读取优先”。这是为了不降低线程的生存性而设计的。关于该字段的含义，我们留到本章习题 6-6 中再来思考。

代码清单 6-5 的注释中写的（A）、（B）、（C）表示的是各字段的递增（++）和递减（--）的对应关系。

例如，我们来看一下 readingReaders 字段（A）。该字段在 readLock 方法的最后执行递增操作，而在 readUnlock 的开头执行递减操作。readingReaders 表示的是当前实际正在读取中的线程的个数（也就是执行到 readLock 和 readUnlock 之间的线程的个数），这样读者就容易理解该递增和递减操作了。

接下来，我们看一下 waitingWriters 字段（B）。waitingWriters 在 writeLock 方法的开头执行递增操作，在随后的 finally 中执行递减操作。看，这里也使用 Before/After 模式了。

我们再来看一下 writingWriters 字段（C）。writingWriters 在 writeLock 方法的最后执行递增操作，在 writeUnlock 的开头执行递减操作。writingWriters 表示的是当前实际正在写入中的线程的个数（也就是执行到 writeLock 和 writeUnlock 之间的线程的个数），这样就可以很容易地知道程序有没有问题了。

代码清单 6-5 ReadWriteLock 类（ReadWriteLock.java）

```
public final class ReadWriteLock {
    private int readingReaders = 0;       // (A)…实际正在读取中的线程个数
    private int waitingWriters = 0;       // (B)…正在等待写入的线程个数
    private int writingWriters = 0;       // (C)…实际正在写入中的线程个数
    private boolean preferWriter = true; // 若写入优先，则为 true

    public synchronized void readLock() throws InterruptedException {
        while (writingWriters > 0 || (preferWriter && waitingWriters > 0)) {
            wait();
        }
        readingReaders++;                 // (A) 实际正在读取的线程个数加 1
    }

    public synchronized void readUnlock() {
```

```
        readingReaders--;                    // (A) 实际正在读取的线程个数减 1
        preferWriter = true;
        notifyAll();
    }

    public synchronized void writeLock() throws InterruptedException {
        waitingWriters++;                    // (B) 正在等待写入的线程个数加 1
        try {
            while (readingReaders > 0 || writingWriters > 0) {
                wait();
            }
        } finally {
            waitingWriters--;                // (B) 正在等待写入的线程个数减 1
        }
        writingWriters++;                    // (C) 实际正在写入的线程个数加 1
    }

    public synchronized void writeUnlock() {
        writingWriters--;                    // (C) 实际正在写入的线程个数减 1
        preferWriter = false;
        notifyAll();
    }
}
```

该程序收录在本书配套的源代码 ReadWriteLock/Sample 中

执行起来看看

示例程序的运行结果示例如图 6-2 所示。该结果显示的是 ReaderThread 读取的内容。当 WriterThread 写入时，输出会暂停一下，随后就可以看到显示的内容改变了。

这里，reads 右边显示的十个字符是相同的。这是因为，即使发生了线程冲突，程序的安全性也可以得到保证。如果安全性没有得到保证，多个字符就会交叉在一起显示。

未保证安全性的示例将留到习题 6-2 中再来思考。

图 6-2 运行结果示例

```
Thread-0 reads **********
Thread-1 reads **********
Thread-2 reads **********
Thread-3 reads **********
Thread-4 reads **********
Thread-5 reads **********
Thread-2 reads aaaaaaaaaa
Thread-3 reads aaaaaaaaaa
Thread-4 reads aaaaaaaaaa
Thread-5 reads aaaaaaaaaa
Thread-1 reads aaaaaaaaaa
Thread-0 reads aaaaaaaaaa
Thread-3 reads aaaaaaaaaa
（中间省略）
Thread-0 reads LLLLLLLLLL
Thread-2 reads LLLLLLLLLL
Thread-5 reads LLLLLLLLLL
Thread-3 reads LLLLLLLLLL
```

图 6-2 （续）

```
Thread-4 reads LLLLLLLLLL
Thread-1 reads LLLLLLLLLL
Thread-0 reads LLLLLLLLLL
Thread-4 reads MMMMMMMMMM
Thread-2 reads MMMMMMMMMM
Thread-5 reads MMMMMMMMMM
Thread-3 reads MMMMMMMMMM
Thread-1 reads MMMMMMMMMM
Thread-0 reads MMMMMMMMMM
Thread-4 reads kkkkkkkkkk
Thread-5 reads kkkkkkkkkk
（以下省略。按 CTRL+C 终止程序）
```

守护条件的确认

我们再来读一遍代码清单 6-5 中的 ReadWriteLock 类。

相信大家已经注意到，readLock 方法和 writeLock 方法都使用了 Guarded Suspension 模式（第 3 章）。Guarded Suspension 模式的重点就是守护条件。我们马上来确认一下吧。

注意 下面的说明中省略了 waitingWriters 字段和 preferWriter 字段的讲解。关于这两个字段的含义，我们将留到本章习题 6-6 中再来了解。

◆readLock 方法

在线程开始实际的读取操作之前，readLock 方法就会被调用。当线程从该方法返回后，便可以开始执行实际的读取操作。

那么，开始执行实际的读取操作的守护条件是什么呢？当线程开始执行实际的读取操作时，有其他线程正在执行读取操作也没关系，但不可以存在正在执行写入操作的线程。因为当有线程正在执行写入操作时，如果开始执行读取操作，便会引起 read-write conflict。因此，守护条件便是“没有线程正在执行写入操作”。表示守护条件的代码如下所示。

```
writingWriters <= 0          ……守护条件
```

while 语句的表达式为该守护条件的逻辑非运算，如下所示。

```
writingWriters > 0           ……守护条件的逻辑非
```

线程从 readLock 方法返回之前，要对实际正在读取的线程的个数 readingReaders 执行递增（++）操作。

◆writeLock 方法

在线程开始实际的写入操作之前，writeLock 方法就会被调用。当线程从该方法返回后，便可以开始执行实际的写入操作。

那么，开始执行实际的写入操作的守护条件是什么呢？这和 readLock 方法的守护条件稍有不同。这里，不可以有其他线程正在执行读取操作或者写入操作。

如果有线程正在执行读取操作，便会引起 read-write conflict；如果有线程正在执行写入操作，便会引起 write-write conflict。因此，守护条件为“没有线程正在执行读取操作或写入操作”。表示守护条件的代码如下所示。

```
readingReaders <= 0 && writingWriters <= 0          ……守护条件
```

while 语句的表达式为该守护条件的逻辑非运算，如下所示。

```
readingReaders > 0 || writingWriters > 0          ……守护条件的逻辑非
```

线程从 writeLock 方法返回之前，要对实际正在写入的线程的个数 writingWriters 执行递增（++）操作。

6.3 Read-Write Lock 模式中的登场角色

在 Read-Write Lock 模式中有以下登场角色。

◆Reader（读者）

Reader 角色对 SharedResource 角色执行 read 操作。在示例程序中，由 ReaderThread 类扮演此角色。

◆Writer（写者）

Writer 角色对 SharedResource 角色执行 write 操作。在示例程序中，由 WriterThread 类扮演此角色。

◆SharedResource（共享资源）

SharedResource 角色表示的是 Reader 角色和 Writer 角色二者共享的资源。SharedResource 角色提供不修改内部状态的操作（read）和修改内部状态的操作（write）。在示例程序中，由 Data 类扮演此角色。

◆ReadWriteLock（读写锁）

ReadWriteLock 角色提供了 SharedResource 角色实现 read 操作和 write 操作时所需的锁。即实现 read 操作时所需的 readLock 和 readUnlock，以及实现 write 操作时所需的 writeLock 和 writeUnlock。在示例程序中，由 ReadWriteLock 类扮演此角色。

注意 有时我们也用 acquire 来表示获取锁，用 release 来表示释放锁。例如，java.util.concurrent.Semaphore 类就提供了 acquire 方法和 release 方法。

Read-Write Lock 模式的类图如图 6-3 所示，而 Timethreads 图则如图 6-4 和图 6-5 所示。

图 6-3 Read-Write Lock 模式的类图

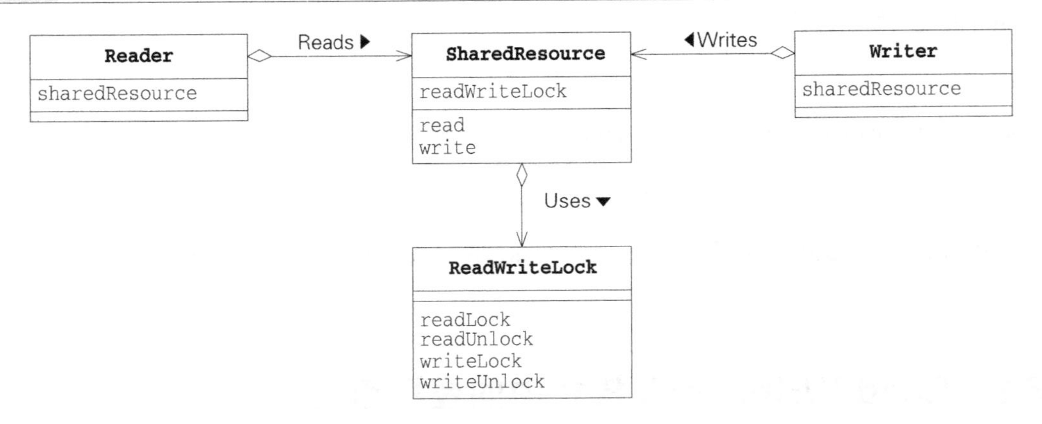

图 6-4 Read-Write Lock 模式的 Timethreads 图（Reader 角色正在读取，Writer 角色正在等待的情形）

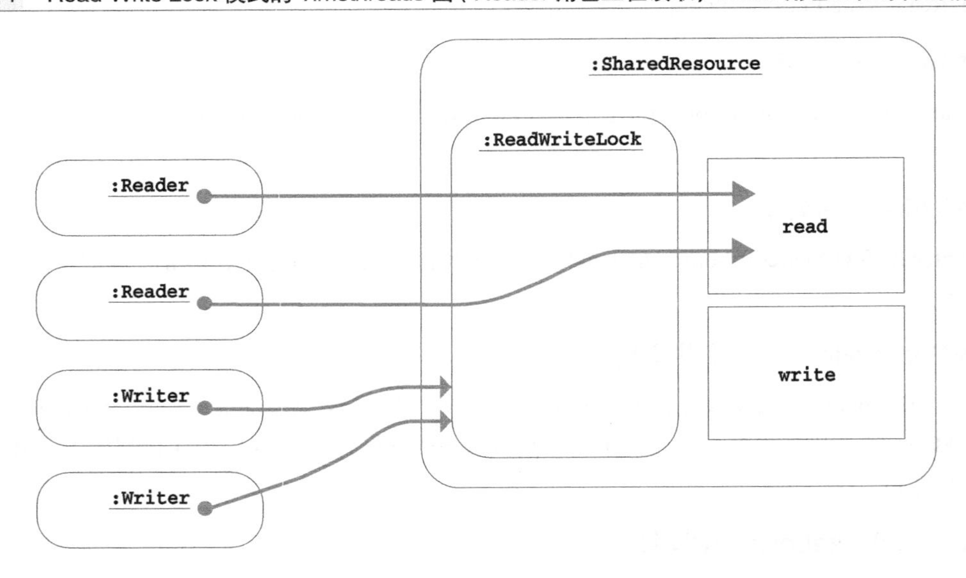

图 6-5 Read-Write Lock 模式的 Timethreads 图（一个 Writer 角色正在写入，Reader 角色和其他 Writer 角色正在等待的情形）

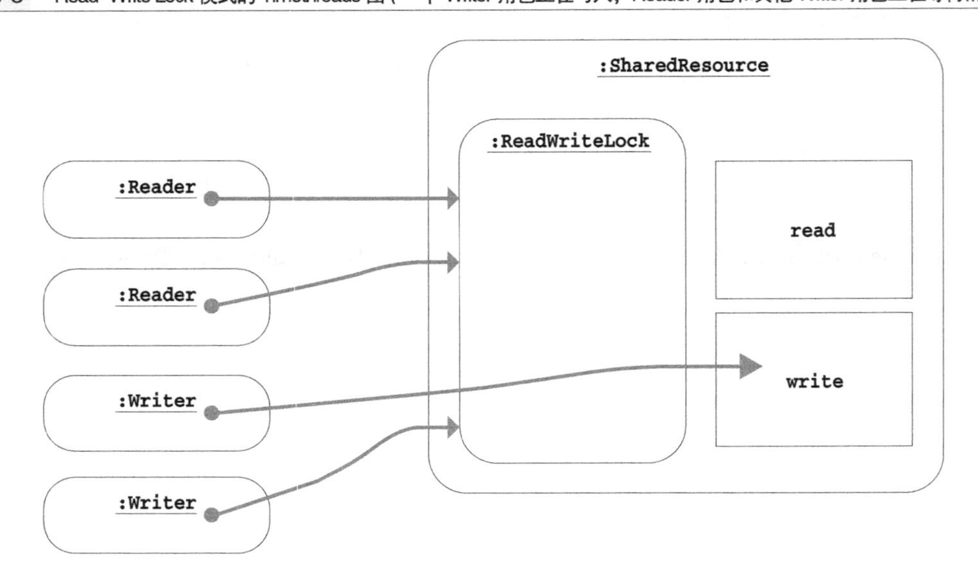

6.4 拓展思路的要点

利用“读取”操作的线程之间不会冲突的特性来提高程序性能

Read-Write Lock 模式利用了读取操作的线程之间不会冲突的特性。由于读取操作不会修改 SharedResource 角色的状态，所以彼此之间无需执行互斥处理。因此多个 Reader 角色可以同时执行 `read` 操作，从而提高程序性能。

但性能的提升也不是这么绝对。Read-Write Lock 模式能否提高程序性能，必须通过实际的测量来判定。另外，还需要考虑下面讲述的“适合读取操作繁重时”和“适合读取频率比写入频率高时”这两个大方针。

适合读取操作繁重时

在单纯使用 Single Threaded Execution 模式（第 1 章）的情况下，就算是 read 操作，每次也只能运行一个线程。如果 read 的操作很繁重（耗费时间），那么使用 Read-Write Lock 模式比使用 Single Threaded Execution 模式更加合适。

但是，因为 Read-Write Lock 模式的处理比 Single Threaded Execution 模式复杂，所以当 read 的操作很简单（不耗费时间）时，Single Threaded Execution 模式反而会更加合适。

适合读取频率比写入频率高时

Read-Write Lock 模式的优点是 Reader 角色之间不会发生冲突。但是，如果写入处理（write）的频率很高，Writer 角色便会频繁停止 Reader 角色的处理，这样就无法体现出 Read-Write Lock 模式的优点了。

锁的含义

`synchronized` 可以用于获取实例的锁。Java 的每个实例都持有一个“锁”，但同一个锁不可以由两个以上的线程同时获取。这种结构是 Java 编程规范规定的，Java 虚拟机也是这样实现的。这是 Java 语言从一开始就提供的所谓的**物理锁**，Java 程序并不能改变这种锁的运行。

而“用于读取的锁”和“用于写入的锁”所指的锁与使用 `synchronized` 获取的锁是不一样的。这并不是 Java 编程规范规定的结构，而是开发人员自己实现的一种结构。这就是所谓的**逻辑锁**。开发人员可以通过修改 `ReadWriteLock` 类来改变锁的运行。

`ReadWriteLock` 类提供了“用于读取的锁”和“用于写入的锁”这两个逻辑锁。但用于实现这两个逻辑锁的物理锁只有一个，就是 `ReadWriteLock` 实例持有的锁。

6.5 相关的设计模式

Immutable 模式（第 2 章）

Immutable 模式通过不执行线程的互斥处理来提高程序性能。之所以能够去掉互斥处理，是因为 Immutable 角色的内部状态肯定不会发生改变。

而 Read-Write Lock 模式是通过不执行 Reader 角色间的互斥处理来提高程序性能的。之所以能够去掉 Reader 角色间的互斥处理，是因为 SharedResource 角色的内部状态仅在执行写入操作时才会发生改变。Read-Write Lock 模式的 SharedResource 角色是“只要不执行写入操作就保持 immutable”。

Single Threaded Execution 模式（第 1 章）

Single Threaded Execution 模式限定程序的某一特定部分只能由一个线程执行。

而 Read-Write Lock 模式限定程序的某一特定部分只能由一个 Writer 角色的线程执行，而对 Reader 角色的个数则没有限制。

Guarded Suspension 模式（第 3 章）

Read-Write Lock 模式在创建 ReadWriteLock 角色时使用了 Guarded Suspension 模式。

Before/After 模式（附录 G[Lea]）

为了防止忘记释放锁，Read-Write Lock 模式还使用了 Before/After 模式。

Strategized Locking 模式（附录 G[POSA2]）

Read-Write Lock 模式依据 Reader 角色和 Writer 角色的特点执行互斥处理，提高程序性能。

而 Strategized Locking 模式则是将用于同步的结构参数化，使互斥处理的执行变得更加灵活。

6.6 延伸阅读：java.util.concurrent.locks 包和 Read-Write Lock 模式

java.util.concurrent.locks 包

J2SE 5.0 中增加的 `java.util.concurrent.locks` 包提供了已实现 Read-Write Lock 模式的 `ReadWriteLock` 接口和 `ReentrantReadWriteLock` 类。

`java.util.concurrent.locks.ReadWriteLock` 接口的功能和本章示例程序中的 `ReadWriteLock` 类相类似。两者之间的不同之处在于该接口的“用于读取的锁”和“用于写入的锁”是通过其他对象来实现的。获取锁和释放锁的方法对比如表 6-3 所示。

表 6-3 示例程序中创建的 ReadWriteLock 和 java.util.concurrent.locks.ReadWriteLock 的比较

示例程序中创建的 ReadWriteLock 类	java.util.concurrent.locks 包里的 ReadWriteLock 接口
`readLock()`	`readLock().lock()`
`readUnlock()`	`readLock().unlock()`
`writeLock()`	`writeLock().lock()`
`writeUnlock()`	`writeLock().unlock()`

`java.util.concurrent.locks.ReentrantReadWriteLock` 类实现了 `ReadWriteLock` 接口。`ReentrantReadWriteLock` 类的主要特征如下。

◆公平性

当创建 `ReentrantReadWriteLock` 类的实例时，我们可以选择锁的获取顺序是否要设为公平（fair）的。如果创建的实例是公平的，那么等待时间久的线程将可以优先获取锁。

◆可重入性

`ReentrantReadWriteLock` 类的锁是可重入的（reentrant）。也就是说，Reader 角色的线程可以获取"用于写入的锁"，Writer 角色的线程也可以获取"用于读取的锁"。

◆锁降级

`ReentrantReadWriteLock` 类可以按如下顺序将"用于写入的锁"降级为"用于读取的锁"。

```
获取用于写入的锁
      ↓
获取用于读取的锁
      ↓
释放用于写入的锁
```

但是，"用于读取的锁"不可以升级为"用于写入的锁"。

◆便捷方法

`ReentrantReadWriteLock` 类提供了获取等待中的线程的个数的方法 `getQueueLength`，以及检查是否获取了用于写入的锁的方法 `isWriteLocked` 等便捷方法。

使用 java.util.concurrent.locks 的示例程序

我们来展示一个使用 `java.util.concurrent.locks` 包实现本章示例程序的示例。在此处的 `Data` 类中，我们自己编写的 `ReadWriteLock` 类被替换为了 `java.util.concurrent.locks.ReentrantReadWriteLock` 类，如代码清单 6-6 所示。

代码清单 6-6 使用 ReentrantReadWriteLock 创建的 Data 类（Data.java）

```
import java.util.concurrent.locks.Lock;
import java.util.concurrent.locks.ReadWriteLock;
import java.util.concurrent.locks.ReentrantReadWriteLock;

public class Data {
    private final char[] buffer;
```

```
    private final ReadWriteLock lock = new ReentrantReadWriteLock(true /* fair */);
    private final Lock readLock = lock.readLock();
    private final Lock writeLock = lock.writeLock();

    public Data(int size) {
        this.buffer = new char[size];
        for (int i = 0; i < buffer.length; i++) {
            buffer[i] = '*';
        }
    }
    public char[] read() throws InterruptedException {
        readLock.lock();
        try {
            return doRead();
        } finally {
            readLock.unlock();
        }
    }
    public void write(char c) throws InterruptedException {
        writeLock.lock();
        try {
            doWrite(c);
        } finally {
            writeLock.unlock();
        }
    }
    private char[] doRead() {
        char[] newbuf = new char[buffer.length];
        for (int i = 0; i < buffer.length; i++) {
            newbuf[i] = buffer[i];
        }
        slowly();
        return newbuf;
    }
    private void doWrite(char c) {
        for (int i = 0; i < buffer.length; i++) {
            buffer[i] = c;
            slowly();
        }
    }
    private void slowly() {
        try {
            Thread.sleep(50);
        } catch (InterruptedException e) {
        }
    }
}
```

该程序收录在本书配套的源代码 ReadWriteLock/jucSample 中

6.7 本章所学知识

在本章中，我们学习了 Read-Write Lock 模式。

SharedResource 角色提供了 read 和 write 两个操作。read 操作不会改变 SharedResource 角色的状态，而 write 操作则会改变其状态。

执行 read 的 Reader 角色和执行 write 的 Writer 角色是明确分开的。当 read 比 write 执行频繁时，Reader 角色和 Writer 角色之间无需同等地执行互斥处理，这是因为 Reader 角色之间无需执行互斥处理。

但是，完全不执行互斥处理很危险。这是因为，当 Reader 角色正在 read 时，Writer 角色必须等待，而当 Writer 角色正在 write 时，Reader 角色和其他 Writer 角色也必须进行等待。

于是，我们引入了 ReadWriteLock 角色，该角色提供分别用于 read 和 write 的锁，来执行上述复杂的互斥处理。

这样一来，既能确保 SharedResource 角色的安全性，还可以提高程序性能。尤其是当 read 操作特别繁重时，程序性能能够大幅提高。

在实现时，我们必须充分考虑执行互斥处理时采用的 Guarded Suspension 模式的守护条件。

在 Java 中，使用 `finally` 能够防止忘记释放锁。

这就是 Read-Write Lock 模式。

6.6 节展示了使用 `java.util.concurrent.locks` 包来实现 Read-Write Lock 模式的示例。

下面来做一下练习题吧。

6.8 练习题

答案请参见附录 A（P.382）

● 习题 6-1（基础知识测试）

阅读下面关于示例程序的内容，叙述正确请打√，错误请打×。

（1）`doWrite` 方法不可以被多个线程同时执行。

（2）`doRead` 方法不可以被多个线程同时执行。

（3）当 `doWrite` 方法正在被某个线程执行时，`readingReaders` 字段的值一定是 0。

（4）当 `doRead` 方法正在被某个线程执行时，`writingWriters` 字段的值一定是 0。

● 习题 6-2（完全不使用锁的情况）

代码清单 6-7 修改了示例程序中的 `Data` 类（代码清单 6-2），完全没使用 `ReadWriteLock` 类。请问代码清单 6-7 的运行结果会是什么样子的呢？

代码清单 6-7　完全不使用 ReadWriteLock 类的 Data 类（Data.java）

```
public class Data {
    private final char[] buffer;
    public Data(int size) {
        this.buffer = new char[size];
        for (int i = 0; i < buffer.length; i++) {
            buffer[i] = '*';
        }
    }
    public char[] read() throws InterruptedException {
        return doRead();
    }
    public void write(char c) throws InterruptedException {
        doWrite(c);
    }
    private char[] doRead() {
        char[] newbuf = new char[buffer.length];
        for (int i = 0; i < buffer.length; i++) {
```

```
            newbuf[i] = buffer[i];
        }
        slowly();
        return newbuf;
    }
    private void doWrite(char c) {
        for (int i = 0; i < buffer.length; i++) {
            buffer[i] = c;
            slowly();
        }
    }
    private void slowly() {
        try {
            Thread.sleep(50);
        } catch (InterruptedException e) {
        }
    }
}
```

●习题 6-3（性能）

代码清单 6-8 修改了示例程序中的 Data 类（代码清单 6-2），完全没使用 ReadWriteLock 类，而是以 synchronized 替代了 ReadWriteLock 类。请比较代码清单 6-2 和代码清单 6-8 的性能有什么不同。

代码清单 6-8　以 synchronized 替代 ReadWriteLock 类的 Data 类（Data.java）

```
public class Data {
    private final char[] buffer;
    public Data(int size) {
        this.buffer = new char[size];
        for (int i = 0; i < buffer.length; i++) {
            buffer[i] = '*';
        }
    }
    public synchronized char[] read() throws InterruptedException {
        return doRead();
    }
    public synchronized void write(char c) throws InterruptedException {
        doWrite(c);
    }
    private char[] doRead() {
        char[] newbuf = new char[buffer.length];
        for (int i = 0; i < buffer.length; i++) {
            newbuf[i] = buffer[i];
        }
        slowly();
        return newbuf;
    }
    private void doWrite(char c) {
        for (int i = 0; i < buffer.length; i++) {
            buffer[i] = c;
            slowly();
        }
    }
    private void slowly() {
        try {
            Thread.sleep(50);
```

```
        } catch (InterruptedException e) {
        }
    }
}
```

●习题 6-4（Read-Write Lock 模式的应用）

代码清单 6-9 中的 `Database` 类是一个非常简单的数据库，拥有 `clear` 方法（清除）、`assign`（分配）方法和 `retrieve`（获取）方法。为了模拟操作非常耗时的情形，代码清单 6-9 特意使用 `slowly` 方法和 `verySlowly` 方法执行了 `sleep`。`java.util.HashMap` 类是非线程安全的，但 `Database` 类是线程安全的。

请在这个 `Database` 类中使用 6.6 节介绍的 `java.util.concurrent.locks` 包来实现 Read-Write Lock 模式。

代码清单 6-9　Database 类（Database.java）

```
import java.util.Map;
import java.util.HashMap;

public class Database<K,V> {
    private final Map<K,V> map = new HashMap<K,V>();

    // 全部清除
    public synchronized void clear() {
        verySlowly();
        map.clear();
    }

    // 给 key 分配 value
    public synchronized void assign(K key, V value) {
        verySlowly();
        map.put(key, value);
    }

    // 获取给 key 分配的值
    public synchronized V retrieve(K key) {
        slowly();
        return map.get(key);
    }

    // 模拟耗时的操作
    private void slowly() {
        try {
            Thread.sleep(50);
        } catch (InterruptedException e) {
        }
    }

    // 模拟非常耗时的操作
    private void verySlowly() {
        try {
            Thread.sleep(500);
        } catch (InterruptedException e) {
        }
    }
}
```

●习题 6-5（Before/After 模式）

Before/After 模式（见附录 G 中的 [Lea]）用于确保方法的执行顺序。Before/After 模式在 Java 中的实现一般采用如下结构。

```
before();
try {
    execute();
} finally {
    after();
}
```

上面的示例可以确保 execute 方法被调用之前，before 方法一定会被调用，且 after 方法一定会被调用到。例如 Data 类（代码清单 6-2）的 read 方法和 write 方法都使用了该 Before/After 模式。

那么，如果将 Data 类（代码清单 6-2）修改为如代码清单 6-10 所示的代码，会发生什么问题呢（readLock 方法和 writeLock 方法放进了 try 语句块中）？

代码清单 6-10　Data 类（Data.java）

```
public class Data {
    private final char[] buffer;
    private final ReadWriteLock lock = new ReadWriteLock();
    public Data(int size) {
        this.buffer = new char[size];
        for (int i = 0; i < buffer.length; i++) {
            buffer[i] = '*';
        }
    }
    public char[] read() throws InterruptedException {
        try {
            lock.readLock();
            return doRead();
        } finally {
            lock.readUnlock();
        }
    }
    public void write(char c) throws InterruptedException {
        try {
            lock.writeLock();
            doWrite(c);
        } finally {
            lock.writeUnlock();
        }
    }
    private char[] doRead() {
        char[] newbuf = new char[buffer.length];
        for (int i = 0; i < buffer.length; i++) {
            newbuf[i] = buffer[i];
        }
        slowly();
        return newbuf;
    }
    private void doWrite(char c) {
        for (int i = 0; i < buffer.length; i++) {
```

```
            buffer[i] = c;
            slowly();
        }
    }
    private void slowly() {
        try {
            Thread.sleep(50);
        } catch (InterruptedException e) {
        }
    }
}
```

●习题 6-6（preferWriter 字段的作用）

代码清单 6-11 是对示例程序的 ReadWriteLock 类（代码清单 6-5）的简化，其中删除了 preferWriter 字段和 waitingWriters 字段。但是，运行结果如图 6-6 所示，输出结果几乎一直都没有变化（运行结果与 Java 虚拟机有关）。请问这是为什么呢？

另外，请思考一下示例程序中的 waitingWriters 字段和 preferWriter 字段的含义。

代码清单 6-11　简化后的 ReadWriteLock 类（ReadWriteLock.java）

```
public final class ReadWriteLock {
    private int readingReaders = 0;          // (a)…实际正在读取的线程个数
    private int writingWriters = 0;          // (b)…实际正在写入的线程个数

    public synchronized void readLock() throws InterruptedException {
        while (writingWriters > 0) {
            wait();
        }
        readingReaders++;                    // (a) 实际正在读取的线程个数加 1
    }

    public synchronized void readUnlock() {
        readingReaders--;                    // (a) 实际正在读取的线程个数减 1
        notifyAll();
    }

    public synchronized void writeLock() throws InterruptedException {
        while (readingReaders > 0 || writingWriters > 0) {
            wait();
        }
        writingWriters++;                    // (b) 实际正在写入的线程个数加 1
    }

    public synchronized void writeUnlock() {
        writingWriters--;                    // (b) 实际正在写入的线程个数减 1
        notifyAll();
    }
}
```

图 6-6 运行结果示例

```
（以上省略）
Thread-4 reads **********
Thread-5 reads **********
Thread-2 reads **********
Thread-1 reads **********
Thread-0 reads **********
Thread-3 reads **********        读取的字符串很久都没有发生变化
Thread-4 reads **********
Thread-5 reads **********
Thread-2 reads **********
Thread-0 reads **********
Thread-1 reads **********
Thread-3 reads **********
（以下省略。按 CTRL+C 终止程序）
```

●习题 6-7（理解程度测试）

请先解答习题 6-6，在理解了 preferWriter 字段的作用之后，再来解答该习题。

请回答下面关于拥有 preferWriter 字段的示例程序的运行的问题。

（1）当 WriterThread 线程执行 writeUnlock 方法时，在 this（ReadWriteLock 类的实例）上 wait 的只有 ReaderThread 线程吗?

（2）当 ReaderThread 线程执行 readUnlock 方法时，在 this（ReadWriteLock 类的实例）上 wait 的只有 WriterThread 线程吗?

第 7 章 Thread-Per-Message 模式

这项工作就交给你了

7.1 Thread-Per-Message 模式

上司把文件递给下属："能帮我传真一下这个文件吗？"妻子告诉丈夫："老公，帮忙倒一下垃圾"。像这样将工作委托给其他人的情况很常见。这个人把工作拜托给别人之后，就可以返回继续做自己的工作。

本章，我们将学习 Thread–Per–Message 模式。

所谓 Per，就是"每～"的意思。因此，Thread Per Message 直译过来就是"每个消息一个线程"的意思。Message 在这里可以理解为"命令"或"请求"。为每个命令或请求新分配一个线程，由这个线程来执行处理——这就是 Thread-Per-Message 模式。

在 Thread-Per-Message 模式中，消息的"委托端"和"执行端"是不同的线程。消息的委托端线程会告诉执行端线程"这项工作就交给你了"。

7.2 示例程序

我们来看一个使用 Thread-Per-Message 模式的示例程序。在示例程序中，`Main` 类委托 `Host` 类来显示字符。`Host` 类会创建并启动一个线程，来处理该委托。启动的线程使用 `Helper` 类来执行实际的显示。

示例程序中出现的类如表 7-1 所示，示例程序的类图如图 7-1 所示。

表 7-1 类的一览表

名字	说明
`Main`	向 `Host` 发送字符显示请求的类
`Host`	针对请求创建线程的类
`Helper`	提供字符显示功能的被动类

图 7-1 示例程序的类图

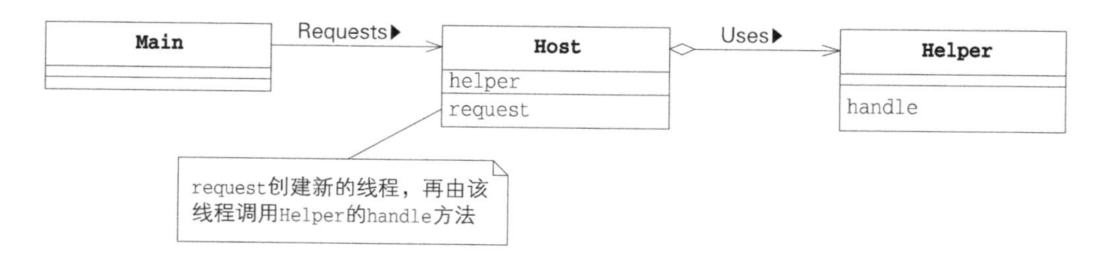

Main 类

`Main` 类（代码清单 7-1）会先创建一个 `Host` 类的实例，然后调用 `Host` 的 `request` 方法。下面这条调用语句的含义是显示十次字符 `A`。

```
host.request(10, 'A');
```

为了了解线程的运行状况，我们在 `Main` 类的开头和结尾加上了调试输出。

代码清单 7-1　Main 类（Main.java）

```
public class Main {
    public static void main(String[] args) {
        System.out.println("main BEGIN");
        Host host = new Host();
        host.request(10, 'A');
        host.request(20, 'B');
        host.request(30, 'C');
        System.out.println("main END");
    }
}
```

该程序收录在本书配套的源代码 ThreadPerMessage/Sample 中

Host 类

Host 类（代码清单 7-2）的 request 方法新启动了一个线程。实际操作将由该线程来执行。

代码清单 7-2 使用 Java 的匿名内部类（anonymous inner class）来创建 Thread 的子类实例，并使用该实例来启动线程。

如果对匿名内部类的语法并不熟悉，那么这会有些难懂。不过，熟悉了之后也并不是那么难。我们一起来仔细查看一下下面的语句。

```
new Thread() {
    public void run() {
        helper.handle(count, c);
    }
}.start();
```

如果我们将这条语句看作是类的声明、实例的创建，以及线程的启动等操作被写在了一起，就容易理解了[①]。将上面这条语句省略成下面这样之后，就可以看出这确实是类声明的一部分（run 方法的声明）。

```
        ... {
    public void run() {
        helper.handle(count, c);
    }
} ...
```

如下所示，我们看一下上面代码中省略掉的部分就会发现，这是创建 Thread 实例和启动线程的操作。

```
new Thread()

        ...

  .start();
```

在代码清单 7-2 中，匿名内部类用于执行如下操作。

① 匿名内部类是将类的声明和实例的创建写在一起的。但匿名内部类并不是在方法执行时生成类文件，而是与一般的类一样，都是在编译时生成类文件。

- 声明 Thread 的子类，并重写 run 方法
- 创建该类的实例
- 调用该实例的 start 方法启动线程

请注意，匿名内部类的 run 方法使用了 request 方法的参数 count 和 c。这样，当匿名内部类用到方法的参数或局部变量时，这些变量就必须声明为 final。如果 count 和 c 不声明为 final，程序将会出现编译错误。

代码清单 7-2　Host 类（Host.java）

```
public class Host {
    private final Helper helper = new Helper();
    public void request(final int count, final char c) {
        System.out.println("    request(" + count + ", " + c + ") BEGIN");
        new Thread() {
            public void run() {
                helper.handle(count, c);
            }
        }.start();
        System.out.println("    request(" + count + ", " + c + ") END");
    }
}
```

该程序收录在本书配套的源代码 ThreadPerMessage/Sample 中

Helper 类

Helper 类（代码清单 7-3）提供了一个用于按指定次数显示字符的 handle 方法。另外，为了延缓显示速度（即为了表示 handle 操作很费时间），我们在 slowly 方法中使用了 Thread.sleep。

代码清单 7-3　Helper 类（Helper.java）

```
public class Helper {
    public void handle(int count, char c) {
        System.out.println("        handle(" + count + ", " + c + ") BEGIN");
        for (int i = 0; i < count; i++) {
            slowly();
            System.out.print(c);
        }
        System.out.println("");
        System.out.println("        handle(" + count + ", " + c + ") END");
    }
    private void slowly() {
        try {
            Thread.sleep(100);
        } catch (InterruptedException e) {
        }
    }
}
```

该程序收录在本书配套的源代码 ThreadPerMessage/Sample 中

运行结果示例如图 7-2 所示。我们仔细查看调试信息会发现，在 handle 方法终止之前，request 方法就已经终止了。

执行 main 方法的主线程在连续调用 host 的 request 方法之后，就会立即终止。在发出

“请帮忙显示 A”“请帮忙显示 B”“请帮忙显示 C”这些指示之后，主线程就可以终止了。不管 handle 方法的处理花费多长时间，都不会影响 request 方法的响应性。这是因为，request 方法并不会等待 handle 方法执行结束，而是立即返回。

图 7-2　运行结果示例（显示内容在不同时间点可能会有所不同）

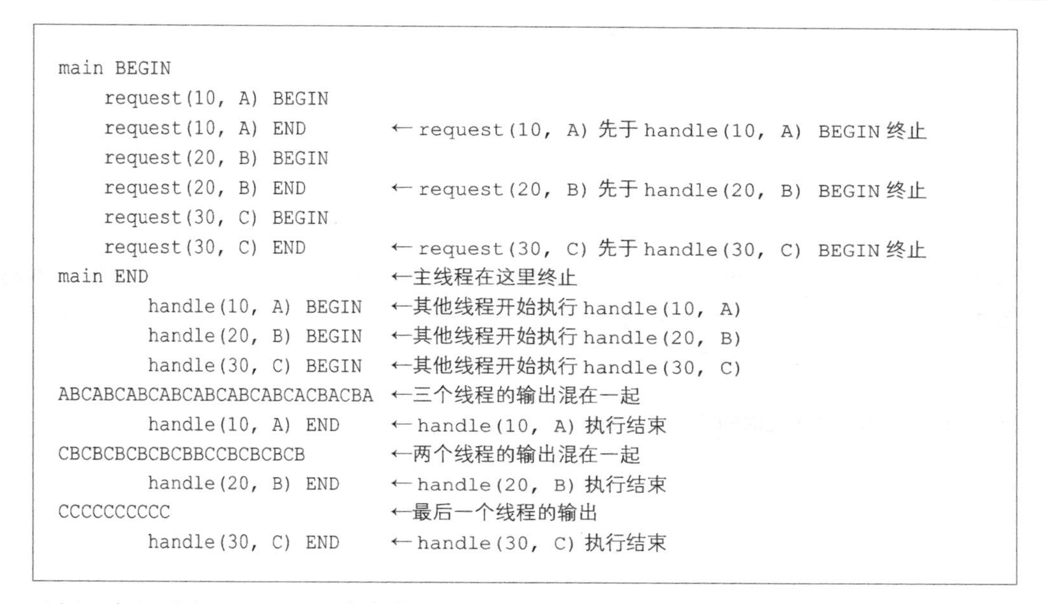

示例程序的时序图如图 7-3 所示。从图中可以看出，调用 request 方法的线程会立即返回，而 handle 方法则交由其他线程来执行。

图 7-3　示例程序的时序图

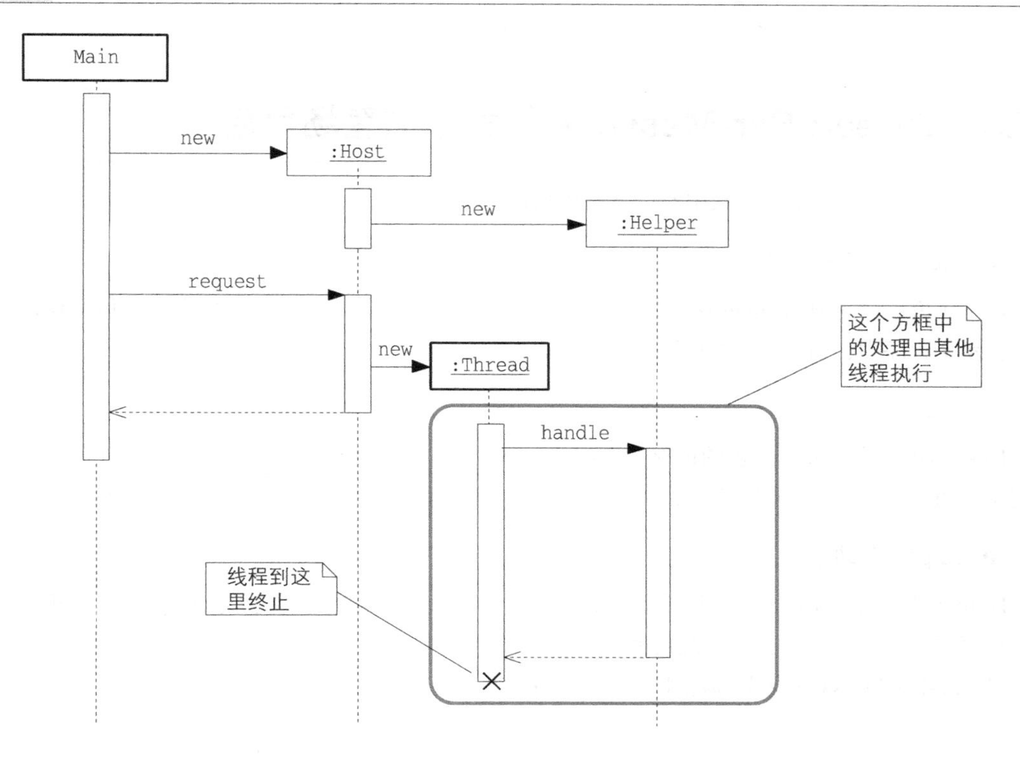

示例程序的 Timethreads 图如图 7-4 所示，可见 Host 类会创建新的线程。

图 7-4 示例程序的 Timethreads 图

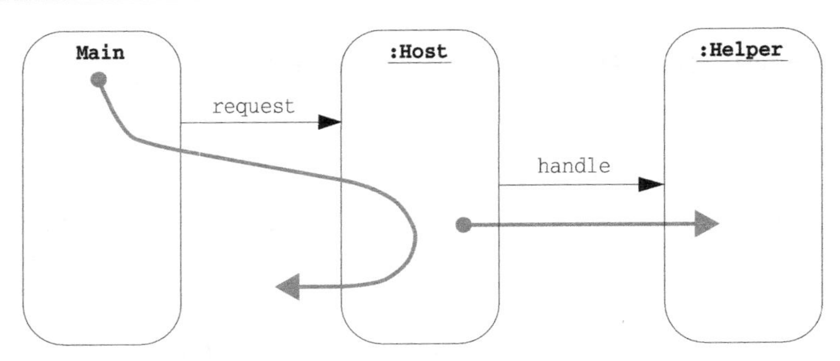

另外，如果 Host 类并不创建新的线程，而是由同一个线程来调用 Helper 类，则 Timethreads 图如图 7-5 所示。比较图 7-4 和图 7-5，我们可以明显发现二者的区别。关于可得到如图 7-5 所示的结果的程序，我们留到本章习题 7-2 中来实现。

图 7-5 Host 不创建新线程时的 Timethreads 图

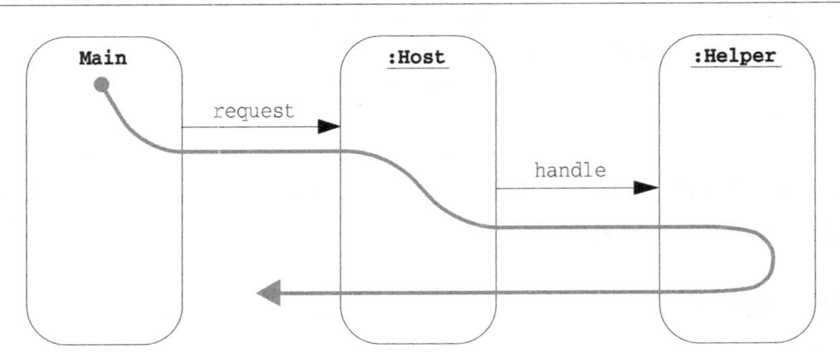

7.3 Thread-Per-Message 模式中的登场角色

在 Thread-Per-Message 模式中有以下登场角色。

◆Client（委托人）

Client 角色会向 Host 角色发出请求（request），但是并不知道 Host 角色是如何实现该请求的。在示例程序中，由 Main 类扮演此角色。

◆Host

Host 角色收到 Client 角色的请求（request）之后，会新创建并启动一个线程。新创建的线程将使用 Helper 角色来“处理”（handle）请求。在示例程序中，由 Host 类扮演此角色。

◆Helper（助手）

Helper 角色为 Host 角色提供请求处理的功能。Host 角色创建的新线程会利用 Helper 角色。在示例程序中，由 Helper 类扮演此角色。

Thread-Per-Message 模式的类图如图 7-6 所示。

图 7-6 Thread-Per-Message 模式的类图

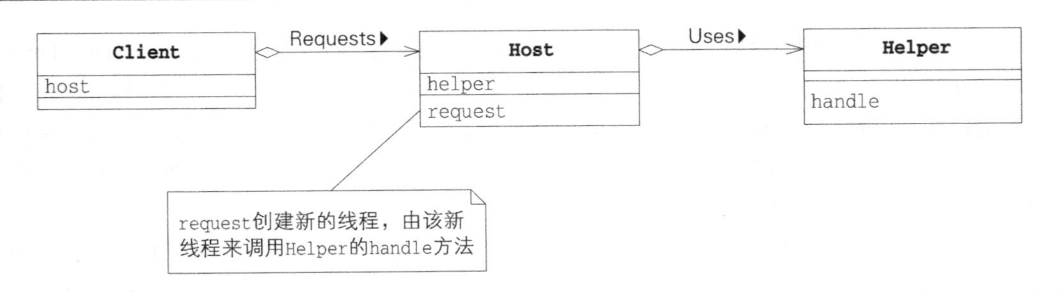

7.4 拓展思路的要点

提高响应性，缩短延迟时间

Thread-Per-Message 模式能够提高与 Client 角色对应的 Host 角色的响应性，降低延迟时间。尤其是当 `handle` 操作非常耗时，或者 `handle` 操作需要等待输入 / 输出时，效果非常明显。为了让大家体会一下程序响应性，本章习题 7-5 举了 GUI 应用程序的例子。

在 Thread-Per-Message 模式下，Host 角色会启动新的线程。由于启动线程也会花费时间，所以想要提高响应性时，是否使用 Thread-Per-Message 模式取决于“`handle` 操作花费的时间”和“线程启动花费的时间”之间的均衡。

为了缩短线程启动花费的时间，我们可以使用 Worker Thread 模式（第 8 章）。

适用于操作顺序没有要求时

在 Thread-Per-Message 模式中，`handle` 方法并不一定是按 `request` 方法的调用顺序来执行的。因此，当操作要按某种顺序执行时，Thread-Per-Message 模式并不适用。

适用于不需要返回值时

在 Thread-Per-Message 模式中，`request` 方法并不会等待 `handle` 方法执行结束。所以 `request` 得不到 `handle` 的运行结果。因此，Thread-Per-Message 模式适用于不需要获取返回值的情况。例如通知某个事件时。

当需要获取操作结果时，我们可以使用 Future 模式（第 9 章）。

应用于服务器

为了使服务器可以处理多个请求，我们可以使用 Thread-Per-Message 模式。服务器本身的线程接收客户端的请求，而这些请求的实际处理则交由其他线程来执行，服务器本身的线程则返回，去等待客户端的其他请求。我们将通过本章习题 7-6 来思考一下使用 Thread-Per-Message 模式实现一个小型 Web 服务器的示例。

调用方法 + 启动线程→发送消息

通常情况下，当调用方法时，该方法中的所有处理都被执行完之后，控制权才会返回。Thread-Per-Message 模式中的 `request` 方法也是一个普通方法，所以当该方法中的处理被执行完毕后，控制权就会返回。但是，“`request` 方法真正想要的操作（显示字符串）执行了吗?”虽然控制权从 `request` 返回了，但这并不等于显示字符串的操作也执行完了。虽然 `request` 触发了目标操作的开始（触发器），但并不等待处理结束。

我们该怎样理解这一事实呢？“`request` 方法启动了线程”这点不错，但这只不过是其中一种理解方式而已。我们来关注一下利用方法调用和线程启动来实现“发送异步消息”的操作吧[①]。这相当于从宏观上来查看程序。

前面的章节中也出现过这种从宏观上来理解的情况。例如，请回想一下 Guarded Suspension 模式（第 3 章），该模式被视为“多线程版本的 `if`”，是利用 `while`、`wait`、`notifyAll` 来实现的。

另外，第 6 章“Read-Write Lock 模式”中也出现过类似的情况。由于 `synchronized` 的“物理锁”的可伸缩性不足，所以我们使用 `synchronized` 来实现了“用于读取的锁和用于写入的锁”。

▶▶ 小知识：模式和编程语言

本书采用 Java 语言来介绍与多线程相关的各个模式。所以，当我们思考程序时，总是限于 Java 语言中。然而，模式其实是不依赖于特定编程语言的。本书介绍的程序只不过是示例而已，是用于展示“如何采用 Java 语言来实现各个模式”的。也就是说，我们是利用编程语言提供的功能来实现各个模式的。

依赖于特定编程语言的并不是模式，而是习语（idiom）。

7.5 相关的设计模式

Future 模式（第 9 章）

Thread-Per-Message 模式会启动新的线程来执行实际的操作。发出请求的线程并不会等待实际操作执行完毕，所以也就得不到操作的结果。

而 Future 模式会事先创建一个用于存储返回值的实例（Future 角色）。执行实际操作的线程在执行结束后，会将返回值写入 Future 角色中。当发出请求的线程需要返回值时，便会从 Future 角色中读取。

Worker Thread 模式（第 8 章）

Thread-Per-Message 模式每次发出请求时都会启动一个线程。

Worker Thread 模式会事先启动所需数量的线程，并循环使用，从而提高程序性能。

---

① 硬要说的话，这可以称为“多线程版本的 Proxy 模式”或“多线程版本的 Adapter 模式”。关于 Proxy 模式和 Adapter 模式，请分别参见附录 G 中的 [GoF] 和 [Yuki04]。

7.6 延伸阅读1:进程与线程

本书开头(序章1)曾讲到,线程是“执行程序的主体”。而操作系统(OS)的进程(process)也可以说是执行程序的主体。这里我们来了解一下进程与线程之间的差异。

平台不同(操作系统或硬件不同),进程与线程之间的关系也会存在很大差异。即使平台相同,因Java虚拟机(Java Virtual Machine,JVM)的实现方式不同,进程和线程之间的关系也会有所不同。不过一般来说,一个进程可以包含多个线程。

◆线程之间共享内存

进程与线程之间最大的区别就是内存是否共享。

通常,每个进程都拥有彼此独立的内存空间。一个进程不可以擅自读取、写入其他进程的内存。由于进程的内存空间是彼此独立的,所以一个进程无须担心被其他进程破坏。

线程之间共享内存[①]。我们经常让一个线程向内存中写入内容,来供其他线程读取。所谓“共享内存”,在Java中就是“共享实例”的意思。Java的实例分配在内存上,可由多个线程进行读写。

由于线程之间共享内存,所以线程之间的通信可以很自然、简单地实现。一个线程向实例中写入内容,其他线程就可以读取该实例的内容。而由于多个线程可以访问同一个实例,所以我们必须正确执行互斥处理。

◆线程的上下文切换快

进程和线程之间的另一个区别就是上下文切换的繁重程度。

当运行中的进程进行切换时,进程要暂时保存自身的当前状态(上下文信息)。而接着开始运行的进程需要恢复之前保存的自身的上下文信息。这种信息切换(context-switch)比较花费时间。

当运行中的线程进行切换时,与进程一样,也会进行上下文切换。但由于线程管理的上下文信息比进程少[②],所以一般来说,线程的上下文切换要比进程快。

因此,当执行紧密关联的多项工作时,通常线程比进程更加适合。

7.7 延伸阅读2:java.util.concurrent包和Thread-Per-Message模式

在本章中,Thread-Per-Message模式会为每个请求创建并启动线程。本节将介绍“并启动线程”的处理的各种实现形式。下面来看一下抽象程度的变化和`java.util.concurrent`包吧。

java.lang.Thread类

我们先来了解`java.lang.Thread`类。我们使用`new`来创建`Thread`类的实例,并调用`start`方法来启动线程。这是最最基本的内容。

当使用匿名内部类时,使用`Thread`类来创建并启动线程的代码如代码清单7-4所示。

① Java内存模型中包含共享内存和缓存这两种内存。其中,线程之间共享的是共享内存。详细内容请参见附录B。

② 这只能说是一般的情况。线程和进程之间的实际关系在很大程度上也取决于Java虚拟机的实现。

代码清单 7-4 使用 new 来创建 Thread 类的实例的 Host 类（Host.java）

```
public class Host {
    private final Helper helper = new Helper();
    public void request(final int count, final char c) {
        System.out.println("    request(" + count + ", " + c + ") BEGIN");
        new Thread() {
            public void run() {
                helper.handle(count, c);
            }
        }.start();
        System.out.println("    request(" + count + ", " + c + ") END");
    }
}
```

该程序收录在本书配套的源代码 ThreadPerMessage/jucSample1 中

下面的语句是用于创建匿名内部类的实例的。该匿名内部类是 Thread 类的子类，它重写了 Thread 类的 run 方法。

```
new Thread() {
    public void run() {
        ...
    }
}
```

这并不是很难吧。

java.lang.Runnable 接口

接下来我们将学习如何使用 java.lang.Runnbale 接口来创建并启动线程。当使用 new 来创建 Thread 实例时，构造函数中将传入 Runnable 接口的实现类的实例。使用匿名内部类时，代码如代码清单 7-5 所示。

代码清单 7-5 传入 Runnable 对象，并使用 new 来创建 Thread 类的实例的 Host 类（Host.java）

```
public class Host {
    private final Helper helper = new Helper();
    public void request(final int count, final char c) {
        System.out.println("    request(" + count + ", " + c + ") BEGIN");
        new Thread(
            new Runnable() {
                public void run() {
                    helper.handle(count, c);
                }
            }
        ).start();
        System.out.println("    request(" + count + ", " + c + ") END");
    }
}
```

该程序收录在本书配套的源代码 ThreadPerMessage/jucSample2 中

下面的表达式创建的 Runnable 对象是实现了 Runnable 接口的匿名内部类的实例。

```
new Runnable() {
    public void run() {
```

```
        helper.handle(count, c);
    }
}
```

因此，像下面这样，先将实例赋给变量 `runnable`，分两步来写，同样也可以启动线程。

```
Runnable runnable = new Runnable() {
    public void run() {
        helper.handle(count, c);
    }
}
new Thread(runnable).start();
```

java.util.concurrent.ThreadFactory 接口

`java.util.concurrent.ThreadFactory` 接口声明了如下所示的一个 `newThread` 方法。

```
Thread newThread(Runnable r);
```

`ThreadFactory` 是将线程创建抽象化了的接口，参数中的 `Runnable` 对象表示线程执行的操作内容。

使用 `new` 创建 `Thread` 实例时，代码依赖于 `java.lang.Thread` 类。这时，我们无法控制创建线程的部分，可复用性较低。假如我们用字段 `threadFactory` 来保存 `ThreadFactory` 对象，用 `threadFactory.newThread(...)` 来替代 `new Thread(...)`。这样一来，只要替换赋给 `threadFactory` 的 `ThreadFactory` 对象，我们便可以控制线程创建了。这就是 Factory Method 模式（见附录 G 中的 [GoF][Yuki04]）。

例如，我们试着在 `Host` 类的构造函数中指定 `ThreadFactory`（代码清单 7-6）。这样一来，创建的 `Host` 类便不再依赖于 `java.lang.Thread`。这是因为，代码中不再存在 `new Thread(...)`。`Host` 类怎样创建线程取决于构造函数中传入的 `ThreadFactory` 对象。换言之，利用 `Host` 的其他类可以控制线程创建的细节。

代码清单 7-6　通过构造函数接收 ThreadFactory 的 Host 类（Host.java）

```
import java.util.concurrent.ThreadFactory;

public class Host {
    private final Helper helper = new Helper();
    private final ThreadFactory threadFactory;

    public Host(ThreadFactory threadFactory) {
        this.threadFactory = threadFactory;
    }

    public void request(final int count, final char c) {
        System.out.println("    request(" + count + ", " + c + ") BEGIN");
        threadFactory.newThread(
            new Runnable() {
                public void run() {
                    helper.handle(count, c);
                }
            }
```

```
        ).start();
        System.out.println("    request(" + count + ", " + c + ") END");
    }
}
```

该程序收录在本书配套的源代码 ThreadPerMessage/jucSample3 中

使用 ThreadFactory 对象来创建 Host 对象的 Main 类如代码清单 7-7 所示。

代码清单 7-7 使用 ThreadFactory 来创建 Host 对象的 Main 类(Main.java)

```
import java.util.concurrent.ThreadFactory;

public class Main {
    public static void main(String[] args) {
        System.out.println("main BEGIN");
        Host host = new Host(
            new ThreadFactory() {
                public Thread newThread(Runnable r) {
                    return new Thread(r);
                }
            }
        );
        host.request(10, 'A');
        host.request(20, 'B');
        host.request(30, 'C');
        System.out.println("main END");
    }
}
```

该程序收录在本书配套的源代码 ThreadPerMessage/jucSample3 中

在代码清单 7-7 中，Host 的构造函数中传入的是最简单的 ThreadFactory 对象，如下所示。

```
new ThreadFactory() {
    public Thread newThread(Runnable r) {
        return new Thread(r);
    }
}
```

java.util.concurrent.Executors 类获取的 ThreadFactory

java.util.concurrent.Executors 类提供了许多实用的静态方法。例如，Executors.defaultThreadFactory() 表达式可以获取当前默认设置的 ThreadFactory 对象。上面的 Host 类(代码清单 7-6)通过构造函数接收 ThreadFactory 对象。如果使用代码清单 7-8 中的 Main 类，那么线程的创建方式则变为默认设置。这时，前面的代码清单 7-6 完全不需要修改。另外，“代码完全不需要修改”这个表述经常用来表示所用的类可复用性很高。

代码清单 7-8 使用 Executors.defaultThreadFactory 来创建 Host 对象的 Main 类(Main.java)

```
import java.util.concurrent.Executors;

public class Main {
    public static void main(String[] args) {
        System.out.println("main BEGIN");
        Host host = new Host(
```

```
                Executors.defaultThreadFactory()
            );
            host.request(10, 'A');
            host.request(20, 'B');
            host.request(30, 'C');
            System.out.println("main END");
        }
}
```

该程序收录在本书配套的源代码 ThreadPerMessage/jucSample4 中

java.util.concurrent.Executor 接口

java.util.concurrent.Executor 接口声明了如下所示的一个 execute 方法。

```
void execute(Runnable r);
```

Executor 接口将某些"处理的执行"抽象化了，参数传入的 Runnable 对象表示"执行的处理"的内容。

前面介绍的 ThreadFactory 接口隐藏了线程创建的细节，但并未隐藏创建线程的操作。如果使用 Executor 接口，创建线程的操作也可以隐藏起来。使用 Executor 的 Host 类（代码清单 7-9）中既没有使用 Thread，也没有使用 ThreadFactory。Host 类如何执行 Runnable 对象，取决于构造函数中传入的 Executor 对象。换言之，利用 Host 的其他类可以控制处理的执行。

代码清单 7-9 展示了通过构造函数来接收 Executor 对象的 Host 类。

使用 Executor 对象来创建 Host 对象的 Main 类如代码清单 7-10 所示。

代码清单 7-9　通过构造函数来接收 Executor 的 Host 类（Host.java）

```
import java.util.concurrent.Executor;

public class Host {
    private final Helper helper = new Helper();
    private final Executor executor;

    public Host(Executor executor) {
        this.executor = executor;
    }

    public void request(final int count, final char c) {
        System.out.println("    request(" + count + ", " + c + ") BEGIN");
        executor.execute(
            new Runnable() {
                public void run() {
                    helper.handle(count, c);
                }
            }
        );
        System.out.println("    request(" + count + ", " + c + ") END");
    }
}
```

该程序收录在本书配套的源代码 ThreadPerMessage/jucSample5 中

代码清单 7-10 使用 Executor 来创建 Host 对象的 Main 类（Main.java）

```
import java.util.concurrent.Executor;

public class Main {
    public static void main(String[] args) {
        System.out.println("main BEGIN");
        Host host = new Host(
            new Executor() {
                public void execute(Runnable r) {
                    new Thread(r).start();
                }
            }
        );
        host.request(10, 'A');
        host.request(20, 'B');
        host.request(30, 'C');
        System.out.println("main END");
    }
}
```

该程序收录在本书配套的源代码 ThreadPerMessage/jucSample5 中

这里，Host 的构造函数中传入的是最简单的 Executor 对象，如下所示。

```
new Executor() {
    public void execute(Runnable r) {
        new Thread(r).start();
    }
}
```

java.util.concurrent.ExecutorService 接口

在前面的程序中，虽然我们使用 Executor 进行了抽象化，但最终还是需要自己手动执行 new Thread(...)。不过仔细想想，并不一定每次都必须创建线程。只要遵循 Executor 接口，我们也可以使用某些“会复用那些处理执行结束后空闲下来的线程”的类。

这就是 java.util.concurrent.ExecutorService 接口。ExecutorService 接口对可以反复 execute 的服务进行了抽象化。线程一直在后台运行着，每当调用 execute 方法时，线程就会执行 Runnable 对象。

通常情况下，在 ExecutorService 接口后面，线程是一直运行着的，所以 ExecutorService 接口提供了 shutdown 方法来结束服务。

由于 ExecutorService 接口是 Executor 的子接口，所以接收 Executor 对象的 Host 类也可以接收 ExecutorService 对象。使用 ExecutorService 对象来创建 Host 对象的 Main 类如代码清单 7-11 所示。

在代码清单 7-11 中，Executors.newCachedThreadPool 方法会创建“可复用线程型 ExecutorService 对象”，并用来创建 Host 对象。另外，这里还使用了 try...finally 结构来执行 shutdown。在对 ExecutorService 执行 shutdown 之后，新的请求将不再被执行。这里用到的是 Before/After 模式。

代码清单 7-11　使用 ExecutorService 来创建 Host 对象的 Main 类（Main.java）

```
import java.util.concurrent.Executors;
import java.util.concurrent.ExecutorService;

public class Main {
    public static void main(String[] args) {
        System.out.println("main BEGIN");
        ExecutorService executorService = Executors.newCachedThreadPool();
        Host host = new Host(
            executorService
        );
        try {
            host.request(10, 'A');
            host.request(20, 'B');
            host.request(30, 'C');
        } finally {
            executorService.shutdown();
            System.out.println("main END");
        }
    }
}
```

该程序收录在本书配套的源代码 ThreadPerMessage/jucSample6 中

java.util.concurrent.ScheduledExecutorService 类

我们来学习最后一种实现方式——调度运行。

java.util.concurrent.ScheduledExecutorService 接口是 ExecutorService 的子接口，用于推迟操作的执行。

代码清单 7-12 所示的 Host 类的构造函数会接收 ScheduledExecutorService 对象。然后 request 方法会将 ScheduledExecutorService 对象调度为“请求到达约 3 秒之后再执行”。这里调用的 schedule 方法位于 ScheduledExecutorService 接口中，可以用于设置 Runnable 对象（r）和延迟时间（delay、unit）。

```
schedule(Runnable r, long delay, TimeUnit unit);
```

long 类型的 delay 表示的是延迟时间，TimeUnit 类型的 unit 表示的则是指定延迟时间的单位（NANOSECONDS、MICROSECONDS、MILLISECONDS 或 SECONDS）。

代码清单 7-12　使用 ScheduledExecutorService 来延迟执行的 Host 类（Host.java）

```
import java.util.concurrent.ScheduledExecutorService;
import java.util.concurrent.TimeUnit;

public class Host {
    private final Helper helper = new Helper();
    private final ScheduledExecutorService scheduledExecutorService;

    public Host(ScheduledExecutorService scheduledExecutorService) {
        this.scheduledExecutorService = scheduledExecutorService;
    }

    public void request(final int count, final char c) {
        System.out.println("    request(" + count + ", " + c + ") BEGIN");
        scheduledExecutorService.schedule(
            new Runnable() {
                public void run() {
                    helper.handle(count, c);
```

```
            }
        },
        3L,
        TimeUnit.SECONDS
    );
    System.out.println("    request(" + count + ", " + c + ") END");
  }
}
```

该程序收录在本书配套的源代码 ThreadPerMessage/jucSample7 中

使用 ScheduledExecutorService 来创建 Host 对象的 Main 类如代码清单 7-13 所示。在代码清单 7-13 中，Executors.newScheduledThreadPool 方法会创建“可复用线程型 ScheduledExecutorService 对象”，并使用该对象来创建 Host 对象。参数中的 5 表示无工作时也会一直持有的线程个数。

代码清单 7-13　使用 ScheduledExecutorService 来创建 Host 对象的 Main 类（Main.java）

```
import java.util.concurrent.Executors;
import java.util.concurrent.ScheduledExecutorService;

public class Main {
    public static void main(String[] args) {
        System.out.println("main BEGIN");
        ScheduledExecutorService scheduledExecutorService = Executors.newScheduledThrea
dPool(5);
        Host host = new Host(
            scheduledExecutorService
        );
        try {
            host.request(10, 'A');
            host.request(20, 'B');
            host.request(30, 'C');
        } finally {
            scheduledExecutorService.shutdown();
            System.out.println("main END");
        }
    }
}
```

该程序收录在本书配套的源代码 ThreadPerMessage/jucSample7 中

总结

前面介绍了 Thread-Per-Message 模式的七种实现方式的示例。大部分的类和接口看起来都非常相似，这里我们分条总结如下。

- **java.lang.Thread 类**

  最基本的创建、启动线程的类

- **java.lang.Runnable 接口**

  表示线程所执行的“工作”的接口

- **java.util.concurrent.ThreadFactory 接口**

  将线程创建抽象化了的接口

- **java.util.concurrent.Executor 接口**

将线程执行抽象化了的接口

- **java.util.concurrent.ExecutorService 接口**

将被复用的线程抽象化了的接口

- **java.util.concurrent.ScheduledExecutorService 接口**

将被调度的线程的执行抽象化了的接口

- **java.util.concurrent.Executors 类**

用于创建实例的工具类

图 7-7 展示了本节介绍的主要类及接口的类图。

图 7-7 本节介绍的主要类及接口的类图

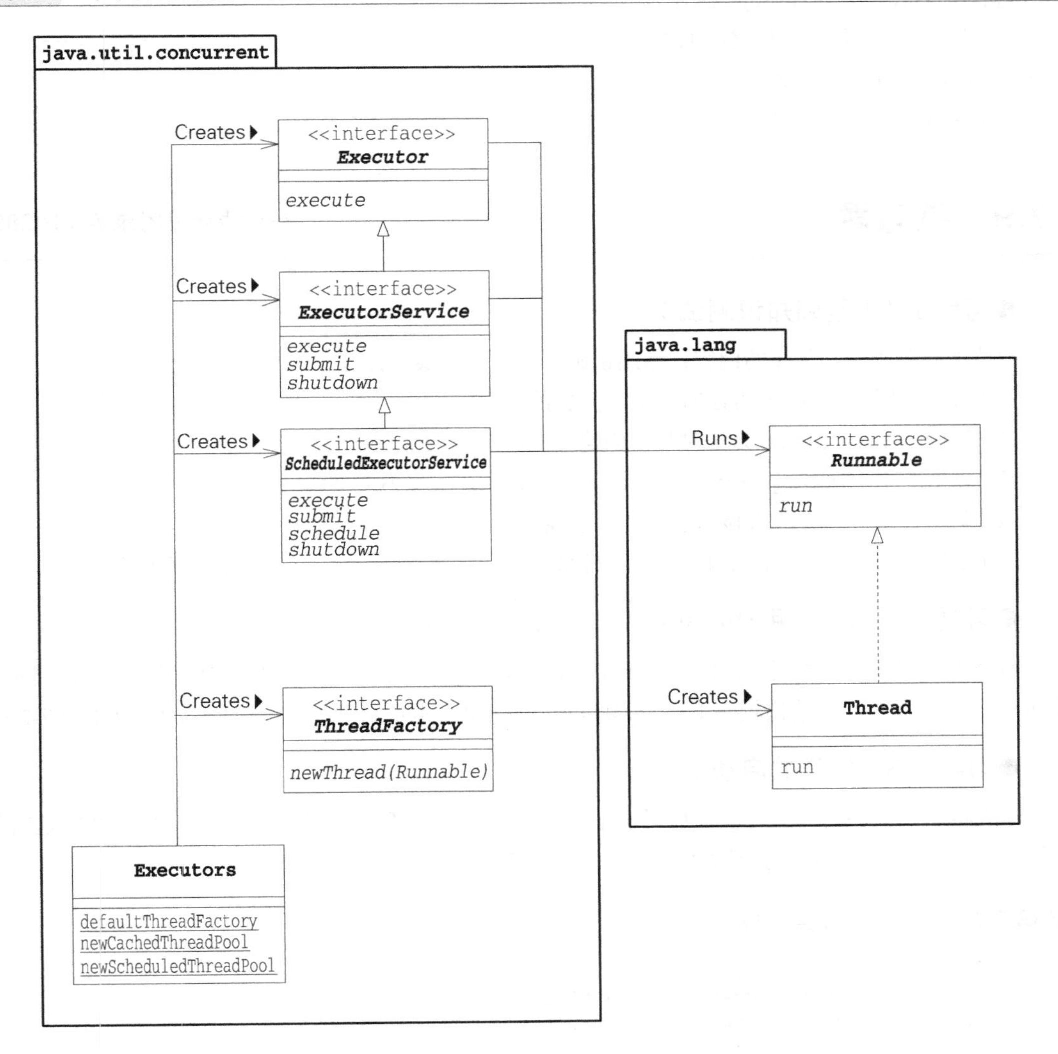

7.8 本章所学知识

在本章中，我们学习了 Thread-Per-Message 模式。

Client 角色调用 Host 角色的 request 方法来发出请求。该请求的实际处理则交给 Helper 角色的 handle 方法来执行。然而，如果 Client 角色的线程从 request 中调用 handle，那么直至实际处理结束之前，都无法从 handle 返回，这也就相当于无法从 request 返回。这样一来 request 的响应性就会下降。

因此，Host 角色会启动用于处理来自 Client 角色的请求的新线程，并让该新线程来调用 handle。这样一来，发出请求的线程便可以立即从 request 返回。

通过这种方式，我们便可以实现异步消息的发送。

这就是 Thread-Per-Message 模式。

7.6 节介绍了进程与线程之间的差异。另外，7.7 节介绍了使用 java.util.concurrent 包来实现 Thread-Per-Message 模式的示例。

下面来做一下练习题吧。

7.9 练习题

答案请参见附录 A（P.389）

●习题 7-1（基础知识测试）

阅读下面关于示例程序的内容，叙述正确请打√，错误请打 ×。

（1）每次调用 request 方法时都会启动新的线程。

（2）每次调用 request 方法时都会创建 Helper 类的实例。

（3）如果线程不从 request 方法返回，handle 方法就不会被调用。

（4）调用 handle 方法来显示字符的是主线程。

（5）如果将 slowly 方法中的 sleep 时间延长，从 request 方法返回的时间也会变长。

●习题 7-2（不使用 Thread-Per-Message 模式）

请修改示例程序，使其不再使用 Thread-Per-Message 模式。也就是说，主线程一直执行到实际处理（handle）为止。请比较一下这个程序的运行结果与本章示例程序的运行结果示例（图 7-2）。

●习题 7-3（线程的启动）

某人将示例程序的 Host 类（代码清单 7-2）修改为了代码清单 7-14 所示的代码。请问这时的运行结果会是什么样子呢？为什么？

代码清单 7-14　Host 类（Host.java）

```
public class Host {
    private final Helper helper = new Helper();
    public void request(final int count, final char c) {
        System.out.println("    request(" + count + ", " + c + ") BEGIN");
        new Thread() {
            public void run() {
                helper.handle(count, c);
            }
```

```
        }.run();
        System.out.println("    request(" + count + ", " + c + ") END");
    }
}
```

●习题 7-4（不使用匿名内部类）

请修改示例程序的 Host 类（代码清单 7-2），使其不再使用匿名内部类。

提示 请试着新编写一个 HelperThread 类，来代替匿名内部类。

●习题 7-5（提高响应性）

代码清单 7-15 ~ 代码清单 7-17 的程序是一个执行如图 7-8 所示的输出的 GUI 应用程序。按下右边的 [Execute] 按钮之后，Swing 框架会调用 actionPerformed 方法，然后 actionPerformed 方法中的 Service 类的 service 方法会被执行。

而 service 方法的处理比较耗费时间，因此 service 方法从 actionPerformed 方法返回这一步会延迟。这样一来，按钮的反应，以及应用程序对用户的响应都会变得非常慢。请修改 Service 类（代码清单 7-17），提高该应用程序的响应性。

提示 请把用户连续按下按钮的情况也考虑进去。

图 7-8 包含一个 [Execute] 按钮的 GUI 应用程序

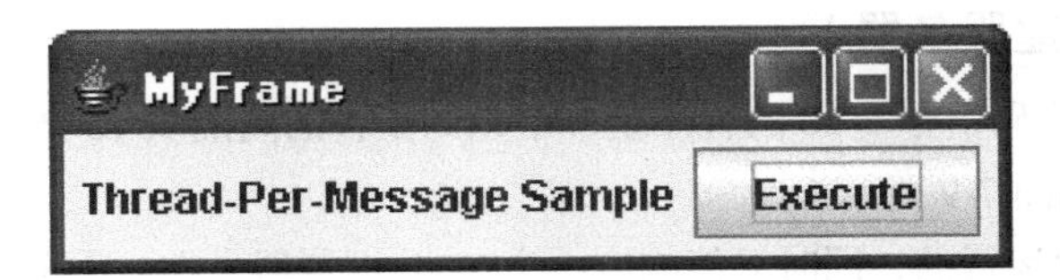

代码清单 7-15 Main 类（Main.java）

```
public class Main {
    public static void main(String[] args) {
        new MyFrame();
    }
}
```

代码清单 7-16 MyFrame 类（MyFrame.java）

```
import java.io.IOException;
import java.awt.FlowLayout;
import java.awt.event.ActionListener;
import java.awt.event.ActionEvent;
import javax.swing.JFrame;
import javax.swing.JLabel;
import javax.swing.JButton;

public class MyFrame extends JFrame implements ActionListener {
    public MyFrame() {
        super("MyFrame");
        getContentPane().setLayout(new FlowLayout());
        getContentPane().add(new JLabel("Thread-Per-Message Sample"));
        JButton button = new JButton("Execute");
        getContentPane().add(button);
        button.addActionListener(this);
```

```
        setDefaultCloseOperation(JFrame.EXIT_ON_CLOSE);
        pack();
        setVisible(true);
    }
    public void actionPerformed(ActionEvent e) {
        Service.service();
    }
}
```

代码清单 7-17 Service 类（Service.java）

```
public class Service {
    public static void service() {
        System.out.print("service");
        for (int i = 0; i < 50; i++) {
            System.out.print(".");
            try {
                Thread.sleep(100);
            } catch (InterruptedException e) {
            }
        }
        System.out.println("done.");
    }
}
```

●习题 7-6（创建服务器）

代码清单 7-18 ~ 代码清单 7-20 的程序是一个以约 1 秒的间隔从 10 到 0 进行倒计时的 Web 服务器。运行结果示例如图 7-9 所示[①]。

该服务器是单线程运行的，同时只能响应一个 Web 浏览器。在一个浏览器进行倒计时的约 10 秒这个期间内，其他浏览器都要进行等待。

请使用 Thread-Per-Message 模式来修改该程序，使 Web 服务器可以同时响应多个 Web 浏览器。

运行步骤如下所示。

（1）编译

`javac Main.java` ↵

（2）运行

`java Main` ↵

（3）在一台计算机上打开两个 Web 浏览器

（4）在一个 Web 浏览器上访问 `http://127.0.0.1:8888/` 之后，倒计时开始（有时在倒计时的过程中什么都不显示，直到倒计时结束后才会显示。这时刷新一下浏览器，就可能会正常显示）

（5）在上一个浏览器的倒计时期间，如果再在另外一个 Web 浏览器上访问 `http://127.0.0.1:8888/`，该 Web 浏览器将会进行等待

代码清单 7-18 Main 类（Main.java）

```
import java.io.IOException;

public class Main {
    public static void main(String args[]) {
        try {
```

① 这里忽略 Web 浏览器（客户端）的 HTTP 请求，只是机械地将 HTML 数据输出给客户端。

```
            new MiniServer(8888).execute();
        } catch (IOException e) {
            e.printStackTrace();
        }
    }
}
```

代码清单 7-19　MiniServer 类（MiniServer.java）

```
import java.net.Socket;
import java.net.ServerSocket;
import java.io.IOException;

public class MiniServer {
    private final int portnumber;
    public MiniServer(int portnumber) {
        this.portnumber = portnumber;
    }
    public void execute() throws IOException {
        ServerSocket serverSocket = new ServerSocket(portnumber);
        System.out.println("Listening on " + serverSocket);
        try {
            while (true) {
                System.out.println("Accepting...");
                Socket clientSocket = serverSocket.accept();
                System.out.println("Connected to " + clientSocket);
                try {
                    Service.service(clientSocket);
                } catch (IOException e) {
                    e.printStackTrace();
                }
            }
        } catch (IOException e) {
            e.printStackTrace();
        } finally {
            serverSocket.close();
        }
    }
}
```

代码清单 7-20　Service 类（Service.java）

```
import java.net.Socket;
import java.io.IOException;
import java.io.InputStreamReader;
import java.io.BufferedReader;
import java.io.DataOutputStream;

public class Service {
    private Service() {
    }
    public static void service(Socket clientSocket) throws IOException {
        System.out.println(Thread.currentThread().getName() + ": Service.service(" +
clientSocket + ") BEGIN");
        try {
            DataOutputStream out = new DataOutputStream(clientSocket.getOutputStream());
            out.writeBytes("HTTP/1.0 200 OK\r\n");
            out.writeBytes("Content-type: text/html\r\n");
            out.writeBytes("\r\n");
```

```
            out.writeBytes("<html><head><title>Countdown</title></head><body>");
            out.writeBytes("<h1>Countdown start!</h1>");
            for (int i = 10; i >= 0; i--) {
                System.out.println(Thread.currentThread().getName() + ": Countdown i = 
" + i);
                out.writeBytes("<h1>" + i + "</h1>");
                out.flush();
                try {
                    Thread.sleep(1000);
                } catch (InterruptedException e) {
                }
            }
            out.writeBytes("</body></html>");
        } finally {
            clientSocket.close();
        }
        System.out.println(Thread.currentThread().getName() + ": Service.service(" + 
clientSocket + ") END");
    }
}
```

图 7-9 运行结果示例（在本地计算机上运行，通过 Web 浏览器访问 http://127.0.0.1:8888/）

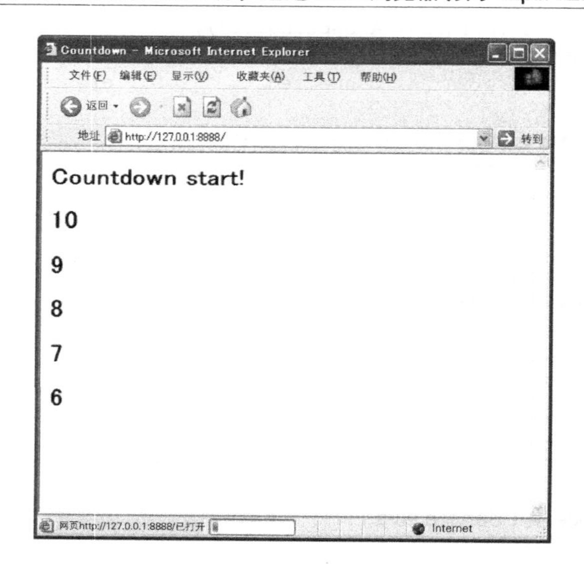

●习题 7-7（智力测验）

这是一个测试对多线程的理解程度的智力测验。BlackHole 类（代码清单 7-21）包含一个 enter 静态方法和一个 magic 静态方法。enter 方法已经编写完毕，而 magic 方法还没有开始编写。

enter 方法会输出字符串 Step 1、Step 2、Step 3。程序会在 Step 1 和 Step 2 之间调用 magic 方法。

程序在调用 enter 方法之后，会先输出如下字符串。

```
Step 1
Step 2
```

然后，输出如下字符串。

```
Step 3 (never reached here)
```

请按照该预期的运行情况来编写 magic 方法。但是需要注意，magci 方法不可以输出字符串。用于测试程序行为的 Main 类如代码清单 7-22 所示，预期的运行结果如图 7-10 所示。

代码清单 7-21　Blackhole 类（Blackhole.java）

```
public class Blackhole {
    public static void enter(Object obj) {
        System.out.println("Step 1");
        magic(obj);
        System.out.println("Step 2");
        synchronized (obj) {
            System.out.println("Step 3 (never reached here)");  // 不会执行到这里
        }
    }

（接下来请完成 magic 方法的编写）

}
```

代码清单 7-22　Main 类（Main.java）

```
public class Main {
    public static void main(String args[]) {
        System.out.println("BEGIN");
        Object obj = new Object();
        Blackhole.enter(obj);
        System.out.println("END");
    }
}
```

图 7-10　预期的运行结果

```
BEGIN
Step 1
Step 2
（到此处停止输出。按 CTRL+C 终止程序）
```

●习题 7-8（智力测验）

这是一个测试对匿名内部类的理解程度的智力测验。

运行代码清单 7-23 的程序后，会输出什么呢？

代码清单 7-23　会输出什么呢（Main.java）

```
import java.util.concurrent.*;

class Log {
    public static void println(String s) {
        System.out.println(Thread.currentThread().getName() + ":" + s);
    }
}
```

```
public class Main {
    public static void main(String[] args) {
        Thread.currentThread().setName("MainThread");
        Log.println("main:BEGIN");
        new Executor() {
            public void execute(Runnable r) {
                Log.println("execute:BEGIN");
                new ThreadFactory() {
                    public Thread newThread(Runnable r) {
                        Log.println("newThread:BEGIN");
                        Thread t = new Thread(r, "QuizThread");
                        Log.println("newThread:END");
                        return t;
                    }
                }.newThread(r).start();
                Log.println("execute:END");
            }
        }.execute(
            new Runnable() {
                public void run() {
                    Log.println("run:BEGIN");
                    Log.println("Hello!");
                    Log.println("run:END");
                }
            }
        );
        Log.println("main:END");
    }
}
```

注意 这里是为了测试，才特意将这个程序写得比较难读。通常情况下，最好不要编写这样的程序。

第8章 Worker Thread 模式

工作没来就一直等，工作来了就干活

8.1 Worker Thread 模式

这是一个来自工作车间的故事。在这里，工人们负责组装塑料模型。

客户会将很多装有塑料模型的箱子带到工作车间来，然后摆放在桌子上。

工人必须将客户送过来的塑料模型一个一个组装起来。他们会先取回放在桌子上的装有塑料模型的箱子，然后在阅读了箱子中的说明书后开始组装。当一箱模型组装完成后，工人们会继续去取下一个箱子。当所有模型全部组装完成后，工人们会等待新的模型被送过来。

本章，我们将学习 Worker Thread 模式。

Worker 的意思是工作的人、劳动者。在 Worker Thread 模式中，**工人线程（worker thread）**会逐个取回工作并进行处理。当所有工作全部完成后，工人线程会等待新的工作到来。

Worker Thread 模式也被称为 Background Thread（背景线程）模式。另外，如果从“保存多个工人线程的场所”这一点来看，我们也可以称这种模式为 Thread Pool（线程池）模式。

8.2 示例程序

下面我们来看看使用了 Worker Thread 模式的示例程序。表 8-1 列举了示例程序中的所有类。示例程序的行为如下。

`ClientThread` 类的线程会向 `Channel` 类发送工作请求（委托）（说是工作，其实只是显示出委托者的名字和委托编号）。

`Channel` 类的实例雇佣了五个工人线程（`WorkerThread`）进行工作。所有工人线程都在等待工作请求的到来。

工作请求到来后，工人线程会从 `Channel` 那里获取一项工作请求并开始工作。工作完成后，工人线程会回到 `Channel` 那里等待下一项工作请求。

示例程序的类图和时序图分别如图 8-1 和图 8-2 所示。

表 8-1　类的一览表

名字	说明
`Main`	测试程序行为的类
`ClientThread`	表示发出工作请求的线程的类
`Request`	表示工作请求的类
`Channel`	接收工作请求并将工作请求交给工人线程的类
`WorkerThread`	表示工人线程的类

图 8-1 示例程序的类图

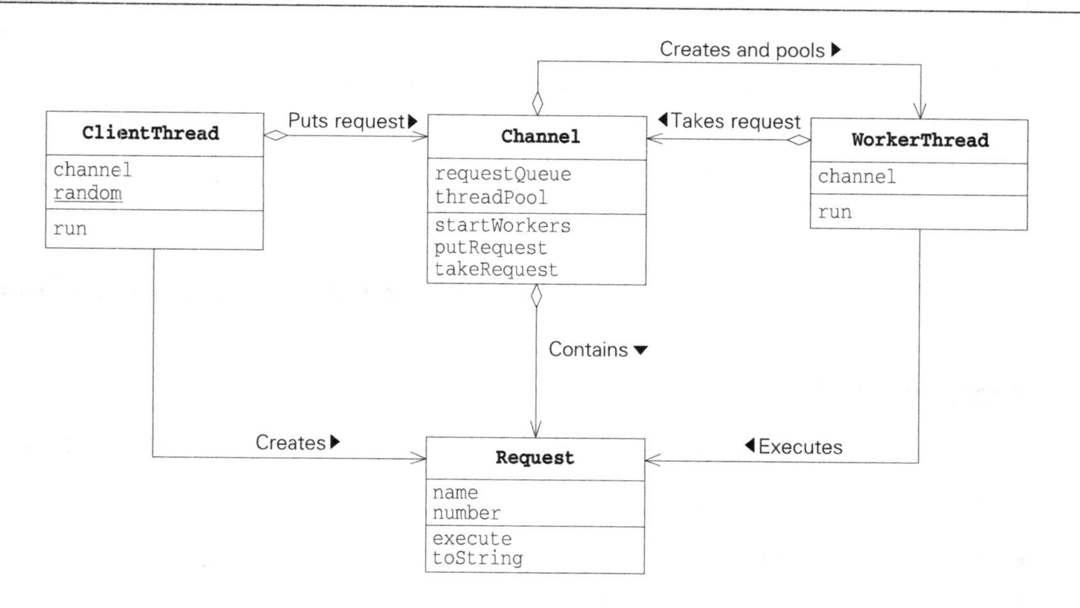

图 8-2 示例程序的时序图

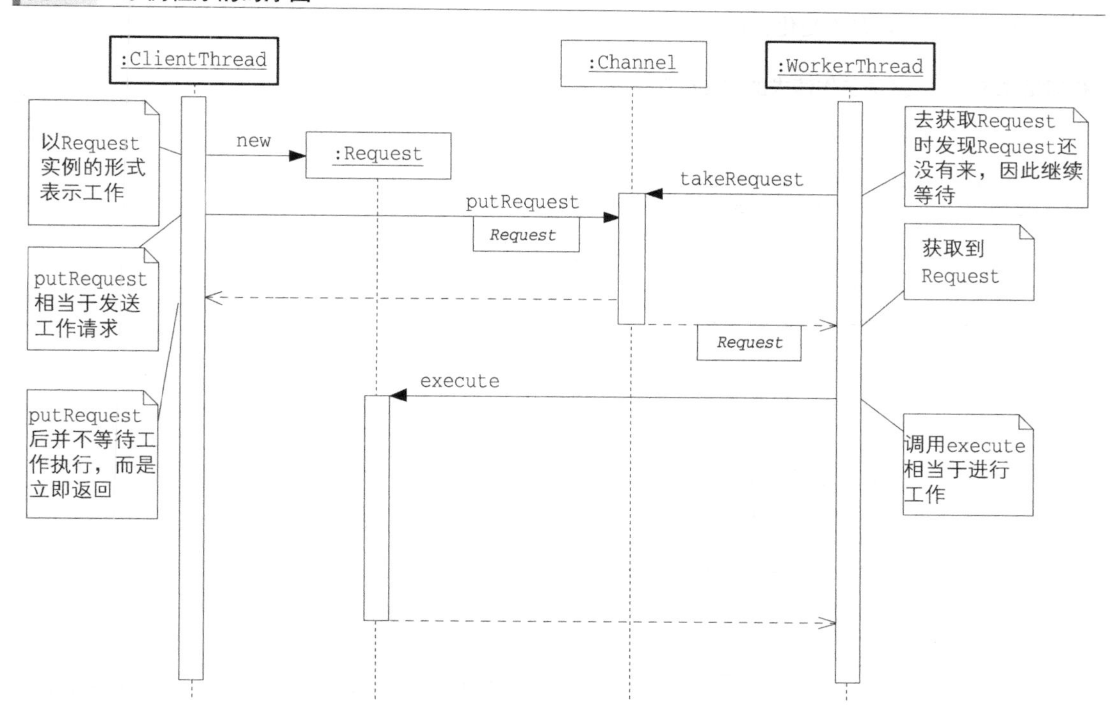

Main 类

Main 类（代码清单 8-1）会创建一个雇佣了五个工人线程的 Channel 的实例，并将其共享给三个 ClientThread 的实例（Alice、Bobby、Chris）。

代码清单 8-1 用于运行测试的 Main 类（Main.java）

```
public class Main {
    public static void main(String[] args) {
        Channel channel = new Channel(5);   // 工人线程的个数
        channel.startWorkers();
        new ClientThread("Alice", channel).start();
        new ClientThread("Bobby", channel).start();
        new ClientThread("Chris", channel).start();
    }
}
```

该程序收录在本书配套的源代码 WorkerThread/Sample 中

ClientThread 类

ClientThread 类（代码清单 8-2）是发送工作请求的类。“发送工作请求”这个行为对应的是示例程序中的以下处理。

- 创建 Request 的实例
- 将该实例传递给 Channel 类的 putRequest 方法

为了让程序行为有些变化，这里让程序 sleep 一段随机长的时间。

代码清单 8-2 发送工作请求的 ClientThread 类（ClientThread.java）

```
import java.util.Random;

public class ClientThread extends Thread {
    private final Channel channel;
    private static final Random random = new Random();
    public ClientThread(String name, Channel channel) {
        super(name);
        this.channel = channel;
    }
    public void run() {
        try {
            for (int i = 0; true; i++) {
                Request request = new Request(getName(), i);
                channel.putRequest(request);
                Thread.sleep(random.nextInt(1000));
            }
        } catch (InterruptedException e) {
        }
    }
}
```

该程序收录在本书配套的源代码 WorkerThread/Sample 中

Request 类

Request 类（代码清单 8-3）是表示工作请求的类。

name 字段表示发送请求的委托者的名字，number 字段表示请求的编号。在示例程序中，name 的值是 Alice、Bobby、Chris 之一，number 的值是 0, 1, 2, …。execute 方法是负责“处理”请求的方法。虽说是处理，实际上只是将运行中的线程的名字和请求内容（委托者的名字和请求编号）显示出来而已。为了体现出“处理”需要花费很长时间，这里还是让程序 sleep 一段时间。

代码清单 8-3 表示工作请求的 Request 类（Request.java）

```
import java.util.Random;

public class Request {
    private final String name;        // 委托者
    private final int number;         // 请求的编号
    private static final Random random = new Random();
    public Request(String name, int number) {
        this.name = name;
        this.number = number;
    }
    public void execute() {
        System.out.println(Thread.currentThread().getName() + " executes " + this);
        try {
            Thread.sleep(random.nextInt(1000));
        } catch (InterruptedException e) {
        }
    }
    public String toString() {
        return "[ Request from " + name + " No." + number + " ]";
    }
}
```

该程序收录在本书配套的源代码 WorkerThread /Sample 中

Channel 类

Channel 类（代码清单 8-4）是负责传递工作请求以及保存工人线程的类。

为了传递工作请求，我们在 Channel 类中定义了 requestQueue 字段。该字段将扮演保存请求的队列的角色。putRequest 方法用于将请求加入到队列中，takeRequest 方法则用于取出队列中的请求。这里使用了 Producer-Consumer 模式（第 5 章）。另外，为了实现 putRequest 方法和 takeRequest 方法，这里还使用了 Guarded Suspension 模式（第 3 章）。

Channel 类中定义了一个用于保存工人线程的 threadPool 字段。threadpool 是 WorkerThread 的数组。Channel 类的构造函数会初始化 threadPool 字段并创建 WorkerThread 的实例。数组的大小由 threads 决定。

这里为工人线程赋予的名字分别为 Worker-0, Worker-1, Worker-2, ...。

startWorkers 方法是用于启动所有工人线程的方法。

代码清单 8-4 负责传递工作请求以及保存工人线程的 Channel 类（Channel.java）

```
public class Channel {
    private static final int MAX_REQUEST = 100;
    private final Request[] requestQueue;
    private int tail;         // 下次 putRequest 的位置
    private int head;         // 下次 takeRequest 的位置
    private int count;        // Request 的数量

    private final WorkerThread[] threadPool;

    public Channel(int threads) {
```

```
        this.requestQueue = new Request[MAX_REQUEST];
        this.head = 0;
        this.tail = 0;
        this.count = 0;

        threadPool = new WorkerThread[threads];
        for (int i = 0; i < threadPool.length; i++) {
            threadPool[i] = new WorkerThread("Worker-" + i, this);
        }
    }
    public void startWorkers() {
        for (int i = 0; i < threadPool.length; i++) {
            threadPool[i].start();
        }
    }
    public synchronized void putRequest(Request request) {
        while (count >= requestQueue.length) {
            try {
                wait();
            } catch (InterruptedException e) {
            }
        }
        requestQueue[tail] = request;
        tail = (tail + 1) % requestQueue.length;
        count++;
        notifyAll();
    }
    public synchronized Request takeRequest() {
        while (count <= 0) {
            try {
                wait();
            } catch (InterruptedException e) {
            }
        }
        Request request = requestQueue[head];
        head = (head + 1) % requestQueue.length;
        count--;
        notifyAll();
        return request;
    }
}
```

该程序收录在本书配套的源代码 WorkerThread /Sample 中

WorkerThread 类

WorkerThread 类（代码清单 8-5）是表示工人线程的类。

工人线程会进行工作。“进行工作”这个处理对应示例程序中的以下处理。

- 调用 takeRequest 方法从 Channel 的实例中获取一个 Request 的实例

  ↓

- 调用 Request 的实例的 execute 方法

工人线程一旦启动后就会一直工作。也就是说，它会反复执行“获取一个新的 Request 的实例，然后调用它的 execute 方法”的处理。

在 Thread-Per-Message 模式（第 7 章）中，每次工作时都会启动一个新的线程。但在 Worker Thread 模式中，由于工人线程会反复进行工作，因此无需启动新的线程。

在 WorkerThread 类中只有一个字段——用于让自己获取工作请求的 Channel 类的实例（channel）。WorkerThread 对于具体的工作内容（显示字符串这项工作）一无所知。它唯一知道的就是"Request 类中定义了 execute 方法"。

代码清单 8-5　表示工人线程的 WorkerThread 类（WorkerThread.java）

```
public class WorkerThread extends Thread {
    private final Channel channel;
    public WorkerThread(String name, Channel channel) {
        super(name);
        this.channel = channel;
    }
    public void run() {
        while (true) {
            Request request = channel.takeRequest();
            request.execute();
        }
    }
}
```

该程序收录在本书配套的源代码 WorkerThread /Sample 中

示例程序的运行结果如图 8-3 所示。从图中可以看出，Worker-0、Worker-1、Worker-2、Worker-3、Worker-4 这五个 WorkerThread 正在处理来自于 Alice、Bobby、Chris 这三个 ClientThread 的请求。

发送请求的 ClientThread 与处理请求的 WorkerThread 之间并没有固定的对应关系。虽然来自于 Alice 的请求 No.0 是由 Worker-0 处理的，但是同样来自于 Alice 的请求 No.1 却是由 Worker-3 处理的，而 No.2 又是由 Worker-2 处理的。

工人线程并不在意发送请求的是谁，它只是处理接收到的请求而已。

图 8-3　运行结果示例

```
Worker-0 executes [ Request from Alice No.0 ]  ←Worker-0 处理来自 Alice 的请求 No.0
Worker-1 executes [ Request from Bobby No.0 ]  ←Worker-1 处理来自 Bobby 的请求 No.0
Worker-2 executes [ Request from Chris No.0 ]  ←Worker-2 处理来自 Chris 的请求 No.0
Worker-3 executes [ Request from Alice No.1 ]  ←Worker-3 处理来自 Alice 的请求 No.1
Worker-4 executes [ Request from Bobby No.1 ]  ←Worker-4 处理来自 Bobby 的请求 No.1
Worker-1 executes [ Request from Chris No.1 ]  ←Worker-1 处理来自 Chris 的请求 No.1
Worker-1 executes [ Request from Bobby No.2 ]  ←Worker-1 处理来自 Bobby 的请求 No.2
Worker-2 executes [ Request from Alice No.2 ]  ←Worker-2 处理来自 Alice 的请求 No.2
（以下省略。按 CTRL+C 终止程序）
```

8.3　Worker Thread 模式中的登场角色

在 Worker Thread 模式中有以下登场角色。

◆Client（委托者）

Client 角色创建表示工作请求的 Request 角色并将其传递给 Channel 角色。在示例程序中，由 ClientThread 类扮演此角色。

◆Channel（通信线路）

Channel 角色接收来自于 Client 角色的 Request 角色，并将其传递给 Worker 角色。在示例程序中，由 Channel 类扮演此角色。

◆Worker（工人）

Worker 角色从 Channel 角色中获取 Request 角色，并进行工作。当一项工作完成后，它会继续去获取另外的 Request 角色。在示例程序中，由 WorkerThread 类扮演此角色。

◆Request（请求）

Request 角色是表示工作的角色。Request 角色中保存了进行工作所必需的信息。在示例程序中，由 Request 类扮演此角色。

Worker Thread 模式的类图如图 8-4 所示，Timethreads 图如图 8-5 所示。

图 8-4 Worker Thread 模式的类图

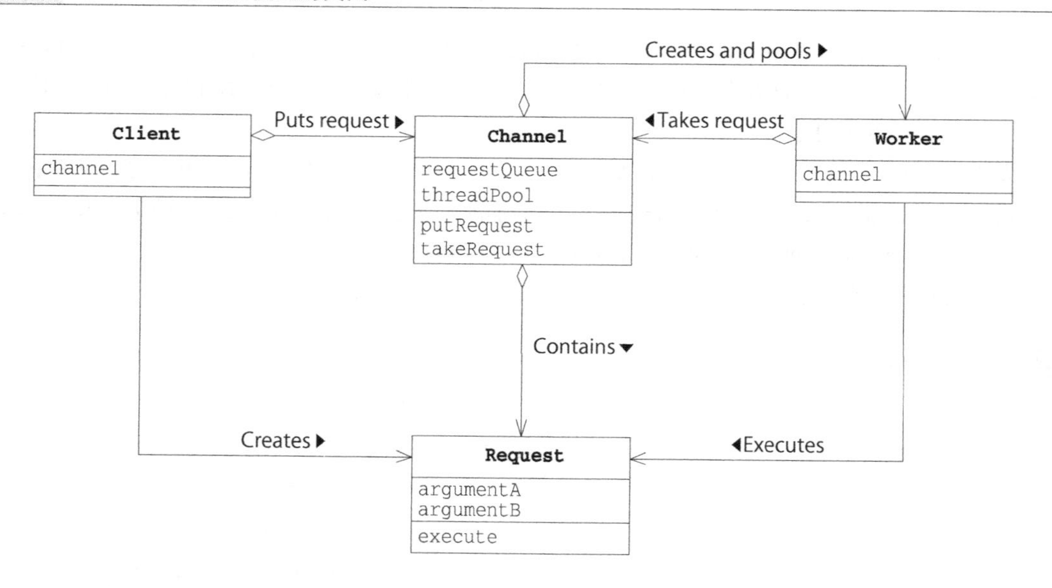

图 8-5 Worker Thread 模式的 Timethreads 图

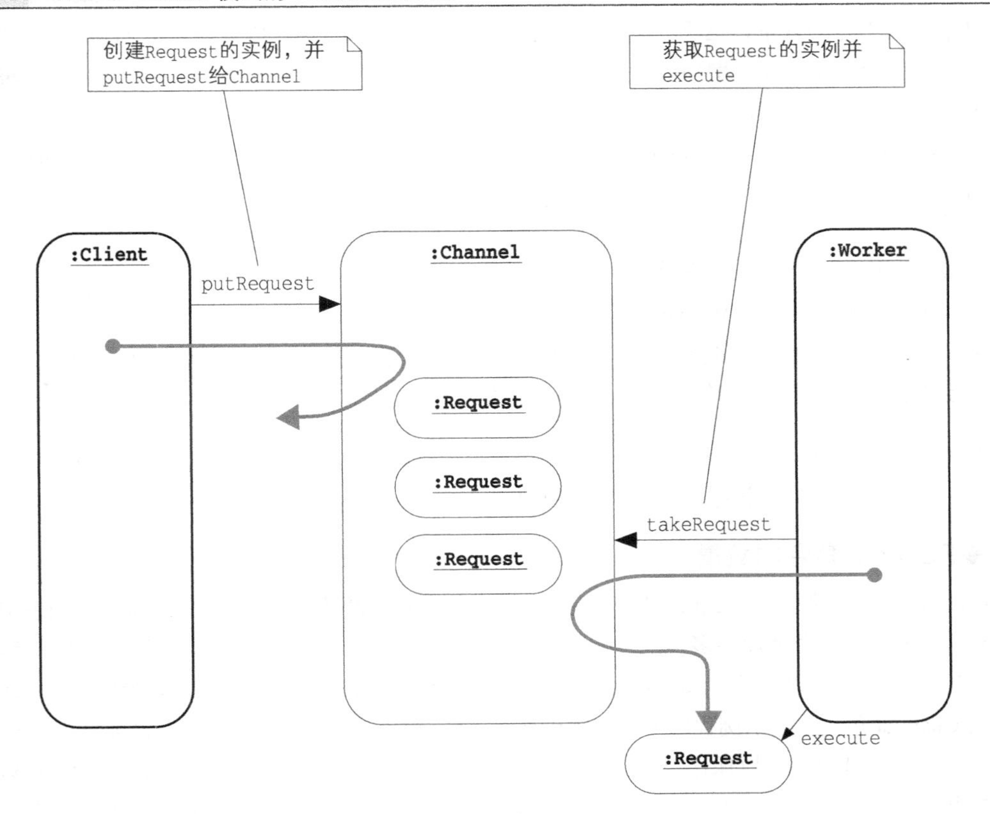

8.4 拓展思路的要点

提高吞吐量

如果可以将自己的工作交给其他人，那么自己就可以做下一项工作。线程也是一样的。如果将工作交给其他线程，自己就可以做下一项工作。这是 Thread-Per-Message 模式的主题。

由于启动新线程需要花费时间，所以 Worker Thread 模式的主题之一就是通过轮流地和反复地使用线程来提高吞吐量。

Worker Thread 模式是否实际地提高了吞吐量取决于线程的启动时间。关于这一点，我们将在习题 8-3 中试验一下。

容量控制

Worker Thread 模式还有另外一个主题，那就是可以同时提供的服务的数量，即容量的控制。

◆Worker 角色的数量

从示例程序中也可以看出，Worker 角色的数量是可以自由地定义的。在示例程序中，传递给 `Channel` 的构造函数的参数 `threads` 即表示这个数值。Worker 角色会创建 `threads` 个 `WorkerThread` 的实例。

Worker 角色的数量越多，可以并发进行的处理也越多。但是，即使 Worker 角色的数量超过了同时被请求的工作的数量，也不会对提高程序处理效率有什么帮助。因为多余的 Worker 角色不但不会工作，还会占用内存。增加容量就会增加消耗的资源，所以必须根据程序实际运行的环境来相应地调整 Worker 角色的数量。

Worker 角色的数量不一定必须在程序启动时确定，也可以像下面这样动态地改变 Worker 角色的数量。

- 最开始只有几个 Worker 角色
- 当工作增加时就增加 Worker 角色
- 但是，如果增加得太多会导致内存耗尽，因此到达极限值后就不再增加 Worker 角色
- 反之，当工作减少（即等待工作的 Worker 角色增加）时，就要逐渐减少 Worker 角色

`java.util.concurrent.ThreadPoolExecutor` 类是用于实际执行上述容量控制的类。关于这一点，我们会在本章的 8.7 节中详细说明。

◆Request 角色的数量

Channel 角色中保存着 Request 角色。只要 Worker 角色不断地进行工作，在 Channel 角色中保存的 Request 角色就不会增加很多。不过，当接收到的工作的数量超出了 Worker 角色的处理能力后，Channel 角色中就会积累很多 Request 角色。这时，Client 角色必须等待一段时间才能将 Request 角色发送给 Channel 角色。以示例程序为例，线程会在 `Channel` 类的 `putRequest` 方法中 `wait`。

如果 Channel 角色可以保存很多 Request 角色，那么就可以填补（缓冲）Client 角色与 Worker 角色之间的处理速度差异。但是，保存 Request 角色会消耗大量的内存。因此，这里我们需要**权衡容量与资源**。关于这一部分内容，第 5 章“Producer-Consumer 模式”中也讲解过。

调用与执行的分离

请大家对比一下 Worker Thread 模式中的“工作请求”与“普通的方法调用”。

Client 角色负责发送工作请求。它会将工作内容封装为 Request 角色，然后传递给 Channel 角色。在普通的方法调用中，这部分相当于“设置参数并调用方法”。其中，“设置参数”与“创建 Request 角色”相对应，而“传递给 Channel 角色”大致与“调用方法”相对应。

Worker 角色负责进行工作。它使用从 Channel 角色接收到的 Request 角色来执行实际的处理。在普通的方法调用中，这部分相当于“执行方法”。

在进行普通的方法调用时，“调用方法”和“执行方法”是连续进行的。因为调用方法后，方法会立即执行。在普通的方法调用中，调用与执行是无法分开的。

但是，在 Worker Thread 模式和 Thread-Per-Message 模式中，方法的调用和方法的执行是特意被分开的。方法的调用被称为 invocation（动词为 invoke），方法的执行则被称为 execution（动词为 execute）。因此，可以说 Worker Thread 模式和 Thread-Per-Message 模式将方法的调用（invocation）和执行（execution）分离开来了。调用与执行的分离同时也是 Command 模式（见附录 G 中的 [GoF][Yuki04]）的主题[①]之一。

---

① 提到方法时，invoke（调用）与 execute（执行）是成对的。但是在 `java.util.concurrent.ExecutorService` 接口中，submit（提交）与 execute（执行）是成对的。

那么，将调用和执行分离究竟有什么意义呢？

◆提高响应速度

如果调用和执行不可分离，那么当执行需要花费很长时间时，就会拖调用处理的后腿。但是如果将调用和执行分离，那么即使执行需要花费很长时间也没有什么关系，因为执行完调用处理的一方可以先继续执行其他处理，这样就可以提高响应速度。

◆控制执行顺序（调度）

如果调用和执行不可分离，那么在调用后就必须开始执行。

但是如果将调用和执行分离，执行就可以不再受调用顺序的制约。我们可以通过设置 Request 角色的优先级，并控制 Channel 角色将 Request 角色传递给 Worker 角色的顺序来实现上述处理。这种处理称为请求调度（scheduling）。

◆可以取消和反复执行

将调用和执行分离后，还可以实现“即使调用了也可以取消执行”这种功能。

由于调用的结果是 Request 角色对象，所以既可以将 Request 角色保存，又可以反复地执行。

◆通往分布式之路

将调用和执行分离后，可以将负责调用的计算机与负责执行的计算机分离开来，然后通过网络将扮演 Request 角色的对象从一台计算机传递至另外一台计算机。

Runnable 接口的意义

`java.lang.Runnable` 接口有时会被用作 Worker Thread 模式中的 Request 角色。也就是说，该模式会创建一个实现了 `Runnable` 接口的类的实例对象（`Runnable` 对象）来表示工作内容，然后将它传递给 Channel 角色，让其完成这项工作。

我们已经学习了在“启动线程”时使用 `Runnable` 接口的方法，即只要将 `Runnable` 对象传递给 `Thread` 类的构造函数，被启动的线程就会调用 `Runnable` 对象的 `run` 方法。但是，`Runnable` 接口的使用方法并非仅仅如此。

`Runnable` 对象可以作为方法参数传递，可以被放入到队列中，可以跨越网络传递，也可以被保存至文件中。然后，这样的 `Runnable` 对象不论被传递到哪台计算机中的哪个线程中，都可以运行。

这时，我们可以将 `Runnable` 接口看作 GoF 的 Command 模式（见附录 G 中的 [GoF][Yuki04]）中的 Command 角色。

上面介绍的 `Runnable` 的使用方法在 Java 类库中也经常出现，下面是一些示例。

- `javax.swing.SwingUtilities` 类的 `invokeLater` 方法接收 `Runnable` 对象类型的参数作为要进行的工作（详细内容见 8.6 节）
- `java.util.Timer` 类接收 `java.util.TimerTask` 类的实例作为要定时进行的工作。而 `TimerTask` 类实现了 `Runnable` 接口
- `java.util.concurrent.Executor` 接口的 `execute` 方法接收 `Runnable` 对象类型的参数作为要进行的工作

多态的 Request 角色

在示例程序中，ClientThread 传递给 Channel 的只是 Request 的实例。但是，WorkerThread 并不知道 Request 类的详细信息。WorkerThread 只是单纯地接收 Request 的实例，然后调用它的 execute 方法而已。

也就是说，即使我们编写了一个 Request 类的子类并将它的实例传递给了 Channel，WorkerThread 也可以正常地调用 execute 方法。用面向对象的术语来说，就是这里使用了多态性（polymorphism）。

Request 类是表示工作的类，编写 Request 类的子类就相当于增加工作的种类。这样，我们就实现了具有多态的 Request 角色。

Request 角色中包含了完成工作所必需的全部信息。因此，即使我们实现了多态的 Request 角色并增加了工作的种类，也无需修改 Channel 角色和 Worker 角色。这是因为即使工作种类增加了，Worker 角色依然只是调用 execute 方法而已。

图 8-6 展示了新编写 ConcreteRequest1 和 ConcreteRequest2 这两个类以实现多态的 Request 角色时的类图。

图 8-6　使用了多态的 Request 角色后的类图

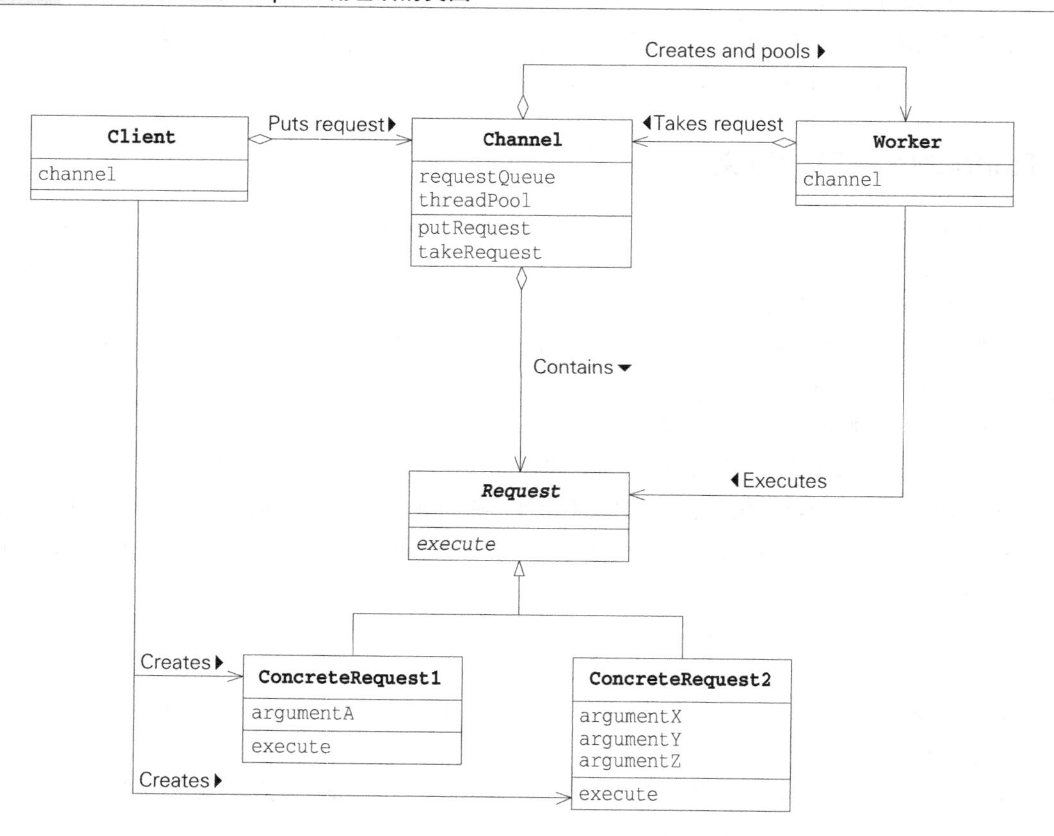

独自一人的 Worker 角色

请大家想象一下工人线程（Worker 角色）只有一个的情况。正如我们在第 5 章“Producer-Consumer 模式”中讨论过的那样，当工人线程只有一个时，由于工人线程进行处理的范围变成了单线程，所以会有互斥处理可以省略的可能性。关于这一点，我们会在 8.6 节中详细了解。

8.5 相关的设计模式

Producer-Consumer 模式（第 5 章）

在 Worker Thread 模式中传递 Request 角色的部分使用了 Producer-Consumer 模式。Worker Thread 模式中的 Client 角色和 Worker 角色分别与 Producer-Consumer 模式中的 Producer 角色和 Consumer 角色相对应。

Worker Thread 模式中的 Channel 角色与 Producer-Consumer 模式中的 Channel 角色相对应。

Thread-Per-Message 模式（第 7 章）

Thread-Per-Message 模式通过将实际的处理交给新创建的线程来提高响应速度。不过，这样也会增加线程的启动时间。

Worker Thread 模式与 Thread-Per-Message 模式一样，都是将实际的处理交给其他线程。不过，与 Thread-Per-Message 模式中每次都启动新线程不同的是，Worker Thread 模式会事先启动新线程，让它们作为工人线程等待工作。这样可以节省线程的启动时间。

Command 模式（附录 G [GoF] [Yuki04]）

在 Worker Thread 模式中，有时会在 Worker 角色接收和进行工作的部分使用 Command 模式。这时，Worker Thread 模式中的 Request 角色与 Command 模式中的 Command 角色相对应。

Future 模式（第 9 章）

Client 角色在想要获取 Worker 角色的运行结果时，会使用 Future 模式。

Flyweight 模式（附录 G [GoF] [Yuki04]）

Flyweight 模式通过共享实例节省内存。

Worker Thread 模式通过共享工人线程节省线程启动时间。不过，虽说是共享工人线程，但并非是让一个工人线程同时进行多项工作。可能将其称为工人线程的“再利用”“回收”或是“轮流使用”会更贴切一些，即当工人线程完成一项工作后，会继续被分配其他工作。

在 Flyweight 模式中，需要注意被共享的实例中包含的信息。只将应当被共享的本质的信息（intrinsic 信息）放在实例中，不应当被共享的信息（extrinsic 信息）则不放在实例中。

在 Worker Thread 模式中，也一样需要对此多加注意。**不应当让工人线程持有每项工作固有的信息，这些信息应当放在 Request 角色中。**

Thread-Specific Storage 模式（第 11 章）

Thread-Specific Storage 模式是用于确保线程所需的存储空间的模式。

由于工人线程中并没有保存每项工作固有的信息，所以无法对工人线程使用 Thread-Specific Storage 模式。

Active Object 模式（第 12 章）

Active Object 模式使用了 Worker Thread 模式。

8.6 延伸阅读 1：Swing 事件分发线程

什么是事件分发线程

使用 Swing 编写 GUI 应用程序时，必须注意事件分发线程（the event-dispatching thread）。

在使用 GUI 应用程序时，我们会点击按钮，或者移动鼠标。GUI 应用程序会根据我们的操作来进行相应的处理。在 Swing 中，上面提到的"点击按钮"或是"移动鼠标"等操作被称为"事件"（event），"事件"是用相应的 Swing 的类来表示的。当点击按钮后，`java.awt.event.ActionEvent` 类的实例会被创建出来；当移动鼠标后，`java.awt.event.MouseEvent` 类的实例会被创建出来。接着，这些实例会被保存在 Swing 内部的"事件队列"（event queue）中。

读到这里，细心的读者可能会想到"是不是这里的'事件'对应 Request 角色，而'事件队列'对应 Channel 角色呢？"完全正确。点击按钮、移动鼠标等操作在 Swing 内部被转换为"事件"——Request 角色，然后传递给"事件队列"——Channel 角色。对应 Client 角色的是管理鼠标等的部分，它被隐藏在 Swing 内部了，从外部无法看见。

如果大家理解了上面的内容，那么理解事件分发线程就会很容易了。这是因为，**事件分发线程就是工人线程**（Worker 角色）。

事件分发线程会从事件队列中取出一个事件进行处理。当处理终止后，它会再次来到事件队列这里，取出下一个事件进行处理，然后如此反复。当事件队列中一个事件都没有的时候，事件分发线程会等待事件的到来。

这不正是 Worker Thread 模式吗？

事件分发线程只有一个

事件分发线程有多个不同的英文名字，可以称为 The Event Dispatch Thread，也可以简称为 The Event Thread。但是不论是哪个名字，英文都是"The 加上单数形式"。这是因为，**事件分发线程在系统中是"唯一"的**。

大家还记得第 5 章中关于 Consumer 角色只有一个的情况的讨论（见 5.4 节）吗？Worker Thread 模式中的 Worker 角色相当于 Producer-Consumer 模式中的 Consumer 角色。"事件分发线程只有一个"表示工人线程（Worker 角色）只有一个。

虽然只有一个工人线程的时候，并不能体现出多线程的优点，但这时有一个极大的好处。那就是得益于"Swing 只有一个事件分发线程"这种设计，我们无需在事件分发线程要执行的方法中实现工人线程间的互斥处理。

事件分发线程调用监听器

前面讲解了事件分发线程会“执行”事件，那么“执行”的具体内容是什么呢？

事件分发线程执行的处理之一就是调用各种监听器的方法。

例如，当按钮被点击后，java.awt.event.ActionEvent 类的实例会被放入事件队列中。事件分发线程在取出并执行该实例时，会调用“接收 ActionEvent 的实例”（监听器）的 actionPerformed 方法。事件分发线程对于在 actionPerformed 方法中具体进行了什么处理一无所知，只是简单地调用它而已。

而移动鼠标时的情况又是怎么样的呢？这时，java.awt.event.MouseEvent 类的实例会被放入事件队列中。事件分发线程执行该实例时，会调用“接收 MouseEvent 的实例”（监听器）的 mouseMoved 方法。与调用 actionPerformed 时一样，事件分发线程并不知道 mouseMoved 的具体处理内容。

注册监听器的意义

有过 Swing 编程经验的人应该都写过向按钮（JButton）等组件（JComponent）注册监听器的处理。具体而言，就是调用 addActionListener 方法和 addMouseMotionListener 方法的处理。可能会有人不清楚原因，半懂不懂地就注册了监听器。

如果大家理解了事件分发线程，那么就可以清楚地理解注册监听器的意义。所谓向组件注册监听器，就是当该组件上发生事件时，“指定事件分发线程调用哪个实例的方法”。

事件分发线程也负责绘制界面

事件分发线程除了调用监听器的方法外，还会调用绘制界面的相关方法（update 和 paint）。

当想刷新界面时，我们会调用 repaint 方法。但是调用 repaint 后，界面并不会立即被刷新。因为 repaint 方法只是将“应当刷新显示的区域”记录在内部。实际的界面绘制工作会由事件分发线程另行处理。

事件分发线程的时序图和 Timethreads 图分别如图 8-7 和图 8-8 所示。

图 8-7 事件分发线程的时序图（当按钮被点击后）

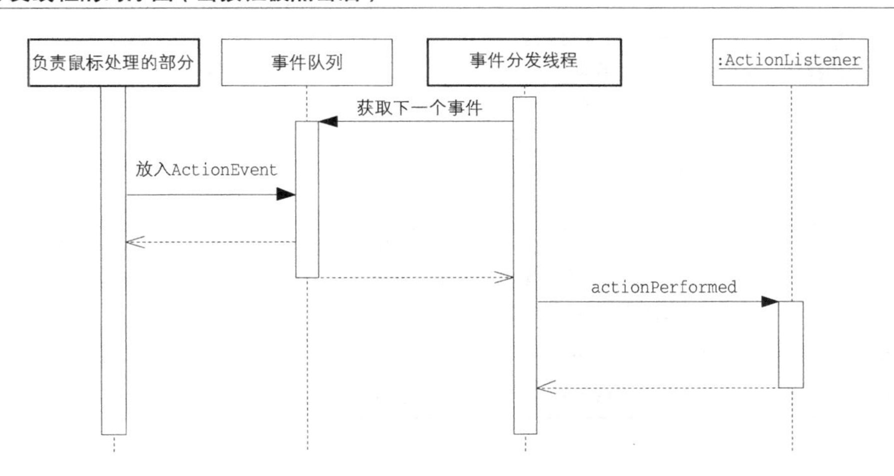

图 8-8 事件分发线程的 Timethreads 图（当按钮被点击后）

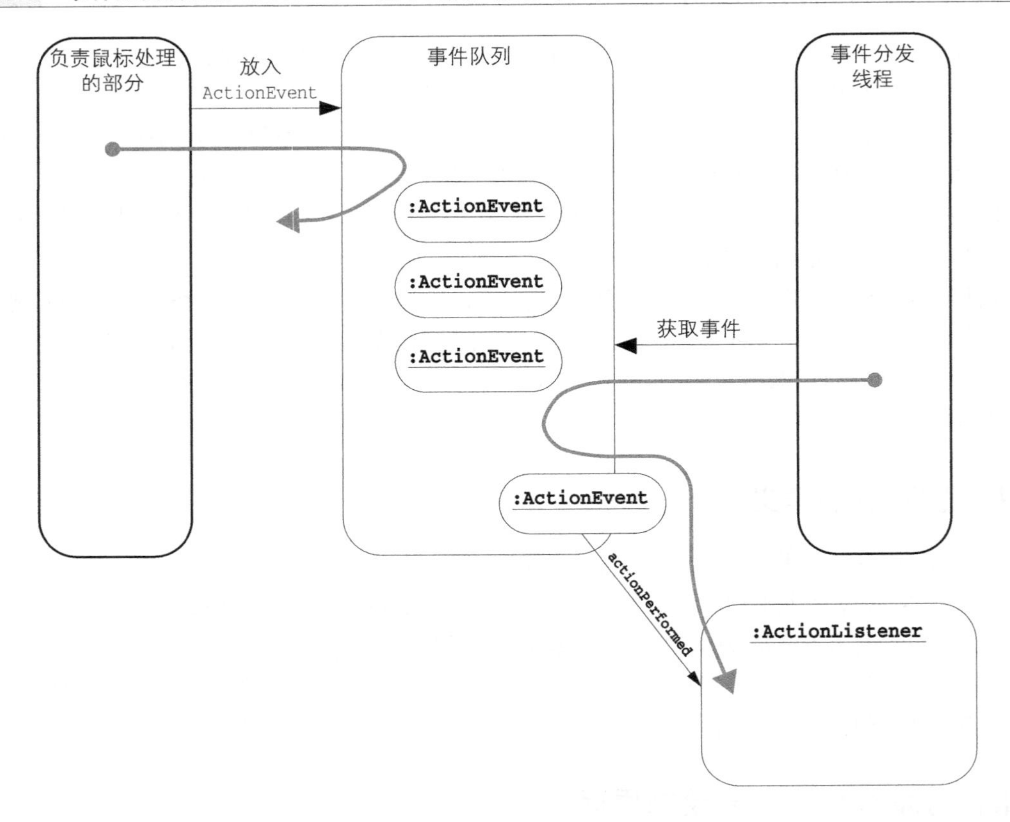

javax.swing.SwingUtilities 类

`javax.swing.SwingUtilities` 类中有很多与 Swing 相关的非常实用的静态方法。下面介绍其中三个与事件分发线程相关的方法（表 8-2）。

表 8-2 javax.swing.SwingUtilities 类的实用方法

名字	`static void invokeAndWait(Runnable runnable)` `throws InterruptedException,InvocationTargetException`
说明	事件分发线程会调用 `runnable.run()`。只有当事件队列中的所有事件都被处理完毕，`runnable.run()` 的执行结束后，控制权才会从 `invokeAndWait` 方法返回。也就是说，`invokeAndWait` 方法是同步执行的。当 `runnable.run()` 抛出异常时，`invokeAndWait` 方法会抛出 `InvocationTargetException` 异常。我们可以通过 `InvocationTargetException` 的 `getTargetException` 方法来获取 `runnable.run()` 抛出的异常
名字	`static void invokeLater(Runnable runnable)`
说明	事件分发线程会调用 `runnable.run()`。调用该方法后，控制权会立即返回。也就是说，`runnable.run()` 是异步执行的。它只会在事件队列中的所有事件全部处理终止后才会真正执行。该方法多用于事件分发线程以外的其他线程想访问 GUI 组件时
名字	`static boolean isEventDispatchThread()`
说明	如果当前线程是事件分发线程就返回 `true`，否则返回 `false`

◆invokeAndWait 方法

invokeAndWait 方法用于执行通过参数接收到的 Runnable 对象。不过，实际执行 Runnable 对象的线程是事件分发线程。也就是说，invokeAndWait 方法可以将任意处理加入到 Swing 的事件队列中。

invokeAndWait 是“启动后等待”的意思。顾名思义，它会等待通过参数接收到的 Runnable 对象被执行。也就是说只有当调用 invokeAndWait 方法时保存在事件队列中的所有事件都执行完毕，并且通过参数接收到的 Runnable 对象的 run 方法也被执行后，控制权才会从 invokeAndWait 方法中返回。

为什么需要这个方法呢？前面提到过，由于事件分发线程只有一个，所以不需要互斥处理。许多 Swing 组件的方法都是线程不安全的，因为它们只考虑了被事件分发线程这仅有的一个线程调用的情况。因此，我们自己创建的线程（事件分发线程以外的线程）去调用组件的方法是非常危险的。如果无论如何都必须调用组件的方法，那么就需要先创建一个包含具体处理内容的 Runnable 对象，然后将它传递给 invokeAndWait 方法（或是 invokeLater 方法）。

此外，javax.swing.SwingUtilities.invokeAndWait 方法本质上与 java.awt.EventQueue.invokeAndWait 是相同的。

◆invokeLater 方法

invokeLater 方法的处理与 invokeAndWait 方法几乎完全相同。只不过 invokeLater 方法并不会等待 Runnable 对象执行结束，它将事件放入事件队列后会立即返回。

此外，javax.swing.SwingUtilities.invokeLater 方法本质上与 java.awt.EventQueue.invokeLater 是相同的。

◆isEventDispatchThread 方法

javax.swing.SwingUtilities 类的 isEventDispatchThread 方法可以判断当前的线程（调用 isEventDispatchThread 方法的线程）是否是事件分发线程。

此外，javax.swing.SwingUtilities.isEventDispatchThread 方法本质上与 java.awt.EventQueue.isDispatchThread 是相同的。

Swing 的单线程规则

下面介绍一下 Swing 的单线程规则（the single-thread rule）（图 8-9）。这条规则是对本节内容的总结[①]。

图 8-9 Swing 的单线程规则

> 一旦 Swing 的组件被实现了，那么改变组件状态的代码和依赖于组件状态的代码就必须由事件分发线程执行。

组件被实现了的状态（realized）是指可以调用组件的 paint 方法的状态。具体而言是指该组件的 setVisible(true) 方法、show() 方法、pack() 方法已经被调用，或是该组件是一个已经被实现了的组件的子组件。

---

① 该规则引用自 *Threads and Swing*（http://www.pascal-man.com/navigation/faq-java-browser/java-concurrent/ThreadsAndSwing.pdf）

简单来说，这条规则的意思就是当组件还处于准备阶段时，即使其他线程调用该组件也无妨。但是一旦该组件已经被显示在了界面上（或是处于可以被显示的状态），就只能由事件分发线程来调用该组件的方法。

编写 Swing 程序时必须遵守这条单线程规则。这条规则源于事件分发线程只有一个。作为通过省略互斥处理来提高性能的代价，开发人员必须遵守这条规则。

但是，也有即使组件已经被实现，仍然可以被任意线程调用的方法。表 8-3 列举出了其中一部分方法。

表 8-3 可由任意线程调用的方法

- repaint
- revalidate
- addActionListener
- removeActionListener
- addMouseMotionListener
- removeMouseMotionListener
- 其他所有注册和移除监听器的方法

8.7 延伸阅读 2：java.util.concurrent 包和 Worker Thread 模式

在本节中，我们将使用 java.util.concurrent 包来实现 Worker Thread 模式。

ThreadPoolExecutor 类

java.util.concurrent.ThreadPoolExecutor 类是管理工人线程的类。ThreadPoolExecutor 可以轻松地实现 Worker Thread 模式。ThreadPoolExecutor 类可以对线程池（保存和管理工人线程的场所）进行以下设置。

- 指定线程池的大小
- 指定提前创建线程还是按需（on demand，根据需要）创建线程
- 指定创建线程的工厂（java.util.concurrent.ThreadFactory）
- 指定多长时间后终止不需要的线程
- 指定传递要执行的工作时的排队方式
- 指定拒绝工作的方式
- 指定执行工作前和执行工作后的处理

通常，使用 java.util.concurrent.Executors 类中的以下静态方法实现起来会比较容易。我们将在后面展示示例程序（代码清单 8-6）。

◆ Executors.newFixedThreadPool 方法

Executors.newFixedThreadPool 方法会创建一个线程池，该线程池会创建个数由参数指定的工人线程，而且创建出的线程会被重复利用。如果在这个方法的参数中加上 ThreadFactory

对象，则线程池会使用该 ThreadFactory 来创建新的工人线程。

◆ Executors.newCachedThreadPool 方法

Executors.newCachedThreadPool 方法会创建一个线程池，该线程池可以根据需要自动创建工人线程，而且创建的工人线程会被重复利用。没有工作的工人线程会在缓存约 60 秒后自动终止。如果向这个方法的参数中传入 ThreadFactory 对象，则线程池会使用这个 ThreadFactory 来创建新的工人线程。

◆ Executors.newScheduledThreadPool 方法

Executors.newScheduledThreadPool 方法会创建一个线程池，该线程池可以在一定时间后执行请求或是反复执行请求。即使在没有请求时也需要保存的线程数量可以通过参数指定。此外，如果在这个方法的参数中加上 ThreadFactory 对象，则线程池会使用这个 ThreadFactory 来创建新的工人线程。

通过 java.util.concurrent 包创建线程池

java.util.concurrent.Executors 类是用于创建线程池的工具类。我们使用 Executors 类修改了本章中的示例程序（代码清单 8-1 ~ 代码清单 8-5），修改后的程序如代码清单 8-6 ~ 代码清单 8-8 所示，这里加入了自动关闭功能。

Main 类（代码清单 8-6）使用 Executors.newFixedThreadPool 方法创建了一个线程池，该线程池保存着指定数量的线程，是一个 ExecutorService 的对象。主线程会在大约 5 秒后调用 shutdown 方法关闭线程池。

代码清单 8-6　通过 Executors.newFixedThreadPool 方法创建线程池的 Main 类（Main.java）

```
import java.util.concurrent.Executors;
import java.util.concurrent.ExecutorService;

public class Main {
    public static void main(String[] args) {
        ExecutorService executorService = Executors.newFixedThreadPool(5);

        try {
            new ClientThread("Alice", executorService).start();
            new ClientThread("Bobby", executorService).start();
            new ClientThread("Chris", executorService).start();

            // 等待大约 5 秒
            Thread.sleep(5000);
        } catch (InterruptedException e) {
        } finally {
            executorService.shutdown();
        }
    }
}
```

该程序收录在本书配套的源代码 WorkerThread/jucSample 中

ClientThread 类（代码清单 8-7）通过 java.util.concurrent.ExecutorService 接口使用线程池。当 ExecutorService 进入终止处理后，execute 方法会被拒绝（reject）执行，并抛出 RejectedExecutionException 异常。

代码清单 8-7 通过 ExecutorService 发出工作请求的 ClientThread 类（ClientThread.java）

```
import java.util.concurrent.ExecutorService;
import java.util.concurrent.RejectedExecutionException;
import java.util.Random;

public class ClientThread extends Thread {
    private final ExecutorService executorService;
    private static final Random random = new Random();
    public ClientThread(String name, ExecutorService executorService) {
        super(name);
        this.executorService = executorService;
    }
    public void run() {
        try {
            for (int i = 0; true; i++) {
                Request request = new Request(getName(), i);
                executorService.execute(request);
                Thread.sleep(random.nextInt(1000));
            }
        } catch (InterruptedException e) {
        } catch (RejectedExecutionException e) {
           System.out.println(getName() + " : " + e);
        }
    }
}
```

该程序收录在本书配套的源代码 WorkerThread/jucSample 中

为了能够让 ExecutorService 使用 Request 类（代码清单 8-8），下面的程序实现了 Runnable 接口，并在 run 方法中编写了实际的处理。

代码清单 8-8 实现了 Runnable 接口的 Request 类（Request.java）

```
import java.util.Random;

public class Request implements Runnable {
    private final String name; // 委托者
    private final int number;  // 请求的编号
    private static final Random random = new Random();
    public Request(String name, int number) {
        this.name = name;
        this.number = number;
    }
    public void run() {
        System.out.println(Thread.currentThread().getName() + " executes " + this);
        try {
            Thread.sleep(random.nextInt(1000));
        } catch (InterruptedException e) {
        }
    }
    public String toString() {
        return "[ Request from " + name + " No." + number + " ]";
    }
}
```

该程序收录在本书配套的源代码 WorkerThread/jucSample 中

运行结果示例如图 8-10 所示。“pool-1-thread- 编号”是保存在通过 newFixedThreadPool 创建的线程池中的线程的名字。在大约 5 秒后，线程池进入终止处理，Alice、Bobby、Chris 这

三个线程将捕捉 `RejectedExecutionException` 异常。

图 8-10 运行结果示例

```
pool-1-thread-1 executes [ Request from Alice No.0 ]
pool-1-thread-2 executes [ Request from Bobby No.0 ]
pool-1-thread-3 executes [ Request from Chris No.0 ]
pool-1-thread-4 executes [ Request from Bobby No.1 ]
pool-1-thread-5 executes [ Request from Chris No.1 ]
pool-1-thread-2 executes [ Request from Bobby No.2 ]
pool-1-thread-3 executes [ Request from Alice No.1 ]
pool-1-thread-2 executes [ Request from Chris No.2 ]
pool-1-thread-3 executes [ Request from Bobby No.3 ]
pool-1-thread-5 executes [ Request from Alice No.2 ]
pool-1-thread-1 executes [ Request from Chris No.3 ]
pool-1-thread-2 executes [ Request from Chris No.4 ]
pool-1-thread-4 executes [ Request from Bobby No.4 ]
（中间省略）
pool-1-thread-1 executes [ Request from Alice No.9 ]
pool-1-thread-5 executes [ Request from Bobby No.9 ]
pool-1-thread-2 executes [ Request from Chris No.10 ]
pool-1-thread-4 executes [ Request from Bobby No.10 ]
pool-1-thread-5 executes [ Request from Alice No.10 ]
pool-1-thread-3 executes [ Request from Bobby No.11 ]
pool-1-thread-2 executes [ Request from Alice No.11 ]
pool-1-thread-1 executes [ Request from Chris No.11 ]
Alice : java.util.concurrent.RejectedExecutionException   ←大约 5 秒后，execute 方法被拒绝执行
Bobby : java.util.concurrent.RejectedExecutionException   ←大约 5 秒后，execute 方法被拒绝执行
Chris : java.util.concurrent.RejectedExecutionException   ←大约 5 秒后，execute 方法被拒绝执行
```

8.8 本章所学知识

在本章中，我们学习了 Worker Thread 模式。

我们可以使用 Thread-Per-Message 模式将“发出工作请求的线程”与“执行工作的线程”分开，以提高程序的响应速度。

但是，如果每次发出工作请求时都要创建执行工作的新线程就太浪费了。

这里，我们可以事先启动执行工作的线程（工人线程），然后使用 Producer-Consumer 模式将表示工作内容的实例传递给工作线程。

这样修改后，工人线程会就会帮我们进行工作，而不用再启动新的线程。

这就是 Worker Thread 模式。

本章的 8.6 节讲解了 Swing 事件分发线程，8.7 节展示了使用 `java.util.concurrent` 包来实现 Worker Thread 模式的例子。

下面来做一下练习题吧。

8.9 练习题

答案请参见附录 A（P.403）

●习题 8-1（基础知识测试）

阅读下面关于示例程序的内容，叙述正确请打√，错误请打×。

（1）当一个请求都没有的时候，WorkerThread 的线程会 sleep。

（2）当正在 execute 来自某个 ClientThread 的请求的时候，不会再 execute 来自同一个 ClientThread 的下一个请求。

（3）调用 putRequest 方法的只有 ClientThread。

（4）调用 takeRequest 方法的只有 WorkerThread。

（5）没有必要将 execute 方法设置为 synchronized 方法。

●习题 8-2（使用 Thread-Per-Message 模式来实现会怎样呢）

请修改示例程序中的 Channel 类（代码清单 8-4），实现当每次接收到请求的时候都创建一个新的线程去处理请求。

●习题 8-3（吞吐量）

示例程序中使用了 Worker Thread 模式，而上一题中使用了 Thread-Per-Message 模式。请对比一下这两种实现方式的吞吐量是否有差异。

●习题 8-4（事件分发线程）

事件分发线程不能调用 javax.swing.SwingUtilities 类的 invokeAndWait 方法，这是为什么呢？

●习题 8-5（应用于 GUI）

我们试着编写了一个 GUI 应用程序，想实现当在界面中点击 [countUp] 按钮后，每隔约 1 秒显示数字 0, 1, 2, …, 9。

启动 Main 类（代码清单 8-9）后，程序会创建 MyFrame 的实例并显示出 GUI 界面。点击窗口中的按钮后，程序就会调用 MyFrame 类（代码清单 8-10）的 countUp 方法。countUp 方法内部会使用 label 字段（JLabel 类）的 setText 方法来显示数字，然后调用 sleep 方法睡眠 1 秒。

实际运行程序后，如图 8-11 所示，控制台界面中每隔 1 秒显示一行字符串。但是，GUI 应用程序中却没有像 0, 1, 2, …这样递增显示数字，而是在约 10 秒后突然显示出了数字 9（图 8-12 ~ 图 8-14）。

请问这是为什么呢？另外，应该怎样修改程序呢？

代码清单 8-9　Main 类（Main.java）

```
public class Main {
    public static void main(String[] args) {
        System.out.println(Thread.currentThread().getName() + ":BEGIN");
        new MyFrame();
        System.out.println(Thread.currentThread().getName() + ":END");
    }
}
```

代码清单 8-10　MyFrame 类（MyFrame.java）

```
import javax.swing.JFrame;
import javax.swing.JButton;
import javax.swing.JLabel;
import java.awt.FlowLayout;
import java.awt.event.ActionEvent;
import java.awt.event.ActionListener;

public class MyFrame extends JFrame implements ActionListener {
    private final JLabel label = new JLabel("Event Dispatching Thread Sample");
    private final JButton button = new JButton("countUp");
    public MyFrame() {
        super("MyFrame");
        getContentPane().setLayout(new FlowLayout());
        getContentPane().add(label);
        getContentPane().add(button);
        button.addActionListener(this);
        setDefaultCloseOperation(JFrame.EXIT_ON_CLOSE);
        pack();
        setVisible(true);
    }
    public void actionPerformed(ActionEvent e) {
        if (e.getSource() == button) {
            countUp();
        }
    }
    private void countUp() {
        for (int i = 0; i < 10; i++) {
            System.out.println(Thread.currentThread().getName() + ":countUp:setText(" +
 i + ")");
            label.setText("" + i);
            try {
                Thread.sleep(1000);
            } catch (InterruptedException e) {
            }
        }
    }
}
```

图 8-11　运行结果

```
main:BEGIN
main:END
AWT-EventQueue-0:countUp:setText(0) ←每隔约 1 秒显示一行字符串，但是 GUI 界面上却没有变化
AWT-EventQueue-0:countUp:setText(1)
AWT-EventQueue-0:countUp:setText(2)
AWT-EventQueue-0:countUp:setText(3)
AWT-EventQueue-0:countUp:setText(4)
AWT-EventQueue-0:countUp:setText(5)
AWT-EventQueue-0:countUp:setText(6)
AWT-EventQueue-0:countUp:setText(7)
AWT-EventQueue-0:countUp:setText(8)
AWT-EventQueue-0:countUp:setText(9) ←到这时，GUI 界面终于发生了变化
```

图 8-12 启动后的界面

图 8-13 点击 [countUp] 按钮后的界面（此界面一直保持约 10 秒）

图 8-14 最后的界面（突然显示出 9）

●习题 8-6（终止工人线程）

为了能够在运行大约 5 秒后停止示例程序，我们对 `Main` 类（代码清单 8-1）作了如下修改（代码清单 8-11）。请据此对其他类作以下修改。

（1）在 `Channel` 类（代码清单 8-4）中增加 `stopAllWorkers` 方法。该方法会终止 `Channel` 类中保存的所有 `WorkerThread` 的线程。

（2）在 `ClientThread` 类（代码清单 8-2）中增加 `stopThread` 方法。该方法会终止 `ClientThread` 的线程。

代码清单 8-11 修改后的 Main 类（Main.java）

```
public class Main {
    public static void main(String[] args) {
        Channel channel = new Channel(5);   // 工人线程的个数
        channel.startWorkers();
        ClientThread alice = new ClientThread("Alice", channel);
        ClientThread bobby = new ClientThread("Bobby", channel);
        ClientThread chris = new ClientThread("Chris", channel);
        alice.start();
        bobby.start();
        chris.start();

        try {
            Thread.sleep(5000);
        } catch (InterruptedException e) {
        }
        alice.stopThread();
        bobby.stopThread();
        chris.stopThread();
        channel.stopAllWorkers();
    }
}
```

第 9 章 Future 模式

先给您提货单

9.1 Future 模式

假设我们去蛋糕店买蛋糕。下单后，店员一边递给我们提货单，一边说“请您傍晚再来取蛋糕”。到了傍晚，我们就拿着提货单去取蛋糕。这时，店员会先和我们说“您的蛋糕已经做好了”，然后将蛋糕递给了我们。

本章，我们将学习 Future 模式。

Future 的意思是未来、期货（经济学用语）。假设有一个方法需要花费很长时间才能获取运行结果。那么，**与其一直等待结果，不如先拿一张“提货单”**。获取提货单并不耗费时间。这里的“提货单”我们就称为 Future 角色。

获取 Future 角色的线程会在稍后使用 Future 角色来获取运行结果。这与凭着提货单去取蛋糕非常相似。如果运行结果已经出来了，那么直接领取即可；如果运行结果还没有出来，那么需要等待结果出来。

Future 角色是购买蛋糕时的提货单、预购单、预约券，是“未来”可以转化为实物的凭证。

建议大家在阅读本章之前先学习 Thread-Per-Message 模式（第 7 章）的相关知识。

9.2 示例程序

下面我们来看看使用了 Future 模式的示例程序。该示例程序的类图和时序图分别如图 9-1 和图 9-2 所示。

在 Thread-Per-Message 模式中，我们阅读过一段在每次发出请求时都创建一个线程的示例程序。其中，程序只是像下面这样发送请求，但是却没有去获取返回值。

```
host.request(10, 'A');
```

在 Future 模式中，程序一旦发出请求，就会立即获取返回值。也就是说，会有下面这样的返回值（data）。

```
Data data = host.request(10, 'A');
```

但是，这里的返回值 data 并非请求的运行结果。为了获取请求的运行结果，我们刚刚启动了其他线程去进行计算。也就是说，这个返回值并不是蛋糕自身，而是蛋糕的提货单（Future 角色）。

如下所示，过了一段时间后，线程会调用 data 的 getContent 方法去获取运行结果。

```
data.getContent()
```

这相当于使用提货单提取我们订购的蛋糕。如果其他线程处理完了请求，那么调用 getContent 的线程会立即从该方法返回；而如果其他线程还没有处理完请求，那么调用 getContent 的线程则会继续等待运行结果。

前面稍微讲解了一下示例程序所展示的 Future 模式的大致内容，现在来看看具体代码吧。

表 9-1　类和接口的一览表

名字	说明
Main	向 Host 发出请求并获取数据的类
Host	向请求返回 FutureData 的实例的类

（续）

名字	说明
Data	表示访问数据的方法的接口。由 FutureData 和 RealData 实现该接口
FutureData	表示 RealData 的“提货单”的类。其他线程会创建 RealData 的实例
RealData	表示实际数据的类。构造函数的处理会花费很长时间

图 9-1　示例程序的类图

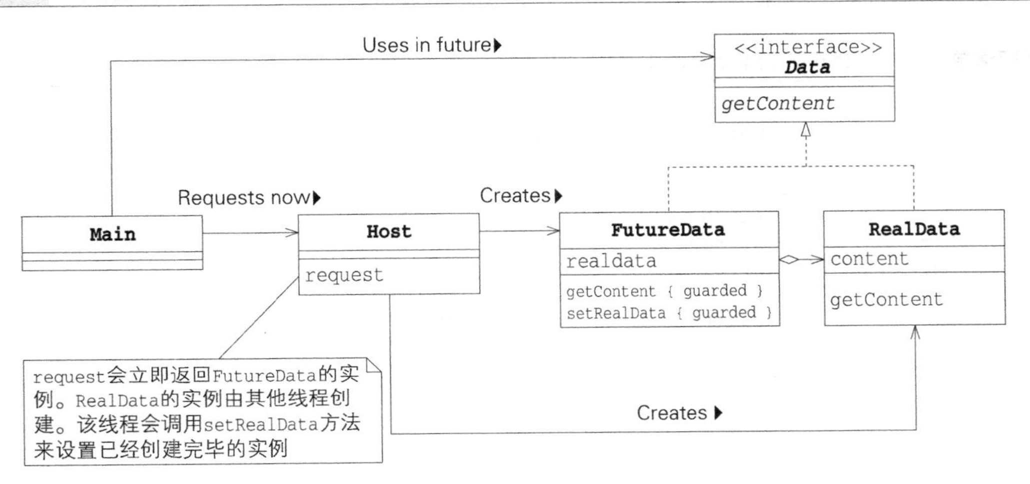

图 9-2　示例程序的时序图

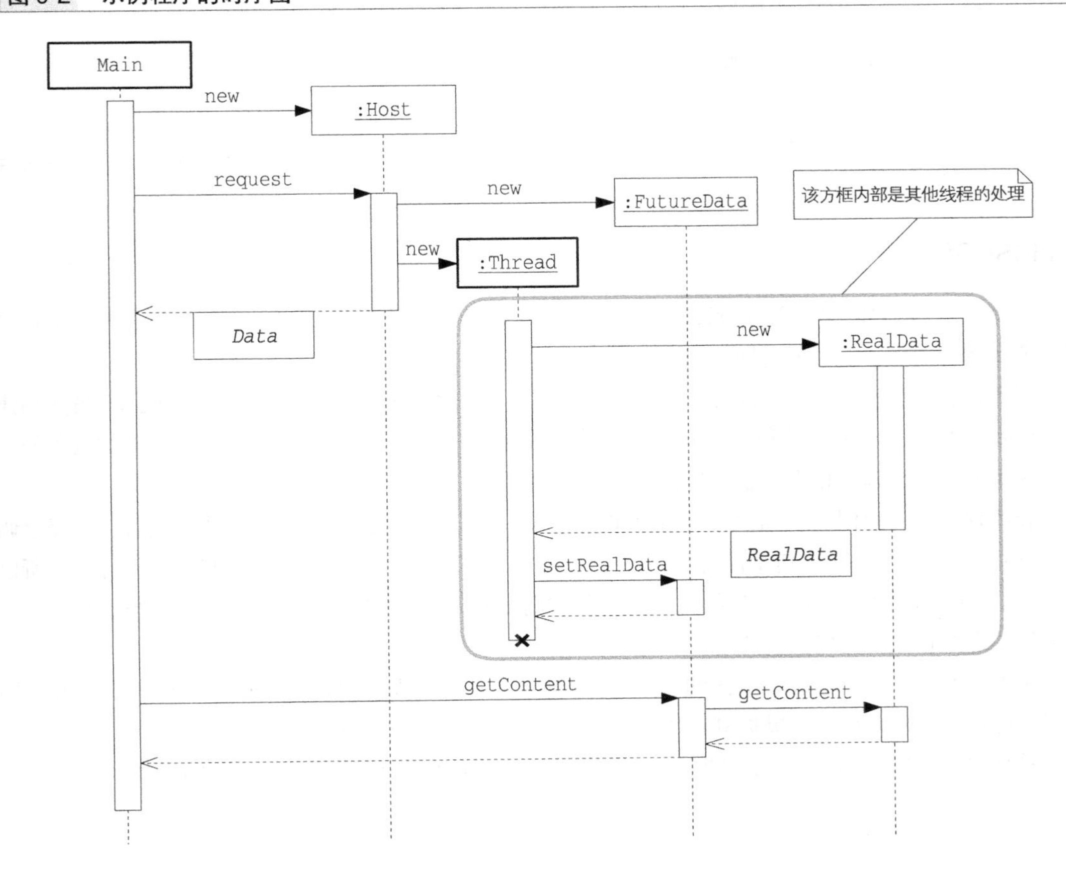

Main 类

Main 类（代码清单 9-1）会调用 request 方法三次。接着它会接收三个 Data（data1、data2、data3）作为返回值。这三个返回值实际上都是 FutureData 的实例，无需花费时间即可获取它们，类似蛋糕的提货单。因此，这相当于获取了三张提货单。

然后，为了表示 Main 类去执行了其他操作，我们让其 sleep 大约 2 秒。接下来，分别调用之前接收到的返回值 data1、data2 和 data3 的 getContent 方法来获取真正希望获取的结果（request 方法的处理结果）。这相当于使用提货单提取蛋糕。

代码清单 9-1 Main 类（Main.java）

```
public class Main {
    public static void main(String[] args) {
        System.out.println("main BEGIN");
        Host host = new Host();
        Data data1 = host.request(10, 'A');
        Data data2 = host.request(20, 'B');
        Data data3 = host.request(30, 'C');

        System.out.println("main otherJob BEGIN");
        try {
            Thread.sleep(2000);
        } catch (InterruptedException e) {
        }
        System.out.println("main otherJob END");

        System.out.println("data1 = " + data1.getContent());
        System.out.println("data2 = " + data2.getContent());
        System.out.println("data3 = " + data3.getContent());
        System.out.println("main END");
    }
}
```

该程序收录在本书配套的源代码 Future/Sample 中

Host 类

Host 类（代码清单 9-2）首先会创建 FutureData 的实例（future）。这并不会耗费很长时间。该实例会被作为返回值返回给调用者。

接着，它会启动一个新的线程并在新线程中创建 RealData 的实例（realdata）。虽然创建 RealData 的实例需要花费很长时间，但这是在新线程中进行的，并不会影响 Main 类的线程的处理。这里的“新线程”相当于制作蛋糕的“蛋糕店”。

新线程会努力地创建 RealData 的实例（realdata）。当 realdata 创建完成后，线程会调用 setRealData 方法将其设置到 future 字段中。由于创建 realdata 会花费一些时间，所以设置 future 字段就是稍后（未来）的事情了。“向 future 中设置 realdata”相当于在顾客拿着提货单来取货之前制作蛋糕的过程。

接着，调用了 request 方法的线程（主线程）会在新线程启动后拿到返回值 future 并立即返回。这相当于顾客在拿到提货单后并不等待蛋糕制作完成就立即回家。

总结起来，执行 request 的线程（也就是购买蛋糕的顾客）会做以下三件事情。

（1）创建 FutureData 的实例
（2）启动一个新线程，用于创建 RealData 的实例
（3）将 FutureData 的实例作为返回值返回给调用者

与直接创建 RealData 的实例相比，这三项操作的处理时间都非常短。因此，调用 request 方法的线程可以很快从方法中返回。

代码清单 9-2 Host 类（Host.java）

```
public class Host {
    public Data request(final int count, final char c) {
        System.out.println("    request(" + count + ", " + c + ") BEGIN");

        //（1）创建 FutureData 的实例
        final FutureData future = new FutureData();

        //（2）启动一个新线程，用于创建 RealData 的实例
        new Thread() {
            public void run() {
                RealData realdata = new RealData(count, c);
                future.setRealData(realdata);
            }
        }.start();

        System.out.println("    request(" + count + ", " + c + ") END");

        //（3）返回 FutureData 的实例
        return future;
    }
}
```

该程序收录在本书配套的源代码 Future/Sample 中

▶▶ 小知识：参数和局部变量属于线程特有

虽然 request 方法并非 synchronized 方法，但是即使多个线程同时调用这个方法也是安全的。这是因为，request 中使用的参数（count、c）和局部变量（future）都是调用了 request 方法的那些线程各自所特有的，它们并不会在多个线程之间共享。

▶▶ 小知识：final 与匿名内部类

request 方法的参数（count、c）和局部变量（future）都是 final 的，这是因为匿名内部类使用了它们。

Data 接口

Data 接口（代码清单 9-3）是表示访问数据的方法（getContent 方法）的接口。FutureData 类和 RealData 类实现了该接口。

代码清单 9-3 Data 接口（Data.java）

```
public interface Data {
    public abstract String getContent();
}
```

该程序收录在本书配套的源代码 Future/Sample 中

FutureData类

FutureData类（代码清单9-4）是表示“提货单”的类。

realData字段是用于保存稍后创建完毕的RealData的实例的字段。我们可以通过setRealData方法设置该字段。

ready字段是表示是否已经为realData赋值的字段。如果它为true，表示已经为realData赋值（蛋糕已经制作完成）。

setRealData方法是用于将RealData的实例赋值给realData字段的方法。由于RealData的实例已经创建完成，所以要将ready字段设置为true，并调用notifyAll方法唤醒正在getContent方法中等待着的线程。

setRealData方法会被Host类的request方法创建的新线程调用。这里使用了Balking模式（第4章）来防止重复调用setRealData方法（该处理并非必需）。

getContent方法是用于获取实际数据的方法。由于需要等待setRealData方法设置realData，所以这里以ready作为守护条件使用了Guraded Suspension模式（第3章），然后通过以下语句获取了实际数据。

```
return realdata.getContent();
```

这里，FutureData类的getContent方法将操作委托给了RealData类的getContent方法。

如果realdata字段已经被设置为RealData的实例了，则getContent方法会立即返回；如果还没有被设置，则getContent方法会调用wait方法，等待realdata字段被设置。调用了wait方法而处于等待状态的线程会被从setRealData方法中调用的notifyAll方法唤醒。

如果在拿到了提货单后就立即去取蛋糕，可能蛋糕还没有制作完成。这时，顾客需要在蛋糕店内等待。服务员的一句“让您久等了，您的蛋糕做好了”就相当于notifyAll等待中的顾客。

代码清单9-4　FutureData类（FutureData.java）

```
public class FutureData implements Data {
    private RealData realdata = null;
    private boolean ready = false;
    public synchronized void setRealData(RealData realdata) {
        if (ready) {
            return;     // balk
        }
        this.realdata = realdata;
        this.ready = true;
        notifyAll();
    }
    public synchronized String getContent() {
        while (!ready) {
            try {
                wait();
            } catch (InterruptedException e) {
            }
        }
        return realdata.getContent();
    }
}
```

该程序收录在本书配套的源代码Future/Sample中

RealData 类

RealData 类（代码清单 9-5）是一个需要花费很长时间才能创建实例的类。它的构造函数的任务是生成一个由 count 个字符 c 组成的字符串。为了表示这项处理需要花费很长时间，这里使用 sleep 来让程序休眠一段时间。生成的结果是 String 的实例，它会被保存在 content 字段中。

getContent 方法的处理仅仅是返回 content 字段的内容。

请注意，该类中没有出现 synchronized 关键字。也就是说，该类并不包含"等待实例创建完成"的线程控制。RealData 类可以不必考虑多线程。

Future 模式就是为这样的"需要花费很长时间进行处理的普通的类"生成一张"提货单"，并通过多线程来提高程序性能的模式。

代码清单 9-5　RealData 类（RealData.java）

```
public class RealData implements Data {
    private final String content;
    public RealData(int count, char c) {
        System.out.println("        making RealData(" + count + ", " + c + ") BEGIN");
        char[] buffer = new char[count];
        for (int i = 0; i < count; i++) {
            buffer[i] = c;
            try {
                Thread.sleep(100);
            } catch (InterruptedException e) {
            }
        }
        System.out.println("        making RealData(" + count + ", " + c + ") END");
        this.content = new String(buffer);
    }
    public String getContent() {
        return content;
    }
}
```

该程序收录在本书配套的源代码 Future/Sample 中

运行结果示例如图 9-3 所示。3 次 request 方法的调用都立即终止了，这与 Thread-Per-Message 模式的示例程序运行结果相同（见图 7-2）。

而且，从图 9-3 中还可以看出，RealData 的实例是在新的线程中创建的。在主线程进行其他处理的同时，RealData 的实例正在被慢慢地创建。

接着，主线程会调用 getContent 方法。如果 RealData 已经创建好了，程序会立即显示它的内容（data1、data2）；如果还没有创建好，则会继续等待，并在它被创建完成后显示它的内容（data3）。

图9-3 运行结果示例（显示内容可能会根据时间不同而变化）

```
main BEGIN                                   ←主线程开始
    request(10, A) BEGIN                     ←request(10, A)开始
    request(10, A) END                       ←request(10, A)立即终止
    request(20, B) BEGIN                     ←request(20, B)开始
    request(20, B) END                       ←request(20, B)也立即终止
    request(30, C) BEGIN                     ←request(30, C)开始
        making RealData(10, A) BEGIN         ←开始创建RealData(10, A)
        making RealData(20, B) BEGIN         ←开始创建RealData(20, B)
    request(30, C) END                       ←request(30, C)也立即终止
main otherJob BEGIN                          ←在主线程中开始其他处理。在这段时间内……
        making RealData(30, C) BEGIN         ←开始创建RealData (30, C)
        making RealData(10, A) END           ←RealData (10, A) 创建完成
        making RealData(20, B) END           ←RealData (20, B) 创建完成
main otherJob END                            ←主线程中的其他处理终止
data1 = AAAAAAAAAA                           ←显示已经创建的RealData(10, A)
data2 = BBBBBBBBBBBBBBBBBBBB                 ←显示已经创建的RealData(20, B)
        making RealData(30, C) END           ←RealData(30, C) 终于创建完成
data3 = CCCCCCCCCCCCCCCCCCCCCCCCCCCCCC       ←显示终于创建完成的RealData(30, C)
main END                                     ←主线程终止
```

9.3 Future模式中的登场角色

在Future模式中有以下登场角色。

◆Client（请求者）

Client角色向Host角色发出请求（request），并会立即接收到请求的处理结果（返回值）——VirtualData角色。

不过，这里接收到的VirtualData角色实际上是Future角色。也就是说，Future角色戴上了VirtualData角色的面具。Client角色没有必要知道返回值究竟是RealData角色还是Future角色。稍后，Client角色会通过VirtualData角色来进行操作。

在示例程序中，由Main类扮演此角色。

◆Host

Host角色会创建新的线程，并开始在新线程中创建RealData角色。同时，它会将Future角色（当作VirtualData角色）返回给Client角色。在示例程序中，由Host类扮演此角色。

新线程在创建了RealData角色后，会将其设置到Future角色中。

◆VirtualData（虚拟数据）

VirtualData角色是让Future角色与RealData角色具有一致性的角色。在示例程序中，由Data接口扮演此角色。

◆RealData（真实数据）

RealData角色是表示真实数据的角色。创建该对象需要花费很多时间。在示例程序中，由RealData类扮演此角色。

◆Future（期货）

Future 角色是 RealData 角色的“提货单”，由 Host 角色传递给 Client 角色。从程序行为上看，对 Client 角色而言，Future 角色就是 VirtualData 角色。实际上，当 Client 角色操作 Future 角色时，线程会调用 `wait` 方法等待，直至 RealData 角色创建完成。但是，一旦 RealData 角色创建完成，线程就不会再继续等待。Future 角色会将 Client 角色的操作委托给 RealData 角色。

在示例程序中，由 `FutureData` 类扮演此角色。

Future 模式的类图如图 9-4 所示。

图 9-4 Future 模式的类图

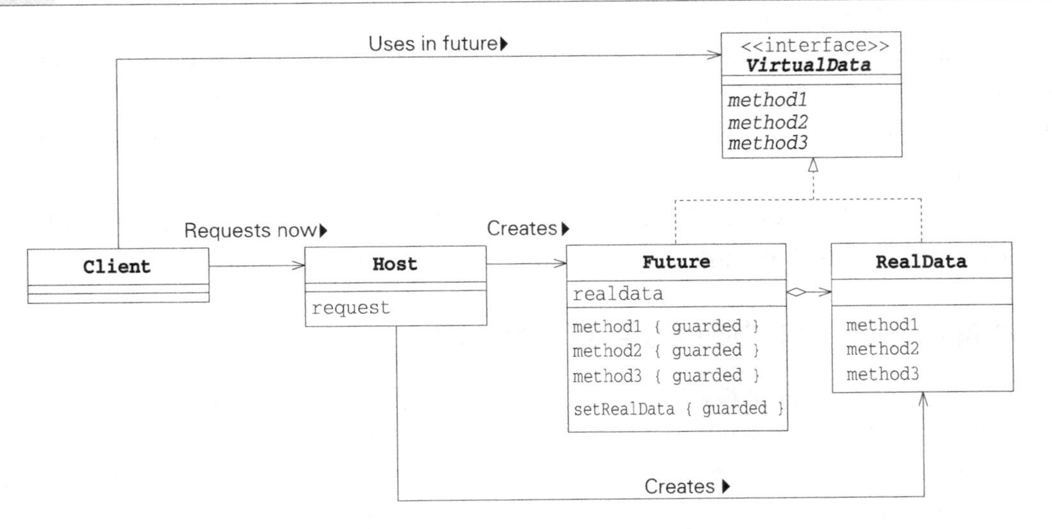

9.4 拓展思路的要点

吞吐量会提高吗

使用 Thread-Per-Message 模式（第 7 章）时，我们没有得到处理结果。但是，使用 Future 模式的话，不仅能保留 Thread-Per-Message 模式中“提高程序响应性”这个优点，还能够获取处理结果。

不过，可能大家会有这样的质疑：“我承认 Future 模式提高了程序响应性，但是它并没有提高吞吐量。如果是从获取到所有结果的最后时间来考虑，无论是单线程运行也好，多线程运行也罢，获取所有结果花费的时间都是相同的。那么，即使将程序修改为多线程运行也无法减少总的处理时间。”

这个质疑一半是正确的，一半是错误的。

诚然，即使将程序修改为多线程运行，也无法减少总的处理时间。而问题是“负责长时间处理的线程是哪个线程”。

在单 CPU 服务器上的 Java 虚拟机中，如果只是进行多线程计算，吞吐量是无法提高的。这是因为即使让多个线程分担计算任务，运行计算的也只有一个 CPU 而已[①]。但是，如果结合输入输出

① 因为线程数量不同，操作系统为 Java 虚拟机分配的计算时间可能会发生变化，所以难以准确地描述吞吐量的改变。这里只是一个大致的结论。

（I/O）一起考虑，情况就不同了。例如，当程序在进行磁盘读写时，并不是全部操作都由CPU负责。在程序进行磁盘读写操作时，CPU只是处于等待状态。这时，CPU是有“空闲时间”的。如果可以将这些空闲时间分配给其他线程，让它们先进行处理，就可以提高吞吐量[①]。

在本章习题9-3中，我们将做一个实验，即编写一个获取多个Web页面内容的程序，看看程序的吞吐量是否会提高。

异步方法调用的“返回值”

Java的方法调用全部都是同步的（synchronous）。即一旦调用了某个方法，只有等待该方法执行完毕后才能继续向前执行。

Thread-Per-Message模式通过在方法中创建一个新的线程，模拟实现了**异步**（asynchronous）方法调用。当然，无论怎样使用Thread-Per-Message模式，Java的方法调用本身仍然是同步的。但是，即便被调用的方法的处理没有全部终止，调用方的处理依然可以继续向前执行，这就是模拟实现异步调用的意义。

只使用Thread-Per-Message模式是无法获取处理结果（即异步方法调用的“返回值”）的。我们可以通过使用Future模式来“稍后设置处理结果”，从而操作异步方法调用的“返回值”。

“准备返回值”和“使用返回值”的分离

第8章“Worker Thread模式”中提到过“调用与执行的分离”这个话题（见8.4节）。在那一节中，我们学习了将方法的调用和执行分离开来，并在其他线程中处理的相关知识。

而使用Future模式则可以将“准备方法的返回值”与“使用方法的返回值”分离开来。以示例程序来说，“创建`RealData`的实例”对应“准备方法的返回值”，“调用`getContent`方法”对应“使用方法的返回值”。接着，我们就可以在其他线程中分别处理“准备返回值”和“使用返回值”了。

将伴随方法调用的一连串处理如同“慢动作”一样分解后，把各个处理（启动、执行、准备返回值、使用返回值）分配给各个线程——这就是我们使用多线程这个工具进行的操作。

对了，还有一个与方法相关的处理，那就是“因抛出异常而无法获取返回值”的情况。关于这一点，我们将在本章习题9-4中进行讨论。

变种——不让主线程久等的Future角色

在示例程序中，如果`FutureData`的`getContent`方法被调用时，`RealData`的实例还没有创建完成，则使用Guarded Suspension模式来“等待创建完成”。正因为有了“等待创建完成”，主线程从`FutureData`的`getContent`方法返回时才可以获取到必要的信息。

不过，`getContent`方法的实现也可能是异步的。虽说是异步，但并不像在`getContent`方法中启动新线程那么麻烦。这里可以使用Balking模式来实现“如果还未创建完成就暂时返回”。这样一来，如果`RealData`的实例没有创建完成，程序的控制权就会暂时返回主线程，然后稍微执行一点其他操作后再去调用`getContent`方法。

这是Future模式的一个变种。

---

① 使用`java.nio`包中的非阻塞I/O（nonblocking I/O）时，可以编写线程非阻塞I/O的程序。

变种——会发生变化的 Future 角色

通常情况下，“返回值”仅会被设置到 Future 角色中一次。也就是说，Future 角色是“状态只会改变一次的变量（latch）”。但是，有时也可能会有给 Future 角色设置“当前返回值”的需求。这时，我们可以考虑反复设置“返回值”。

例如，在通过网络获取图像数据时，我们希望在最开始先获取图像的长和宽，接着获取模糊图像数据，最后获取清晰图像数据。此时，Future 角色就可能会派上用场。

这也是 Future 模式的一个变种。

谁会在意多线程呢？“可复用性”

现在，让我们将关注点转移至示例程序中的 `RealData` 类。`RealData` 类并没有考虑多线程，换言之，它只是一个普通的类。`RealData` 会负责耗时很长的处理。如果 `Host` 类直接使用 `RealData`，程序的响应性就会下降。而本章的任务就是使用 Thread-Per-Message 模式和 Future 模式来提高响应性。

下面，我们来看看使用了 `RealData` 的那些类（`Data`、`Host`、`FutureData`）中，哪个类里面有“与多线程相关的处理”呢？

`Data` 接口中没有与多线程相关的处理。

`Host` 类使用 Thread-Per-Message 模式启动了新的线程，因此它有与多线程相关的处理。

`FutureData` 呢？当然，`FutureData` 也有与多线程相关的处理。因为 `setData` 方法和 `getContent` 方法使用了 Guraded Suspension 模式。

那么，我们再来看一下 `RealData` 类。该类中也没有与多线程相关的处理。总而言之，与多线程相关的处理被集中在了 `Host` 类以及 `FutureData` 类之中，不会对 `RealData` 类产生任何影响。在现有的类中应用 Future 模式时，这一点是非常重要的。在本章习题 9-3 中，大家可以练习运用 Future 模式。

▶▶小知识：Open Call 模式

关于“`Host` 类中有与多线程相关的处理”这一点，有必要稍微说明一下。虽然 `Host` 类的 `request` 方法并非 `synchronized` 方法，但是它可以被多个线程安全地调用。这是因为 `Host` 类并不带有任何字段（即不带有任何状态），即使多个线程访问该类，也不会破坏安全性。可以说，它是 Immutable 模式（第 2 章）的一种特殊形式。此外，它也是 Open Call 模式（见附录 G 中的 [Lea]）的一种特殊形式。Open Call 模式是当 `Host` 带有状态时，只守护状态更新部分的一种模式。

回调与 Future 模式

如果想要等待处理完成后获取返回值，还可以考虑采用回调处理方式。所谓回调，是指当处理终止后，由 Host 角色启动的线程去调用 Client 角色的方法这一方式。不过，这种情况下，Client 角色中就会有与多线程相关的处理。具体而言，必须在 Client 角色中编写用于安全地传递返回值的代码。

9.5 相关的设计模式

Thread-Per-Message 模式（第 7 章）

Thread-Per-Message 模式是将需要花费很长时间的处理交给新启动的线程的模式。在需要获取处理结果时，可以使用 Future 模式。

Builder 模式（附录 G [GoF][Yuki04]）

Builder 模式会晚一些才去获取组装完成的对象。

Future 模式是在开始组装时就创建了 Future 角色的对象，然后会使用 Future 角色去访问实际的处理结果对象。

Proxy 模式（附录 G [GoF][Yuki04]）

在 Proxy 模式中，由于创建 RealSubject 角色会花费很长时间，所以作为代理人，Proxy 角色会尽量完成更多的操作。而且，RealSubject 角色只在其必须出面时才会被创建（在 Virtual Proxy 模式下）。

在 Future 模式中，由于创建 RealData 角色会花费很长时间，所以会使用 Future 角色作为提货单。接着由其他线程创建 RealData 角色。如果在使用 Future 角色时必须用到 RealData 角色，则线程会一直等待 RealData 角色创建完毕。

Guarded Suspension 模式（第 3 章）

Guarded Suspension 模式可以守护通过 Future 角色访问 RealData 角色的方法。守护条件是“RealData 角色已经创建完成”。

Balking 模式（第 4 章）

由于 Future 角色是“只能被赋值一次的变量”，所以可以将它看作一种闭锁（latch）。想要防止将 RealData 角色重复设置到 Future 角色中时，则可以使用 Balking 模式。

9.6 延伸阅读：java.util.concurrent 包与 Future 模式

java.util.concurrent 包

`java.util.concurrent` 包提供了用于支持 Future 模式的类和接口。

`java.util.concurrent.Callable` 接口将“返回值的某种处理的调用”抽象化了。`Callable` 接口声明了 `call` 方法。`call` 方法与 `Runnable` 接口的 `run` 方法相似，不同的是 `call` 方法有返回值。`Callable<String>` 这个表达式表示“`Callable` 接口的 `call` 方法的返回值的类型是 `String`”。

java.util.concurrent.Future 接口相当于本章中的 Future 角色。Future 接口声明了用于获取值的 get 方法，但并没有声明设置值的方法。设置值的方法需要在实现 Future 接口的类中声明。Future<String> 这个表达式表示“Future 接口的 get 方法的返回值的类型是 String”。除了 get 方法外，Future 接口还声明了用于中断运行的 cancel 方法。

java.util.concurrent.FutureTask 类是实现了 Future 接口的标准类。FutureTask 类声明了用于获取值的 get 方法、用于中断运行的 cancel 方法、用于设置值的 set 方法，以及用于设置异常的 setException 方法。此外，由于 FutureTask 类还实现了 Runnable 接口，所以它还声明了 run 方法。

Callable 接口、Future 接口、FutureTask 类的类图如图 9-5 所示。

图 9-5 Callable、Future、FutureTask 的类图

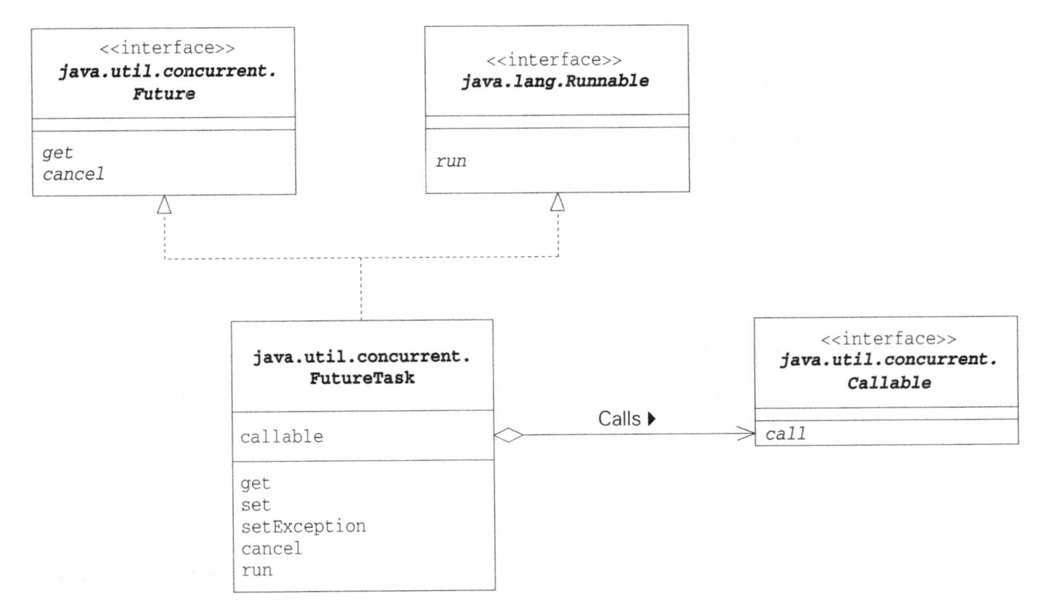

在创建 FutureTask 类的实例时，Callable 对象会被传递给构造函数的参数。之后，如果线程调用 FutureTask 的 run 方法，那么在构造函数中接收到的参数——Callable 对象的 call 方法就会被执行。换言之，调用 FutureTask 的 run 方法的线程也会调用 call 方法。

调用 call 方法的线程会同步地获取 call 方法的返回值，然后通过 FutureTask 的 set 方法来设置该返回值。如果 call 方法中发生了异常，则调用 call 方法的线程就会调用 FutureTask 的 setException 方法设置异常。

再然后，我们只要根据需要，调用 FutureTask 的 get 方法去获取值，就可以获取 call 方法的返回值。其中，get 方法无论由哪个线程调用都可以。

使用了 java.util.concurrent 包的示例程序

下面，我们使用 java.util.concurrent 包来改写本章的示例程序（代码清单 9-1 ~ 代码清单 9-5）。

需要修改的只有 Host 类和 FutureData 类。Data 接口、RealData 类以及 Main 类则无需修改。

修改后，使用 java.util.concurrent.Callable 的 Host 类如代码清单 9-6 所示。

请看一下代码清单 9-6 中的（1），这里传递给 FutureData 的构造函数的参数是 Callable 对象，该 Callable 对象的 call 方法的处理是“创建新的 RealData 的实例并返回给调用者”。（1）中只是创建了 FutureData 的实例，创建 RealData 的实例的实际处理还没开始。

代码清单 9-6 中的（2）创建并启动了一个线程，用于实际地创建 RealData 的实例。这里启动的新线程会调用 Callable 的 call 方法，然后 set 返回值。

代码清单 9-6　使用 java.util.concurrent.Callable 的 Host 类（Host.java）

```
import java.util.concurrent.Callable;

public class Host {
    public FutureData request(final int count, final char c) {
        System.out.println("    request(" + count + ", " + c + ") BEGIN");

        // (1) 创建 FutureData 的实例
        //     （向构造函数中传递 Callable<RealData>）
        FutureData future = new FutureData(
            new Callable<RealData>() {
                public RealData call() {
                    return new RealData(count, c);
                }
            }
        );

        // (2) 启动一个新线程，用于创建 RealData 的实例
        new Thread(future).start();

        System.out.println("    request(" + count + ", " + c + ") END");

        // (3) 返回 FutureData 的实例
        return future;
    }
}
```

该程序收录在本书配套的源代码 Future/jucSample 中

FutureData 类（代码清单 9-7）是继承了 java.util.concurrent.FutureTask 类而成的。构造函数接收到的 Callable 对象会被直接传递给父类 FutureTask。由于 call 方法的调用被交给了 FutureTask 类，所以我们无需在 FutureData 类中编写相关代码。

请注意 getContent 方法中的以下语句。

```
get().getContent()
```

这里调用的 get 方法是 java.util.concurrent.FutureTask 类的方法，其返回值是 RealData 类型。它是一个可以获取处理结果的线程安全的方法。当发生中断时，get 方法会抛出 InterruptedException 异常；当 call 方法在运行时发生异常时，get 方法会抛出 java.util.concurrent.ExecutionException。

getContent 方法是 Data 接口的方法，其返回值为 String 类型。

通过使用 java.util.concurrent.FutureTask，FutureData 类中不再需要与多线程相关的代码，代码清单 9-7 比代码清单 9-4 更加简洁。getContent 方法也无需设置为 synchronized 方法了。

代码清单 9-7　继承 java.util.concurrent.FutureTask 而成的 FutureData 类（FutureData.java）

```
import java.util.concurrent.Callable;
import java.util.concurrent.FutureTask;
import java.util.concurrent.ExecutionException;

public class FutureData extends FutureTask<RealData> implements Data {
    public FutureData(Callable<RealData> callable) {
        super(callable);
    }
    public String getContent() {
        String string = null;
        try {
            string = get().getContent();
        } catch (InterruptedException e) {
            e.printStackTrace();
        } catch (ExecutionException e) {
            e.printStackTrace();
        }
        return string;
    }
}
```

该程序收录在本书配套的源代码 Future/jucSample 中

图 9-6 展示的是使用 `java.util.concurrent` 包的示例程序的时序图。

图 9-6　使用 java.util.concurrent 包的示例程序的时序图

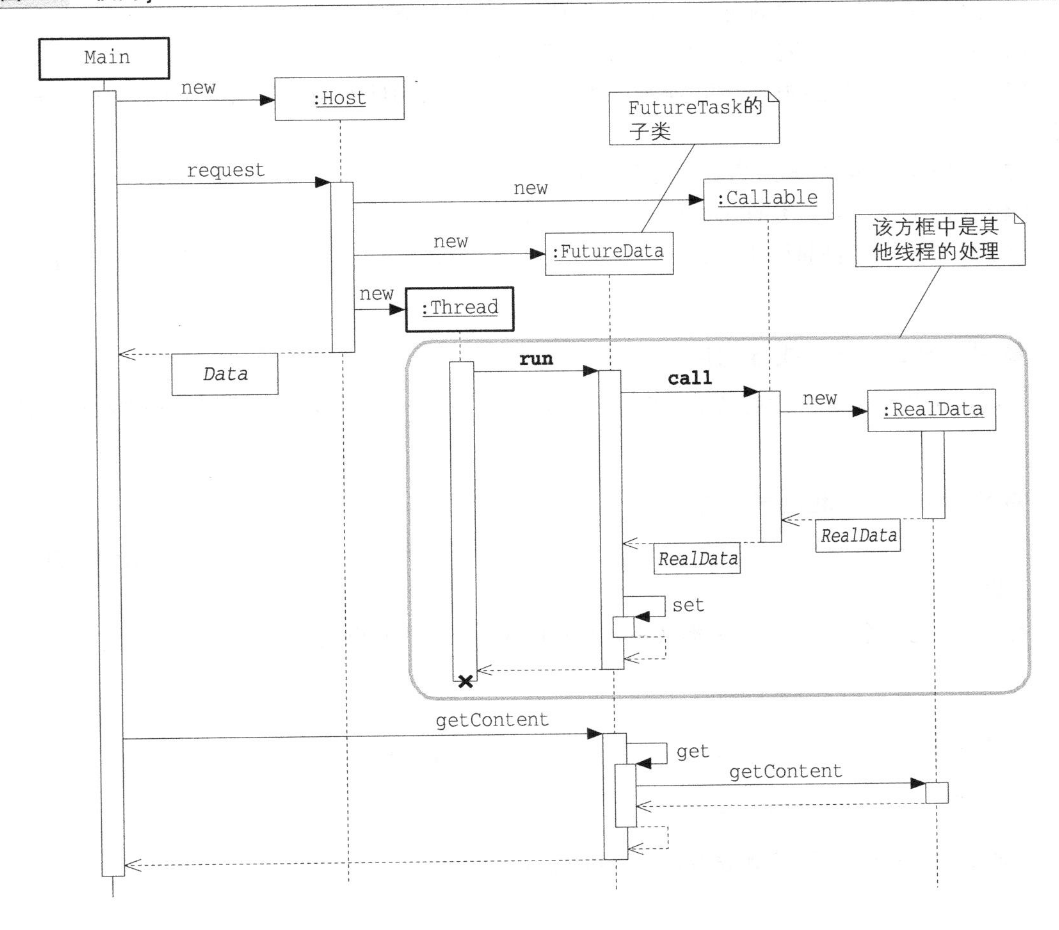

9.7 本章所学知识

在本章中，我们学习了 Future 模式。

使用第 7 章学习的 Thread-Per-Message 模式将耗费时间的处理交给其他线程，的确可以提高程序的响应性。但是在将处理转交出去的时候，处理结果仍然是未知的，而等待处理结果的话程序的响应性又会降低。

这时，可以使用 Future 模式。首先编写一个表示处理结果的 RealData 角色以及具有相同接口（API）的 Future 角色。接着，在处理开始时先返回 Future 角色，等到其他线程处理终止后，再将结果设置到 Future 角色中。这样，Clinet 角色就可以使用 Future 角色获取处理结果。

如果使用该模式，可以在不用降低响应性的前提下获取处理结果。

这就是 Future 模式。

在 9.6 节中，我们展示了使用 `java.util.concurrent` 包实现 Future 模式的例子。

接下来依然是练习题，我们来做一下吧。

9.8 练习题

答案请参见附录 A（P.413）

●习题 9-1（基础知识测试）

阅读下面关于示例程序的内容，叙述正确请打√，错误请打 ×。

（1）调用 `request` 方法时程序会启动一个新线程。

（2）`request` 方法的返回值的类型虽然是 `Data` 接口，但是实际的返回值是 `FutureData` 的实例。

（3）调用 `setRealData` 方法的是主线程。

（4）执行 `RealData` 类的 `getContent` 方法的是主线程。

（5）如果多个线程同时调用 `request` 方法，那么必须将 `request` 方法设置为 `synchronized` 方法。

●习题 9-2（各个线程的操作）

请问示例程序在运行时启动了多少个线程（主线程除外）？另外，各个线程分别执行了什么操作？

●习题 9-3（Future 模式的应用）

下面是对于通过网络获取指定 URL 的内容的程序的说明。请修改这里的程序，让其实现多线程方式操作。

首先，编写一个 `Retriever` 类来获取指定 URL 的 Web 页面内容。

```
Content content = Retriever.retrieve("http://www.yahoo.com/");
```

接着，编写一个 `Content` 类来获取 Web 页面内容的字节数组。

```
byte[] bytes = content.getBytes();
```

代码清单 9-8 展示了用于测试程序行为的 `Main` 类。

将获取 Web 页面内容的部分划分为 `content` 包，并让 `Retriever` 类（代码清单 9-9）和 `Content` 接口（代码清单 9-10）对包外可见。实际获取 Web 页面内容的是 `SyncContentImpl` 类（代码清单 9-11）。

这段程序的类图和运行结果示例分别如图 9-7 和图 9-8 所示。

当前的 `Retriever` 类（代码清单 9-9）是使用 `SyncContentImpl` 类以单线程方式获取 Web 页面内容的。请参考它的实现方式修改包中的类，实现以多线程方式获取 Web 页面内容。具体而言，就是请新编写一个 `AsyncContentImpl` 类，然后修改 `Retriever` 类，让它使用 `ASyncContentImpl` 类。`Main` 类、`Content` 接口和 `SyncContentImpl` 类保持原样即可。

注意 通常，在开发对外公开的包时，推荐将域名反过来写，创建一个世界上独一无二的包名（例如，如果域名是 example.com，就以 com.example 作为包名的开头部分）。不过，为了使代码更加简洁，这里并没有遵循该规则，而是以 content 作为包名。

注意 这段程序无法在没有连接互联网的环境中正常运行。此外，如果程序运行于公司内网中，可能需要设置 HTTP 代理服务器。此时，可以使用以下 JDK 的 java 命令来运行程序。

java -DproxySet=true -DproxyHost=代理服务器主机 -DproxyPort=代理服务器端口 Main↵

图 9-7 习题 9-3 的类图（单线程版）

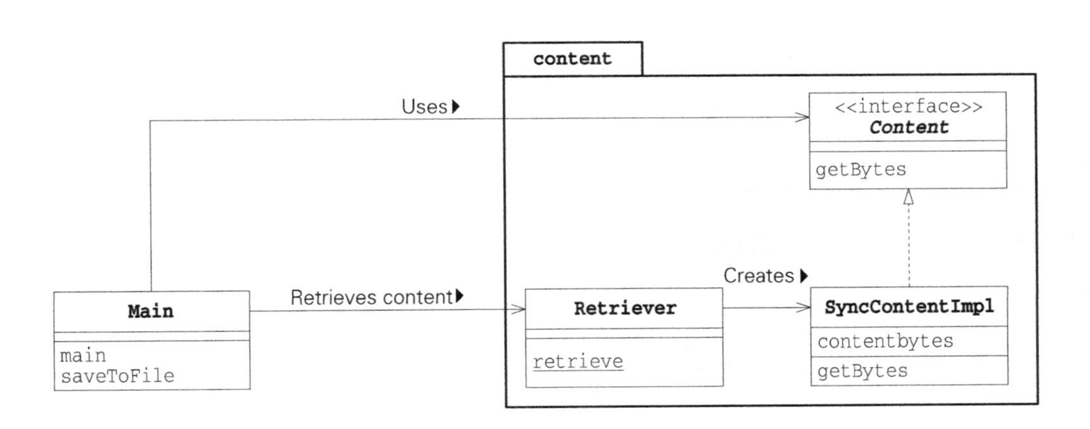

代码清单 9-8 Main 类（Main.java）

```
import content.Retriever;
import content.Content;

import java.io.IOException;
import java.io.FileOutputStream;

public class Main {
    public static void main(String args[]) {
        long start = System.currentTimeMillis();

        Content content1 = Retriever.retrieve("http://www.yahoo.com/");
        Content content2 = Retriever.retrieve("http://www.google.com/");
        Content content3 = Retriever.retrieve("http://www.hyuki.com/");

        saveToFile("yahoo.html", content1);
        saveToFile("google.html", content2);
```

```
        saveToFile("hyuki.html", content3);

        long end = System.currentTimeMillis();

        System.out.println("Elapsed time = " + (end - start) + "msec.");
    }

    // 将 content 中的内容写入名为 filename 的文件中
    private static void saveToFile(String filename, Content content) {
        byte[] bytes = content.getBytes();
        try {
            System.out.println(Thread.currentThread().getName() + ": Saving to "
+ filename);
            FileOutputStream out = new FileOutputStream(filename);
            for (int i = 0; i < bytes.length; i++) {
                out.write(bytes[i]);
            }
            out.close();
        } catch (IOException e) {
            e.printStackTrace();
        }
    }
}
```

代码清单 9-9　Retriever 类（Retriever.java）

```
package content;

public class Retriever {
    public static Content retrieve(String urlstr) {
        return new SyncContentImpl(urlstr);
    }
}
```

代码清单 9-10　Content 接口（Content.java）

```
package content;

public interface Content {
    public abstract byte[] getBytes();
}
```

代码清单 9-11　SyncContentImpl 类（SyncContentImpl.java）

```
package content;

import java.io.DataInputStream;
import java.io.EOFException;
import java.net.URL;

class SyncContentImpl implements Content {
    private byte[] contentbytes;
    public SyncContentImpl(String urlstr) {
        System.out.println(Thread.currentThread().getName() + ": Getting " + urlstr);
        try {
            URL url = new URL(urlstr);
            DataInputStream in = new DataInputStream(url.openStream());
            byte[] buffer = new byte[1];
            int index = 0;
```

```
            try {
                while (true) {
                    int c = in.readUnsignedByte();
                    if (buffer.length <= index) {
                        byte[] largerbuffer = new byte[buffer.length * 2];
                        System.arraycopy(buffer, 0, largerbuffer, 0, index);
                        buffer = largerbuffer;
                        // System.out.println("Enlarging buffer to " + buffer.length);
                    }
                    buffer[index++] = (byte)c;
                    // System.out.print("Getting " + index + " bytes from " + urlstr);
                }
            } catch (EOFException e) {
            } finally {
                in.close();
            }
            contentbytes = new byte[index];
            System.arraycopy(buffer, 0, contentbytes, 0, index);
        } catch (Exception e) {
            e.printStackTrace();
        }
    }
    public byte[] getBytes() {
        return contentbytes;
    }
}
```

图 9-8　运行结果示例

```
main: Getting http://www.yahoo.com/
main: Getting http://www.google.com/
main: Getting http://www.hyuki.com/
main: Saving to yahoo.html
main: Saving to google.html
main: Saving to hyuki.html
Elapsed time = 1903msec.
```

●习题 9-4（在 Future 模式下处理异常）

当像下面这样向 RealData 类（代码清单 9-5）的构造函数的参数 count 中传入负数值时，程序在运行时会抛出 java.lang.NegativeArraySizeException 异常（图 9-9）。

```
new RealData(-1, 'N')
```

这是因为，程序无法为数组大小为负数的 char[] 分配内存。

假设程序在创建 RealData 的实例时发生了 NegativeArraySizeException 异常，那么该异常是从 request 方法启动的新线程中被抛出的。也就是说，不论怎样用 try...catch 语句块将 request 方法和 getContent 方法包围，该异常都无法被捕获。

假设如代码清单 9-12 中那样调用 request 方法，虽然会发生 NegativeArraySizeException 异常，但是程序并不会终止。这是因为，发生异常的是其他线程，主线程仍然在 getContent 方法中一直 wait 着。

请修改程序，使得当 Future 类（代码清单 9-4）的 getContent 方法在将来被调用时能够知道之前在创建 RealData 的实例的过程中抛出了异常。

代码清单 9-12 Main 类（Main.java）

```
public class Main {
    public static void main(String[] args) {
        try {
            System.out.println("main BEGIN");
            Host host = new Host();

            Data data = host.request(-1, 'N');

            System.out.println("data = " + data.getContent());

            System.out.println("main END");
        } catch (Exception e) {
            e.printStackTrace();
        }
    }
}
```

图 9-9 运行结果示例

```
main BEGIN
    request(-1, N) BEGIN
    request(-1, N) END
        making RealData(-1, N) BEGIN
java.lang.NegativeArraySizeException
        at RealData.<init>(RealData.java:5)
        at Host$1.run(Host.java:11)  ←中途停止
（按 Ctrl+C 终止程序）
```

第 10 章 Two-Phase Termination 模式

先收拾房间再睡觉

10.1 Two-Phase Termination 模式

小孩子在玩玩具时经常会将玩具弄得满房间都是。晚上到了睡觉时间，妈妈就会对小孩子说："先收拾房间再睡觉哦。"这时，小孩子会开始打扫房间。

本章，我们将学习 Two–Phase Termination 模式。

该模式的名字直译为中文是"分两阶段终止"的意思。它是一种先执行完终止处理再终止线程的模式（图 10-1）。

图 10-1 分两阶段终止

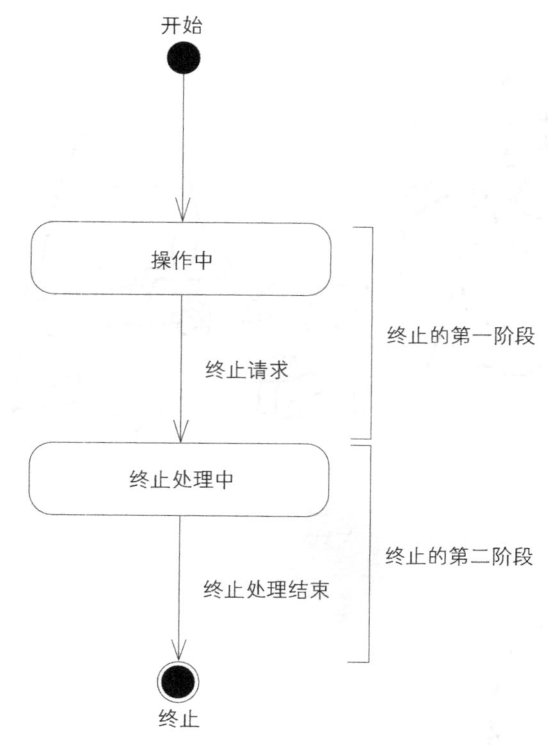

我们称线程在进行正常处理时的状态为"操作中"。在要停止该线程时，我们会发出"终止请求"。这样，线程就不会突然终止，而是会先开始进行"打扫工作"。我们称这种状态为"终止处理中"。从"操作中"变为"终止处理中"是线程终止的第一阶段。

在"终止处理中"状态下，线程不会再进行正常操作了。它虽然仍然在运行，但是只会进行终止处理。终止处理完成后，就会真正地终止线程。"终止处理中"状态结束是线程终止的第二阶段。

先从"操作中"状态变为"终止处理中"状态，然后再真正地终止线程。这就是 Two-Phase Termination 模式。

该模式的要点如下。

- 安全地终止线程（安全性）
- 必定会进行终止处理（生存性）
- 发出终止请求后尽快进行终止处理（响应性）

10.2 示例程序

下面我们来看看使用了 Two-Phase Termination 模式的示例程序。

这里编写的示例程序首先会启动一个线程，该线程每隔约 500 毫秒进行一次计数。接着，在大约 10 秒后程序就会终止该线程。实际上在这段程序中，终止处理并不是必需的，这里是为了让大家更容易看清 Two-Phase Termination 模式的结构，才选择以这个小程序为例来进行讲解。

表 10-1 类的一览表

名字	说明
CountupThread	表示进行计数的线程的类
Main	测试程序行为的类

示例程序的类图如图 10-2 所示，时序图如图 10-3 所示。

查看类图可以发现，字段名和方法名的前面带有加号“+”和减号“-”。加号表示 public，减号表示 private。另外，{ frozen } 约束表示 final，{ concurrent } 约束表示允许多个线程同时访问。

图 10-2 示例程序的类图

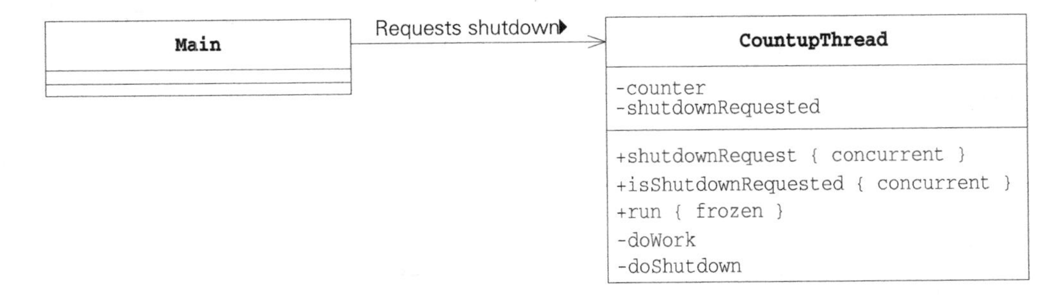

图 10-3 示例程序的时序图

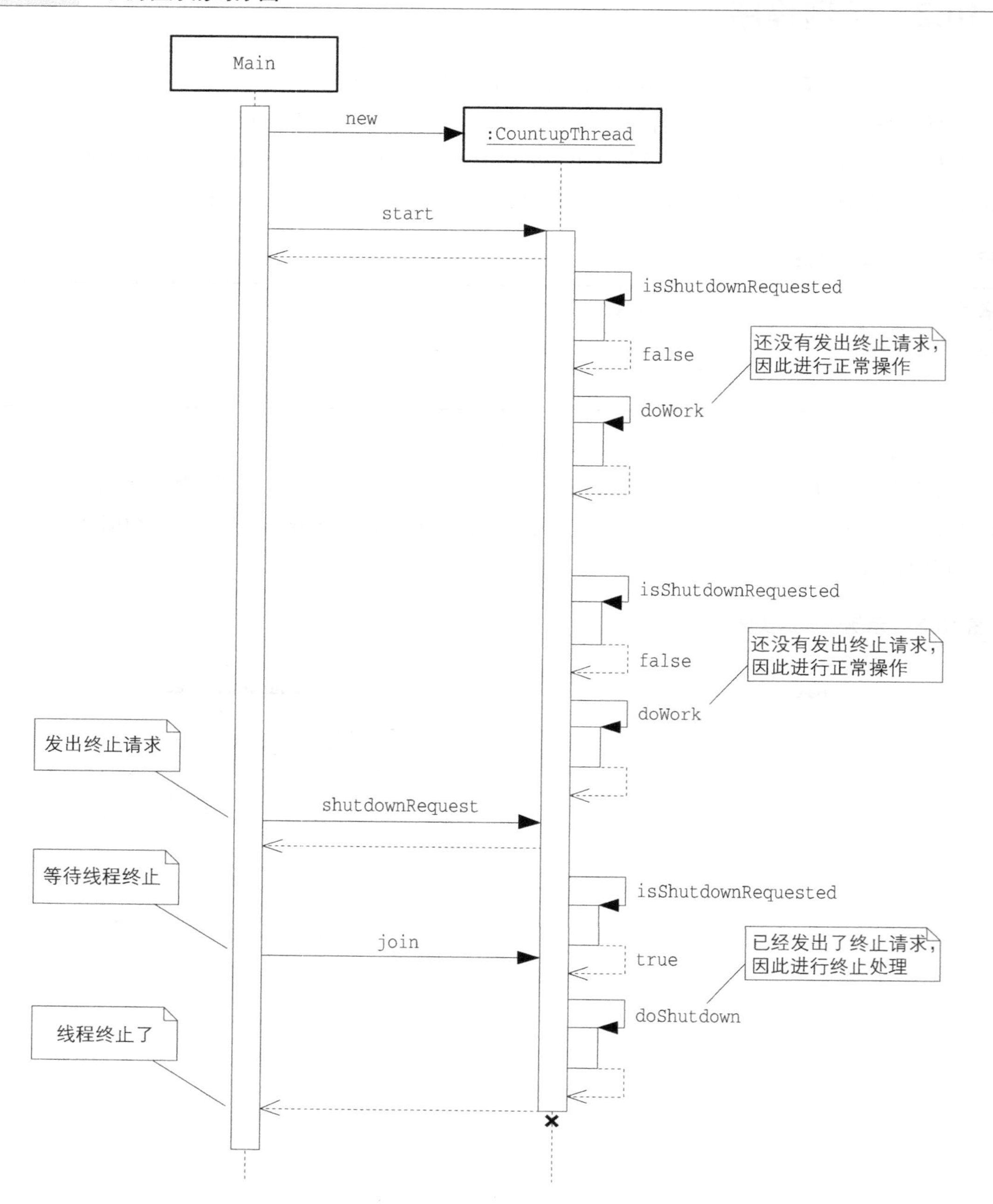

CountupThread 类

CountupThread 类（代码清单 10-1）表示进行计数（0→1→2→3→…）的线程。

counter 字段表示当前的计数值。

shutdownRequested 字段是表示是否已经发出终止请求的标志。该字段的值用于判断线程是否要进入“终止处理中”状态。

shutdownRequest 方法是表示线程终止请求的方法。当要终止 CountupThread 的线程时，程序会调用该方法。

请注意 shutdownRequest 方法不仅将 shutdownRequested 标志设置为了 true，还调用了 interrupt 方法。这是为了确保线程在 sleep 和 wait 时也会被终止。

shutdownRequest 方法无需设置为 synchronized。这是因为，shutdownRequested 标志是一个一旦被设置为 true 后就不会再变为 false 的闭锁，即使它被多个线程同时调用也不会有问题[①]。因此，如图 10-2 所示，shutdownRequest 方法带有 { concurrent } 约束。

我们将在本章习题 10-6 中讨论 shutdownRequested 字段被声明为 volatile 字段的原因。

isShutdownRequested 方法会去检查 shutdownRequest 方法是否已经被调用（即终止请求是否已经发出）。

run 方法是实际的处理。仅当 shutdownRequested 的值为 false 的期间内，才会执行 while 循环。while 循环会调用执行实际操作的 doWork 方法。接着，finally 语句块会调用执行终止处理的 doShutdown 方法。

doWork 方法是进行实际操作的方法。这里会将 counter 的值加 1（即计数）后显示出来。

doShutdown 方法是执行终止处理的方法。原本应该在这里编写终止线程时需要执行的处理，但此处我们只是简单地显示 counter 的值。

代码清单 10-1　CountupThread 类（CountupThread.java）

```java
public class CountupThread extends Thread {
    // 计数值
    private long counter = 0;

    // 发出终止请求后变为 true
    private volatile boolean shutdownRequested = false;

    // 终止请求
    public void shutdownRequest() {
        shutdownRequested = true;
        interrupt();
    }

    // 检查是否发出了终止请求
    public boolean isShutdownRequested() {
        return shutdownRequested;
    }

    // 线程体
    public final void run() {
        try {
            while (!isShutdownRequested()) {
                doWork();
            }
        } catch (InterruptedException e) {
        } finally {
            doShutdown();
        }
    }

    // 操作
    private void doWork() throws InterruptedException {
        counter++;
        System.out.println("doWork: counter = " + counter);
        Thread.sleep(500);
```

① 也就是说设置为 true 的线程和设置为 false 的线程不会存在数据竞争（I1.5 节）。

```
    }

    // 终止处理
    private void doShutdown() {
        System.out.println("doShutdown: counter = " + counter);
    }
}
```

该程序收录在本书配套的源代码 TwoPhaseTermination/Sample 中

Main 类

Main 类（代码清单 10-2）会启动 CountupThread 的线程，然后在大约 10 秒后终止该线程。

与往常一样，我们使用 start 方法启动线程。

调用之前在 CountupThread 类中声明的 shutdownRequest 方法可以发送线程终止请求。然后，该方法会立即返回。

Thread 类的 join 方法是用于等待线程终止的方法。在指定的线程终止前，join 方法不会返回。

代码清单 10-2　Main 类（Main.java）

```
public class Main {
    public static void main(String[] args) {
        System.out.println("main: BEGIN");
        try {
            // 启动线程
            CountupThread t = new CountupThread();
            t.start();

            // 稍微间隔一段时间
            Thread.sleep(10000);

            // 线程的终止请求
            System.out.println("main: shutdownRequest");
            t.shutdownRequest();

            System.out.println("main: join");

            // 等待线程终止
            t.join();
        } catch (InterruptedException e) {
            e.printStackTrace();
        }
        System.out.println("main: END");
    }
}
```

该程序收录在本书配套的源代码 TwoPhaseTermination/Sample 中

程序的运行结果示例如图 10-4 所示。从图中可以看到，在终止请求发出后，doShutdown 方法即被调用，然后主线程就终止了。

图 10-4 运行结果示例

```
main: BEGIN
doWork: counter = 1            ←每隔大约 500 毫秒计数一次
doWork: counter = 2
doWork: counter = 3
doWork: counter = 4
doWork: counter = 5
doWork: counter = 6
doWork: counter = 7
doWork: counter = 8
doWork: counter = 9
doWork: counter = 10
doWork: counter = 11
doWork: counter = 12
doWork: counter = 13
doWork: counter = 14
doWork: counter = 15
doWork: counter = 16
doWork: counter = 17
doWork: counter = 18
doWork: counter = 19
doWork: counter = 20
main: shutdownRequest          ←主线程调用 shutdownRequest 方法
doShutdown: counter = 20       ←使用 doShutdown 方法执行终止处理
main: join                     ←主线程等待 CountupThread 的线程终止
main:END                       ←终止
```

10.3 Two-Phase Termination 模式中的登场角色

在 Two-Phase Termination 模式中有以下登场角色。

◆TerminationRequester（终止请求发出者）

TerminationRequester 角色负责向 Terminator 角色发出终止请求。在示例程序中，由 `Main` 类扮演此角色。

◆Terminator（终止者）

Terminator 角色负责接收终止请求，并实际执行终止处理。它提供了表示终止请求的 `shutdownRequest` 方法。`shutdownRequest` 方法不需要使用 Single Threaded Execution 模式（第 1 章）。

当 `shutdownRequest` 方法被调用后，Terminator 角色会在考虑了安全性的基础上，自己进入“终止处理中”状态。接着，当终止处理结束后，Terminator 角色就会终止自己。

Terminator 角色带有一个表示自己是否已经接收到终止请求的标志（闩），在需要安全地开始终止处理时，会检查这个标志。如果能够频繁地检查该标志，就可以缩短接收到终止请求后变为“终止处理中”状态所需的时间。

在示例程序中，由 `CountupThread` 类扮演此角色。

如图 10-5 所示，考虑到以后可能会编写 Terminator 角色的子类，我们将 `doWork` 和 `doShutdown`

设为 protected 方法。在 UML 的类图中，井号“#”表示可见性 protected。在本章习题 10-4 中，我们将编写一个重写了 doWork 和 doShutdown 的类。

图 10-5 Two-Phase Termination 模式的类图

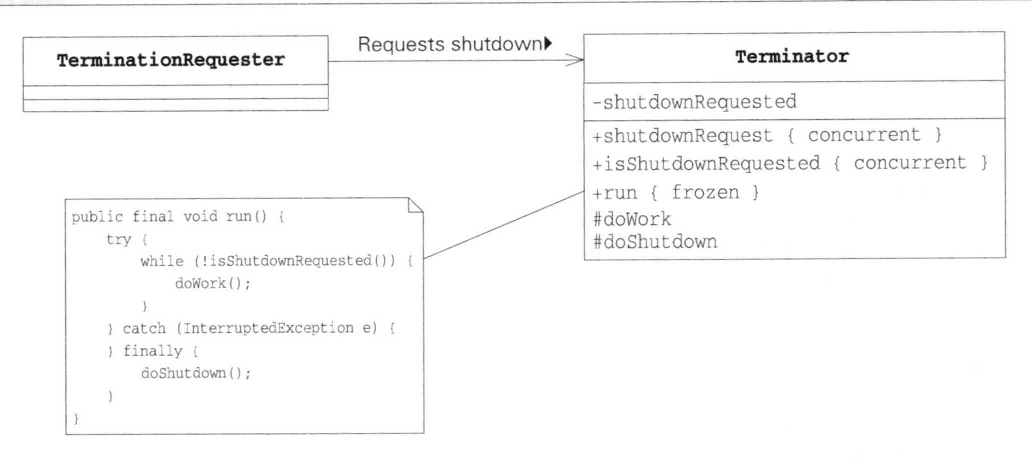

10.4 拓展思路的要点

不能使用 Thread 类的 stop 方法

java.lang.Thread 类提供了用于强制终止线程的 stop 方法。但是 stop 是“不推荐使用的方法”（deprecated 方法），我们不应当使用它。

因为如果使用 stop 方法，实例的安全性就无法确保。使用 stop 方法后，线程会在抛出 java.lang.ThreadDeath 异常后终止。即使该线程正处于访问临界区的过程中（例如正在执行 synchronized 方法的过程中）也会终止。请看以下示例。

```
class Position {
    private int x;
    private int y;
    public synchronized void setXY(int newX, int newY) {
        x = newX;
        y = newY;
    }
    ...
}
```

由于 setXY 方法是 synchronized 方法，所以该方法只能同时被一个线程执行。也就是说，只要使用了该方法，即使是多个线程同时在运行，也可以确保 X 和 Y 都能够被安全地赋值，不会出现只赋值了 X 或者只赋值了 Y 的情况。

但是，如果使用 stop 方法终止线程，那么实例就会失去安全性。这是因为，线程可能会在赋值语句 x = newX; 执行之后、赋值语句 y = newY; 执行之前这个时间点终止。

因此，我们不应当使用 stop 方法（见 5.6 节）。

仅仅检查标志是不够的

让我们来思考一下为何需要在 shutdownRequest 方法中调用 interrupt 方法。换言之，就是思考一下为什么只将 shutdownRequested 标志设为 true 是不行的。

原因很简单。因为当想要终止线程时，该线程可能正在 sleep。而当线程正在 sleep 时，即使将 shutdownRequested 标志设置为 true，线程也不会开始终止处理。等到 sleep 时间过后，线程可能会在某个时间点开始终止处理，但是这样程序的响应性就下降了。如果使用 interrupt 方法的话，就可以中断 sleep。

另外，线程当时也可能正在 wait。而当线程正在 wait 时，即使将 shutdownRequested 标志设为 true，线程也不会从等待队列中出来，所以我们必须使用 interrupt 方法对线程下达“中断 wait”的指示。

仅仅检查中断状态是不够的

细心的读者可能会有以下疑问。

“调用 interrupt 方法后，如果线程正在 sleep 或是 wait，那么会抛出 InterruptedException 异常，而如果不抛出异常，线程就会变为中断状态。也就是说，没有必要特意准备一个新的 shutdownRequested 标志。只要捕获 InterruptedException，使用 isInterrupted 方法来检查线程是否处于中断状态不就可以了吗？”

这样的疑问很有道理。如果是像示例程序那样，开发人员可以看到线程的所有相关程序，那么就无需使用 shutdownRequested 标志。只要捕获 InterruptedException，并使用 isInterrupted 方法就能够正确地开始终止处理。

但是，只要线程正在执行的方法中有一处忽略[1] InterruptedException，上面的方法就可能行不通。“忽略 InterruptedException”是指像下面这样的代码片段。

```
try {
    Thread.sleep(100);
} catch (InterruptedException e) {
    // 忽略 InterruptedException
}
```

这样，即使在 wait、sleep、join 状态时抛出了 InterruptedException，线程也不会变为中断状态（见图 5-4）。也就是说，如果程序中没有 shutdownRequested 标志，而且有上面这样的代码，那么即使使用 shutdownRequest 方法发出了终止请求，该请求也不会被处理。shutdownRequested 是用于记录是否已经发出终止请求的标志。在本章习题 10-2 中，我们将结合具体的程序来讨论这个问题。

在长时间处理前检查终止请求

为了能够在接受到终止请求后立即开始终止处理，我们应当在执行长时间处理前检查 shutdownRequested 标志或是调用 isShutdownRequested 方法。这样可以提高响应性。在本章习题 10-7 中，我们将结合具体的程序来进行练习。

---

① 这里的“忽略”是指从外部无法捕获到 InterruptedException，因为在方法内部已经捕获并处理了该异常。——译者注

▶▶ 小知识：NIO 与多线程

java.nio.channels.Channel 接口以及实现了该接口的类群的设计中考虑了多线程的问题。

例如，当一个线程在 Channel 上发生 I/O 阻塞的时候，其他线程可以 close 该 Channel。这时，发生 I/O 阻塞的线程会接收到 AsynchronousCloseException 异常。

另外，当一个线程在 Channel 上发生 I/O 阻塞的时候，其他线程还可以 interrupt 该线程。这时，发生 I/O 阻塞的线程会接收到 ClosedByInterruptException 异常。

join 方法和 isAlive 方法

我们可以如示例程序那样使用 java.lang.Thread 的 join 方法来等待指定的线程终止。

此外，还可以使用 java.lang.Thread 的 isAlive 方法来确认指定的线程是否已经终止。如果返回值是 true，则表示该线程还活着；如果返回值是 false，则表示该线程已经终止。使用 java.lang.Thread 的 getState 方法也可以获取线程的状态，不过如果只是检查线程是否已经终止，使用 isAlive 方法会更好。

10.7 节还会展示使用 CountDownLatch 以及 CyclicBarrier 来等待处理结束的示例，大家可以参考该节内容。

java.util.concurrent.ExecutorService 接口与 Two-Phase Termination 模式

本书前面的 7.7 节和 8.7 节已经讲解过 java.util.concurrent.ExecutorService 接口了。该接口可以“隐藏背后运行的线程，通过 execute 方法执行 Runnable 对象类型的工作”。

通常，线程都会在 ExecutorService 接口背后运行。为了优雅地终止运行中的线程，ExecutorService 接口为我们准备了 shutdown 方法。

ExecutorService 接口还为我们提供了用于确认终止处理已执行到哪个阶段的方法。

isShutdown 方法是用于确认 shutdown 方法是否已经被调用的方法。如果 shutdown 方法已经被调用，那么 isShutdown 会返回 true。但是，即使 isShutdown 为 true，也并不表示线程已经实际停止了。

isTerminated 方法是用于确认线程是否已经实际停止了的方法。如果线程已经停止了，isTerminated 会返回 true。

我们整理了一下 isShutdown 方法和 isTerminated 的返回值，如表 10-2 所示。从返回值的意义可知，终止 ExecutorService 时使用了 Two-Phase Termination 模式。

表 10-2 isShutdown 方法和 isTerminated 方法的返回值

	isShutdown 方法	isTerminated 方法
【操作中】	false	false
【终止处理中】	true	false
（终止）	true	true

要捕获程序整体的终止时

虽然与 Two-Phase Termination 模式并没有直接关系，我们还是要了解一下终止处理的以下相关内容。

- 未捕获的异常的处理器
- 退出钩子

◆未捕获的异常的处理器

假设程序抛出异常时，我们并没有编写捕获该异常的 `catch` 语句块。通常情况下，这么做会导致程序在输出线程的调用堆栈信息后终止。

如果使用 `Thread` 类的 `setDefaultUncaughtExceptionHandler` 静态方法，可以设置未捕获的异常的处理器（Uncaught Exception Handler）。该处理器是 `Thread.UncaughtExceptionHandler` 接口类型的对象，实际的处理编写在 `uncaughtException` 方法中。设置了未捕获的异常的处理器后，程序将不会输出调用堆栈而是直接终止。

◆退出钩子

退出钩子（Shutdown Hook）是指在 Java 虚拟机退出时启动的线程。“Java 虚拟机退出时”指的是 `System.exit()` 被调用或是全部非守护线程终止时。这时，我们可以使用退出钩子来编写程序完全终止时的终止处理。

我们可以使用 `java.lang.Runtime` 类的实例方法 `addShutdownHook` 来设置退出钩子。

代码清单 10-3 是使用了“未捕获的异常的处理器”和“退出钩子”的简单示例程序。该示例程序执行了以下处理。

（1）设置未捕获的异常的处理器

（2）设置退出钩子

（3）大约 3 秒后启动执行“整数除零计算”的线程（DivideThread）

执行“整数除零计算”后，程序会抛出 `java.lang.ArithmeticException` 异常。由于在示例程序中我们并没有捕获 `ArithmeticException`，所以程序会终止。在终止前，“未捕获的异常的处理器”和“退出钩子”会被依次调用。程序运行结果示例如图 10-6 所示。

代码清单 10-3　使用“未捕获的异常的处理器”和“退出钩子”的 Main 类（Main.java）

```
public class Main {
    public static void main(String[] args) {
        System.out.println("main:BEGIN");

        // (1) 设置未捕获的异常的处理器
        Thread.setDefaultUncaughtExceptionHandler(
            new Thread.UncaughtExceptionHandler() {
                public void uncaughtException(Thread thread, Throwable exception) {
                    System.out.println("****");
                    System.out.println("UncaughtExceptionHandler:BEGIN");
                    System.out.println("currentThread = " + Thread.currentThread());
                    System.out.println("thread = " + thread);
                    System.out.println("exception = " + exception);
                    System.out.println("UncaughtExceptionHandler:END");
                }
            }
        );
```

```
        // (2) 设置退出钩子
        Runtime.getRuntime().addShutdownHook(
            new Thread() {
                public void run() {
                    System.out.println("****");
                    System.out.println("shutdown hook:BEGIN");
                    System.out.println("currentThread = " + Thread.currentThread());
                    System.out.println("shutdown hook:END");
                }
            }
        );

        // (3) 大约 3 秒后启动执行“整数除零计算”的线程
        new Thread("MyThread") {
            public void run() {
                System.out.println("MyThread:BEGIN");
                System.out.println("MyThread:SLEEP...");

                try {
                    Thread.sleep(3000);
                } catch (InterruptedException e) {
                }

                System.out.println("MyThread:DIVIDE");

                //「整数除零计算」
                int x = 1 / 0;

                // 不会来到这里
                System.out.println("MyThread:END");
            }
        }.start();

        System.out.println("main:END");
    }
}
```

该程序收录在本书配套的源代码 TwoPhaseTermination/Hook 中

图 10-6 运行结果示例

```
main:BEGIN
main:END
MyThread:BEGIN          ←启动 MyThread
MyThread:SLEEP...
MyThread:DIVIDE         ←执行“整数除零计算”
****                    ←执行未捕获的异常的处理器
UncaughtExceptionHandler:BEGIN
currentThread = Thread[MyThread,5,main]
thread = Thread[MyThread,5,main]
exception = java.lang.ArithmeticException: / by zero
UncaughtExceptionHandler:END
****                    ←执行退出钩子
shutdown hook:BEGIN
currentThread = Thread[Thread-0,5,main]
shutdown hook:END
```

优雅地终止线程

"线程优雅地执行终止处理，然后终止运行"这种状态用英语单词来形容的话，就是 Graceful（优雅的、高贵的、得体的）。这种状态相当于工作的结束并不是慌慌张张地放下已经着手的工作不管，而是在进行必要的整理后才正式终止。Two-Phase Termination 模式就是用来优雅地终止线程的模式。下面我们来看看 Two-Phase Termination 模式是如何体现 10.1 节中提到的三个要点（安全性、生存性、响应性）的。

◆安全地终止（安全性）

即使接收到终止请求，线程也不会立即终止。首先表示是否已经接收到终止请求的 `shutdownRequested` 标志会被设置为 `true`。然后，仅在线程运行至不会破坏对象安全性的位置时，程序才会开始终止处理。

这就像是即使妈妈说了"要睡觉了"，也不能慌慌张张地打扫房间导致弄坏玩具一样。

◆必定会进行终止处理（生存性）

线程在接收到终止请求后，会中断可以中断的 `wait`，转入终止处理。为此，`shutdownRequest` 方法会调用 `interrupt` 方法。

另外，为了确保在抛出异常后程序也会执行终止处理，我们使用了 `try...finally` 语句块。

这就像是不能让玩具散落一地就去睡觉一样。

◆发出终止请求后尽快进入终止处理（响应性）

线程在接收到终止请求后，会中断可以中断的 `sleep`，尽快进入终止处理。为此，`shutdownRequest` 方法会调用 `interrupt` 方法。

另外，在执行长时间处理前需要检查 `shutdownRequested` 标志。

这就像是如果被妈妈说了"快收拾房间"，就要尽快地收拾房间。

这样联想的话，我们可以发现：其实，设计如何让线程优雅地终止就跟管教调皮的小孩子一样。

10.5 相关的设计模式

Before/After 模式（附录 G[Lea]）

为了确保终止处理的执行，Two-Phase Termination 模式使用了 `finally` 语句块。这就相当于利用了 Before/After 模式。

Multiphase Cancellation 模式（附录 G[Lea]）

使用 Multiphase Cancellation 模式终止线程时，如果在一定时间内线程没有终止，那么程序会逐渐发出更加强硬的终止请求。

Multi-Phase Startup 模式[1]

使用 Two-Phase Termination 模式时，在接收到终止请求后，程序并不立即终止线程，而是先进入“终止处理中”阶段，然后安全地终止线程。

而使用 Multi-Phase Startup 模式时，如果存在多个子系统，则程序会经过多个阶段启动全部系统。在该模式下，系统会定义一个整数值的运行级别，用来表示当前哪个运行级别正处于启动中状态。

Java 的 Applet 也使用了该模式，不过它将 Multi-Phase Startup 模式缩减至了三步（即创建实例→调用 `init` 方法→调用 `start` 方法）。

Balking 模式（第 4 章）

在 Two-Phase Termination 模式下，Balking 模式有时会被用于禁止在终止处理中执行不恰当的处理。

10.6 延伸阅读 1：中断状态与 InterruptedException 异常的相互转换

当 `interrupt` 方法被调用后，线程就可以被中断了。中断线程这个行为会带来以下结果之一。

（1）线程变为“中断状态”：反映为“状态”

（2）抛出“`InterruptedException` 异常”：反映为“控制”

通常情况下会是结果（1）；当线程正在 `sleep`、`wait`、`join` 时会是结果（2）（这时线程不会变为中断状态）。

但是，上面的（1）和（2）是可以相互转换的。即，可以将（1）变为（2），也可以将（2）变为（1）。可以根据程序需要——大多是为了防止代码忘记线程已经被中断的事实——进行转换。

下面我们来具体了解一下。

中断状态→ InterruptedException 异常的转换

我们可以像下面这样编写代码，以实现“如果线程处于中断状态就抛出异常 `InterruptedException`”。其中的 `interrupted` 方法是 `java.lang.Thread` 类的静态方法。

```
if (Thread.interrupted()) {
    throw new InterruptedException();
}
```

将这段 `if` 语句写在长时间处理之前可以提高线程对中断的响应性。因为这样可以防止线程因没注意到自己被中断而进入长时间处理的情况发生。

不过，这段 `if` 语句虽然简单，但是仔细理解起来却会发现里面大有玄机。

◆interrupt 方法检查的是哪个线程

`Thread.interrupt` 方法会去检查 `Thread.currentThread()` 的中断状态。也就是说，无论上面的 `if` 语句写在哪个类的哪个方法中，它总是会去检查执行 `if` 语句的线程的中断状态。

---

[1] Multi-Phase Startup（多阶段启动）（平锅健儿）http://www.objectclub.jp/technicaldoc/pattern/startup-2.0

◆不想清除中断状态时

当 Thread.interrupt 方法被调用后，线程将不再处于中断状态。也就是说，一旦调用一次 Thread.interrupt 方法，中断状态将被清除。

如果想在不清除中断状态的前提下检查当前线程的中断状态，可以使用 isInterrupted 这个实例方法。具体使用方法如下。

```
if (Thread.currentThread().isInterrupted()) {
    // 中断状态下的处理（中断状态不会被清除）
}
```

InterruptedException 异常→中断状态的转换

要想只在指定的时间内让线程停止运行，可以使用 Thread.sleep 方法。由于 Thread.sleep 会抛出 InterruptedException 异常，因此有时会像下面这样编写代码。

```
try {
    Thread.sleep(1000);
} catch (InterruptedException e) {
}
```

但是，这样编写代码的话，被抛出的 InterruptedException 异常将会被忽略。如果某个线程正在 sleep 时被其他线程中断了，则“已经被中断”这个信息将会遗失。

如果想要防止“已经被中断”这个信息遗失，线程可以像下面这样再次中断自己。

```
try {
    Thread.sleep(1000);
} catch (InterruptedException e) {
    Thread.currentThread().interrupt();
}
```

这就相当于将当前捕获到的 InterruptedException 转换为了中断状态。

InterruptedException 异常→ InterruptedException 异常的转换

还有不将捕获到的 InterruptedException 异常立即抛出，而是稍后再抛出的方法。具体实现方式如下。

```
InterruptedException savedException = null;
...
try {
    Thread.sleep(1000);
} catch (InterruptedException e) {
    savedException = e;
}
...
if (savedException != null) {
    throw savedException;
}
```

这里，捕获到的 InterruptedException 异常会先保存在名为 savedException 的变量中，稍后再被 throw 出去。

10.7 延伸阅读 2：java.util.concurrent 包与线程同步

本节将介绍 java.util.concurrent 包提供的以下类的使用示例。

- java.util.concurrent.CountDownLatch 类
- java.util.concurrent.CyclicBarrier 类

这些类可以帮助我们方便地同步多个线程。

java.util.concurrent.CountDownLatch 类

当我们想让某个线程等待指定的线程终止时，可以使用 java.lang.Thread 类的 join 方法。但是，由于 join 方法可以等待的只是“线程终止”这个一次性的操作，所以我们无法使用它实现“等待指定次数的某种操作发生”。

使用 java.util.concurrent.CountDownLatch 类可以实现“等待指定次数的 CountDown 方法被调用”这一功能。

代码清单 10-4 展示的是使用了 CountDownLatch 类的示例程序。该示例程序实现了“让线程处理 10 项 MyTask 工作并等待 10 项工作都处理完成”的功能。“等待 10 项工作都处理完成”这一部分代码使用了 CountDownLatch 类。

Main 类（代码清单 10-4）会执行以下处理。

- 准备一个进行工作的 ExecutorService 对象（service）
- 创建一个 CountDownLatch 类的实例（doneLatch）。在创建时将初始值 TASKS（=10）传入 CountDownLatch 类的构造函数
- 调用 execute 方法执行（在内部启动线程）TASKS 个 MyTask。
- 调用 await 方法等待 doneLatch 的计数值变为 0
- 调用 shutdown 方法终止 service

ExecutorService 的 shutdown 方法用于优雅地终止在该 ExecutorService 中启动的所有线程。

代码清单 10-4　使用 CountDownLatch 类等待工作结束的 Main 类（Main.java）

```
import java.util.concurrent.Executors;
import java.util.concurrent.ExecutorService;
import java.util.concurrent.CountDownLatch;

public class Main {
    private static final int TASKS = 10; // 工作的个数

    public static void main(String[] args) {
        System.out.println("BEGIN");
        ExecutorService service = Executors.newFixedThreadPool(5);
```

```
        CountDownLatch doneLatch = new CountDownLatch(TASKS);
        try {
            // 开始工作
            for (int t = 0; t < TASKS; t++) {
                service.execute(new MyTask(doneLatch, t));
            }
            System.out.println("AWAIT");
            // 等待工作结束
            doneLatch.await();
        } catch (InterruptedException e) {
        } finally {
            service.shutdown();
            System.out.println("END");
        }
    }
}
```

该程序收录在本书配套的源代码 TwoPhaseTermination/jucSample1 中

MyTask 类（代码清单 10-5）表示工作内容，它实现了 Runnable 接口。

run 方法执行了以下处理。

- 调用 doTask 方法执行“实际处理”（sleep 一段随机时间）
- 调用 countDown 方法显示一段信息，表示自己的处理已经完成

处理 MyTask 的 run 方法的线程会调用 countDown 方法将计数值减 1。当所有 MyTask 都被处理后，计数值将会变为 0，主线程会从 await 方法中返回。这相当于由执行 MyTask 的线程向主线程发送“已经终止”的消息。

代码清单 10-5　表示工作的 MyTask 类（MyTask.java）

```
import java.util.Random;

import java.util.concurrent.CountDownLatch;

public class MyTask implements Runnable {
    private final CountDownLatch doneLatch;
    private final int context;
    private static final Random random = new Random(314159);

    public MyTask(CountDownLatch doneLatch, int context) {
        this.doneLatch = doneLatch;
        this.context = context;
    }

    public void run() {
        doTask();
        doneLatch.countDown();
    }

    protected void doTask() {
        String name = Thread.currentThread().getName();
        System.out.println(name + ":MyTask:BEGIN:context = " + context);
        try {
            Thread.sleep(random.nextInt(3000));
        } catch (InterruptedException e) {
        } finally {
```

```
            System.out.println(name + ":MyTask:END:context = " + context);
        }
    }
}
```

该程序收录在本书配套的源代码 TwoPhaseTermination/jucSample1 中

程序运行结果示例如图 10-7 所示。从图中可以看出，所有的 MyTask:END 显示完毕之后，表示主线程终止的 END 才显示出来。

在本例中，我们使用了 CountDownLatch 类来计算已经终止的操作的个数。另外，CountDownLatch 还可以用于统计“操作终止”以外的操作的次数。总而言之，countDown 方法的调用次数是非常重要的。

图 10-7　运行结果示例

```
BEGIN
AWAIT        ←等待所有的 MyTask 线程终止
pool-1-thread-1:MyTask:BEGIN:context = 0
pool-1-thread-2:MyTask:BEGIN:context = 1
pool-1-thread-3:MyTask:BEGIN:context = 2
pool-1-thread-4:MyTask:BEGIN:context = 3
pool-1-thread-5:MyTask:BEGIN:context = 4
pool-1-thread-4:MyTask:END:context = 3
pool-1-thread-4:MyTask:BEGIN:context = 5
pool-1-thread-2:MyTask:END:context = 1
pool-1-thread-2:MyTask:BEGIN:context = 6
pool-1-thread-2:MyTask:END:context = 6
pool-1-thread-2:MyTask:BEGIN:context = 7
pool-1-thread-4:MyTask:END:context = 5
pool-1-thread-4:MyTask:BEGIN:context = 8
pool-1-thread-1:MyTask:END:context = 0
pool-1-thread-1:MyTask:BEGIN:context = 9
pool-1-thread-2:MyTask:END:context = 7
pool-1-thread-5:MyTask:END:context = 4
pool-1-thread-3:MyTask:END:context = 2
pool-1-thread-4:MyTask:END:context = 8
pool-1-thread-1:MyTask:END:context = 9
END          ←所有的 MyTask 线程都终止了，主线程也就终止了
```

此外，从图 10-7 还可以看出我们使用了 5 个线程（pool-1-thread1 ~ pool-1-thread5）轮流来进行 10 项工作。这相当于使用了 5 个 WorkerThread 角色的 Worker Thread 模式（第 8 章）。之所以轮流使用线程，是因为 Main 类中的 service = Executors.newFixedThreadPool(5); 处创建了一个只有 5 个线程的线程池，提供的线程数量少于工作项数（TASKS）。

如果事先不知道工作项数，可以像下面这样写代码。

```
service = Executors.newFixedThreadPool();
```

图 10-8 是表示倒数计数的处理流程的时序图。

图 10-8 表示 countDown 方法被调用 10 次的流程和主线程从 await 方法返回的流程的时序图

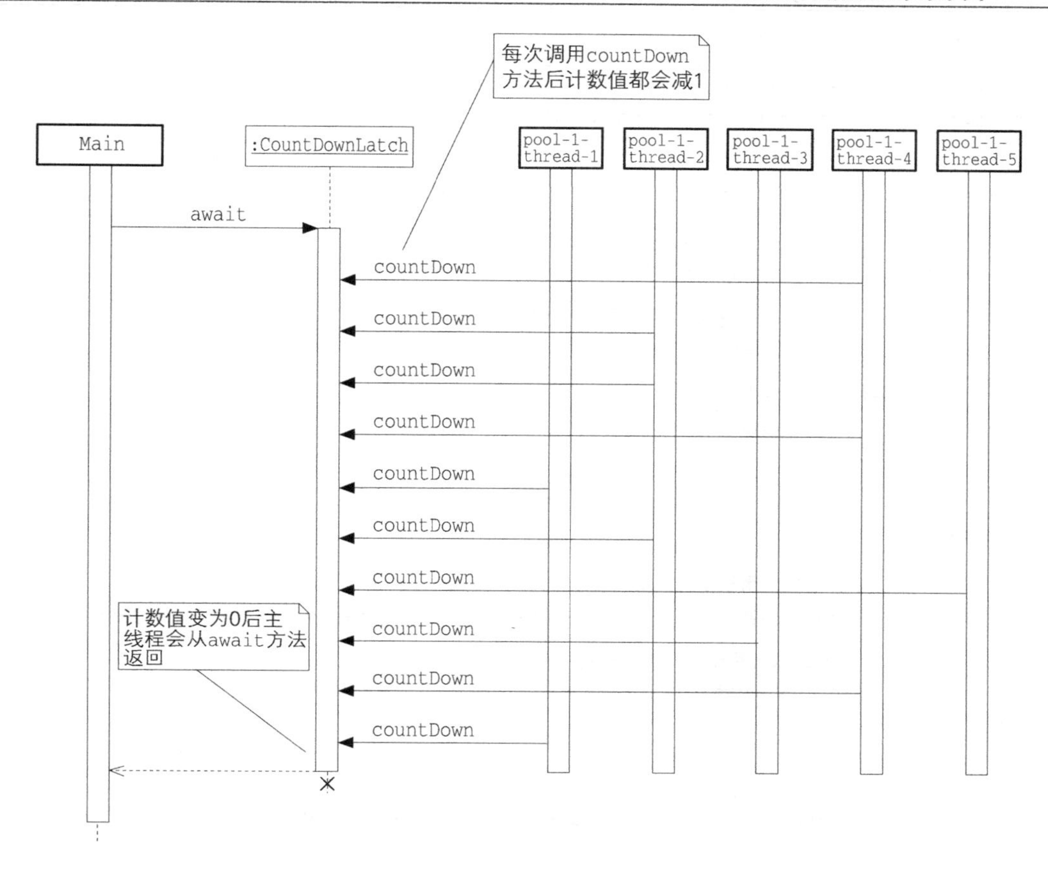

java.util.concurrent.CyclicBarrier 类

前面讲解的 CountDownLatch 类只能进行倒数计数。也就是说，一旦计数值变为 0 后，即使调用 await 方法，主线程也会立即返回。

当想多次重复进行线程同步时，使用 java.util.concurrent.CyclicBarrier 类会很方便。

CyclicBarrier 可以周期性地（cyclic）创建出屏障（barrier）。在屏障解除之前，碰到屏障的线程是无法继续前进的。屏障的解除条件是到达屏障处的线程个数达到了构造函数指定的个数。也就是说，当指定个数的线程到达屏障处后，屏障就会被解除，然后这些线程就会像听到了“预备，走”一样一起冲出去。

代码清单 10-6 展示的是使用了 CyclicBarrier 类的示例程序。该程序实现了“让三个线程处理一项分为 0 ~ 4 共五个阶段的工作”的功能。假设我们要实现“除非三个线程都结束第 N 阶段的处理，否则哪个线程都不能进入第 N+1 阶段”的功能。为了使线程能在这五个阶段中保持“步调一致”，这里需要使用 CyclicBarrier 类。

此外，为了通知主线程“所有工作的各个阶段都已结束”，这里还使用了前面讲解的 CountDownLatch 类。

在创建 CyclicBarrier 的实例时，可以指定 Runnable 对象。这个对象被称作“屏障操作”（barrier action）。每次屏障被解除后，该屏障操作都会被执行。

代码清单 10-6 使用 CyclicBarrier 让线程步调一致的 Main 类（Main.java）

```
import java.util.concurrent.Executors;
import java.util.concurrent.ExecutorService;
import java.util.concurrent.CyclicBarrier;
import java.util.concurrent.CountDownLatch;

public class Main {
    private static final int THREADS = 3; // 线程的个数

    public static void main(String[] args) {
        System.out.println("BEGIN");

        // 由 ExecutorService 提供进行工作的线程
        ExecutorService service = Executors.newFixedThreadPool(THREADS);

        // 屏障被解除时的操作
        Runnable barrierAction = new Runnable() {
            public void run() {
                System.out.println("Barrier Action!");
            }
        };

        // CyclicBarrier 用于使线程步调一致
        CyclicBarrier phaseBarrier = new CyclicBarrier(THREADS, barrierAction);

        // CountDownLatch 用于确认工作是否结束
        CountDownLatch doneLatch = new CountDownLatch(THREADS);

        try {
            // 开始工作
            for (int t = 0; t < THREADS; t++) {
                service.execute(new MyTask(phaseBarrier, doneLatch, t));
            }
            // 等待工作结束
            System.out.println("AWAIT");
            doneLatch.await();
        } catch (InterruptedException e) {
        } finally {
            service.shutdown();
            System.out.println("END");
        }
    }
}
```

该程序收录在本书配套的源代码 TwoPhaseTermination/jucSample2 中

MyTask 类（代码清单 10-7）表示工作内容，它实现了 Runnable 接口。

run 方法执行了以下处理。

- 调用 doPhase(phase) 方法进行第 phase 阶段的工作
- 调用 await 方法表示自己已经完成了第 phase 阶段的工作
- 当其他所有线程都完成了“第 phase 阶段的工作”后，run 方法从 await 方法中返回并进入下个阶段的工作
- 当所有阶段的工作都完成后，使用 doneLatch 向主线程发送“工作结束”的消息

程序运行结果示例请参见图 10-9。从图中可以看出，所有工作的第 N 阶段完成后，线程才进入第 N+1 阶段。

代码清单 10-7　使用 CyclicBarrier 让线程步调一致的 MyTask 类（MyTask.java）

```
import java.util.Random;

import java.util.concurrent.CyclicBarrier;
import java.util.concurrent.BrokenBarrierException;
import java.util.concurrent.CountDownLatch;

public class MyTask implements Runnable {
    private static final int PHASE = 5;
    private final CyclicBarrier phaseBarrier;
    private final CountDownLatch doneLatch;
    private final int context;
    private static final Random random = new Random(314159);

    public MyTask(CyclicBarrier phaseBarrier, CountDownLatch doneLatch, int context) {
        this.phaseBarrier = phaseBarrier;
        this.doneLatch = doneLatch;
        this.context = context;
    }

    public void run() {
        try {
            for (int phase = 0; phase < PHASE; phase++) {
                doPhase(phase);
                phaseBarrier.await();
            }
        } catch (InterruptedException e) {
            e.printStackTrace();
        } catch (BrokenBarrierException e) {
            e.printStackTrace();
        } finally {
            doneLatch.countDown();
        }
    }

    protected void doPhase(int phase) {
        String name = Thread.currentThread().getName();
        System.out.println(name + ":MyTask:BEGIN:context = " + context + ", phase = "
+ phase);
        try {
            Thread.sleep(random.nextInt(3000));
        } catch (InterruptedException e) {
        } finally {
            System.out.println(name + ":MyTask:END:context = " + context + ", phase =
" + phase);
        }
    }
}
```

该程序收录在本书配套的源代码 TwoPhaseTermination/jucSample2 中

图 10-9 运行结果示例

```
BEGIN
AWAIT
pool-1-thread-1:MyTask:BEGIN:context = 0, phase = 0 ┐
pool-1-thread-2:MyTask:BEGIN:context = 1, phase = 0 │
pool-1-thread-3:MyTask:BEGIN:context = 2, phase = 0 ├ 第 0 阶段
pool-1-thread-2:MyTask:END:context = 1, phase = 0   │
pool-1-thread-1:MyTask:END:context = 0, phase = 0   │
pool-1-thread-3:MyTask:END:context = 2, phase = 0   ┘
Barrier Action!          ←所有工作的第 0 阶段完成，屏障操作被执行
pool-1-thread-3:MyTask:BEGIN:context = 2, phase = 1 ┐
pool-1-thread-2:MyTask:BEGIN:context = 1, phase = 1 │
pool-1-thread-1:MyTask:BEGIN:context = 0, phase = 1 ├ 第 1 阶段
pool-1-thread-3:MyTask:END:context = 2, phase = 1   │
pool-1-thread-1:MyTask:END:context = 0, phase = 1   │
pool-1-thread-2:MyTask:END:context = 1, phase = 1   ┘
Barrier Action!          ←所有工作的第 1 阶段完成，屏障操作被执行
pool-1-thread-2:MyTask:BEGIN:context = 1, phase = 2 ┐
pool-1-thread-3:MyTask:BEGIN:context = 2, phase = 2 │
pool-1-thread-1:MyTask:BEGIN:context = 0, phase = 2 ├ 第 2 阶段
pool-1-thread-1:MyTask:END:context = 0, phase = 2   │
pool-1-thread-3:MyTask:END:context = 2, phase = 2   │
pool-1-thread-2:MyTask:END:context = 1, phase = 2   ┘
Barrier Action!          ←所有工作的第 2 阶段完成，屏障操作被执行
pool-1-thread-2:MyTask:BEGIN:context = 1, phase = 3 ┐
pool-1-thread-1:MyTask:BEGIN:context = 0, phase = 3 │
pool-1-thread-3:MyTask:BEGIN:context = 2, phase = 3 ├ 第 3 阶段
pool-1-thread-1:MyTask:END:context = 0, phase = 3   │
pool-1-thread-3:MyTask:END:context = 2, phase = 3   │
pool-1-thread-2:MyTask:END:context = 1, phase = 3   ┘
Barrier Action!          ←所有工作的第 3 阶段完成，屏障操作被执行
pool-1-thread-2:MyTask:BEGIN:context = 1, phase = 4 ┐
pool-1-thread-1:MyTask:BEGIN:context = 0, phase = 4 │
pool-1-thread-3:MyTask:BEGIN:context = 2, phase = 4 ├ 第 4 阶段
pool-1-thread-3:MyTask:END:context = 2, phase = 4   │
pool-1-thread-1:MyTask:END:context = 0, phase = 4   │
pool-1-thread-2:MyTask:END:context = 1, phase = 4   ┘
Barrier Action!          ←所有工作的第 4 阶段完成，屏障操作被执行
END                      ←主线程终止
```

Timethreads 图 10-10 展示的是使线程步调一致的过程。此外，从图中看，这里似乎有五个 `CyclicBarrier` 的实例，但实际上只是多次使用同一个实例而已。

图 10-10 展示如何通过 CyclicBarrier 类的 await 方法使线程步调一致的 Timethreads 图

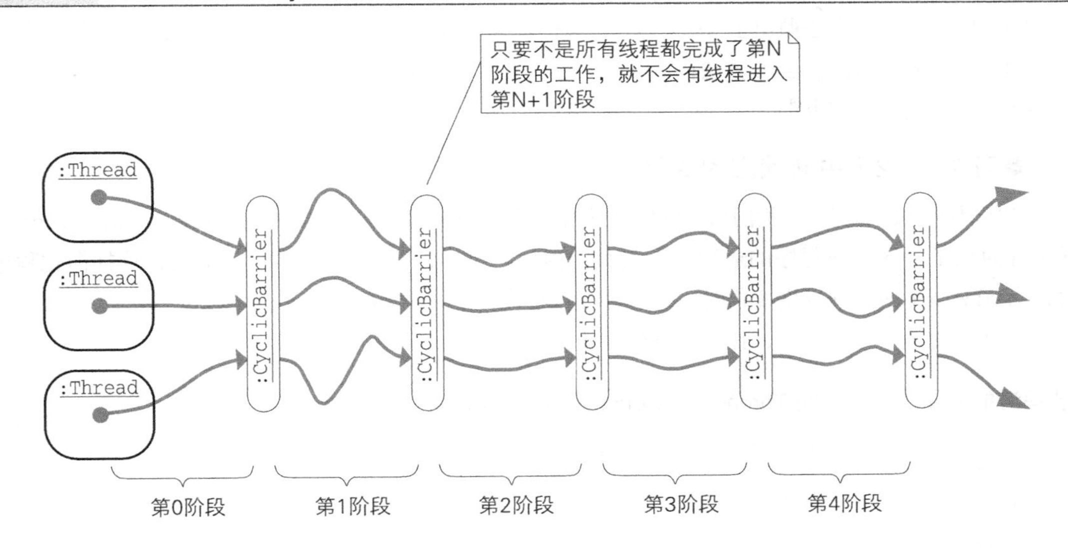

10.8 本章所学知识

在本章中，我们学习了 Two-Phase Termination 模式。

假设我们需要终止正在操作中的线程，而且在终止前要执行特定的终止处理。此外，在进入终止处理前，我们还不能破坏对象的安全性。

当出现这种需求时，我们可以准备一个表示“终止请求”的方法，并在该方法中设置一个表示是否已经接收到终止请求的标志。线程会在开始终止处理前的一个安全点检查该标志。如果已经接收到终止请求，那么就开始终止处理。是否进入终止处理最终由我们要终止的线程（Terminator 角色）自身来判断。

在 Java 中，我们可以使用 `interrupt` 方法去中断在 `wait`、`sleep`、`join` 各方法中等待着的线程。由于调用 `Thread.interrupted` 方法后中断状态会被清除，所以在检查线程是否接收到了终止请求时需要格外注意。

如果想要确保在程序运行中发生异常时也能执行终止处理，请使用 `finally` 语句块。

这就是 Two-Phase Termination 模式。

本章的 10.6 节介绍了中断状态与 `InterruptedException` 相互转换的相关知识。另外，10.7 节介绍了 `java.util.concurrent` 包中的用于线程同步的 `CountDownLatch` 类和 `CyclicBarrier` 类的使用方法。

下面来做一下练习题吧。

10.9 练习题

答案请参见附录 A（P.421）

● 习题 10-1（基础知识测试）

阅读下面关于示例程序的内容，叙述正确请打√，错误请打 ×。

（1）调用 `shutdownRequest` 方法的是主线程。

（2）doWork 方法只会被调用一次。

（3）当 doWork 方法抛出了 InterruptedException 时，doShutdown 方法也会被调用。

（4）shutdownRequest 方法内的 interrupt() 还可以写作 Thread.currentThread().interrupt()，意思相同。

●习题 10-2（中断状态的变化）

如代码清单 10-8 所示，我们从示例程序里删除了 CountupThread 类中的 shutdownRequested 标志并简化了程序。该程序的运行结果与我们预想的一样，请参见图 10-11。但是，这样简化程序后，当 doWork 的处理发生变化时，可能会导致程序无法正常终止。

请只修改 doWork 方法，让程序不会终止。

代码清单 10-8　CountupThread 类（CountupThread.java）

```
public class CountupThread extends Thread {
    // 计数值
    private long counter = 0;

    // 终止请求
    public void shutdownRequest() {
        interrupt();
    }

    // 线程体
    public void run() {
        try {
            while (!isInterrupted()) {
                doWork();
            }
        } catch (InterruptedException e) {
        } finally {
            doShutdown();
        }
    }

    // 操作
    private void doWork() throws InterruptedException {
        counter++;
        System.out.println("doWork: counter = " + counter);
        Thread.sleep(500);
    }

    // 终止处理
    private void doShutdown() {
        System.out.println("doShutdown: counter = " + counter);
    }
}
```

图 10-11 运行结果示例

```
main: BEGIN
doWork: counter = 1
doWork: counter = 2
doWork: counter = 3
doWork: counter = 4
doWork: counter = 5
doWork: counter = 6
doWork: counter = 7
doWork: counter = 8
doWork: counter = 9
doWork: counter = 10
doWork: counter = 11
doWork: counter = 12
doWork: counter = 13
doWork: counter = 14
doWork: counter = 15
doWork: counter = 16
doWork: counter = 17
doWork: counter = 18
doWork: counter = 19
doWork: counter = 20
main: shutdownRequest
doShutdown: counter = 20
main: join
main: END        ←按照预想终止了
```

●习题 10-3（终止处理的实现方法）

请修改示例程序中由 `CountupThread` 类（代码清单 10-1）定义的 `doShutdown` 方法，将 `doShutdown` 方法被调用时的 `counter` 字段的值保存在 `counter.txt` 中。

●习题 10-4（Template Method 模式）

代码清单 10-9 是用于优雅地终止线程的 `GracefulThread` 类。请将示例程序中的 `CountupThread` 类（代码清单 10-1）修改为 `GracefulThread` 类的子类。

代码清单 10-9 GracefulThread 类（GracefulThread.java）

```
public class GracefulThread extends Thread {
    // 发出终止请求后变为 true
    private volatile boolean shutdownRequested = false;

    // 终止请求
    public final void shutdownRequest() {
        shutdownRequested = true;
        interrupt();
    }

    // 检查是否已经发出了终止请求
    public final boolean isShutdownRequested() {
        return shutdownRequested;
    }

    // 线程体
    public final void run() {
        try {
```

```
            while (!isShutdownRequested()) {
                doWork();
            }
        } catch (InterruptedException e) {
        } finally {
            doShutdown();
        }
    }

    // 操作
    protected void doWork() throws InterruptedException {
    }

    // 终止处理
    protected void doShutdown() {
    }
}
```

●习题 10-5（应用于 GUI 程序）

假设我们要编写一个 GUI 应用程序，实现按下 [Execute] 按钮后慢慢地显示 50 个半角句号“.”，按下 [Cancel] 按钮后可以在显示过程中停止显示的功能。

现在，我们编写完成了 Main 类（代码清单 10-10）、MyFrame 类（代码清单 10-11），然后准备由 Service 类（代码清单 10-12）执行实际的处理。我们编写了 Service 类的 service 方法，但是却不知道如何实现 cancel 方法。

我们在没有实现 cancel 方法的状态下试着运行了程序。程序启动后如图 10-12 所示。从按下 [Execute] 按钮开始直至在控制台中显示出“done.”为止（图 10-13），[Execute] 按钮一直处于被按下的状态。因此，在“done.”显示前，我们无法按下 [Cancel] 按钮（图 10-14）。

请修改代码清单 10-12 的 Service 类（如果需要也可增加其他类）来实现按下 [Cancel] 按钮停止服务的功能。请注意：在停止服务时需要先显示 cancel 字符串，之后显示表示服务结束的“done.”。

代码清单 10-10　Main 类（Main.java）

```
public class Main {
    public static void main(String[] args) {
        new MyFrame();
    }
}
```

代码清单 10-11　MyFrame 类（MyFrame.java）

```
import java.io.IOException;
import java.awt.FlowLayout;
import java.awt.event.ActionListener;
import java.awt.event.ActionEvent;
import javax.swing.JFrame;
import javax.swing.JLabel;
import javax.swing.JButton;

public class MyFrame extends JFrame implements ActionListener {
    private final JButton executeButton = new JButton("Execute");
    private final JButton cancelButton = new JButton("Cancel");
    public MyFrame() {
```

```
        super("MyFrame");
        getContentPane().setLayout(new FlowLayout());
        getContentPane().add(new JLabel("Two-Phase Termination Sample"));
        getContentPane().add(executeButton);
        getContentPane().add(cancelButton);
        executeButton.addActionListener(this);
        cancelButton.addActionListener(this);
        setDefaultCloseOperation(JFrame.EXIT_ON_CLOSE);
        pack();
        setVisible(true);
    }
    public void actionPerformed(ActionEvent e) {
        if (e.getSource() == executeButton) {
            // 开始运行服务
            Service.service();
        } else if (e.getSource() == cancelButton) {
            // 停止服务
            Service.cancel();
        }
    }
}
```

代码清单 10-12　未编写完成的 Service 类（Service.java）

```
public class Service {
    // 开始运行服务
    public static void service() {
        System.out.print("service");
        for (int i = 0; i < 50; i++) {
            System.out.print(".");
            try {
                Thread.sleep(100);
            } catch (InterruptedException e) {
            }
        }
        System.out.println("done.");
    }

    // 停止服务
    public static void cancel() {
        // 未实现
    }
}
```

图 10-12　启动后的界面

图 10-13　控制台的显示

```
service..................................................done.
```

图 10-14 从按下 [Execute] 按钮开始直至显示出“done.”为止都无法按下 [Cancel] 按钮

●习题 10-6（volatile 的意义）

在示例程序中，我们将 shutdownRequested 字段声明为了 volatile 字段，这是为什么呢？

提示 与 Java 内存模型有关。

●习题 10-7（改善响应性）

Main 类（代码清单 10-13）和 HanoiThread 类（代码清单 10-14）是用来解决汉诺塔（Tower of Hanoi）谜题的程序。汉诺塔是爱德华・卢卡斯[①] 发明的谜题，这里描述如下。

- 立着 3 根宝石针（A, B, C）
- 其中一根宝石针上串着多个金片（图 10-15 中为 3 枚）
- 金片的大小各不相同
- 可以将一个宝石针最上面的金片取出来并串在其他宝石针上
- 小金片可以在大金片上面，但是反过来不行

谜题的目的在于将宝石针上的所有金片都移动到另外一根宝石针上。

图 10-15 汉诺塔

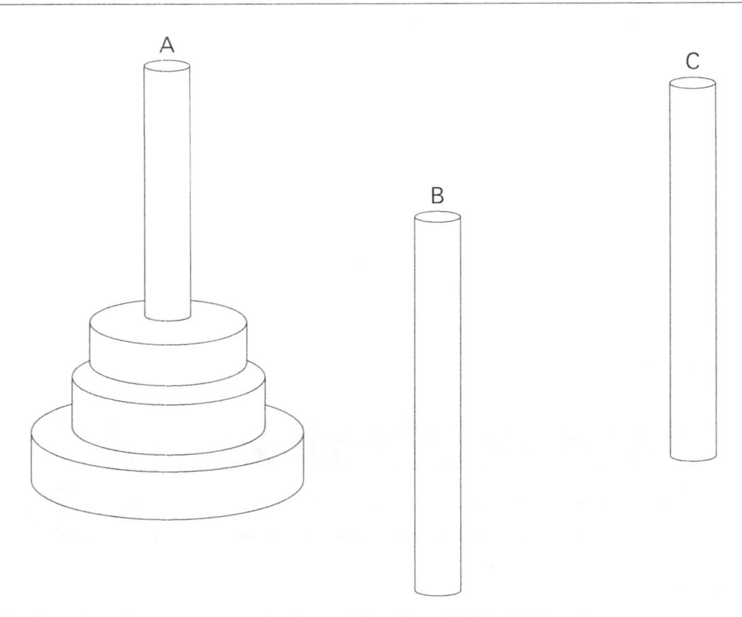

启动程序后，调用一次 doWork 方法即可解决汉诺塔谜题。HanoiThread 类（代码清单

① Edouard Lucas（1842 年 4 月 ~ 1891 年 10 月），法国数学家，以研究斐波那契数列而著名。
——编者注

10-14）中的 doWork 方法的参数表示金片的数量。程序运行结果示例（图 10-16）中的如下字符串表示将 A 宝石针最上方的金片移动至 B 宝石针上。

```
A -> B
```

接下来，Main 类会调用 HanoiThread 类去一步一步解决汉诺塔谜题，然后在大概 10 秒后，向线程发出终止请求。这样，线程就会如程序运行结果示例显示的那样终止。这里从发出终止请求（调用 shutdownRequest 方法）到实际进入终止处理（doShutdown 方法被调用）一共花费了大约 7681 毫秒。

请修改程序，缩短从接收到终止请求开始到进入终止处理之间的时间（latency）。

代码清单 10-13　Main 类（Main.java）

```
public class Main {
    public static void main(String[] args) {
        System.out.println("main: BEGIN");
        try {
            // 启动线程
            HanoiThread t = new HanoiThread();
            t.start();

            // 稍微间隔一段时间
            Thread.sleep(10000);

            // 线程的终止请求
            System.out.println("main: shutdownRequest");
            t.shutdownRequest();

            // 等待线程终止
            System.out.println("main: join");
            t.join();
        } catch (InterruptedException e) {
            e.printStackTrace();
        }
        System.out.println("main: END");
    }
}
```

代码清单 10-14　HanoiThread 类（HanoiThread.java）

```
public class HanoiThread extends Thread {
    // 发出终止请求后变为 true
    private volatile boolean shutdownRequested = false;
    // 发出终止请求的时间
    private volatile long requestedTimeMillis = 0;

    // 终止请求
    public void shutdownRequest() {
        requestedTimeMillis = System.currentTimeMillis();
        shutdownRequested = true;
        interrupt();
    }

    // 检查是否发出了终止请求
    public boolean isShutdownRequested() {
        return shutdownRequested;
    }

    // 线程体
```

```
    public void run() {
        try {
            for (int level = 0; !isShutdownRequested(); level++) {
                System.out.println("==== Level " + level + " ====");
                doWork(level, 'A', 'B', 'C');
                System.out.println("");
            }
        } catch (InterruptedException e) {
        } finally {
            doShutdown();
        }
    }

    // 操作
    private void doWork(int level, char posA, char posB, char posC) throws Interrupted
Exception {
        if (level > 0) {
            doWork(level - 1, posA, posC, posB);
            System.out.print(posA + "->" + posB + " ");
            doWork(level - 1, posC, posB, posA);
        }
    }

    // 终止处理
    private void doShutdown() {
        long time = System.currentTimeMillis() - requestedTimeMillis;
        System.out.println("doShutdown: Latency = " + time + " msec.");
    }
}
```

图 10-16 运行结果示例

```
main: BEGIN
==== Level 0 ====

==== Level 1 ====
A->B
==== Level 2 ====
A->C A->B C->B
==== Level 3 ====
A->B A->C B->C A->B C->A C->B A->B
==== Level 4 ====
A->C A->B C->B A->C B->A B->C A->C A->B C->B C->A B->A C->B A->C A->B C->B
==== Level 5 ====
A->B A->C B->C A->B C->A C->B A->B A->C B->C B->A C->A B->C A->B A->C B->C A->B
C->A C->B A->B C->A B->C B->A C->A C->B A->B A->C B->C A->B C->A C->B A->B
==== Level 6 ====
A->C A->B C->B A->C B->A B->C A->C A->B C->B C->A B->A C->B A->C A->B C->B A->C
B->A B->C A->C B->A C->B C->A B->A B->C A->C A->B C->B A->C B->A B->C A->C A->B
C->B C->A B->A C->B A->C A->B C->B C->A B->A B->C A->C B->A C->B C->A B->A C->B
A->C A->B C->B A->C B->A B->C A->C A->B C->B C->A B->A C->B A->C A->B C->B
（中间省略）
main: shutdownRequest
（中间省略）
B->C A->B C->A C->B A->B A->C B->C B->A C->A B->C A->B A->C B->C A->B C->A C->B
A->B C->A B->C B->A C->A C->B A->B A->C B->C A->B C->A C->B A->B
doShutdown: Latency = 7681 msec.   ←从接收到终止请求到开始终止处理之间的时间
main: END
```

●习题 10-8（谜题）

这是一道测试大家是否正确理解了 Java 中的中断状态的谜题。

运行代码清单 10-15 中的代码后，会显示什么结果呢?

代码清单 10-15 会显示什么呢（Main.java）

```
public class Main {
    public static void main(String[] args) {
        // 创建线程
        Thread t = new Thread() {
            public void run() {
                while (true) {
                    try {
                        if (Thread.currentThread().isInterrupted()) {
                            throw new InterruptedException();
                        }
                        System.out.print(".");
                    } catch (InterruptedException e) {
                        System.out.print("*");
                    }
                }
            }
        };

        // 启动线程
        t.start();

        // 等待 5 秒
        try {
            Thread.sleep(5000);
        } catch (InterruptedException e) {
        }

        // 只 interrupt 线程一次
        t.interrupt();
    }
}
```

第 11 章 Thread-Specific Storage 模式

一个线程一个储物柜

11.1 Thread-Specific Storage 模式

有一个储物间，里面并排摆放着许多储物柜。一个人拿着自己的钥匙进入了储物间，出来时手上拿着自己的行李。别人也拿着自己的钥匙进入了储物间。但是，虽然进入的是同一个储物间，打开的当然是另外一个储物柜。使用者都会从各自的储物柜中取出自己的行李。

本章，我们将学习 Thread-Specific Storage 模式。

Specific 是“特定的”的意思，Storage 是储存柜、存储装置的意思。因此，所谓 Thread-Specific Storage 就是“每个线程特有的存储柜”“为每个线程准备的存储空间”的意思。

Thread-Specific Storage 模式是一种即使只有一个入口，也会在内部为每个线程分配特有的存储空间的模式。

Thread-Specific Storage 模式还有以下名称。

- Per-Thread Attribute（线程各自的属性）

（见 `java.lang.InheritableThreadLocal` 的 API 文档）
- Thread-Specific Data（线程特有的数据）（见附录 G [Lea][POSA2][Lewis00]）
- Thread-Specific Field（线程特有的字段）（见附录 G [Lea]）
- Thread-Local Storage（线程中的局部存储空间）（见附录 G [POSA2]）

在 Java 标准类库中，`java.lang.ThreadLocal` 类实现了该模式。

11.2 关于 java.lang.ThreadLocal 类

在开始学习本章内容之前，我们先来简单地了解一下 `java.lang.ThreadLocal` 类的相关知识。

java.lang.ThreadLocal 就是储物间

将 `java.lang.ThreadLocal` 的实例当作一种集合可能会有助于大家理解它。也就是说，一个 `ThreadLocal` 的实例会管理多个对象。

如果拿本章开篇的比喻来说，也可以将 `java.lang.ThreadLocal` 的实例看作储物间。这里的重点在于它并非一个储物柜，而是一个有着许多储物柜的储物间。

由于一个 `ThreadLocal` 的实例可以管理多个对象，所以 `ThreadLocal` 定义了可以“存储”（`set`）和“获取”（`get`）对象的方法。下面按顺序来讲解这两个方法。

◆set 方法

`ThreadLocal` 类的 `set` 方法用于将通过参数接收的实例与调用该方法的线程（当前线程）对应并存储起来。这里存储的对象可以通过 `get` 方法获取。`set` 方法中没有表示线程的参数。`set` 方法会先查询当前线程（即表达式 `Thread.currentThread()` 的值），然后以它作为键来存储实例。

调用 `set` 方法相当于将自己的行李放置到自己的储物柜中。

◆get 方法

`ThreadLocal` 类的 `get` 方法用于获取与调用 `get` 方法的线程（当前线程）对应的实例。该线程之前通过 `set` 方法存储的实例就是 `get` 方法的返回值。如果之前一次都还没有调用过 `set` 方法，则 `get` 方法的返回值为 `null`。

与 set 方法一样，get 方法中也没有表示线程的参数。这是因为，get 方法也会去查询当前线程。即 get 方法会以当前线程自身作为键去获取对象。

调用 get 方法相当于从自己的储物柜中取出自己的行李。

java.lang.ThreadLocal 与泛型

java.lang.ThreadLocal 是一个泛型类，可以通过参数的类型来指定要存储的对象的类型。ThreadLocal 类的声明大致如下。

```
public class ThreadLocal<T> {
    // 存储
    public void set(T value) {
        ...
    }

    // 获取
    public T get() {
        ...
    }
    ...
}
```

即，通过 ThreadLocal<T> 的 T 指定的类型就是 set 方法的参数的类型以及 get 方法的返回值的类型。

11.3　示例程序 1：不使用 Thread-Specific Storage 模式的示例

在了解 Thread-Specific Storage 模式之前，我们先来看一段不使用该模式的程序。将示例程序 1 的程序记在脑海中，然后再去阅读 11.4 节中的示例程序 2 有助于我们顺利地理解该模式。

示例程序 1 是一个单线程程序，它使用 Log 类的静态方法将日志（程序运行记录）记录在文件中，类图如图 11-1 所示。

表 11-1　示例程序 1 的类的一览表

名字	说明
Log	创建日志的类
Main	测试程序行为的类

图 11-1　示例程序 1 的类图（不使用 Thread-Specific Storage 模式）

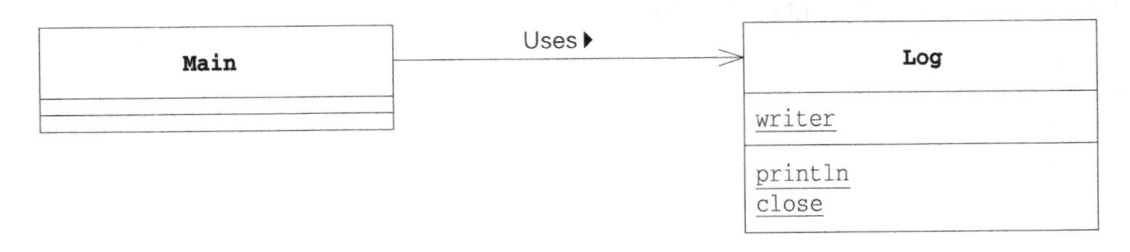

Log 类

Log 类（代码清单 11-1）是用于在名为 log.txt 的文件中记录程序运行记录的类。

writer 字段中保存的是用于写文件的 java.io.PrintWriter 的实例。static {...} 代码块的作用是初始化 writer 字段，并创建一个名为 log.txt 的日志文件。这段代码只会在 Log 类被初始化时执行一次。之所以没有直接初始化 writer，是因为我们需要捕获 IOException 异常。

println 方法是用于将通过参数接收到的字符串写入到文件中的方法。

close 方法是用于关闭日志文件的方法。

println 和 close 都将实际的处理委托给了 writer 字段。

代码清单 11-1　示例程序 1：用于单线程的 Log 类（Log.java）

```
import java.io.PrintWriter;
import java.io.FileWriter;
import java.io.IOException;

public class Log {
    private static PrintWriter writer = null;

    // 初始化writer字段
    static {
        try {
            writer = new PrintWriter(new FileWriter("log.txt"));
        } catch (IOException e) {
            e.printStackTrace();
        }
    }

    // 写日志
    public static void println(String s) {
        writer.println(s);
    }

    // 关闭日志
    public static void close() {
        writer.println("==== End of log ====");
        writer.close();
    }
}
```

该程序收录在本书配套的源代码 ThreadSpecificStorage/Sample1 中

Main 类

Main 类（代码清单 11-2）会使用 Log 类慢慢地（间隔大约 100 毫秒）将 0 至 9 之间的数字输出至日志文件中（图 11-2 和图 11-3）。示例程序 1 的 Timethreads 图如图 11-4 所示。

代码清单 11-2　示例程序 1：Main 类（Main.java）

```
public class Main {
    public static void main(String[] args) {
        System.out.println("BEGIN");
        for (int i = 0; i < 10; i++) {
            Log.println("main: i = " + i);
            try {
```

```
                Thread.sleep(100);
            } catch (InterruptedException e) {
            }
        }
        Log.close();
        System.out.println("END");
    }
}
```

该程序收录在本书配套的源代码 ThreadSpecificStorage /Sample1 中

图 11-2 运行结果

```
BEGIN
END    ←大约 100 毫秒 ×10 = 大约 1 秒后显示
```

图 11-3 生成的日志文件（log.txt）的内容

```
main: i = 0
main: i = 1
main: i = 2
main: i = 3
main: i = 4
main: i = 5
main: i = 6
main: i = 7
main: i = 8
main: i = 9
==== End of log ====
```

图 11-4 示例程序 1 的 Timethreads 图（不使用 Thread-Specific Storage 模式）

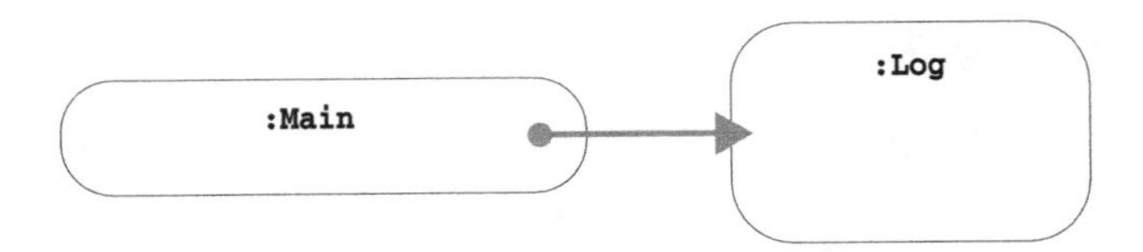

11.4 示例程序 2：使用了 Thread-Specific Storage 模式的示例

上一节中的示例程序 1 是一段再普通不过的程序。调用 `println` 方法后，程序会将字符串写入日志文件 `log.txt` 中，仅此而已。

接下来我们要编写的示例程序 2 会通过不同的线程将字符串写入不同的日志文件中。不过，写入字符串时与示例程序 1 完全相同，都必须调用以下方法。

```
Log.println(要写入文件的字符串);
```

这到底是什么意思呢？其实，我们就是要制作一种程序结构，在其中新编写一个继承了 `Thread`

的类，但是并不在它的字段中保存 PrintWriter 的实例，而是与示例程序 1 一样，只是机械地在方法中调用 Log.println。仅仅这样就可以实现自动地将字符串分配到各个线程的日志文件中。

表 11-2 示例程序 2 的类的一览表

名字	说明
TSLog	创建日志的类（实例属于各个线程所有）
Log	创建日志的类（分配各个线程）
java.lang.ThreadLocal	分配线程特有的存储空间的类
ClientThread	表示调用 Log 的线程的类
Main	测试程序行为的类

图 11-5 的类图中的 {sequential} 约束表示“顺序执行（单线程执行）”的意思。

图 11-5 示例程序 2 的类图（使用了 Thread-Specific Storage 模式）

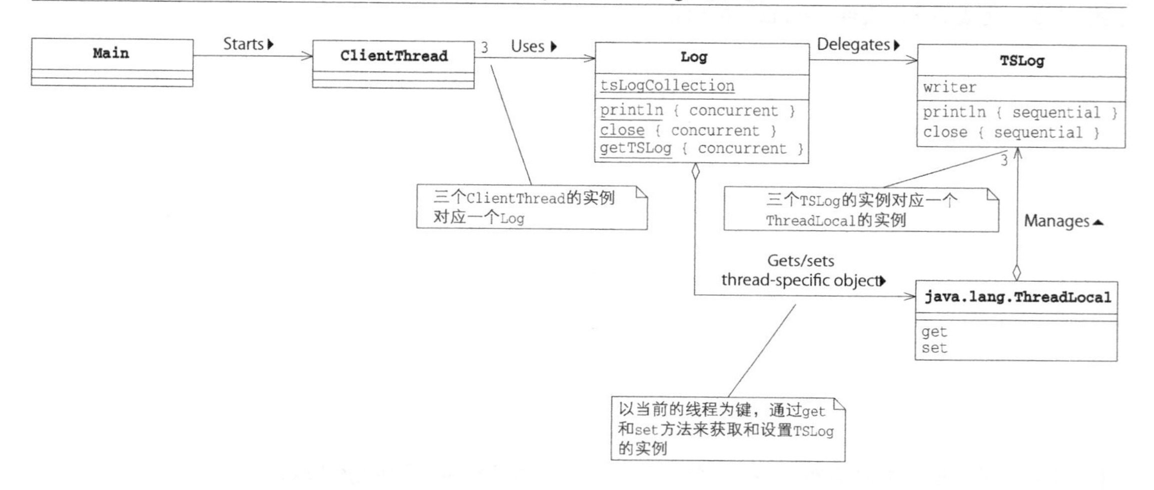

线程特有的 TSLog 类

首先，我们以示例程序 1 中的 Log 类为基础来编写一个类，用于实现记录线程特有的日志。将该类命名为 ThreadSpecificLog 类也无妨，但是这里使用的是缩写 TSLog 类（代码清单 11-3）。

示例程序 1 的 Log 类（代码清单 11-1）中只有静态字段和静态方法。也就是说，它是以“只有一个日志文件”为前提设计而成的。

此外，由于现在需要为每个线程都创建一个 TSLog 类的实例，所以需要将静态字段和静态方法修改为实例字段和实例方法。同时，我们还需要将 static{...} 代码块中的初始化处理移至构造函数中进行。

代码清单 11-3 示例程序 2：TSLog 类（TSLog.java）

```
import java.io.PrintWriter;
import java.io.FileWriter;
import java.io.IOException;

public class TSLog {
    private PrintWriter writer = null;
```

```
    // 初始化 writer 字段
    public TSLog(String filename) {
        try {
            writer = new PrintWriter(new FileWriter(filename));
        } catch (IOException e) {
            e.printStackTrace();
        }
    }

    // 写日志
    public void println(String s) {
        writer.println(s);
    }

    // 关闭日志
    public void close() {
        writer.println("==== End of log ====");
        writer.close();
    }
}
```

该程序收录在本书配套的源代码 ThreadSpecificStorage /Sample2 中

Log 类

请比较一下代码清单 11-4 中的 Log 类与示例程序 1 中的 Log 类（代码清单 11-1）。在这两份代码中，对外公开的方法（println 和 close）的声明是完全一样的，但是它们的实现却完全不同。

代码清单 11-4　示例程序 2：Log 类（Log.java）

```
public class Log {
    private static final ThreadLocal<TSLog> tsLogCollection = new ThreadLocal<TSLog>();

    // 写日志
    public static void println(String s) {
        getTSLog().println(s);
    }

    // 关闭日志
    public static void close() {
        getTSLog().close();
    }

    // 获取线程特有的日志
    private static TSLog getTSLog() {
        TSLog tsLog = tsLogCollection.get();

        // 如果该线程是第一次调用本方法，就新生成并注册一个日志
        if (tsLog == null) {
            tsLog = new TSLog(Thread.currentThread().getName() + "-log.txt");
            tsLogCollection.set(tsLog);
        }

        return tsLog;
    }
}
```

该程序收录在本书配套的源代码 ThreadSpecificStorage /Sample2 中

示例程序 1 的 Log 类定义了一个静态字段——PrintWriter 的实例（writer）。println 和 close 的处理都被委托给了 writer。由于 Log 类只有一个 writer，因此示例程序 1 中的 Log 类是一个对应单线程的类。

示例程序 2 的 Log 类也定义了一个静态字段——java.lang.ThreadLocal 的实例（tsLogCollection）。这个 tsLogCollection 字段就像是保存着各个线程的 TSLog 的实例的储物间。

在示例程序 2 中，println 和 close 都会将处理委托给 getTSLog() 的返回值。

getTSLog 方法用于获取线程特有的 TSLog 的实例。

调用 getTSLog 方法的线程不同，它的返回值也不同。由于该方法会自动地判断当前线程，所以没有必要为每个线程都另外编写一个方法。也就是说，没有必要编写 getTSLogForAlice、getTSLogForBobby 以及 getTSLogForChris 方法。另外，也没有必要将线程的名字作为参数传递给 getTSLog 方法。

getTSLog 方法的处理与从储物柜中取出自己的行李很相似。取出的行李（TSLog 的实例）是属于自己（线程）的物品。

getTSLog 中有一条判断 tsLogCollection.get 的返回值是否为 null 的 if 语句。这是用于判断当前线程是否是第一次调用 getTSLog 方法的语句。返回值为 null 相当于“线程第一次进入储物间，打开自己的储物柜后却发现里面是空的”。而之所以储物柜是空的，是因为还没有将任何行李放入储物柜中——即这是第一次使用储物柜。

在第一次调用 getTSLog 时，线程会新创建一个 TSLog 的实例并将其 set 至 tsLogCollection 中。这相当于线程第一次将自己的行李收纳至自己的储物柜中。这时，我们会在线程自己的名字后面加上 "-log.txt" 作为日志文件名。

ClientThread 类

ClientThread 类（代码清单 11-5）是用于表示调用 Log.println 和 Log.close 的线程的方法。请大家将这里的处理与示例程序 1 中的 Main 类（代码清单 11-2）对比一下。相信大家都看出来了，这里将 Main 类的 main 方法中的处理挪到了 run 方法中。

代码清单 11-5　示例程序 2：ClientThread 类（ClientThread.java）

```
public class ClientThread extends Thread {
    public ClientThread(String name) {
        super(name);
    }
    public void run() {
        System.out.println(getName() + " BEGIN");
        for (int i = 0; i < 10; i++) {
            Log.println("i = " + i);
            try {
                Thread.sleep(100);
            } catch (InterruptedException e) {
            }
        }
        Log.close();
        System.out.println(getName() + " END");
    }
}
```

该程序收录在本书配套的源代码 ThreadSpecificStorage /Sample2 中

Main 类

示例程序 2 的 Main 类（代码清单 11-6）启动了三个 ClientThread 的线程（Alice、Bobby、Chris）。

代码清单 11-6　示例程序 2：Main 类（Main.java）

```
public class Main {
    public static void main(String[] args) {
        new ClientThread("Alice").start();
        new ClientThread("Bobby").start();
        new ClientThread("Chris").start();
    }
}
```

该程序收录在本书配套的源代码 ThreadSpecificStorage /Sample2 中

程序运行结果如图 11-6 所示。

图 11-6　运行结果

```
Alice BEGIN
Bobby BEGIN
Chris BEGIN
Alice END
Bobby END
Chris END
（这里创建了 Alice-log.txt、Bobby-log.txt、Chris-log.txt）
```

图 11-7 展示了 Alice、Bobby、Chris 这三个 ClientThread 通过 Log 类使用线程特有的 TSLog 对象的情形。从图中可以看出，虽然这三个线程调用的是 Log 类的同一个方法，但是实际上它们使用的却是各个线程特有的 TSLog 的实例。

请大家对比一下图 11-7 与示例程序 1 的 Timethreads 图（图 11-4）。

这里创建的各个日志文件中的内容与在示例程序 1 中创建出的日志文件的内容（图 11-3）是相同的。

图 11-7　示例程序 2 的 Timethreads 图（使用了 Thread-Specific Storage 模式）

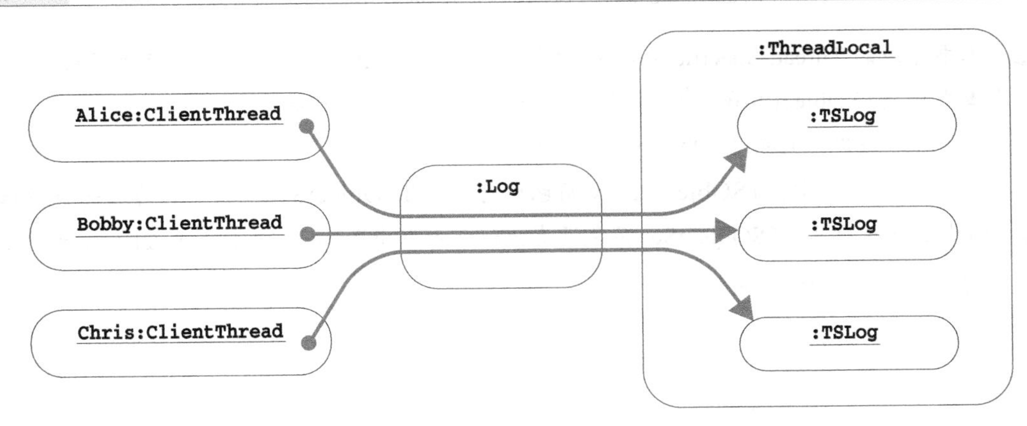

11.5 Thread-Specific Storage 模式中的登场角色

在 Thread-Specific Storage 模式中有以下登场角色。另外，如果在每个角色的名字前面都加上 Thread-Specific 就太冗长了，因此我们将其缩写为了 TS。

◆Client（委托者）

Client 角色将处理委托给 TSObjectProxy 角色。一个 TSObjectProxy 角色会被多个 Client 角色使用。

在示例程序 2 中，由 `ClientThread` 类扮演此角色。

◆TSObjectProxy（线程特有的对象的代理人）

TSObjectProxy 角色会执行多个 Client 角色委托给它的处理。

首先，TSObjectProxy 角色使用 TSObjectCollection 角色获取与 Client 角色对应的 TSObject 角色。接着，它将处理委托给 TSObject 角色。

在示例程序 2 中，由 `Log` 类扮演此角色。

◆TSObjectCollection（线程特有的对象的集合）

TSObjectCollection 角色有一张 Client 角色与 TSObject 角色之间的对应表。

当 `getTSObject` 方法被调用后，它会去查看对应表，返回与 Client 角色相对应的 TSObject 角色。另外，当 `setTSObject` 方法被调用后，它会将 Client 角色与 TSObject 角色之间的键值对应关系设置到对应表中。

在示例程序 2 中，由 `java.lang.ThreadLocal` 类扮演此角色。

◆TSObject（线程特有的对象）

TSObject 角色中保存着线程特有的信息。

TSObject 角色由 TSObjectCollection 角色管理。TSObject 角色的方法只会被单线程调用。

在示例程序 2 中，由 `TSLog` 类扮演此角色。

Thread-Specific Storage 模式的类图如图 11-8 所示。

图 11-9 展示了第一次调用 TSObjectProxy 角色时，线程新创建 TSObject 角色的情形。另外，图 11-10 展示了多个 Client 角色使用它们各自特有的 TSObject 角色的情形。

注意 本书介绍的 Thread-Specific Storage 模式与附录 G 的 [POSA2] 中的内容有所不同。

在本书中，TSObjectProxy 角色中只有一个 TSObjectCollection 角色，而且 `java.lang.ThreadLocal` 类扮演的是 TSObjectCollection 角色。

但是在 [POSA2] 中，TSObjectProxy 角色中有多个 TSObjectSet 角色，它为每一个线程定义了 TSObjectSet 角色（TSObjectSet 角色没有出现在本书中）。`java.lang.ThreadLocal` 类扮演的是 TSObjectProxy 角色。

图 11-8 Thread-Specific Storage 模式的类图

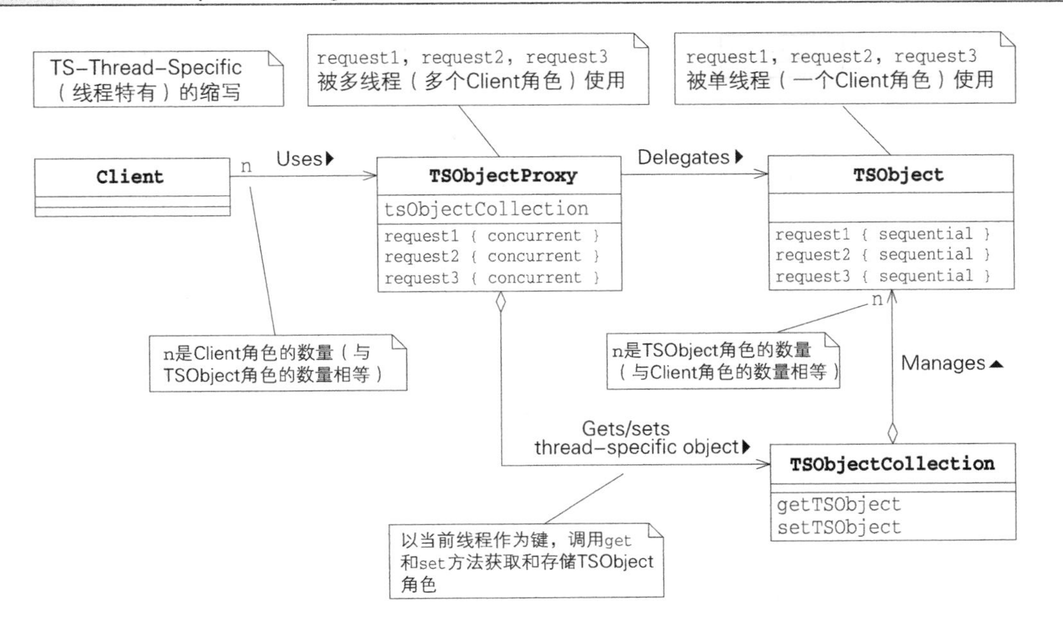

图 11-9 Thread-Specific Storage 模式的时序图（新创建 TSObject 角色）

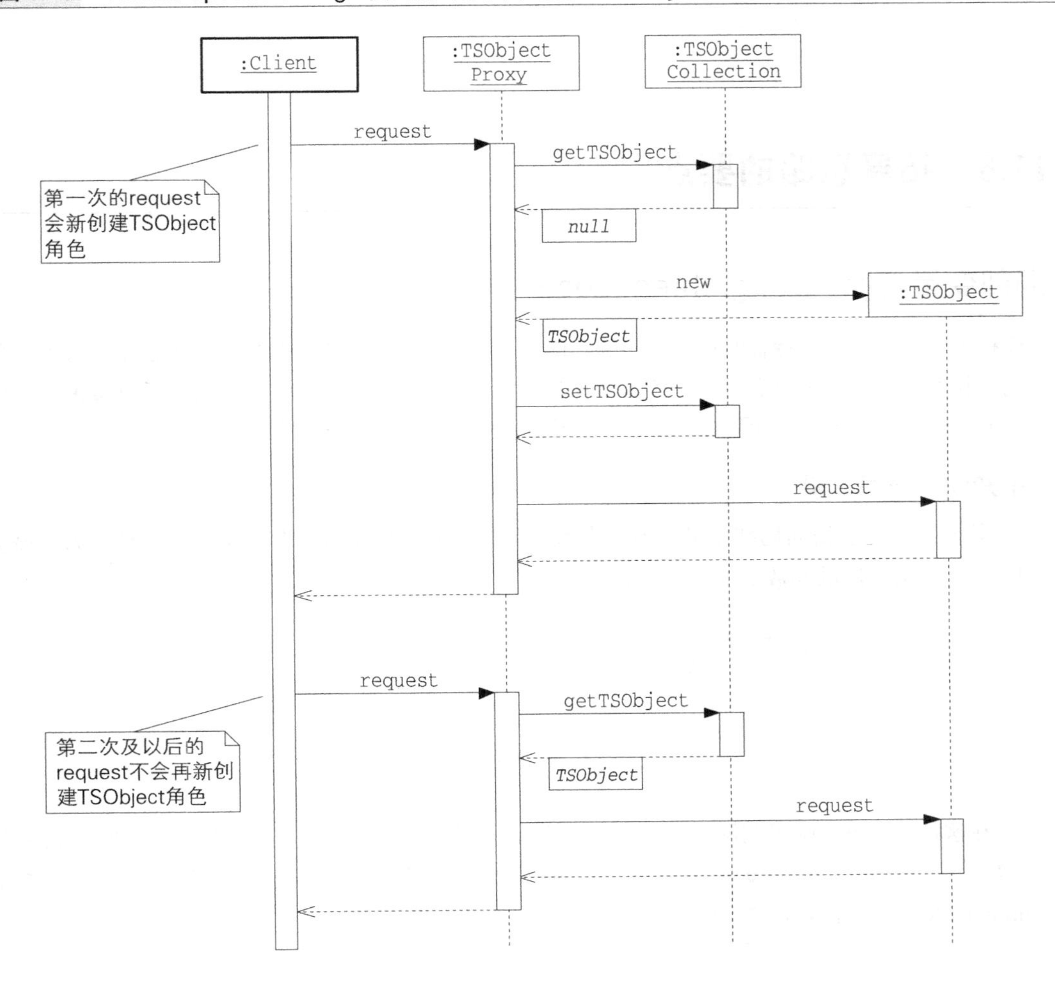

图 11-10 Thread-Specific Storage 模式的时序图（多个 Client 角色访问各自的 TSObject 角色）

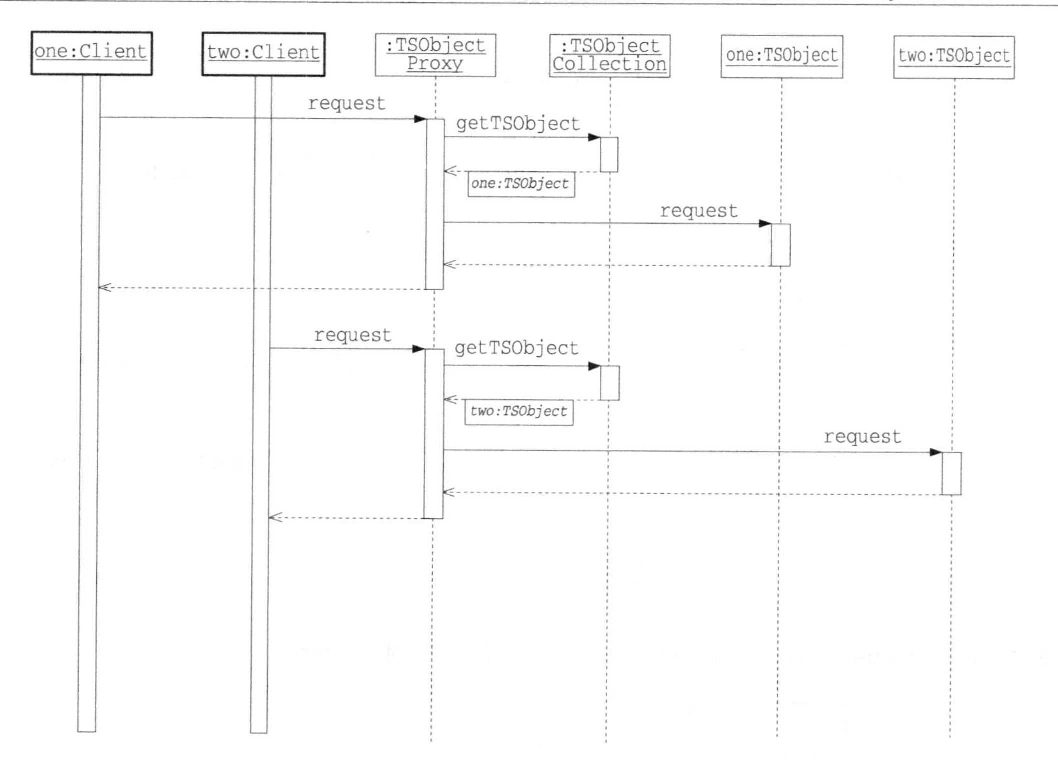

11.6 拓展思路的要点

局部变量与 java.lang.ThreadLocal 类

线程本来都是有自己特有的存储空间的，即用于保存方法的局部变量的栈。方法中定义的局部变量属于该线程特有，其他线程无法访问它们。但是，这些变量在方法调用结束后就会消失。而 `ThreadLocal` 则与方法调用无关，它是一个用于为线程分配特有的存储空间的类。

▶▶ 小知识：局部变量

其他线程无法访问局部变量，但是有可能可以访问局部变量保存的实例。这是因为，该实例可能是作为方法的参数从外部传入的。

```
void method(Object givenobj) {
    Object var1 = givenobj;
    Object var2 = new Object();
    ...
}
```

在这种情况下，除了调用 `method` 的线程，局部变量 `var1` 和 `var2` 不会被其他线程访问。但是，`var1` 保存的 `givenobj` 可能会被其他线程访问。关于这种情况，我们在第 2 章“Immutable 模式”的习题 2-4 中已经了解过了。

保存线程特有的信息的位置

线程特有的信息的“保存位置”有以下两种。

（1）线程外（thread-external）

（2）线程内（thread-internal）

下面将按顺序进行讲解。

◆在线程外保存线程特有的信息

示例程序 2 中的线程特有的信息是 `TSLog` 的实例。在示例程序 2 中，所有的 `TSLog` 的实例都被保存在 `Log` 类中的 `java.lang.ThreadLocal` 的实例中。

`ThreadLocal` 的实例就是储物间，各个线程的储物柜都被集中在这个储物间内。线程并不会背着储物柜四处走动。

像这样，将线程特有的信息保存在线程外部的方法称为“线程外”。将线程特有的信息保存在线程外部的方法不需要修改既有的表示线程的类（在示例程序 2 中是 `ClientThread` 类），所以可以适用于任何线程。但是，随之而来的是表示线程的类的代码可能会变得难以理解。这是因为，仅仅查看表示线程的类的源代码是无法知道其他类中是否还保存着线程特有的信息的。

◆在线程内保存线程特有的信息

假设我们编写了一个 `Thread` 类的子类——`MyThread`。如果在 `MyThread` 中声明字段，该字段就是线程特有的信息。**这就是在线程内保存线程特有的信息。**采用这种方法时，通过阅读线程的源代码可以很容易地知道线程有哪些特有的信息。但是，随之而来的是当以后需要增加线程特有的信息时，必须修改 `MyThread` 类。

我们使用“有”这个词的时候，有时候表示的是“拥有”的意思，有时候也表示实际地“在手上”的意思。例如“有钱”这个词并不一定表示钱就确实地“在手中”。这是因为，有可能钱被存放在了诸如银行这样的 TSObjectCollection 角色里面。

在线程外部保存线程特有的信息的方法与虽然有钱，但是钱不在手中相对应；在线程内部保存线程特有的信息的方法与钱确实地在自己手中相对应。

不必担心其他线程访问

Thread-Specific Storage 是“线程特有的存储空间”的意思。“线程特有”到底是什么意思呢？换种说法就是“只属于该线程”“各个线程各自专用”。如果再换一种表达方式，就是不必担心其他线程会随意地访问。

关于这一点，请大家稍微思考一下。“不会被其他线程随意地访问”这一特性非常重要。这是因为，在多线程编程中，互斥处理非常重要，但是优雅地执行互斥处理是却非常困难。本书，我们学习了对线程执行互斥处理，以防止共享的实例被破坏的方法。同时还了解到由于执行互斥处理后程序性能会下降，所以应当只在必要时执行最低限度的互斥处理。

Thread-Specific Storage 模式为我们提供了一种以线程作为键，让每个线程只能访问它特有的对象的机制。该对象（具体而言就是示例程序 2 中的 `TSLog` 的实例）是以线程为单位保存的，绝对不用担心其他线程会访问该对象。而且，在 Thread-Specific Storage 模式的登场角色中，没有出现互斥处理（可能存在，但它被隐藏在了 TSObjectCollection 角色中）。这是一种非常实用的机制。

接下来让我们更深入地思考一下。仔细思考一下就会发现，线程的互斥处理之所以是必须的，是因为存在着“某种被共享的东西”。我们是为了保护某种被共享的东西才执行互斥处理的。在第 1 章“Single Threaded Execution 模式”中，我们用 SharedResource 角色来表示那些被共享的东西。而在 Thread-Specific Storage 模式中，之所以表面上看不到互斥处理，是因为不存在被共享的东西（SharedResource 角色）。

请大家再回顾一下 Thread-Specific Storage 模式的类图（图 11-8）。允许被多个线程访问的是 TSObjectProxy 角色。接着，TSObjectProxy 角色（使用 TSObjectCollection 角色）将 TSObject 角色分配给了各个线程。在 Thread-Specific Storage 模式中，在多个线程之间被共享的部分只到 TSObjectProxy 角色为止，实际的处理是在将 TSObject 角色分配给每个线程之后才执行的。关于这一点，也可以表述为 TSObjectProxy 角色在分配 TSObject 角色时不会共享 TSObject 角色，因为共享它们会发生问题。

吞吐量的提高很大程序上取决于实现方式

Thread-Specific Storage 模式并没有执行互斥处理。因此，这很容易让人误解为与使用 Single Threaded Execution 模式相比，此时的吞吐量会有所提高。但是，事实并非一定如此。原因如上文所述，可能 TSObjectCollection 角色中执行了隐藏的互斥处理。此外，每次通过 TSObjectProxy 角色调用方法时，使用 TSObjectCollection 角色来获取 TSObject 角色都会产生额外的性能开销。

与强调吞吐量相比，Thread-Specific Storage 模式更看重如下所示的可复用性。

（1）不改变结构即可实现程序

（2）没有显式地执行互斥处理，所以编程时犯错的可能性较小

关于（1），大家应该可以通过将示例程序 1 修改为示例程序 2 的过程理解到。（2）是表示不会有如下危险：自己在实现 Single Threaded Execution 模式时忘记加上 `synchronized` 关键字，或是在实现 Guarded SusPension 模式时弄错守护条件，亦或是引发死锁等。

上下文的危险性

在 Thread-Specific Storage 模式中，TSObjectCollection 角色会自动判断当前的线程。也就是说，我们没有必要将线程的相关信息通过参数传递给 TSObjectCollection 角色。这相当于在程序中引入了上下文。上下文虽然很方便，但是也有一定的危险性。因为开发人员看不到处理中所使用的信息。

上下文这个概念也被用于计算机图像处理中。在计算机图像处理使用到的类库的方法中，参数的数量都会比较多。这是因为，哪怕只是绘制一根线，也需要知道坐标值、坐标系、单位、颜色、线的粗细、画笔的种类等许多信息。为了减少参数的数量，我们需要先定义图像上下文和设备上下文等数据结构。接着，告诉类库“我们希望在这个上下文中处理要调用的方法”。上下文使程序结构变得简单。但是反过来，它也让开发人员难以清楚地掌握处理中到底使用了哪些信息。上下文的危险性与全局变量的危险性非常相似。

找出 Bug 的原因时，我们会关注信息的流向。为了调查传递给方法的参数信息，我们会加入调试语句打印出参数的值。不过，一旦使用了上下文，要想解决问题就会非常困难。这是因为，可能程序以前的行为会导致上下文的异常，从而引发当前的 Bug。

11.7 相关的设计模式

Singleton 模式（附录 G[GoF][Yuki04]）

Singleton 模式是用于确保只会有一个实例的模式。

由于 Thread-Specific Storage 模式的作用是确保线程特有的存储空间，所以可将它看作以线程为单位的 Singleton 模式（引用自附录 G[Lea]）。

在浏览器搜索引擎中输入以下关键词，也可查到相关信息。

- Using ThreadLocal to implement a per-thread Singleton

Worker Thread 模式（第 8 章）

在 Thread-Specific Storage 模式中，执行任务所需的信息是每个线程特有的。即使已经在储物柜中放置了行李，能够打开储物柜的也只有该线程自己。

而在 Worker Thread 模式中，各个线程在完成一项工作后，会被用于完成下一项工作。

因此，通常很难将 Worker Thread 模式和 Thread-Specific Storage 模式结合在一起使用。

Single Threaded Execution 模式（第 1 章）

Thread-Specific Storage 模式会为各个线程分配特有的存储空间。由于可以访问这块存储空间的只能是各个线程自己，所以没有必要使用 Single Threaded Execution 模式执行互斥处理。

Proxy 模式（附录 G[GoF][Yuki04]）

Proxy 模式不用改变对象的接口（API）就可以改变访问对象的方法。在 Thread-Specific Storage 模式中，将 TSObjectProxy 角色实现为 TSObject 角色的代理人的部分使用了 Proxy 模式。

11.8 延伸阅读：基于角色与基于任务

关于线程与线程使用的信息之间的关系，有基于角色（actor-based）和基于任务（task-based）两种思考方式。本节，我们将对这两种方式进行学习。

主体与客体

要想组装塑料模型，以下二者缺一不可。

- **组装塑料模型的人**
- **塑料模型套件（说明书和零件）**

只有组装塑料模型的人或是只有塑料模型套件时，无法完成塑料模型。

下面，假设我们需要让线程去完成一项工作，那么以下二者缺一不可。

- **进行工作的线程**
- **进行工作所需的信息**

无论是组装塑料模型，还是让线程进行工作，以下二者缺一不可。

- **用于做某事的主体**
- **用于做某事的客体**

在设计多线程程序时，根据以 [主体] 为主还是以 [客体] 为主的不同产生了以下两种方式。

- **基于角色：以主体为主**
- **基于任务：以客体为主**

基于角色的考虑方式

所谓基于角色，一言以蔽之即“线程最伟大”的方式。

基于角色的方式即在表示线程的实例中保存进行工作所必需的信息（上下文、状态）。这样可以减少和减轻线程之间的交互信息量。一个线程会使用从其他线程接收到的信息来执行处理，改变自己的内部状态。通常，我们称这样的线程为**角色**。

假设我们要编写一段程序，在这段程序中定义了一个 `Thread` 类的子类，然后在子类中定义了一个字段，并在这个字段中保存与工作相关的信息。这样，我们就完成了一个“小角色”。

角色大致如下。

```
class Actor extends Thread {
    角色的内部状态
    public void run() {
            循环地从外部接收并执行任务，改变内部状态
    }
}
```

第 12 章将讲解的 Active Object 模式也是一种角色。

基于任务的考虑方式

所谓基于任务，一言以蔽之即“任务最伟大”的方式。

基于任务的方式不在线程中保存信息（上下文、状态）。在这种方式下，这些信息不保存在线程中，而是保存在线程之间交互的实例中。而且，不仅是数据，连用于执行请求的方法都定义在其中。像这样在线程之间交互的实例可以称为消息、请求或是命令。这里我们暂且称其为**任务**（task）。由于任务中保存了足够的信息，所以任何线程执行该任务都没有问题。可以说，这是一种富（rich）任务往来于轻线程之间的方式。

使用该方式的一个典型的模式是 Worker Thread 模式（第 8 章）。

我们为带有信息的类加上 `implements Runnable`，然后实现 `run` 方法后，线程就可以执行

该类了。这样就编写完成了一个“小任务”。将编写完成的任务传递给线程后，线程就会进行工作。任务大致如下。

```
class Task implements Runnable{
    进行工作所必须的信息
    public void run() {
        工作的处理内容
    }
}
```

▶▶小知识：基于任务的示例

java.util.TimerTask 类是一个基于任务的类。该类实现了 java.lang.Runnable，它会被 java.util.Timer 类调用。如果要定义一项在一定时间后进行的工作或是定期进行的工作，可以使用 java.util.TimerTask 类。

java.util.concurrent.FutureTask 类也是一个基于任务的类。该类是 Future 模式（第 9 章）的组成部分，它也实现了 java.lang.Runnable。

实际上两种方式是综合在一起的

以上讲解的基于角色和基于任务这两种方式并非是完全分离的。即使在同一个程序中，两种方式也会或多或少地综合在一起。通常会是“角色之间通过任务交互”这种形式。

此外，这里讲解的基于角色和基于任务的分类是 Doug Lea 提出的。详细信息请参见附录 G 中的 [Lea]。

11.9 本章所学知识

在本章中，我们学习了 Thread-Specific Storage 模式。

假设现在手头有一个运行于单线程环境的对象。我们要考虑如何能够将它应用于多线程环境中。这时，假设我们不修改调用该对象的线程，也不修改该对象的接口（API）。

不过，如果通过添加线程的互斥处理来应对多线程，就太困难了。稍不注意就会失去对象的安全性，亦或是引发死锁等，从而失去线程的生存性。

这时候就可以使用 Thread-Specific Storage 模式。首先，我们将被执行的对象作为 TSObject 角色，然后编写一个与 TSObject 角色具有相同接口（API）的 TSObjectProxy 角色。另外，还要编写一个 TSObjectCollection 角色，用于管理“Client 角色→ TSObject 角色”之间的对应关系表。再然后，让 TSObjectProxy 角色使用 TSObjectCollection 角色获取与当前线程对应的 TSObject 角色，并将处理委托给该 TSObject 角色。

使用这样的修改方式时，我们无需对调用对象的线程作任何修改，也不需要修改对象的接口（API）。而且，由于 TSObject 角色一定只会被某个特定的线程调用，所以这部分不需要互斥处理。与多线程相关的部分则被隐藏在了 TSObjectCollection 角色中。

在 Java 中，由 java.lang.ThreadLocal 类扮演 TSObjectCollection 角色。

不过，使用 Thread-Specific Storage 模式后，上下文就会被引入程序中，这会导致难以透彻地理解整体代码。特别需要注意的是，Thread-Specific Storage 模式与 Worker Thread 模式不能结合使用，请不要忘记。

这就是 Thread-Specific Storage 模式。

在 11.8 节中，我们学习了基于角色和基于任务的思考方法。

下面来做一下练习题吧。

11.10 练习题

答案请参见附录 A（P.431）

●习题 11-1（基础知识测试）

阅读下面关于示例程序的内容，叙述正确请打√，错误请打×。

（1）创建了三个 ThreadLocal 的实例。

（2）创建了三个 PrinterWriter 的实例。

（3）ThreadLocal 的 set 方法被调用了三次。

（4）ThreadLocal 的 get 方法被调用了三次。

（5）创建了三个 TSLog 的实例。

（6）创建了三个 Log 的实例。

●习题 11-2（不需要 synchronized 关键字的原因）

阅读示例程序 2，并回答以下两个问题。

（1）为什么 TSLog 类的 println 方法和 close 方法不是 synchronized 方法?

（2）为什么 Log 类的 println 方法和 close 方法不是 synchronized 方法?

●习题 11-3（线程的终止处理）

请修改示例程序 2，实现在线程终止前不关闭日志文件也没问题。也就是说，修改为即使不在 ClientThread 类中显式地执行以下代码，线程也会在终止时自动地关闭日志文件。

```
Log.close();
```

●习题 11-4（构造函数）

我们想在日志中记录构造函数的调用信息，于是修改了示例程序 2 中的 ClientThread 类（代码清单 11-5），修改后如代码清单 11-7 所示。

但是，我们试着运行程序后，Alice-log.txt、Bobby-log.txt 和 Chris-log.txt 中都没有出现“constructor is called.”的字样。请问这是为什么呢?

代码清单 11-7　修改后的 ClientThread 类（ClientThread.java）

```
public class ClientThread extends Thread {
    public ClientThread(String name) {
        super(name);
        Log.println("constructor is called.");
    }
    public void run() {
        System.out.println(getName() + " BEGIN");
        for (int i = 0; i < 10; i++) {
```

```
            Log.println("i = " + i);
            try {
                Thread.sleep(100);
            } catch (InterruptedException e) {
            }
        }
        Log.close();
        System.out.println(getName() + " END");
    }
}
```

●习题 11-5（thread-internal 信息的示例）

请举例说明 `java.lang.Thread` 类在线程内（thread-internal）中保存的特有信息。

●习题 11-6（使用 ThreadLocal 的危险性）

一位开发人员编写了一段使用了示例程序 2 中的 `TSLog` 类（代码清单 11-3）和 `Log` 类（代码清单 11-4）的程序（代码清单 11-8）。

该程序的功能是执行十个“将 `Hello!` 字符串写入日志文件”的任务。

但是，启动程序后，却只创建了三个日志文件。请问这是为什么呢？

代码清单 11-8　Main 类（Main.java）

```
import java.util.concurrent.Executors;
import java.util.concurrent.ExecutorService;

public class Main {
    private static final int TASKS = 10;
    public static void main(String[] args) {
        // 要运行的服务
        ExecutorService service = Executors.newFixedThreadPool(3);
        try {
            for (int t = 0; t < TASKS; t++) {
                // 写日志的任务
                Runnable printTask = new Runnable() {
                    public void run() {
                        Log.println("Hello!");
                        Log.close();
                    }
                };
                // 执行任务
                service.execute(printTask);
            }
        } finally {
            service.shutdown();
        }
    }
}
```

第 12 章 Active Object 模式

接收异步消息的主动对象

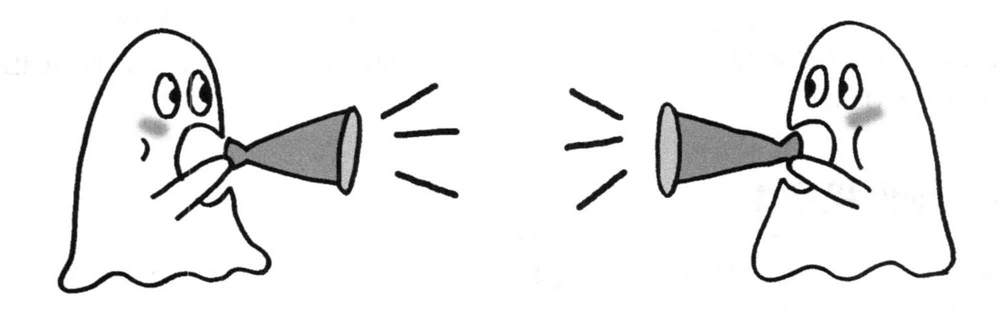

12.1 Active Object 模式

在公司里，许多人都在工作着。有接待人员、销售人员、生产产品的工人、管理人员，还有负责发货和搬运产品的人……正是这些各个岗位上的人们互相协作，公司才能正常运营。如果将公司看作一个整体，它就是一个具有人格的组织——法人。

本章，我们将学习 Active Object 模式。

Active 是“主动的”的意思，因此 Active Object 就是“主动对象”的意思。所谓“主动的”，一般指“有自己特有的线程”。因此，举例来说，Java 的 `java.lang.Thread` 类的实例就是一种主动对象。

不过，在 Active Object 模式中出场的主动对象可不仅仅“有自己特有的线程”。它同时还具有可以从外部接收和处理异步消息并根据需要返回处理结果的特征。

Active Object 模式中的主动对象会通过自己特有的线程在合适的时机处理从外部接收到的异步消息。

在 Active Object 模式中，组成主动对象与许多自然人组成法人类似。即使是 Java 语言这样没有异步消息的编程语言，也可以使用 Active Object 模式组成实际上能够处理异步消息的主动对象。

Active Object 模式综合了 Producer-Consumer 模式（第 5 章）、Thread-Per Message 模式（第 7 章）、Future 模式（第 9 章）等各种模式。因此，建议大家在开始阅读本章之前，先阅读其他相关章节。

Active Object 模式有时也被称为 Actor 模式（见附录 G 中的 [Lea]）和 Concurrent Object 模式（见附录 G 中的 [POSA2]）。

12.2 示例程序 1

在示例程序 1 中，我们将实现具有“生成字符串”（`makeString`）和“显示字符串”（`displayString`）这两种功能（可以处理两种异步消息）的主动对象。

主动对象由 `ActiveObjectFactory` 类创建，实现了 `ActiveObject` 接口。使用主动对象的线程是 `MakerClientThread` 类和 `DisplayClientThread` 类。这些线程会各自向主动对象发送异步的“生成字符串”和“显示字符串”的请求。这些处理自身并不困难，请大家在阅读时着重注意理解程序如何发送异步消息以及程序中的哪些地方切换了线程等程序结构。

示例程序中的类和接口如表 12-1 所示。与主动对象相关的类和接口被整合在了 `activeobject` 包中。如表 12-1 所示，`activeobject` 包中的 `public` 的类和接口用粗体表示。我们可以从包外部访问这些 `public` 的类和接口。

图 12-1 展示了示例程序的类图。另外，由于类图非常复杂，所以我们在图中省略了 `Main`、`DisplayClientThread`、`ActiveObjectFactory` 等各个类。图 12-2 展示了示例程序的时序图。

表 12-1　示例程序 1 的类和接口的一览表（粗体字为 activeobject 包中的 public 的类和接口）

包	名字	说明
无名	Main	测试程序行为的类
无名	MakerClientThread	发出“生成字符串”请求的线程
无名	DisplayClientThread	发出“显示字符串”请求的线程
activeobject	**ActiveObject**	定义“主动对象”的接口（API）的接口
activeobject	**ActiveObjectFactory**	创建“主动对象”的类
activeobject	Proxy	将方法调用转换为 MethodRequest 对象的类（实现了 ActiveObject 的接口）
activeobject	SchedulerThread	调用 execute 方法处理 MethodRequest 对象的类
activeobject	ActivationQueue	按顺序保存 MethodRequest 对象的类
activeobject	MethodRequest	表示请求的抽象类
activeobject	MakeStringRequest	makeString 方法（生成字符串）对应的类。MethodRequest 类的子类
activeobject	DisplayStringRequest	displayString 方法（显示字符串）对应的类。MethodRequest 类的子类
activeobject	**Result**	表示执行结果的抽象类
activeobject	FutureResult	在 Future 模式中表示执行结果的类
activeobject	RealResult	表示实际的执行结果的类
activeobject	Servant	执行实际处理的类（实现了 ActiveObject 接口）

图 12-1 示例程序 1 的类图

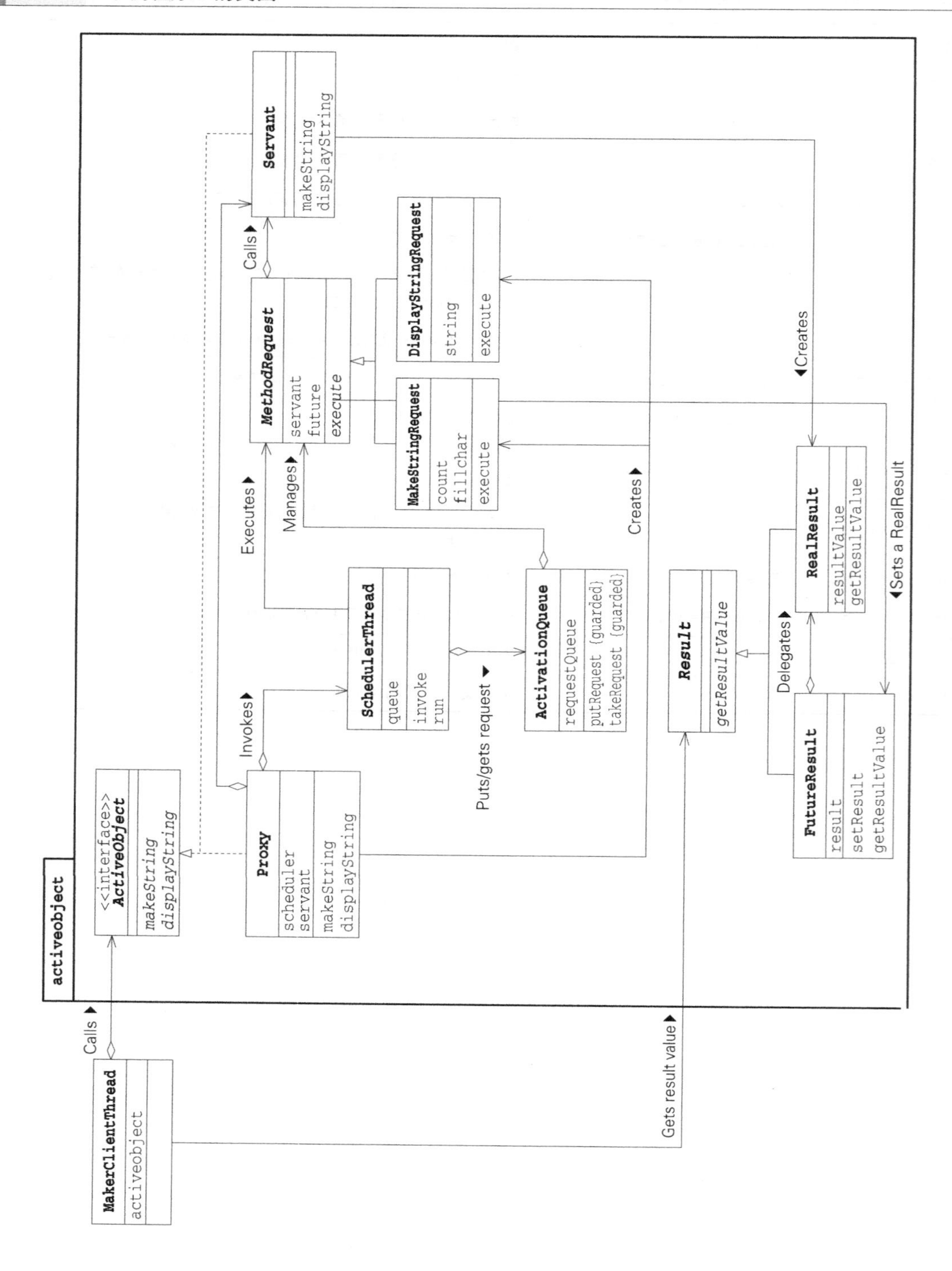

图 12-2 示例程序 1 的时序图

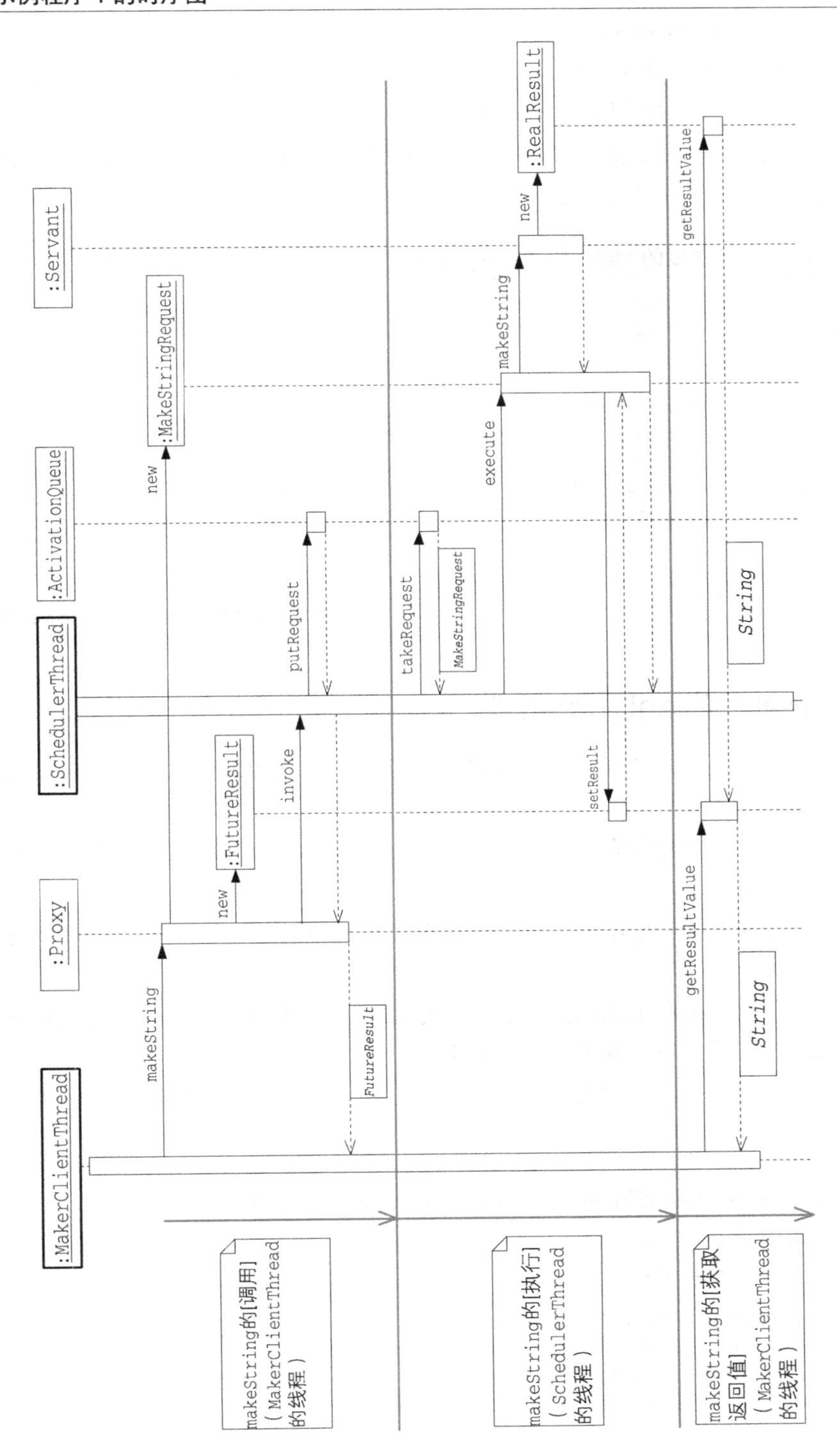

调用方：Main 类

Main 类（代码清单 12-1）是用于测试程序行为的类。Main 类会使用 ActiveObjectFactory

类的 createActiveObject 方法来创建一个“实现了 ActiveObject 接口的类的实例”。然后，它会启动 MakerClientThread 和 DisplayClientThread 的线程。

Main 类会创建两个 MakerClientThread 的实例（Alice 和 Bobby）和一个 DisplayClientThread 的实例（Chris）。

“实现了 ActiveObject 接口的类的实例”这种说法太冗长了，读起来不顺口，我们还是简单地称其为“ActiveObject 对象”吧。

代码清单 12-1　运行测试的 Main 类（Main.java）

```
import activeobject.ActiveObject;
import activeobject.ActiveObjectFactory;

public class Main {
    public static void main(String[] args) {
        ActiveObject activeObject = ActiveObjectFactory.createActiveObject();
        new MakerClientThread("Alice", activeObject).start();
        new MakerClientThread("Bobby", activeObject).start();
        new DisplayClientThread("Chris", activeObject).start();
    }
}
```

该程序收录在本书配套的源代码 ActiveObject/Sample 中

调用方：MakerClientThread 类

MakerClientThread 类（代码清单 12-2）是调用主动对象的 makeString 方法（生成字符串）的线程。

activeObject 字段中保存的是 ActiveObject 对象。MakerClientThread 类会调用该对象的 makeString 方法。

makeString 方法会在被调用后立即返回。这里的调用相当于将“生成字符串”这个异步消息传递给主动对象。

虽然 makeString 的返回值是 Result 类型，但是实际上这里使用的是 Future 模式。使用 getResultValue 方法可以获取实际的返回值。

这里使用 Thread.sleep 方法让处理睡眠了大约 10 毫秒，但是实际上这里本来可以执行其他处理。

代码清单 12-2　MakerClientThread 类（MakerClientThread.java）

```
import activeobject.ActiveObject;
import activeobject.Result;

public class MakerClientThread extends Thread {
    private final ActiveObject activeObject;
    private final char fillchar;
    public MakerClientThread(String name, ActiveObject activeObject) {
        super(name);
        this.activeObject = activeObject;
        this.fillchar = name.charAt(0);
    }
    public void run() {
        try {
            for (int i = 0; true; i++) {
```

```
                // 有返回值的调用
                Result<String> result = activeObject.makeString(i, fillchar);
                Thread.sleep(10);
                String value = result.getResultValue();
                System.out.println(Thread.currentThread().getName() + ": value = " + value);
            }
        } catch (InterruptedException e) {
        }
    }
}
```

该程序收录在本书配套的源代码 ActiveObject/Sample 中

调用方：DisplayClientThread 类

DisplayClientThread 类（代码清单 12-3）与 MakerClientThread 一样，是表示使用 ActiveObject 对象的线程的类。

DisplayClientThread 是调用主动对象的 displayString 方法（显示字符串）的线程。

与 MakerClientThread 的时候一样，displayString 方法会在被调用后立即返回。这里的调用相当于将“显示字符串”这个异步消息传递给主动对象。这里的待显示字符串（string）是通过在线程的名字后面加上 0, 1, 2, …等编号而成的。

因为 displayString 方法没有返回值，所以这里没有使用 Future 模式。

代码清单 12-3 DisplayClientThread 类（DisplayClientThread.java）

```
import activeobject.ActiveObject;
import activeobject.Result;

public class DisplayClientThread extends Thread {
    private final ActiveObject activeObject;
    public DisplayClientThread(String name, ActiveObject activeObject) {
        super(name);
        this.activeObject = activeObject;
    }
    public void run() {
        try {
            for (int i = 0; true; i++) {
                // 没有返回值的调用
                String string = Thread.currentThread().getName() + " " + i;
                activeObject.displayString(string);
                Thread.sleep(200);
            }
        } catch (InterruptedException e) {
        }
    }
}
```

该程序收录在本书配套的源代码 ActiveObject/Sample 中

主动对象方：ActiveObject 接口

前面讲解了 ActiveObject 对象的调用方的程序。接下来，我们来了解一下 ActiveObject 对象的实现方，即主动对象方的程序。

首先，我们来看看 ActiveObject 接口（代码清单 12-4）。该接口定义了主动对象的接口（API）。由于 ActiveObject 接口是 public 的，所以可以从 activeobject 包外部访问它。

代码清单 12-4　ActiveObject 接口（ActiveObject.java）

```
package activeobject;

public interface ActiveObject {
    public abstract Result<String> makeString(int count, char fillchar);
    public abstract void displayString(String string);
}
```

该程序收录在本书配套的源代码 ActiveObject/Sample/activeobject 中

主动对象方：ActiveObjectFactory 类

ActiveObjectFactory 类（代码清单 12-5）是用于构成 ActiveObject 对象的类。在该类中有一个名为 createActiveObject 的静态方法。该方法会创建 ActiveObject 对象。

要想创建 ActiveObject 对象，必须将以下四个类的实例组合起来[①]。

- Servant：执行实际处理的类（实现了 ActiveObject 接口的类）
- ActivationQueue：按顺序保存 MethodRequest 对象的类
- SchedulerThread：调用 execute 方法处理 MethodRequest 对象的类
- Proxy：将方法调用转换为 MethodRequest 对象的类（实现了 ActiveObject 接口）

ActiveObjectFactory 类是 public 的，因此也可以从包外部访问该类。

代码清单 12-5　ActiveObjectFactory 类（ActiveObjectFactory.java）

```
package activeobject;

public class ActiveObjectFactory {
    public static ActiveObject createActiveObject() {
        Servant servant = new Servant();
        ActivationQueue queue = new ActivationQueue();
        SchedulerThread scheduler = new SchedulerThread(queue);
        Proxy proxy = new Proxy(scheduler, servant);
        scheduler.start();
        return proxy;
    }
}
```

该程序收录在本书配套的源代码 ActiveObject/Sample/activeobject 中

主动对象方：Proxy 类

Proxy 类（代码清单 12-6）会被 MakerClientThread 类和 DisplayClientThread 类调用，其任务在于将方法的调用转换为对象（实例）。

请看看它的 makeString 方法。该方法利用接收到的参数创建了一个 MakeStringRequest

① 为了让大家更容易地理解 ActiveObject 对象的创建，本书引入了 ActiveObjectFactory 类。但是附录 G 中的 [POSA2] 一书描述的 ActiveObject 模式中是不包含该类的。

的实例，接着将这个实例传递给了 scheduler 的 invoke 方法。即，将下面的这个方法调用（1）转换为了实例——（2）[①]。

```
activeObject.makeString(...)          (1)
new MakeStringRequest(...)            (2)
```

这里到底进行了什么处理呢？实际上，这里的处理就是我们在 8.4 节学习过的“调用与执行的分离”。Proxy 类相当于方法的调用。因为它不会执行方法，所以 Proxy 的 makeString 方法会立即返回。

makeString 的返回值是 FutureResult 的实例。从名字就可以看出，这里使用了 Future 模式。

接下来我们来看看 displayString 方法。与 makeString 相比，displayString 就简单得多了。这是因为，displayString 是一个没有返回值的方法。displayString 会创建一个 DisplayStringRequest 的实例，然后将其传递给 scheduler 的 invoke 方法，仅此而已。由于没有返回值，所以这里无需使用 Future 模式。

请注意：虽然 Proxy 类是 activeobject 包中的类，但是 makeString 方法和 displayString 方法分别运行于 MakerClientThread 和 DisplayClientThread 的线程中。在多线程程序中，清楚地知道各方法分别运行于哪个线程中是非常重要的。

由于 Proxy 类不是 public 的，所以无法从 activeobject 包外部直接访问它。但是，Proxy 实现（implements）了 ActiveObject 接口，所以我们可以将其当作 ActiveObject 对象，从包外访问它。

代码清单 12-6　Proxy 类（Proxy.java）

```
package activeobject;

class Proxy implements ActiveObject {
    private final SchedulerThread scheduler;
    private final Servant servant;
    public Proxy(SchedulerThread scheduler, Servant servant) {
        this.scheduler = scheduler;
        this.servant = servant;
    }
    public Result<String> makeString(int count, char fillchar) {
        FutureResult<String> future = new FutureResult<String>();
        scheduler.invoke(new MakeStringRequest(servant, future, count, fillchar));
        return future;
    }
    public void displayString(String string) {
        scheduler.invoke(new DisplayStringRequest(servant, string));
    }
}
```

该程序收录在本书配套的源代码 ActiveObject/Sample/activeobject 中

主动对象方：SchedulerThread 类

SchedulerThread 类（代码清单 12-7）是 Active Object 模式的核心部分。

① 由于方法调用被转换为了实例，所以可以被存放在队列中。这与 Command 模式（见附录 G 中的 [GoF][Yuki04]）的思想很相似。

SchedulerThread 中有一个队列（queue），用于保存来自 Proxy 类的请求。当 invoke 方法被调用后，queue 中会增加一个请求（request）。

由于 SchedulerThread 是 java.lang.Thread 类的子类，所以它实现了执行线程的 run 方法。run 方法会从 queue 中取出一个请求（takeRequest），然后执行（execute）该请求。

向 queue 中增加 request 的部分相当于对“主动对象”方法的“调用”。另外，执行 request 的 execute 方法的部分相当于对“主动对象”方法的“执行”。

细心的读者可能已经注意到了以下两个线程是不同的线程。

（1）调用 invoke 方法的线程
（2）调用 execute 方法的线程

（1）是调用了 Proxy 类的 makeString 方法和 displayString 方法的线程。具体而言，是与 MakerClientThread 和 DisplayClientThread 对应的线程。

与此相对，（2）是与 SchedulerThread 类对应的线程。

从头开始阅读本书的读者一定会想：“啊，这不就是第 5 章讲解的 Producer-Consumer 模式吗？”确实，执行 invoke 方法的线程是 Producer 角色，它会通过 putRequest 方法将 request 添加至 queue 中。执行 execute 方法的线程是 Consumer 角色，它会通过 takeRequest 方法从 queue 中取出 request。使用 Producer-Consumer 模式可以将 MakeStringRequest 的实例和 DisplayStringRequest 的实例安全地从 Producer 角色的线程传递给 Consumer 角色的线程。

代码清单 12-7 SchedulerThread 类（SchedulerThread.java）

```
package activeobject;

class SchedulerThread extends Thread {
    private final ActivationQueue queue;
    public SchedulerThread(ActivationQueue queue) {
        this.queue = queue;
    }
    public void invoke(MethodRequest request) {
        queue.putRequest(request);
    }
    public void run() {
        while (true) {
            MethodRequest request = queue.takeRequest();
            request.execute();
        }
    }
}
```

该程序收录在本书配套的源代码 ActiveObject/Sample/activeobject 中

主动对象方：ActivationQueue 类

ActivationQueue 类（代码清单 12-8）与 Producer-Consumer 模式里的 Channel 角色对应。putRequest 方法用于将请求添加到队列中，takeRequest 方法用于从队列中取出请求。

代码清单 12-8 的实现方式是：通过常量 MAX_METHOD_REQUEST 指定可以保存的请求的最大数量。当要保存的请求数量超过了这个数量时，线程会在 putRequest 方法中 wait。这就是我们已熟知的 Guarded Suspension 模式（第 3 章）。反过来，当保存的请求一个都没有，线程却要取出请求时，线程就会在 takeRequest 方法中 wait。这也是 Guarded Suspension 模式。

由于 putRequest 和 takeRequest 并没有声明 throws InterruptedException，所以此处使用的是让 ActiveObject 类忽略 Interrupt 的设计方式（见 5.6 节）。

代码清单 12-8 ActivationQueue 类（ActivationQueue.java）

```
package activeobject;

class ActivationQueue {
    private static final int MAX_METHOD_REQUEST = 100;
    private final MethodRequest[] requestQueue;
    private int tail;       // 下次 putRequest 的位置
    private int head;       // 下次 takeRequest 的位置
    private int count;      // MethodRequest 的数量

    public ActivationQueue() {
        this.requestQueue = new MethodRequest[MAX_METHOD_REQUEST];
        this.head = 0;
        this.tail = 0;
        this.count = 0;
    }
    public synchronized void putRequest(MethodRequest request) {
        while (count >= requestQueue.length) {
            try {
                wait();
            } catch (InterruptedException e) {
            }
        }
        requestQueue[tail] = request;
        tail = (tail + 1) % requestQueue.length;
        count++;
        notifyAll();
    }
    public synchronized MethodRequest takeRequest() {
        while (count <= 0) {
            try {
                wait();
            } catch (InterruptedException e) {
            }
        }
        MethodRequest request = requestQueue[head];
        head = (head + 1) % requestQueue.length;
        count--;
        notifyAll();
        return request;
    }
}
```

该程序收录在本书配套的源代码 ActiveObject/Sample/activeobject 中

主动对象方：MethodRequest 类

MethodRequest 类（代码清单 12-9）表示抽象化的请求。

具体的请求是 MakeStringRequest 类和 DisplayStringRequest 类，它们都是 MethodRequest 的子类。

MethodRequest 的 servant 字段中保存的是负责实际处理的 Servant 的实例。

future 字段保存的是用于设置返回值的 FutureRequest 的实例。如果请求没有返回值，那么该字段将不会被使用，会被赋值为 null。

考虑到子类可能会使用 servant 字段和 future 字段，这里将它们定义为了 protected 字段。

execute 方法是一个抽象方法，没有方法体。这里传达了设计者的意图：必须在子类中实现 execute 方法。所谓“实现 execute 方法”是指编写执行请求的处理的具体内容。

代码清单 12-9 MethodRequest 类（MethodRequest.java）

```
package activeobject;

abstract class MethodRequest<T> {
    protected final Servant servant;
    protected final FutureResult<T> future;
    protected MethodRequest(Servant servant, FutureResult<T> future) {
        this.servant = servant;
        this.future = future;
    }
    public abstract void execute();
}
```

该程序收录在本书配套的源代码 ActiveObject/Sample/activeobject 中

主动对象方：MakeStringRequest 类

MakeStringRequest 类（代码清单 12-10）是表示“生成字符串”的类。

MakeStringRequest 与 ActiveObject 接口的 makeString 方法相对应。实际上创建 MakeStringRequest 的实例的是 Proxy 类的 makeString 方法。

如果大家能够理解 Future 模式，那么理解这个类应该也不难。

MakeStringRequest 类中有 count 和 fillchar 两个字段，这两个字段正好与 makeString 方法的参数相对应。

execute 方法会调用 servant 的 makeString 方法。这与“执行”请求相对应。调用 future 的 setResult 与“设置请求的返回值”相对应。

MakeStringRequest 类是以类来表示的 ActiveObject 接口的 makeString 方法。那么到底如何将方法表示为类呢？下面让我们仔细看一下其中的对应关系，具体如下所示。

- makeString 方法的参数与 MakeStringRequest 的实例字段对应
- makeString 方法的调用与 MakeStringRequest 的实例的创建和 SchedulerThread 的 invoke 方法的调用对应
- makeString 方法的执行与 servant 的 makeString 方法的调用对应
- makeString 方法的返回值与通过 setResult 向 future 设置的 result 对应

代码清单 12-10 MakeStringRequest 类（MakeStringRequest.java）

```
package activeobject;

class MakeStringRequest extends MethodRequest<String> {
    private final int count;
    private final char fillchar;
    public MakeStringRequest(Servant servant, FutureResult<String> future, int count,
char fillchar) {
        super(servant, future);
        this.count = count;
```

```
        this.fillchar = fillchar;
    }
    public void execute() {
        Result<String> result = servant.makeString(count, fillchar);
        future.setResult(result);
    }
}
```

该程序收录在本书配套的源代码 ActiveObject/Sample/activeobject 中

主动对象方：DisplayStringRequest 类

DisplayStringRequest 类（代码清单 12-11）是表示“显示字符串”的类。

该类对应 ActiveObject 接口的 displayString 方法。实际上创建 DisplayStringRequest 的实例的是 Proxy 类的 displayString 方法。

execute 方法会调用 servant 的 displayString 方法。它与代码清单 12-10 中的 MakeStringRequest 类的一个很大的区别是：displayString 方法没有“返回值”。也正是因为它没有“返回值”，所以这里没有使用 Future 模式。

代码清单 12-11 DisplayStringRequest 类（DisplayStringRequest.java）

```
package activeobject;

class DisplayStringRequest extends MethodRequest<Object> {
    private final String string;
    public DisplayStringRequest(Servant servant, String string) {
        super(servant, null);
        this.string = string;
    }
    public void execute() {
        servant.displayString(string);
    }
}
```

该程序收录在本书配套的源代码 ActiveObject/Sample/activeobject 中

主动对象方：Result 类

Result 类（代码清单 12-12）相当于 Future 模式中的 VirtualData 角色。Result 类有两个子类：扮演 Future 角色的 FutureResult 类和扮演 RealData 角色的 RealResult 类。

如果大家已经理解了 Future 模式，那么上面的说明应该足够了。使用模式可以让了解模式的开发人员之间的沟通变得更加轻松。

Result 的 getResultValue 方法是抽象方法，需要子类去实现该方法。

代码清单 12-12 Result 类（Result.java）

```
package activeobject;

public abstract class Result<T> {
    public abstract T getResultValue();
}
```

该程序收录在本书配套的源代码 ActiveObject/Sample/activeobject 中

主动对象方：FutureResult 类

`FutureResult` 类（代码清单 12-13）扮演 Future 模式中的 Future 角色，用于操作返回值。我们可以使用 `setResult` 方法设置返回值，使用 `getResultValue` 方法获取返回值。

`getResultValue` 方法使用了 Guarded Suspension 模式，其中的守护条件是“返回值已经被设置了”。

代码清单 12-13 FutureResult 类（FutureResult.java）

```
package activeobject;

class FutureResult<T> extends Result<T> {
    private Result<T> result;
    private boolean ready = false;
    public synchronized void setResult(Result<T> result) {
        this.result = result;
        this.ready = true;
        notifyAll();
    }
    public synchronized T getResultValue() {
        while (!ready) {
            try {
                wait();
            } catch (InterruptedException e) {
            }
        }
        return result.getResultValue();
    }
}
```

该程序收录在本书配套的源代码 ActiveObject/Sample/activeobject 中

主动对象方：RealResult 类

`RealResult` 类（代码请求 12-14）相当于 Future 模式中的 RealData 角色。它是为了使用 Future 模式，而用 `resultValue` 包装而成的类。为了使其具有通用性，这里使用了 J2SE 5.0 中的泛型特性，用参数类型 `T` 表示 `resultValue` 的类型。

代码清单 12-14 RealResult 类（RealResult.java）

```
package activeobject;

class RealResult<T> extends Result<T> {
    private final T resultValue;
    public RealResult(T resultValue) {
        this.resultValue = resultValue;
    }
    public T getResultValue() {
        return resultValue;
    }
}
```

该程序收录在本书配套的源代码 ActiveObject/Sample/activeobject 中

主动对象方：Servant 类

本章的示例程序 1 中有很多类，是不是已经有读者感到厌烦了呢？但是，接下来仍然需要大家提高注意力。因为这里是示例程序 1 中的关键部分。

Servant 类（代码清单 12-15）是在 ActiveObject 一方中负责实际处理的部分。它有 makeString 和 displayString 两个方法，并在其中执行实际处理。

然后 Servant 类实现了 ActiveObject 接口，可以说这里是示例程序 1 中最优雅的部分。也就是说，Proxy 类和 Servant 类都实现了 ActiveObject 这个共同接口。

这样一来，就可以从代码上非常明确地看出以下两者是一致的。

- 主动对象可以调用的方法群（由 Proxy 类实现的方法群）
- 主动对象可以实际执行的方法群（由 Servant 类实现的方法群）

请大家再次注意一下哪些类对包外公开。

- ActiveObject 接口：是 public 的
- Proxy 类：不是 public 的（默认的可见性）
- Servant 类：不是 public 的（默认的可见性）

主动对象的接口（API）部分被作为 ActiveObject 接口对外公开了。而 Proxy 类和 Servant 类作为实现部分被隐藏在 activeobject 包内部了。

代码清单 12-15　Servant 类（Servant.java）

```
package activeobject;

class Servant implements ActiveObject {
    public Result<String> makeString(int count, char fillchar) {
        char[] buffer = new char[count];
        for (int i = 0; i < count; i++) {
            buffer[i] = fillchar;
            try {
                Thread.sleep(100);
            } catch (InterruptedException e) {
            }
        }
        return new RealResult<String>(new String(buffer));
    }
    public void displayString(String string) {
        try {
            System.out.println("displayString: " + string);
            Thread.sleep(10);
        } catch (InterruptedException e) {
        }
    }
}
```

该程序收录在本书配套的源代码 ActiveObject/Sample/activeobject 中

示例程序 1 的运行

示例程序 1 的运行结果如图 12-3 所示。Alice 通过 makeString 方法生成了由相同字母 A 组成的连续的字符串（空字符串，A, AA, AAA, ...），Bobby 通过 makeString 方法生成了由相同字母 B 组成的连续的字符串（空字符串，B, BB, BBB, ...）。Chris 则通过 displayString 重复地显示 Chris 0, Chris 1, Chris 2, ...这样的字符串。

ActiveObject 在执行 Alice 和 Bobby 的处理（生成字符串）的同时，还接收来自 Chris 的显示字符串的请求。随着 Alice 和 Bobby 生成的字符串越来越长，处理需要的时间也越来越长。因此，Chris 的处理（显示字符串）会渐渐地被集中在一起执行。

图 12-3 运行结果示例

```
displayString: Chris 0
Alice: value =
Bobby: value =
Alice: value = A
Bobby: value = B
Alice: value = AA
displayString: Chris 1
Bobby: value = BB
displayString: Chris 2
Alice: value = AAA
displayString: Chris 3
displayString: Chris 4
Bobby: value = BBB
Alice: value = AAAA
displayString: Chris 5
displayString: Chris 6
Bobby: value = BBBB
displayString: Chris 7
displayString: Chris 8
Alice: value = AAAAA
displayString: Chris 9
displayString: Chris 10
Bobby: value = BBBBB
displayString: Chris 11
displayString: Chris 12
Alice: value = AAAAAA
displayString: Chris 13
displayString: Chris 14
displayString: Chris 15
（以下省略。按 CTRL+C 终止程序）
```

12.3 ActiveObject 模式中的登场角色

在 ActiveObject 模式中有以下登场角色。由于登场角色众多，与图 12-4 对照着阅读会有助于大家理解。另外，本模式还运用了之前学习过的其他模式，请在阅读时注意确认这些模式。

◆Client（委托者）

Client 角色调用 ActiveObject 角色的方法来委托处理，它能够调用的只有 ActiveObject 角色提供的方法。调用这些方法后，（如果 ActivationQueue 角色没有满）程序控制权会立即返回。

虽然 Client 角色只知道 ActiveObject 角色，但它实际调用的是 Proxy 角色。

Client 角色在获取处理结果时，会调用 VirtualResult 角色的 getResultValue 方法。这里使用了 Future 模式。

在示例程序 1 中，由 MakerClientThread 类和 DispalyClientThread 类扮演此角色。

◆ActiveObject（主动对象）

ActiveObject 角色定义了主动对象向 Client 角色提供的接口（API）。

在示例程序 1 中，由 ActiveObject 接口扮演此角色①。

◆Proxy（代理人）

Proxy 角色负责将方法调用转换为 MethodRequest 角色的对象。转换后的 MethodRequest 角色会被传递给 Scheduler 角色。

Proxy 角色实现了 ActiveObject 角色提供的接口（API）。

调用 Proxy 角色的方法的是 Client 角色。将方法调用转换为 MethodRequest 角色，并传递给 Scheduler 角色的操作都是使用 Client 角色的线程进行的。

在示例程序 1 中，由 Proxy 类扮演此角色。

◆Scheduler

Scheduler 角色负责将 Proxy 角色传递来的 MethodRequest 角色传递给 ActivationQueue 角色，以及从 ActivationQueue 角色取出并执行 MethodRequest 角色这两项工作。

Client 角色的线程负责将 MethodRequest 角色传递给 ActivationQueue 角色。

而从 ActivationQueue 角色取出并执行 MethodRequest 角色这项工作则是使用 Scheduler 角色自己的线程进行的。在 ActiveObject 模式中，只有使用 Client 角色和 Scheduler 角色时才会启动新线程。

Scheduler 角色会把 MethodRequest 角色放入 ActivationQueue 角色或者从 ActivationQueue 角色取出 MethodRequest 角色。因此，Scheduler 角色可以判断下次要执行哪个请求。**如果想实现请求调度的判断逻辑，可以将它们实现在 Scheduler 角色中**。也正是因为如此，我们才将其命名为 Scheduler。

在示例程序 1 中，由 SchedulerThread 类扮演此角色。SchedulerThread 并没有进行特殊的调度，而只是执行 FIFO（First In First Out，先进先出）处理。

◆MethodRequest

MethodRequest 角色是与来自 Client 角色的请求对应的角色。MethodRequest 定义了负责执行处理的 Servant 角色，以及负责设置返回值的 Future 角色和负责执行请求的方法（execute）。②

MethodRequest 角色为主动对象的接口（API）赋予了对象的表象形式。

在示例程序 1 中，由 MethodRequest 类扮演此角色。

◆ConcreteMethodRequest

ConcreteMethodRequest 角色是使 MethodRequest 角色与具体的方法相对应的角色。对于

---

① 本书导入了 ActiveObject 角色，以使接口（API）更加明确，但是附录 G 中的 [POSA2] 中并没有 ActiveObject 角色。在 [POSA2] 中，Client 角色直接调用了 Proxy 角色。

② 在附录 G 中的 [POSA2] 中，方法名不是 execute，而是 call。

ActiveObject 角色中定义的每个方法，会有各个类与之对应，比如 MethodAlphaRequest、MethodBetaRequest...。为了便于大家看出它们与 methodAlpha、methodBeta 等方法名的对应关系，图 12-4 中并没有使用 ConcreteMethodRequest 这个名字，而是使用 methodAlphaRequest、methodBetaRequest 等名字来表示。

各个 ConcreteMethodRequest 角色中的字段分别与方法的参数相对应。

在示例程序 1 中，由 MakeStringRequest 类和 DisplayStringRequest 类扮演此角色。其中，MakeStringRequest 类对应 makeString 方法（生成字符串），DisplayStringRequest 类对应 displayString 方法（显示字符串）。

◆Servant（仆人）

Servant 角色负责实际地处理请求。

调用 Servant 角色的是 Scheduler 角色的线程。Scheduler 角色会从 ActivationQueue 角色取出一个 MethodRequest 角色（实际上是 ConcreteMethodRequest 角色）并执行它。此时，Scheduler 角色调用的就是 Servant 角色的方法。

Servant 角色实现了 ActiveObject 角色定义的接口（API）。

Proxy 角色会将请求转换为 MethodRequest 角色，而 Servant 角色则会实际地执行该请求。Scheduler 角色介于 Proxy 角色和 Servant 角色之间，负责管理按照什么顺序执行请求。

在示例程序 1 中，由 Servant 类扮演此角色。

◆ActivationQueue（主动队列）

ActivationQueue 角色是保存 MethodRequest 角色的类。

调用 putRequest 方法的是 Client 角色的线程，而调用 takeRequest 方法的是 Scheduler 角色的线程。这里使用了 Producer-Consumer 模式。

在示例程序 1 中，由 ActivationQueue 类扮演此角色。

◆VirtualResult（虚拟结果）

VirtualResult 角色与 Future 角色、RealResult 角色共同构成了 Future 模式。

Client 角色在获取处理结果时会调用 VirtualResult 角色（实际上是 Future 角色）的 getResultValue 方法。

在示例程序 1 中，由 Result 类扮演此角色。

◆Future（期货）

Future 角色是 Client 角色在获取处理结果时实际调用的角色。当处理结果还没有出来的时候，它会使用 Guarded Suspension 模式让 Client 角色的线程等待结果出来。

在示例程序 1 中，由 FutureResult 类扮演此角色。

◆RealResult（真实结果）

RealResult 角色是表示处理结果的角色。Servant 角色会创建一个 RealResult 角色作为处理结果，然后调用 Future 角色的 setRealResult 方法将其设置到 Future 角色中。

在示例程序 1 中，由 RealResult 类扮演此角色。

Active Object 模式的时序图如图 12-5 所示，Timethreads 图如图 12-6 所示。

图 12-4 Active Object 模式的类图

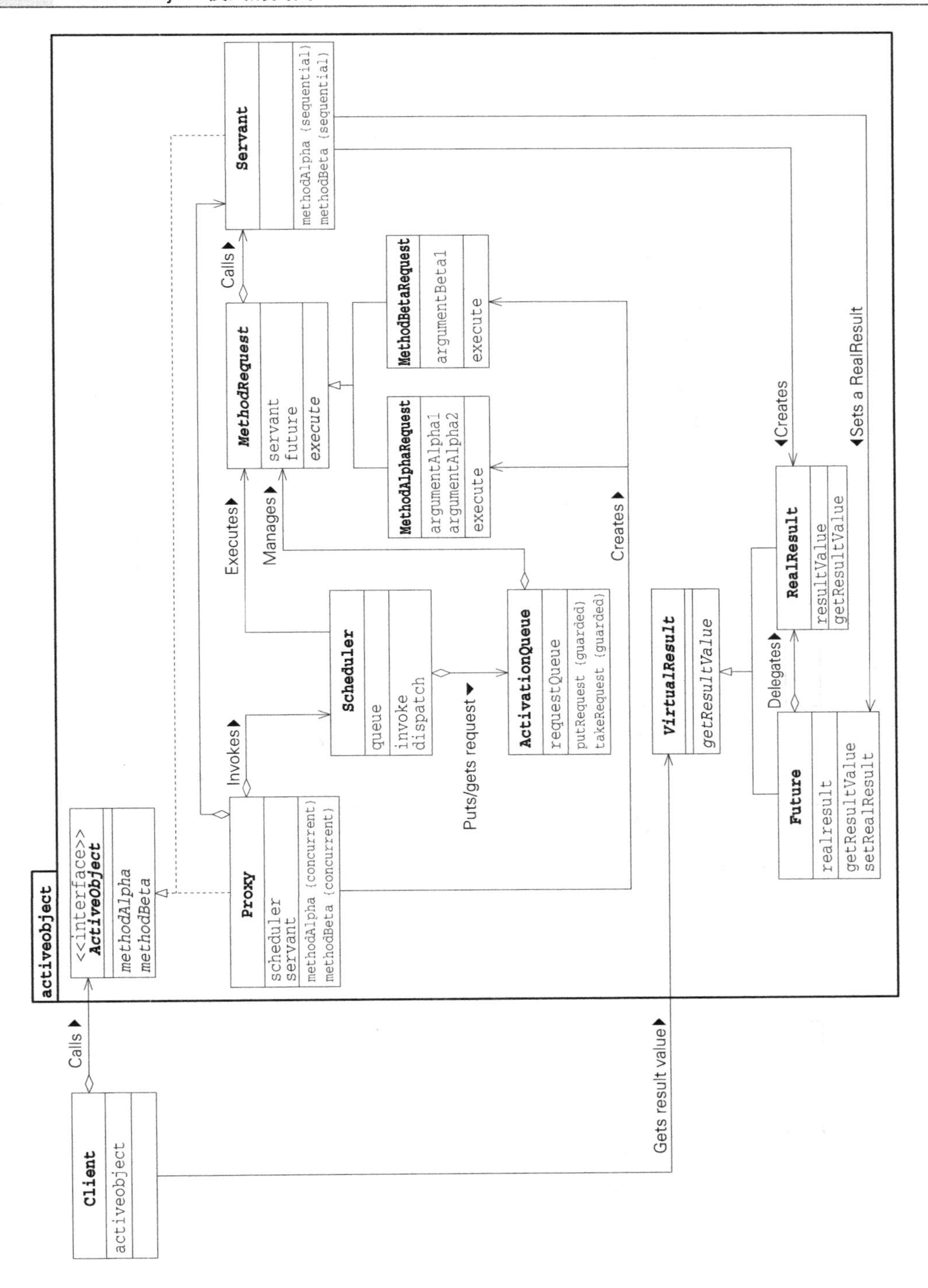

图 12-5 Active Object 模式的时序图

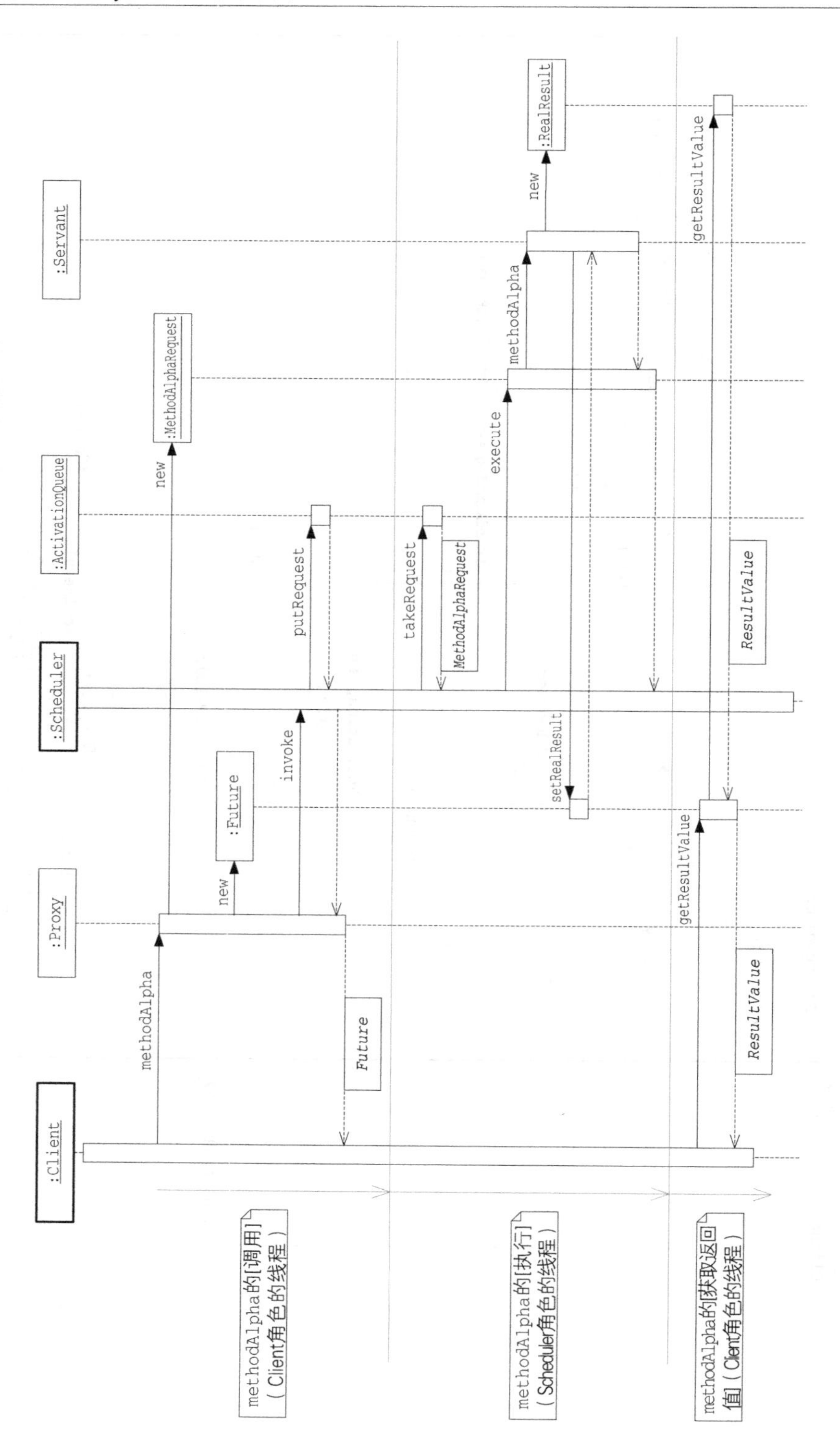

图 12-6 Active Object 模式的 Timethreads 图

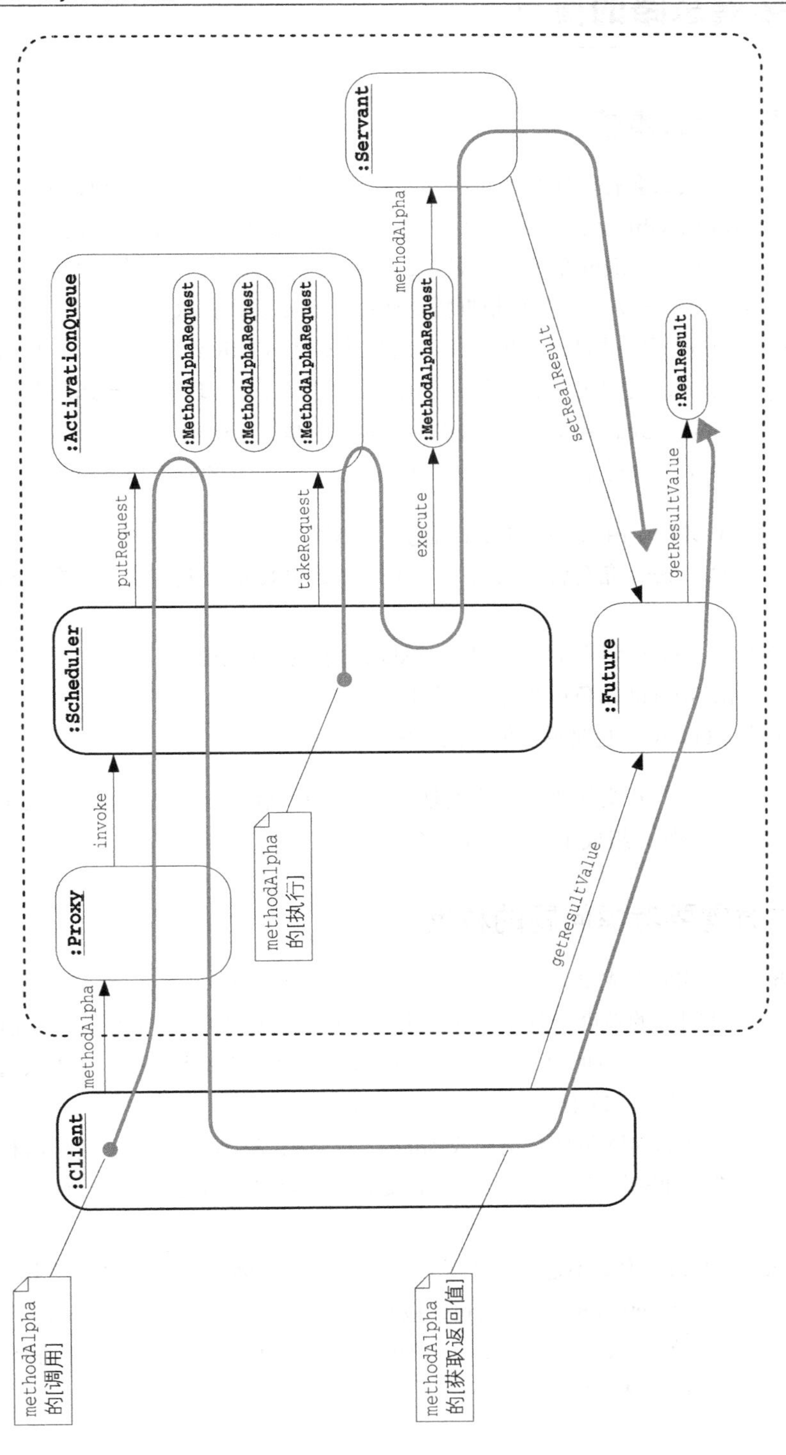

12.4 拓展思路的要点

到底做了些什么事情

读到这里，可能大家会有这样的疑问："本章使用了各种模式，非常有趣，不过这其中到底做了些什么事情呢？"Active Object 模式的类图（图 12-4）非常复杂。这里，我们稍微退后一步，来看看模式的整体结构。左侧有 Client 角色，右侧有 `activeobject` 包中的各个登场角色。Client 角色会调用 ActiveObject 角色的方法，然后根据需要使用 Future 模式获取返回值。

与通常的实现方式不同的是，这里的"方法"并不是由 Client 角色的线程执行的。也就是说，通过 Active Object 模式，我们实现了"异步方法"，也可以说是实现了"异步消息"。

下面我们再来看看 `activeobject` 包中的内容。这里，`activeobject` 包中的所有登场角色互相协作，组成了一个主动对象，大家看出来了吗？这个主动对象具有以下特征。

- 定义了接口（API）：由 ActiveObject 角色定义 API
- 接收异步消息：Proxy 角色将方法调用转换为 MethodRequest 角色后保存在 ActivationQueue 角色中
- 与 Client 角色运行于不同的线程：由 Scheduler 角色提供线程
- 执行处理：由 Servant 角色单线程执行处理
- 返回返回值：Future 角色是返回值的提货单

请大家回忆一下本章开头的比喻。法人是由许多人相互协作而组成的。在 Active Object 模式中，是许多对象互相协作，组成了一个主动对象。

运用模式时需要考虑问题的粒度

Active Object 模式的组成要素众多，是一个非常庞大的模式。因此，在运用该模式时，必须注意问题的粒度。所谓问题的粒度，是指问题的大小，也就是用于解决问题的每个处理到底有多大。12.2 节介绍的"生成字符串"和"显示字符串"这两个问题的粒度太小了，并不太适合使用 Active Object 模式（不过问题的粒度越小越有利于大家理解模式的结构……）。

举例而言，大粒度的问题包括根据接收到的字符串从大量 Web 页面中搜索出相关页面，根据给定的密码和明文进行加密的模块，以及发送和接收大量数据的网关（见附录 G 中的 [POSA2]）等都是大粒度的问题。

为什么 Active Object 模式不适用于小粒度问题呢？这是因为，在这种情况下，我们无法忽略 Proxy 角色创建 ConcreteMethodRequest 角色，以及与 ActivationQueue 角色交互时产生的性能开销。当问题粒度很小时，与使用 ActivationQueue 角色将执行处理的线程统一为一个相比，或许简单地使用 Guarded Suspension 模式性能会更高。

关于并发性

请再看看图 12-4。这次我们重点关注方法上附带的关于并发性的约束。

在 Proxy 角色中，以下方法带有 `{ concurrent }` 约束。这是并发执行的意思。

```
methodAlpha { concurrent }
methodBeta { concurrent }
```

在 Servant 角色中，以下方法带有 `{ sequential }` 约束。这是按顺序执行的意思。

```
methodAlpha { sequential }
methodBeta { sequential }
```

简单说来，就是如下意思。

- **Proxy 角色即使被多个线程调用也没有问题（`{ concurrent }`）**
- **Servant 角色只能被一个线程调用（`{ sequential }`）**

也就是说，与调用 Proxy 角色的方法时相比，调用 Servant 角色的方法时更需要注意。不过，其实没关系。因为调用 Servant 角色的方法的只有 Scheduler 角色的线程这一个线程而已。Proxy 角色可能会被多个线程（Client 角色）不断地调用。但是，如果使用 Producer-Consumer 模式，就可以轻松地应对伴随多线程而来的互斥处理。Client 角色与 Producer-Consumer 模式中的 Producer 角色相对应。而 ActivationQueue 角色和 Scheduler 角色分别与 Channel 角色和 Consumer 角色相对应。

即使有多个 Producer 角色，只要 Consumer 角色只有一个，Consumer 角色就不会被多线程调用。这样，Servant 角色就只会单线程执行。

Active Object 模式可以看作这种模式：为 Servant 角色（以在单线程环境中运行为前提而设计出的角色）套上一件衣服，让其可以被多线程的 Client 角色调用。

关于以单线程方式执行处理的优点，我们已经在 8.6 节了解过了。

增加方法

在示例程序 1 中，`ActiveObject` 接口只有 `makeString` 方法和 `displayString` 这两个方法。它们就是访问主动对象的接口（API）。

请大家思考一下应该如何在示例程序 1 中增加方法。这时候，我们可以按照以下步骤进行修改。

（1）在 `ActiveObject` 接口中增加方法

（2）新编写一个与该方法对应的类——`MethodRequest` 的子类

（3）在 `Proxy` 类中增加方法

（4）在 `Servant` 类中增加方法

如果方法需要返回值，那么就使用 Future 模式。创建 Future 角色是 `Proxy` 类的工作，而创建 RealResult 角色则是 `Servant` 类的工作。

这里不需要修改 `SchedulerThread` 类。因为 `SchedulerThread` 类并不知道“主动对象”的方法，它只是调用 MethodRequest 角色的 `execute` 方法而已。因此，即使 `ActiveObject` 接口中增加了方法也无需修改 `SchedulerThread` 类。

在本章习题 12-2 中，我们将练习如何增加方法。

Scheduler 角色的作用

关于本章中的 Active Object 模式，我们参考了附录 G[POSA2] 中的 Active Object 模式的内容。在 [POSA2] 关于 Active Object 模式的讲解中，Scheduler 角色更多地承担了调度相关的工作。

在 [POSA2] 中，Scheduler 角色如下。首先，各 ConcreteMethodRequest 角色会定义 `guard` 方法。接着，如果可以执行 ConcreteMethodRequest 角色，就让 `guard` 方法返回 `true`。仅当 `guard` 方法的返回值是 `true` 时，Scheduler 角色才会调用 ConcreteMethodRequest 角色的 `execute` 方法①。这样，ConcreteMethodRequest 角色的守护条件就可以整合在它们各自的方法中了。

详细内容，请参见附录 G 中介绍的 [POSA2]。

主动对象之间的交互

本章以“Client 角色使用主动对象”的形式讲解了 Active Object 模式。但是，实际上也可以编写多个主动对象，然后让它们之间互相交互。也就是说，Servant 角色会调用其他 ActiveObject 角色的方法。思考如何制作一个让多个主动对象互相协作的系统也是非常有意思的。

通往分布式——从跨越线程界线变为跨越计算机界线

相信学习到本章的读者在理解方法时一定会思考“这个方法运行于哪个线程呢?”

在 Active Object 模式中，“方法的调用”的部分运行于 Client 角色的线程中，“方法的执行”部分运行于 Scheduler 角色的线程中。这里其实也是 8.4 节讲解过的“调用与执行的分离”：执行 invocation 的线程（Client 角色）与执行 execution 的线程（Scheduler 角色）被分离开了。

如第 8 章提及的那样，如果将线程分离开来，那么就可以很容易地将线程运行于的计算机也分离开来，即将执 invocation 的机器与执行 execution 的计算机分离开，然后用网络将它们连接起来。那么网络之间互相传输的是什么呢？对，就是 MethodRequest 角色和 Result 角色。由于方法的调用和设置返回值都已经被转换为了对象这种“有形的东西”，所以可以通过网络交互。

这可以说是“从跨越线程界线变为了跨越计算机界线”。

在 Java 中，有一种与 Active Object 模式相关的技术叫作 Remote Method Invocation（远程方法调用，RMI）。RMI 是一种可以在本机调用方法，然后网络远端的计算机上执行方法的技术。为了能够在网络间传输对象，RMI 使用了 Java 的**序列化**（serialization）技术。详细内容请参见以下 URL 以及 Java 参考手册。

- Java Remote Method Invocation（RMI）

  `http://docs.oracle.com/javase/8/docs/technotes/guides/rmi/`

12.5 相关的设计模式

Producer-Consumer 模式（第 5 章）

Producer-Consumer 模式用于将 ConcreteMethodRequest 角色安全地从 Client 角色传递给 Scheduler 角色。Producer-Consumer 模式中的 Channel 角色与 Active Object 模式中的 ActivationQueue 角色相对应。

① 在 [POSA2] 中，方法名不是 `execute`，而是 `call`。

Future 模式（第 9 章）

在 Active Object 模式中，Future 模式用于将返回值传递给 Client 角色。

Worker Thread 模式（第 8 章）

在 Active Object 模式中，实现 Scheduler 角色的部分使用了 Worker Thread 模式。

Thread-Specific Storage 模式（第 11 章）

Thread-Specific Storage 模式用于让每个线程持有特有信息。在 Active Object 模式中，调用方法的线程与执行方法的线程是不同的线程，所以很难在 Active Object 模式中运用 Thread-Specific Storage 模式。

12.6 延伸阅读：java.util.concurrent 包与 Active Object 模式

本节，我们将使用 java.util.concurrent 包来编写一个与示例程序 1 几乎具有相同功能的示例程序 2。

类与接口

由于 J2SE 5.0 引入的 java.util.concurrent 包中有许多方便多线程编程的类和接口，所以示例程序 2 的篇幅能够大幅缩小。

示例程序 2 中的类和接口如表 12-2 所示。示例程序 2 中使用到的主要标准类库如表 12-3 所示。此外，图 12-7 展示了示例程序 2 的类图。

表 12-2 示例程序 2 中的类和接口一览（粗体表示 activeobject 包中的 public 的类和接口）

包	类和接口	内容
无名	Main	测试程序行为的类
无名	MakerClientThread	委托 ActiveObject 来生成字符串的线程
无名	DisplayClientThread	委托 ActiveObject 来显示字符串的线程
activeobject	**ActiveObject**	定义主动对象的接口（API）的接口
activeobject	**ActiveObjectFactory**	创建主动对象的类
activeobject	ActiveObjectImpl	实现了 ActiveObject 接口的类（替代示例程序 1 中的 Proxy、Servant）
activeobject	MakeStringRequest	对应 makeString 方法（生成字符串）的类
activeobject	DisplayStringRequest	对应 displayString 方法（显示字符串）的类

表 12-3 示例程序 2 中使用的标准类库（主要的）

类和接口	内容
java.util.concurrent.Executors	用于获取 ExecuteorService 的工具类

（续）

类和接口	内容
java.util.concurrent.ExecutorService	用于提交（submit）请求的接口 （替代示例程序 1 中的 SchedulerThread、ActivationQueue）
java.util.concurrent.Callable	将获取返回值的调用（call）抽象化后的接口 （替代示例程序 1 中的 MethodRequest）
java.util.Runnable	将不获取返回值的调用（run）抽象化后的接口 （替代示例程序 1 中的 MethodRequest）
java.util.concurrent.Future	表示返回值的接口 （替代示例程序 1 中的 Result、FutureResult、RealResult）

图 12-7 示例程序 2 的类图

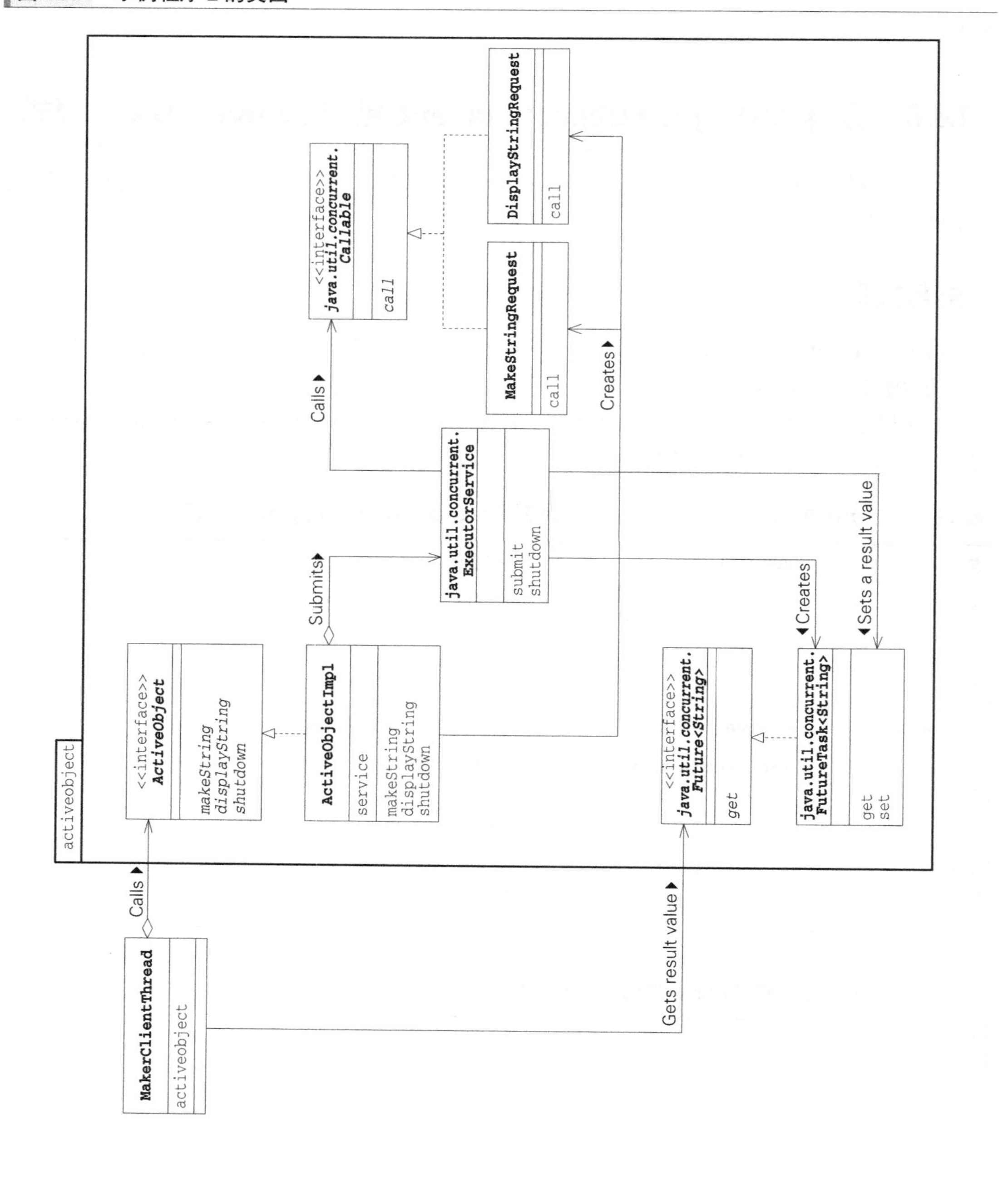

调用方：Main 类

Main 类（代码清单 12-16）是用于测试程序行为的类。Main 类使用 ActiveObjectFactory 类的 createActiveObject 方法创建 ActiveObject 对象，并启动 MakerClientThread 和 DisplayClientThread 的线程。

与示例程序 1 不同的是，在启动线程大约 5 秒后，ActiveObject 的 shutdown 方法会被调用。示例程序 1 中的 ActiveObject 会永远运行下去，但示例程序 2 中的 ActiveObject 可以通过 shutdown 方法终止。

代码清单 12-16　运行测试的 Main 类（Main.java）

```
import activeobject.ActiveObject;
import activeobject.ActiveObjectFactory;

public class Main {
    public static void main(String[] args) {
        ActiveObject activeObject = ActiveObjectFactory.createActiveObject();
        try {
            new MakerClientThread("Alice", activeObject).start();
            new MakerClientThread("Bobby", activeObject).start();
            new DisplayClientThread("Chris", activeObject).start();
            Thread.sleep(5000);
        } catch (InterruptedException e) {
        } finally {
            System.out.println("*** shutdown ***");
            activeObject.shutdown();
        }
    }
}
```

该程序收录在本书配套的源代码 ActiveObject/jucSample 中

调用方：MakerClientThread 类

MakerClientThread 类（代码清单 12-17）是调用 ActiveObject 对象的 makeString 方法（生成字符串）的线程。

与示例程序 1 不同的是，makeString 方法的返回值类型是 Future<String>。这里我们并没有自己实现 Future 模式，而是使用了 java.util.concurrent 包中的 Future 接口。这里还捕获了很多异常，具体内容如表 12-4 所示。

表 12-4　在 MakerClientThread 中捕获的异常

异常	内容
java.util.concurrent.RejectedExecutionException	当 ExecutorService 不接收请求（任务）时抛出
java.util.concurrent.CancellationException	当 Future（FutureTask）被取消时抛出
java.util.concurrent.ExecutionException	若执行请求（任务）时发生异常，则抛出
java.lang.InterruptedException	当 Thread.sleep 被中断时抛出

代码清单 12-17　MakerClientThread 类（MakerClientThread.java）

```
import activeobject.ActiveObject;

import java.util.concurrent.Future;
import java.util.concurrent.RejectedExecutionException;
import java.util.concurrent.CancellationException;
import java.util.concurrent.ExecutionException;

public class MakerClientThread extends Thread {
    private final ActiveObject activeObject;
    private final char fillchar;
    public MakerClientThread(String name, ActiveObject activeObject) {
        super(name);
        this.activeObject = activeObject;
        this.fillchar = name.charAt(0);
    }
    public void run() {
        try {
            for (int i = 0; true; i++) {
                // 有返回值的调用
                Future<String> future = activeObject.makeString(i, fillchar);
                Thread.sleep(10);
                String value = future.get();
                System.out.println(Thread.currentThread().getName() + ": value = " + value);
            }
        } catch (RejectedExecutionException e) {
           System.out.println(Thread.currentThread().getName() + ":" + e);
        } catch (CancellationException e) {
           System.out.println(Thread.currentThread().getName() + ":" + e);
        } catch (ExecutionException e) {
           System.out.println(Thread.currentThread().getName() + ":" + e);
        } catch (InterruptedException e) {
           System.out.println(Thread.currentThread().getName() + ":" + e);
        }
    }
}
```

该程序收录在本书配套的源代码 ActiveObject/jucSample 中

调用方：DisplayClientThread 类

DisplayClientThread 类（代码清单 12-18）与 MakerClientThread 类一样，也是表示调用 ActiveObject 对象的线程的类。

与示例程序 1 不同的是，这里捕获了很多异常。除了 ExecutionException 以外，其他异常都与在 MakerClientThread 类中出现的异常相同（表 12-4）。

代码清单 12-18　DisplayClientThread 类（DisplayClientThread.java）

```
import activeobject.ActiveObject;

import java.util.concurrent.Future;
import java.util.concurrent.RejectedExecutionException;
import java.util.concurrent.CancellationException;

public class DisplayClientThread extends Thread {
    private final ActiveObject activeObject;
    public DisplayClientThread(String name, ActiveObject activeObject) {
```

```
        super(name);
        this.activeObject = activeObject;
    }
    public void run() {
        try {
            for (int i = 0; true; i++) {
                // 没有返回值的调用
                String string = Thread.currentThread().getName() + " " + i;
                activeObject.displayString(string);
                Thread.sleep(200);
            }
        } catch (RejectedExecutionException e) {
            System.out.println(Thread.currentThread().getName() + ":" + e);
        } catch (CancellationException e) {
            System.out.println(Thread.currentThread().getName() + ":" + e);
        } catch (InterruptedException e) {
            System.out.println(Thread.currentThread().getName() + ":" + e);
        }
    }
}
```

该程序收录在本书配套的源代码 ActiveObject/jucSample 中

主动对象方：ActiveObject 接口

ActiveObject 接口（代码清单 12-19）定义了主动对象的接口（API）。

与示例程序 1 不同的是，makeString 的返回值类型为 Future<String>，而且这里增加了 shutdown 方法。要终止 ActiveObject 对象时，可以调用 shutdown 方法。

代码清单 12-19　ActiveObject 接口（ActiveObject.java）

```
package activeobject;

import java.util.concurrent.Future;

public interface ActiveObject {
    public abstract Future<String> makeString(int count, char fillchar);
    public abstract void displayString(String string);
    public abstract void shutdown();
}
```

该程序收录在本书配套的源代码 ActiveObject/jucSample/activeobject 中

主动对象方：ActiveObjectFactory 类

ActiveObjectFactory 类（代码清单 12-20）是用于构成 ActiveObject 对象的类。

与示例程序 1 不同的是，这里不会组建多个对象，而是仅仅返回 ActiveObjectImpl 类的实例。这是因为，使用了 java.util.concurrent 包后，类的结构变得简单了。

代码清单 12-20　ActiveObjectFactory 类（ActiveObjectFactory.java）

```
package activeobject;

public class ActiveObjectFactory {
    public static ActiveObject createActiveObject() {
```

```
        return new ActiveObjectImpl();
    }
}
```

该程序收录在本书配套的源代码 ActiveObject/jucSample/activeobject 中

主动对象：ActiveObjectImpl 类

ActiveObjectImpl 类（代码清单 12-21）是实现了 ActiveObject 接口的类，它可以进行很多工作。该类与示例程序 1 中的 Proxy 和 Servant 相对应。

servant 字段中保存的是通过 Executors.newSingleThreadExecutor 方法获取的 ExecutorService 对象。这样可以确保在这个 ExecutorService 对象的背后只有一个线程（通过 newSingleThreadExecutor 这个名字我们也可以看出来）。

ExecutorService 对象相当于示例程序 1 中的 SchedulerThread 类的实例。另外，虽然从表面上看不出来，但是 ExecutorService 对象的内部保存着一个线程安全的队列，该队列相当于示例程序 1 中的 ActivationQueue 类的实例。

shutdown 方法是用于关闭 service 字段中保存的 ExecutorService 对象的方法。这样一来，ExecutorService 对象就不会再接收新的请求了。

makeString 方法会创建 MakeStringRequest 类的实例，并 submit 给 ExecutorService 对象。

displayString 方法会创建 DisplayStringRequest 类的实例，并在 ExecutorService 中 execute。

可以 submit 和 execute 的是 Callable 对象和 Runnable 对象。MakeStringRequest 类实现了 Callable 接口，而 DisplayStringRequest 类实现了 Runnable 接口。

因为这里使用了 Callable 接口和 Runnable 接口，已经不再需要示例程序 1 中的 MethodRequest 类了，所以我们删除了它。

代码清单 12-21　ActiveObjectImpl 类（ActiveObjectImpl.java）

```
package activeobject;

import java.util.concurrent.Executors;
import java.util.concurrent.ExecutorService;
import java.util.concurrent.Callable;
import java.util.concurrent.Future;

// ActiveObject 接口的实现类
class ActiveObjectImpl implements ActiveObject {
    private final ExecutorService service = Executors.newSingleThreadExecutor();

    // 终止服务
    public void shutdown() {
        service.shutdown();
    }

    // 有返回值的调用
    public Future<String> makeString(final int count, final char fillchar) {
        // 请求
        class MakeStringRequest implements Callable<String> {
            public String call() {
                char[] buffer = new char[count];
```

```
                for (int i = 0; i < count; i++) {
                    buffer[i] = fillchar;
                    try {
                        Thread.sleep(100);
                    } catch (InterruptedException e) {
                    }
                }
                return new String(buffer);
            }
        }
        // 发出请求
        return service.submit(new MakeStringRequest());
    }

    // 没有返回值的调用
    public void displayString(final String string) {
        // 请求
        class DisplayStringRequest implements Runnable {
            public void run() {
                try {
                    System.out.println("displayString: " + string);
                    Thread.sleep(10);
                } catch (InterruptedException e) {
                }
            }
        }
        // 发出请求
        service.execute(new DisplayStringRequest());
    }
}
```

该程序收录在本书配套的源代码 ActiveObject/jucSample/activeobject 中

示例程序 2 的运行

示例程序 2 的运行结果示例如图 12-8 所示。

从 Alice、Bobby、Chris 向 ActiveObject 发出的请求会被不断地处理完成，然后在大约 5 秒后 shutdown 方法会被调用。

shutdown 方法被调用后，ExecutorService 对象将不会再接收新的请求。如果 Alice、Bobby、Chris 继续发出请求，程序会抛出 RejectedExecutionException。这是 Balking 模式（第 4 章）。

即使在 shutdown 方法被调用后，之前接收到的请求也仍然会被执行。当所有请求全部执行完毕后，程序才会完全终止。

图 12-8 示例程序 2 的运行结果示例

```
Alice: value =
Bobby: value =
displayString: Chris 0
Alice: value = A
Bobby: value = B
Alice: value = AA
displayString: Chris 1
displayString: Chris 2
Bobby: value = BB
Alice: value = AAA
displayString: Chris 3
displayString: Chris 4
Bobby: value = BBB
Alice: value = AAAA
displayString: Chris 5
displayString: Chris 6
displayString: Chris 7
Bobby: value = BBBB
displayString: Chris 8
Alice: value = AAAAA
displayString: Chris 9
displayString: Chris 10
displayString: Chris 11
Bobby: value = BBBBB
displayString: Chris 12
displayString: Chris 13
Alice: value = AAAAAA
displayString: Chris 14
displayString: Chris 15
displayString: Chris 16
Bobby: value = BBBBBB
displayString: Chris 17
displayString: Chris 18
*** shutdown ***                   ←执行 ActiveObject 的 shutdown
Chris:java.util.concurrent.RejectedExecutionException     ←Chris 的下一个请求被拒绝
Alice: value = AAAAAAA             ←执行在调用 shutdown 以前接收到的最后一个 Alice 的请求
Alice:java.util.concurrent.RejectedExecutionException     ←Alice 的下一个请求被拒绝
displayString: Chris 19
displayString: Chris 20
displayString: Chris 21
displayString: Chris 22
Bobby: value = BBBBBBB             ←执行在调用 shutdown 以前接收到的最后一个 Bobby 的请求
Bobby:java.util.concurrent.RejectedExecutionException     ←Bobby 的下一个请求被拒绝
displayString: Chris 23
displayString: Chris 24            ←执行在调用 shutdown 以前接收到的最后一个 Chris 的请求
```

12.7 本章所学知识

在本章中，我们学习了 Active Object 模式。

假设现在有委托处理的一方（Client 角色）和执行处理的一方（Servant 角色）。我们不希望当 Servant 角色的处理时间很长或是处理被推迟时，Client 角色受到影响。

另外，除了 Client 角色单向调用 Servant 角色，我们还希望实现双向调用（将执行结果从 Servant 角色返回给 Client 角色），以及处理的委托顺序与执行顺序的相互独立。

这时候，我们就可以使用 Active Object 模式。

我们会将来自 Client 角色的委托实现为对 Proxy 角色的调用。Proxy 角色会将该委托转换为 ConcreteMethodRequest 角色的一个对象，然后通过 Scheduler 角色保存在 ActivationQueue 角色中。使用 Client 角色的线程执行的处理就到此为止了。实际的处理并不是在 Client 角色的线程上执行的。

Scheduler 角色的工作是从 ActivationQueue 角色中取出要执行的 ConcreteMethodRequest 角色并执行。Scheduler 角色与 Client 角色运行在不同的线程上，它通过 ConcreteMethodRequest 角色将处理委托给 Servant 角色。

为了实现双向调用，我们使用了 Future 模式。

这就是 Active Object 模式。

在 12.6 节中，我们使用 `java.util.concurrent` 包实现了 Active Object 模式。

Active Object 模式是由本书讲解过的众多模式组合实现而成的。Active Object 模式组成了一个具有以下特征的“主动对象”。

- 接收来自外部的异步请求
- 能够自由地调度请求
- 可以单线程执行实际的处理
- 可以返回执行结果
- 拥有独立的线程

下面来做一下练习题吧。

12.8 练习题

答案请参见附录 A（P.436）

● 习题 12-1（基础知识测试）

阅读下面关于示例程序 1 的内容，叙述正确请打√，错误请打 ×。

（1）`Proxy` 类（代码清单 12-6）和 `Servant` 类（代码清单 12-15）实现了 `ActiveObject` 接口。

（2）`MakerClientThread` 类（代码清单 12-2）的线程要执行的 `makeString` 方法是在 `Servant` 类（代码清单 12-15）中实现的。

（3）每次调用 `displayString` 方法时，程序都会创建一个新的线程。

（4）由于 `Servant` 类（代码清单 12-15）会被多个线程访问，所以需要执行互斥处理。

（5）`ActivationQueue` 类（代码清单 12-8）的 `putRequest` 方法会被多个线程调用。

（6）`ActivationQueue` 类（代码清单 12-8）的 `takeRequest` 方法会被多个线程调用。

（7）如果在 `MakerClientThread` 类（代码清单 12-2）的线程调用 `getResultValue` 方法时，字符串还没有生成，线程会 `wait`。

（8）要生成的字符串越长，`Servant` 类（代码清单 12-15）的 `makeString` 方法所花费的时间就会越多。

（9）`MakerClientThread` 类（代码清单 12-2）的线程在调用 `makeString` 方法时，参数 `count` 的值越大，从该方法返回所需的时间就越长。

●习题 12-2（增加方法）

请在示例程序 1 和示例程序 2 的主动对象中增加一个对任意精度的整数进行加法运算的 add 方法。要实现任意精度的整数的加法，可以使用 java.math.BigInteger 类。

◆示例程序 1 的情况

我们如下定义 add 方法。

```
public Result<String> add(String x, String y)
```

这里的参数 x 和参数 y 是字符串，表示的是像 "1234" 这样的十进制整数。而返回值是在调用 getResultValue 方法时获取的对象，即 String 类型的实例，是用字符串表示的 x 和 y 的加法运算结果。当发生某种错误时，getResutlValue 方法会返回 null。期待的运行结果示例如图 12-9 所示。

代码清单 12-22　修改后的、示例程序 1 的 Main 类（Main.java）

```
import activeobject.ActiveObject;
import activeobject.ActiveObjectFactory;

public class Main {
    public static void main(String[] args) {
        ActiveObject activeObject = ActiveObjectFactory.createActiveObject();
        new AddClientThread("Diana", activeObject).start();
    }
}
```

代码清单 12-23　在示例程序 1 中新增的 AddClientThread 类（AddClientThread.java）

```
import activeobject.ActiveObject;
import activeobject.Result;

public class AddClientThread extends Thread {
    private final ActiveObject activeObject;
    private String x = "1";
    private String y = "1";
    public AddClientThread(String name, ActiveObject activeObject) {
        super(name);
        this.activeObject = activeObject;
    }
    public void run() {
        try {
            for (int i = 0; true; i++) {
                // 有返回值的调用
                Result<String> result = activeObject.add(x, y);
                Thread.sleep(100);
                String z = result.getResultValue();
                 System.out.println(Thread.currentThread().getName() + ": " + x + " + 
" + y + " = " + z);
                x = y;
                y = z;
            }
        } catch (InterruptedException e) {
        }
    }
}
```

图 12-9 期待的示例程序运行结果

```
Diana: 1 + 1 = 2
Diana: 1 + 2 = 3
Diana: 2 + 3 = 5
Diana: 3 + 5 = 8
Diana: 5 + 8 = 13
Diana: 8 + 13 = 21
Diana: 13 + 21 = 34
Diana: 21 + 34 = 55
Diana: 34 + 55 = 89
Diana: 55 + 89 = 144
Diana: 89 + 144 = 233
Diana: 144 + 233 = 377
（中间省略）
Diana: 2880067194370816120 + 4660046610375530309 = 7540113804746346429
Diana: 4660046610375530309 + 7540113804746346429 = 12200160415121876738
Diana: 7540113804746346429 + 12200160415121876738 = 19740274219868223167
Diana: 12200160415121876738 + 19740274219868223167 = 31940434634990099905
Diana: 19740274219868223167 + 31940434634990099905 = 51680708854858323072
（以下省略。按 CTRL+C 终止程序）
```

◆示例程序 2 的情况

add 方法定义如下。

```
public Future<String> add(String x, String y)
```

这里的参数 x 和参数 y 是字符串，表示的是像 "1234" 这样的十进制整数。而返回值是在调用 get 方法时获取的对象，即 String 类型的实例，是用字符串表示的 x 和 y 的加法运算结果。当发生某种错误时，ExecutionException 会被抛出。期待的运行结果示例如图 12-10 所示。

代码清单 12-24 修改后的、示例程序 2 的 Main 类（Main.java）

```
import activeobject.ActiveObject;
import activeobject.ActiveObjectFactory;

public class Main {
    public static void main(String[] args) {
        ActiveObject activeObject = ActiveObjectFactory.createActiveObject();
        try {
            new AddClientThread("Diana", activeObject).start();
            Thread.sleep(5000);
        } catch (InterruptedException e) {
        } finally {
            System.out.println("*** shutdown ***");
            activeObject.shutdown();
        }
    }
}
```

代码清单 12-25 在示例程序 2 中新增的 AddClientThread 类（AddClientThread.java）

```
import activeobject.ActiveObject;
```

```
import java.util.concurrent.Future;
import java.util.concurrent.RejectedExecutionException;
import java.util.concurrent.CancellationException;
import java.util.concurrent.ExecutionException;

public class AddClientThread extends Thread {
    private final ActiveObject activeObject;
    private String x = "1";
    private String y = "1";
    public AddClientThread(String name, ActiveObject activeObject) {
        super(name);
        this.activeObject = activeObject;
    }
    public void run() {
        try {
            for (int i = 0; true; i++) {
                // 有返回值的调用
                Future<String> future = activeObject.add(x, y);
                Thread.sleep(100);
                String z = future.get();
                System.out.println(Thread.currentThread().getName() + ": " + x + " + 
" + y + " = " + z);
                x = y;
                y = z;
            }
        } catch (RejectedExecutionException e) {
            System.out.println(Thread.currentThread().getName() + ":" + e);
        } catch (CancellationException e) {
            System.out.println(Thread.currentThread().getName() + ":" + e);
        } catch (ExecutionException e) {
            System.out.println(Thread.currentThread().getName() + ":" + e);
        } catch (InterruptedException e) {
            System.out.println(Thread.currentThread().getName() + ":" + e);
        }
    }
}
```

图 12-10 期待的示例程序运行结果

```
Diana: 1 + 1 = 2
Diana: 1 + 2 = 3
Diana: 2 + 3 = 5
Diana: 3 + 5 = 8
Diana: 5 + 8 = 13
Diana: 8 + 13 = 21
Diana: 13 + 21 = 34
Diana: 21 + 34 = 55
Diana: 34 + 55 = 89
Diana: 55 + 89 = 144
Diana: 89 + 144 = 233
Diana: 144 + 233 = 377
（中间省略）
Diana: 701408733 + 1134903170 = 1836311903
Diana: 1134903170 + 1836311903 = 2971215073
Diana: 1836311903 + 2971215073 = 4807526976
Diana: 2971215073 + 4807526976 = 7778742049
Diana: 4807526976 + 7778742049 = 12586269025
Diana: 7778742049 + 12586269025 = 20365011074
*** shutdown ***
Diana: 12586269025 + 20365011074 = 32951280099
Diana:java.util.concurrent.RejectedExecutionException
```

●习题 12-3（应用于 GUI）

下面使用 Active Object 模式来制作一个“获取包含指定单词的 Web 页面的 URL 的程序”。程序运行界面如图 12-11 ~ 图 12-13 所示。

注意 在答案中并不会进行实际的搜索。程序会在大约等待 5 秒后返回合适的 URL。

图 12-11 程序启动后

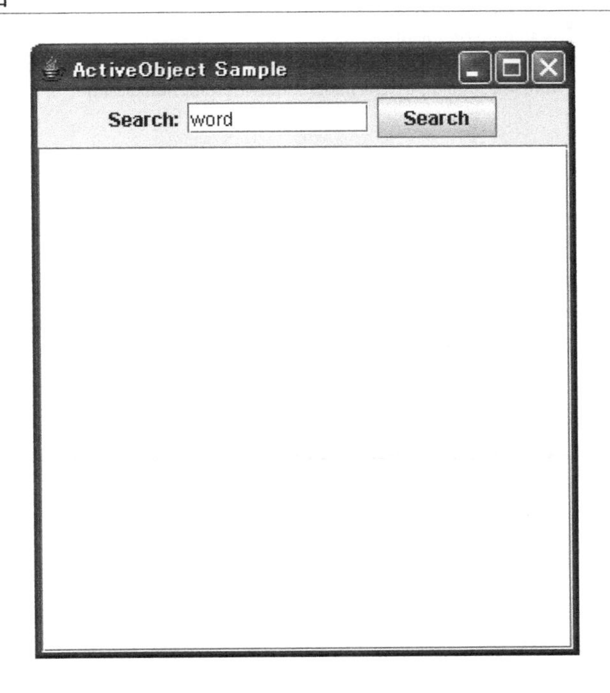

图 12-12 搜索单词“word”后约 5 秒，显示 URL

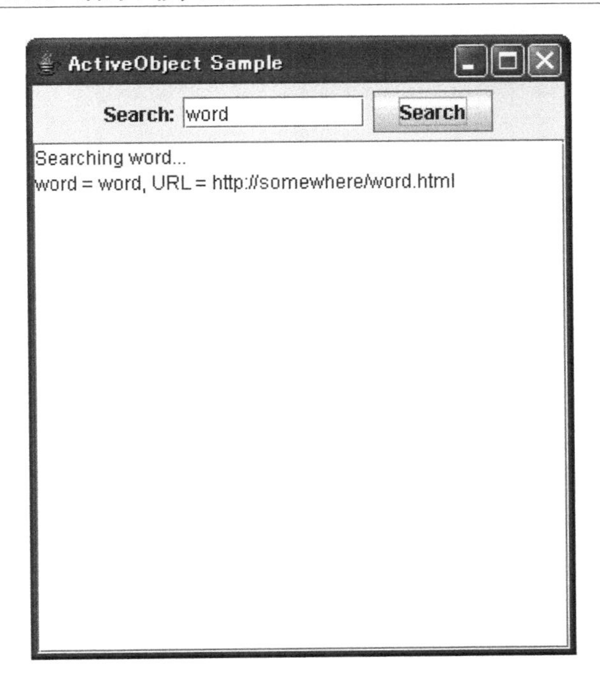

图 12-13 继续搜索单词，显示每次搜索结果

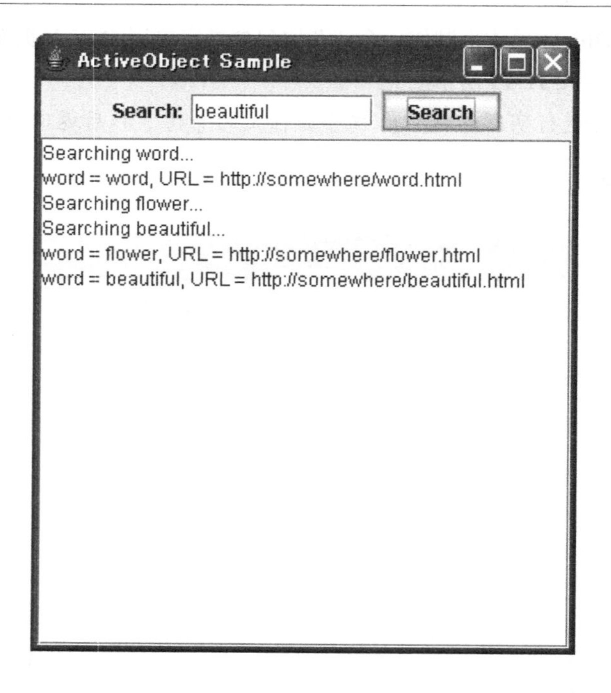

第 13 章 总结
多线程编程的模式语言

13.1 多线程编程的模式语言

这是本书的最后一章。在本书开头，我们曾经编写过下面这段单线程代码。现在看起来，似乎有种“阔别已久”的感觉。

```
public class Main {
    public static void main(String[] args) {
        for (int i = 0; i < 10000; i++) {
            System.out.print("Good!");
        }
    }
}
```

作为总结，本章将以模式语言的形式回顾我们学习到的 12 种模式。

模式与模式语言

在回顾这 12 种模式前，我们先来聊聊模式与模式语言。

所谓**模式**（pattern），是指“针对某个语境下反复出现的问题的解决方案”。一个模式必定有一个易于大家理解的名字。

而所谓**语境**，是指问题所处的状况和背景。语境也称为**上下文**（context）。

在一个问题中，存在着被称为**约束力**（force）的条件。这就是我们在序章 2 的 I2.1 节中学过的“解决问题的条件、无法跨越的障碍”。许多时候，多股力量会相互作用，此消彼长。关于力量，我们将在本章 13.4 节的“问题”部分中学习。

所谓**模式语言**（pattern language），一言以蔽之，即模式的集合。不过，它并非是将所有模式简单地集合在一起。将相互关联、相互补充的各种模式集中在一起，然后通俗易懂地描述它们之间的关系——这才是模式语言。

如果将模式看作针对一个问题的一种解决方案，那么模式语言就是针对某个领域中的问题集的解决方案集合。不管是在编程和软件设计领域，还是在其他任何领域，只要解决方案能很好地描述出技巧、心得、要领、提示等，就是模式语言。

通过阅读模式语言可以理解该领域的问题集与解决方案集，从中选择出可以解决自己遇到的问题的模式，然后运用它们。

下面，我们使用本书讲解的模式展示多线程编程的模式语言。

为了便于大家看清各模式之间的关系，我们在图 13-1 中展示了本书讲解的所有模式之间的关系。

图 13-1 本书出现的所有模式之间的关系

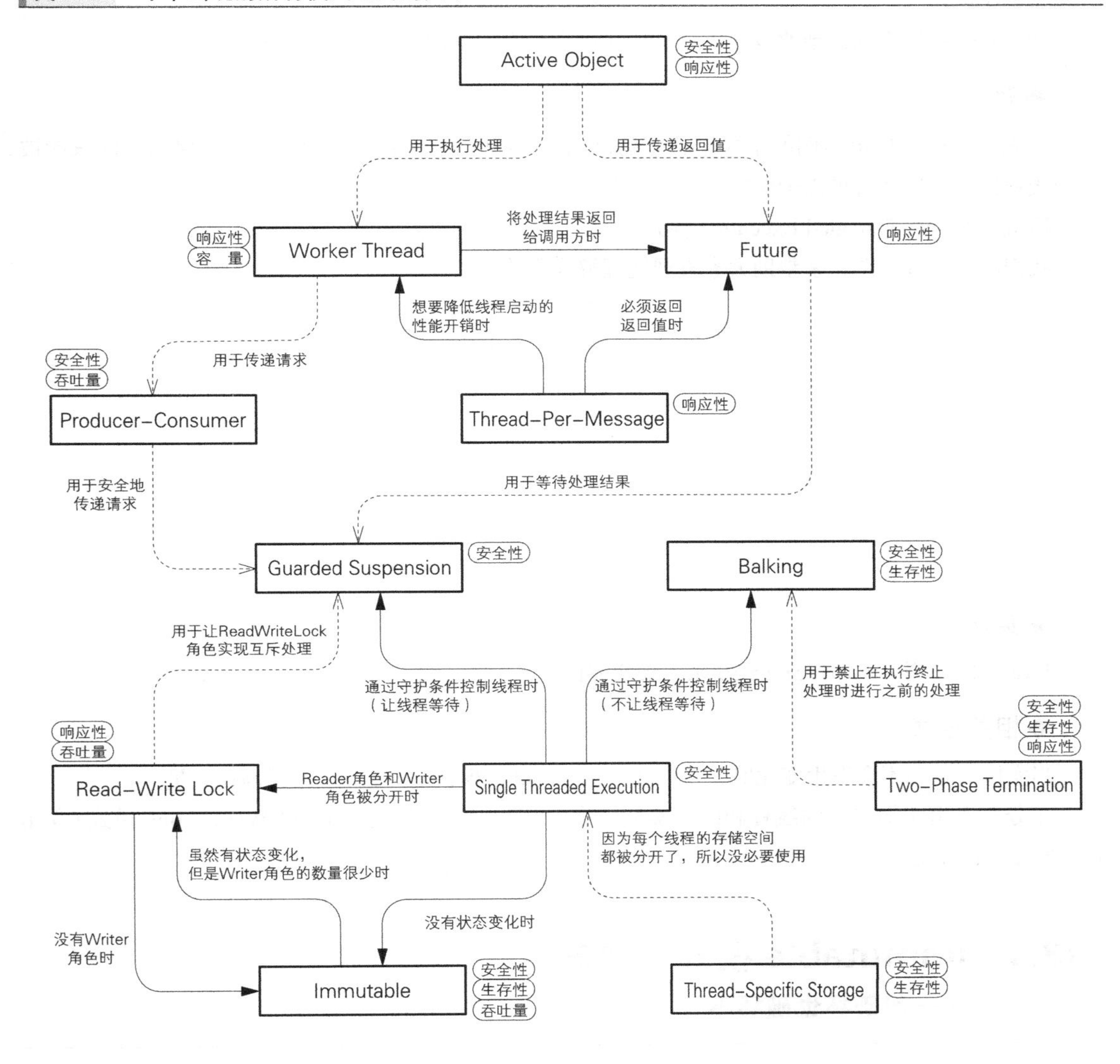

13.2 Single Threaded Execution 模式（第 1 章）
——能通过这座桥的只有一个人

◆别名

- Critical Section
- Critical Region

◆语境

多个线程共享实例时。

◆**问题**

如果各个线程都随意地改变实例状态，实例会失去安全性。

◆**解决方案**

首先，严格地规定实例的不稳定状态的范围（临界区）。接着，施加保护，确保临界区只能被一个线程执行。这样就可以确保实例的安全性。

这就是 Single Threaded Execution 模式。

我们画了一幅插图，来帮助大家直观地理解线程的运行。

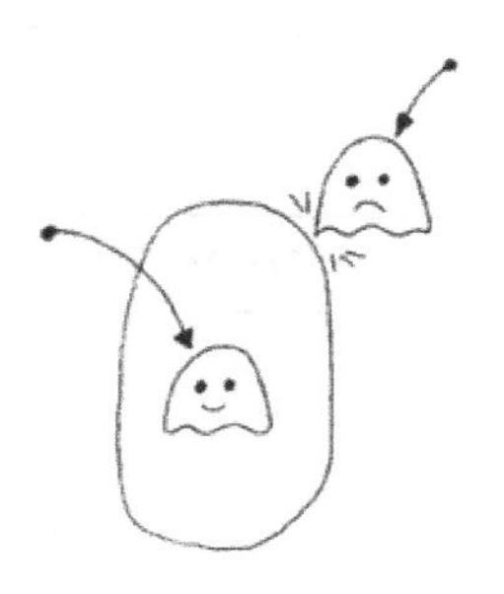

◆**实现**

Java 可以使用 `synchronized` 来实现临界区。

◆**相关模式**

当实例的状态不会发生变化时，可以使用 Immutable 模式（第 2 章）来提高吞吐量。

在分离使用实例状态的线程和改变实例状态的线程时，可以使用 Read-Write Lock 模式（第 6 章）来提高吞吐量。

13.3 Immutable 模式（第 2 章）——想破坏也破坏不了

◆**语境**

虽然多个线程共享了实例，但是实例的状态不会发生变化。

◆**问题**

如果使用 Single Threaded Execution 模式，吞吐量会下降。

◆**解决方案**

如果实例被创建后，状态不会发生变化，建议不要使用 Single Threaded Execution 模式。

为了防止不小心编写出改变实例状态的代码，请修改代码，让线程无法改变表示实例状态的字段。另外，如果代码中有改变实例状态的方法（setter），请删除它们。获取实例状态的方法（getter）则没有影响，可以存在于代码中。

这就是 Immutable 模式。

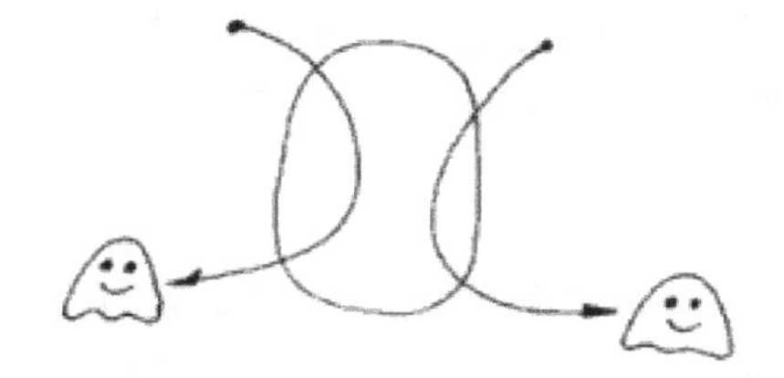

使用 Immutable 模式可以提高吞吐量。但是，在整个项目周期内持续地保持类的不可变性（immutability）是非常困难的。请在项目文档中写明该类是 immutable 类。

◆实现

Java 可以使用 `private` 来隐藏字段。另外，还可以使用 `final` 来确保字段无法改变。

◆相关模式

要在多个线程之间执行互斥处理时，可以使用 Single Threaded Execution 模式。

当改变实例状态的线程比读取实例状态的线程少时，可以使用 Read-Write Lock 模式。

13.4 Guarded Suspension 模式（第 3 章）——等我准备好哦

◆别名

- Spin Lock
- Guarded Wait

（类似的处理见 3.4 节“各种称呼”部分）

◆语境

多个线程共享实例时。

◆问题

如果各个线程都随意地访问实例，实例会失去安全性。

◆解决方案

如果实例的状态不正确，就让线程等待实例恢复至正确的状态。首先，用“守护条件”表示实例的“正确状态”。接着，在执行可能会导致实例失去安全性的处理之前，检查是否满足守护条件。如果不满足守护条件，则让线程等待，直至满足守护条件为止。

这就是 Guarded Suspension 模式。

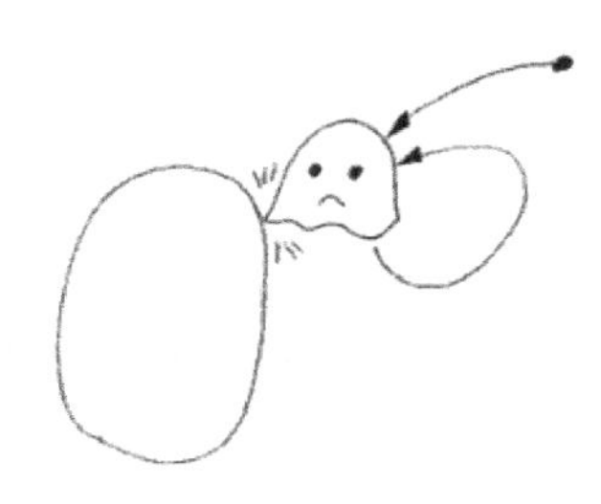

使用 Guarded Suspension 模式时，可以通过守护条件来控制方法的执行。但是，如果永远无法满足守护条件，那么线程会永远等待，所以可能会失去生存性。

◆实现

在 Java 中，我们可以使用 `while` 语句来检查守护条件，调用 `wait` 方法来让线程等待。接着，调用 `notify/notifyAll` 方法来发送守护条件发生变化的通知。而检查和改变守护条件则可以使用 Single Threaded Execution 模式来实现。

◆相关模式

如果希望在不满足守护条件时，线程不等待，而是直接返回，可以使用 Balking 模式（第 4 章）。

Guarded Suspension 模式的检查和改变守护条件的部分可以使用 Single Threaded Execution 模式。

13.5 Balking 模式（第 4 章）——不需要就算了

◆语境

多个线程共享实例时。

◆问题

如果各个线程都随意地访问实例，实例会失去安全性。但是，如果要等待安全的时机，响应性又会下降。

◆解决方案

当实例状态不正确时就中断处理。首先，用“守护条件”表示实例的“正确状态”。接着，在执行可能会导致实例失去安全性的处理之前，检查是否满足守护条件。只有满足守护条件时才让程序继续执行。如果不满足守护条件就中断执行，立即返回。

这就是 Balking 模式。

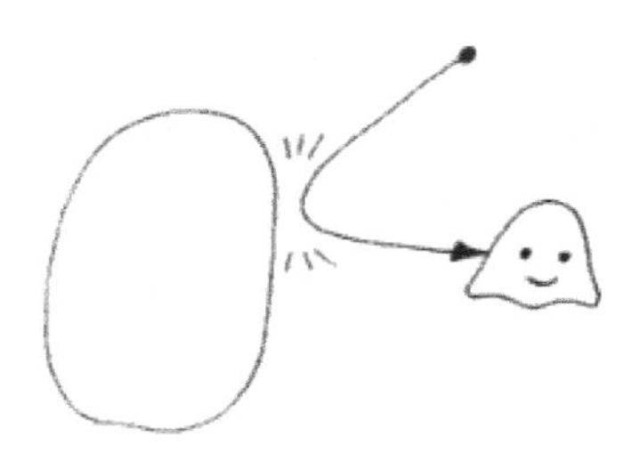

◆实现

Java 可以使用 `if` 语句来检查守护条件。这里可以使用 `return` 语句从方法中返回或是通过 `throw` 语句抛出异常来进行中断。而检查和改变守护条件则可以使用 Single Threaded Execution 模式来实现。

◆相关模式

当要让线程等待至满足守护条件时，可以使用 Guarded Suspension 模式。

Balking 模式的检查和改变守护条件的部分可以使用 Single Threaded Execution 模式。

13.6 Producer-Consumer 模式（第 5 章）——我来做，你来用

◆语境

想从某个线程（Producer 角色）向其他线程（Consumer 角色）传递数据时。

◆问题

如果 Producer 角色和 Consumer 角色的处理速度不一致，那么处理速度快的角色会被处理速度慢的角色拖后腿，从而导致吞吐量下降。另外，如果在 Producer 角色写数据的同时，Consumer 角色去读取数据，又会失去安全性。

◆解决方案

在 Producer 角色和 Consumer 角色之间准备一个中转站——Channel 角色。接着，让 Channel 角色持有多个数据。这样，就可以缓解 Producer 角色与 Consumer 角色之间的处理速度差异。另外，如果在 Channel 角色中进行线程互斥，就不会失去数据的安全性。这样就可以既不降低吞吐量，又可以在多个线程之间安全地传递数据。

这就是 Producer-Consumer 模式。

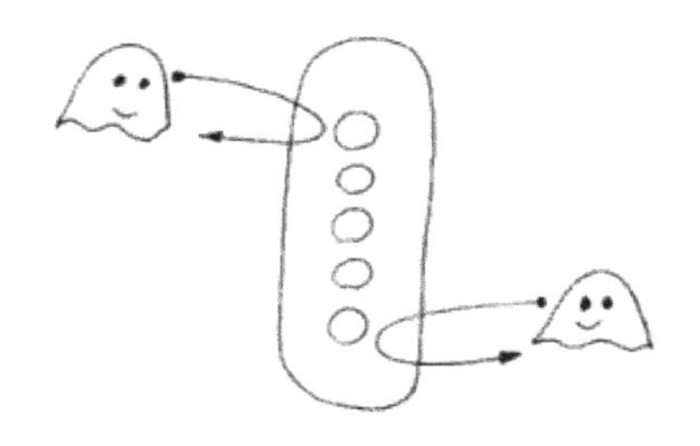

◆相关模式

Channel 角色安全传递数据的部分可以使用 Guarded Suspension 模式。

在 Future 模式（第 9 章）中传递返回值的时候可以使用 Producer-Consumer 模式。

在 Worker Thread 模式（第 8 章）中传递请求的时候可以使用 Producer-Consumer 模式。

13.7 Read-Write Lock 模式（第6章）——大家一起读没问题，但读的时候不要写哦[①]

◆别名

- Reader Writer
- Reader/Writer Lock
- Readers/Writer Lock

◆语境

当多个线程共享了实例，且存在读取实例状态的线程（Reader 角色）和改变实例状态的线程（Writer 角色）时。

◆问题

如果不进行线程的互斥处理将会失去安全性。但是，如果使用 Single Threaded Execution 模式，吞吐量又会下降。

◆解决方案

首先将“控制 Reader 角色的锁”与“控制 Writer 角色的锁”分开，引入一个提供这两种锁的 ReadWriteLock 角色。ReadWriteLock 角色会进行 Writer 角色之间的互斥处理，以及 Reader 角色与 Writer 角色之间的互斥处理。Reader 角色之间即使发生冲突也不会有影响，因此无需进行互斥处理。这样，就可以既不失去安全性，又提高吞吐量。

这就是 Read-Write Lock 模式。

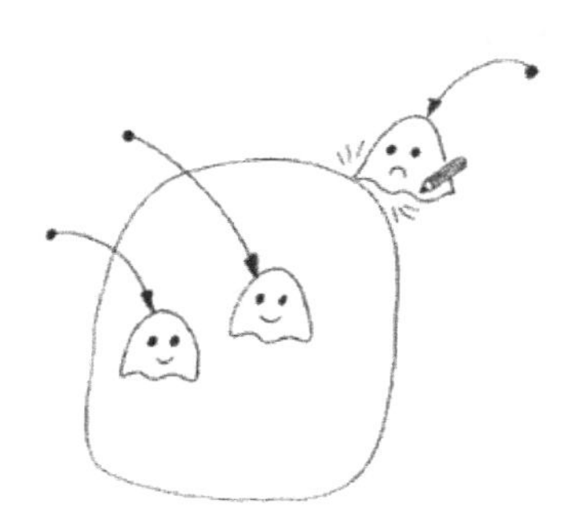

◆实现

Java 可以使用 `finally` 语句块来防止忘记释放锁（见 1.7 节“`synchronized` 语法与 Before/After 模式”部分）。

---

① 更加准确的说法是：
- 大家都能读，但是在读的时候不能写
- 只能同时有一个人写，写的时候不能读

但是这样太长了，不适合作为副标题。

◆相关模式

Read-Write Lock 模式中的 ReadWriteLock 角色实现互斥处理的部分可以使用 Guarded Suspension 模式。

当 Writer 角色完全不存在时，可以使用 Immutable 模式。

13.8 Thread-Per-Message 模式（第 7 章）——这项工作就交给你了

◆语境

当线程（Client 角色）要调用实例（Host 角色）的方法时。

◆问题

在方法的处理结束前，程序的控制权无法从 Host 角色中返回。如果方法的处理需要花费很长时间，响应性会下降。

◆解决方案

在 Host 角色中启动一个新线程。接着，将方法需要执行的实际处理交给这个新启动的线程负责。这样，Client 角色的线程就可以继续向前处理。这样修改后，可以在不改变 Client 角色的前提下提高响应性。

这就是 Thread-Per-Message 模式。

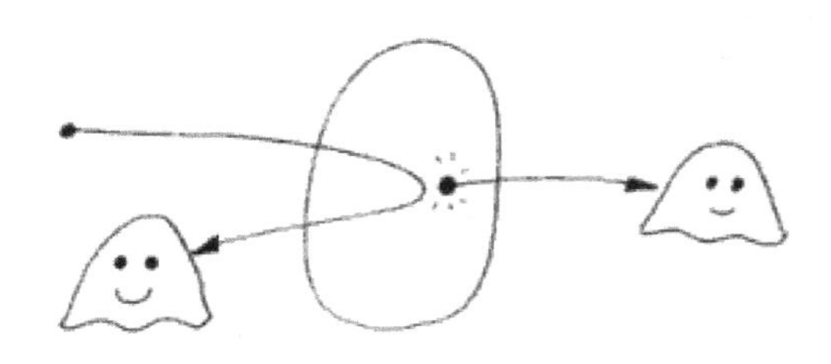

◆实现

Java 可以使用匿名内部类来轻松地启动新线程。

◆相关模式

当想要节省线程启动所花费的时间时，可以使用 Worker Thread 模式。

当想要将处理结果返回给 Client 角色时，可以使用 Future 模式。

13.9 Worker Thread 模式（第 8 章）
——工作没来就一直等，工作来了就干活

◆**别名**

- Thread Pool
- Background Thread

◆**语境**

当线程（Client 角色）要调用实例（Host 角色）的方法时。

◆**问题**

如果方法的处理需要花费很长时间，响应性会下降。如果为了提高响应性而启动了一个新的线程并让它负责方法的处理，那么吞吐量会随线程的启动时间相应下降。另外，当要发出许多请求时，许多线程会启动，容量会因此下降。

◆**解决方案**

首先，启动执行处理的线程（工人线程）。接着，将代表请求的实例传递给工人线程。这样，就无需每次都启动新线程了。

这就是 Worker Thread 模式。

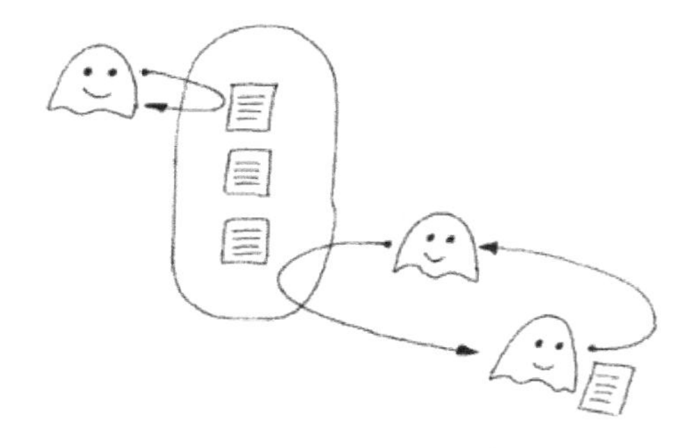

◆**相关模式**

在将工人线程的处理结果返回给调用方时可以使用 Future 模式。

在将代表请求的实例传递给工人线程时可以使用 Producer-Consumer 模式。

13.10 Future 模式（第 9 章）
——先给您提货单

◆**语境**

当一个线程（Client 角色）向其他线程委托了处理，而 Client 角色也想要获取处理结果时。

◆问题

如果在委托处理时等待执行结果，响应性会下降。

◆解决方案

首先，编写一个与处理结果具有相同接口（API）的 Future 角色。接着，在处理开始时返回 Future 角色，稍后再将处理结果设置到 Future 角色中。这样，Client 角色就可以通过 Future 角色在自己觉得合适的时机获取（等待）处理结果。

这就是 Future 模式。

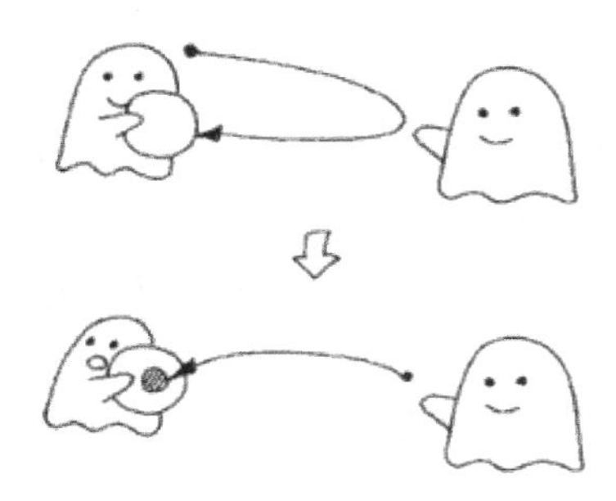

◆相关模式

在 Client 角色等待处理结果的部分可以使用 Guarded Suspension 模式。

当想在 Thread-Per-Message 模式中获取处理结果时可以使用 Future 模式。

当想在 Worker Thread 模式中获取处理结果时可以使用 Future 模式。

13.11 Two-Phase Termination 模式（第 10 章）——先收拾房间再睡觉

◆语境

当想要终止正在运行的线程时。

◆问题

如果因为外部的原因紧急终止了线程，就会失去安全性。

◆解决方案

首先，让即将被终止的线程自己去判断开始终止处理的时间点。为此，我们需要准备一个方法，来表示让该线程终止的“终止请求”。该方法执行的处理仅仅是设置“终止请求已经到来”这个闭锁。线程会在可以安全地开始终止处理之前检查该闭锁。如果检查结果是终止请求已经到来，线程就会开始执行终止处理。

这就是 Two-Phase Termination 模式。

◆实现

Java 不仅仅要设置终止请求的标志，还要使用 interrupt 方法来中断 wait 方法、sleep 方法和 join 方法。由于线程在 wait 方法、sleep 方法和 join 方法中抛出 InterruptedException 异常时会清除中断状态，所以在使用 isInterrupted 方法检查终止请求是否到来时需要格外注意。

当想要实现即使在运行时发生异常也能进行终止处理时，可以使用 finally 语句块。

◆相关模式

当想在执行终止处理时禁止其他处理，可以使用 Balking 模式。

当要确保一定会执行终止处理时，可以使用 Before/After 模式（见习题 6-5）。

13.12 Thread-Specific Storage 模式（第 11 章）——一个线程一个储物柜

◆别名

- Per-Thread Attribute
- Thread-Specific Data
- Thread-Specific Field
- Thread-Local Storage

◆语境

当想让原本为单线程环境设计的对象（TSObject 角色）运行于多线程环境时。

◆问题

复用 TSObject 角色是非常困难的。即使是修改 TSObject 角色，让其可以运行于多线程环境，稍不注意还是会失去安全性和生存性。而且，可能根本就无法修改 TSObject 角色。另外，由于我们不想修改使用 TSObject 角色的对象（Client 角色）的代码，所以我们也不想改变 TSObject 角色的接口（API）。

◆解决方案

创建每个线程所特有的存储空间，让存储空间与线程一一对应并进行管理。

首先，编写一个与 TSObject 角色具有相同接口（API）的 TSObjectProxy 角色。另外，为了能够管理“Client 角色→ TSObject 角色”之间的对应表，我们还需要编写一个 TSObjectCollection 角色。

TSObjectProxy 角色使用 TSObjectCollection 角色来获取与当前线程对应的 TSObject 角色，并将处理委托给该 TSObject 角色。Client 角色不再直接使用 TSObject 角色，取而代之的是 TSObjectProxy 角色。

这样修改后，一个 TSObject 角色一定只会被一个线程调用，因此无需在 TSObject 角色中进行互斥处理。关于多线程的部分被全部隐藏了在 TSObjectCollection 角色内部。另外，也无需改变 TSObject 角色的接口（API）。

这就是 Thread-Specific Storage 模式。

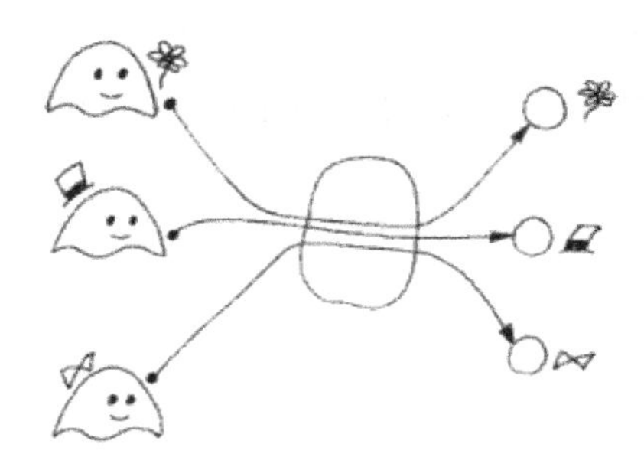

不过，在使用 Thread-Specific Storage 模式后，上下文会被隐式地引入到程序中，这会导致难以彻底地理解整体代码。

◆实现

Java 可以使用 `java.lang.ThreadLocal` 类来扮演 TSObjectCollection 角色。

◆相关模式

当想要对多个线程进行互斥处理时可以使用 Single Threaded Execution 模式。

13.13 Active Object 模式（第 12 章）
——接收异步消息的主动对象

◆别名

- Actor
- Concurrent Object

◆语境

假设现在有处理请求的线程（Client 角色）和包含了处理内容的对象（Servant 角色），而且 Servant 角色只能运行于单线程环境。

◆问题

虽然多个 Client 角色都想要调用 Servant 角色，但是 Servant 角色并不是线程安全的。我们希望，即使 Servant 角色的处理需要很长时间，它对 Client 角色的响应性也不会下降。

处理的请求顺序和执行顺序并不一定相同。

处理的结果需要返回给 Client 角色。

◆解决方案

我们需要构建一个可以接收异步消息，而且与 Client 运行于不同线程的主动对象。

首先，我们引入一个 Scheduler 角色的线程。调用 Servant 角色的只能是这个 Scheduler 角色。这是一种只有一个工人线程的 Worker Thread 模式。这样修改后，就可以既不用修改 Servant 角色去对应多线程，又可以让其可以被多个 Client 处理。

接下来需要将来自 Client 角色的请求实现为对 Proxy 角色的方法调用。Proxy 角色将一个请求转换为一个对象，使用 Producer-Consumer 模式将其传递给 Scheduler 角色。这样修改后，即使 Servant 角色的处理需要花费很长时间，Client 角色的响应性也不会下降。

选出下一个要执行的请求并执行——这是 Scheduler 角色的工作。这样修改后，Scheduler 角色就可以决定请求的执行顺序了。

最后，使用 Future 模式将执行结果返回给 Client 角色。

这就是 Active Object 模式。

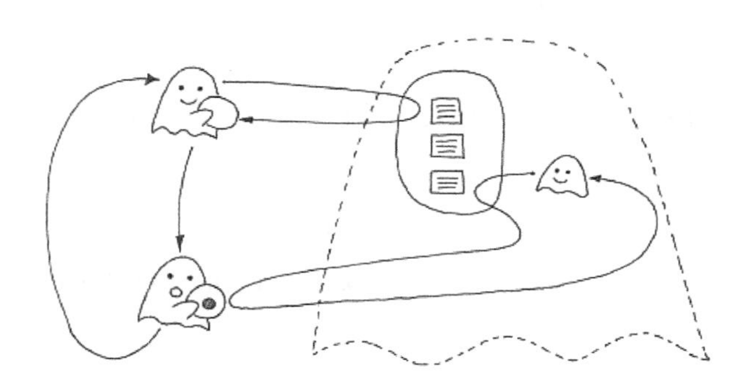

◆相关模式

在实现 Scheduler 角色的部分可以使用 Worker Thread 模式。

在将请求从 Proxy 角色传递给 Scheduler 角色的部分可以使用 Producer-Consumer 模式。

在将执行结果返回给 Client 角色的部分可以使用 Future 模式。

13.14 写在最后

本书内容始于单线程这一条线索。这一条线索引出了很多模式，而我们顺着这条线索来到了这里。今后的故事会怎样发展，就看各位读者了。

这里推荐还想进一步深入学习 Java 线程相关知识的读者阅读《Java 并发编程：设计原则与模式（第二版）》（附录 G 中的 [Lea]）。此外，请一定要阅读在本书中多次提及的 `java.util.concurrent` 包的 API 文档。

非常感谢大家顺着线程这条线索阅读完本书。期待与大家再次相会。

```
public class Main {
    public static void main(String[] args) {
        new Thread() {
            public void run() {
                System.out.println("Enjoy multithreading!");
            }
        }.start();
    }
}
```

附录

附录A 习题解答

序章 1

习题 I1-1 的答案

（习题见 P.26）

√（1）在 Java 程序中，至少有一个线程在运行。

×（2）调用 Thread 类的 run 方法后，新的线程就会启动。

启动新线程的并不是 run 方法，而是 start 方法。

×（3）start 方法和 run 方法声明在 Runnable 接口中。

只有 run 方法声明在 Runnable 接口中。

√（4）有时多个线程会调用同一个实例的方法。

正因为如此，我们才需要执行线程的互斥处理。

√（5）有时多个线程会调用 Thread 类的一个实例的方法。

虽说是 Thread 类的实例的方法，但与其他类的实例的方法并没有什么不同，所以也会被多个线程调用。

×（6）sleep 方法执行后，在指定时间内所有的线程都会暂停。

暂停的只是调用了 sleep 方法的线程（当前线程）。

×（7）某个线程在运行 synchronized 方法时，其他所有线程都会停止运行。

停止运行的只是想要获取同一个实例的锁的线程。

×（8）执行 sleep 方法后的线程仅在指定时间内待在等待队列中。

执行 sleep 方法后的线程并不会进入等待队列。只有执行 wait 方法后，线程才会进入等待队列。

×（9）wait 方法的调用语句必须写在 synchronized 方法中。

调用 wait 方法的语句可以写在 synchronized 方法中和 synchronized 代码块中，或者二者调用的其他方法中。只要执行 wait 方法的线程在执行时获取了对象实例的锁即可。

√（10）notifyAll 方法是 java.lang.Object 类的实例方法。

习题 I1-2 的答案

（习题见 P.27）

这是因为，类库中妥善执行了线程的互斥处理。

也就是说，一个线程正在输出 Good! 字符串时，输出 Nice! 的其他线程只能等待。

习题 I1-3 的答案

（习题见 P.27）

因为主线程调用的并不是 start 方法，而是 run 方法。

```
new PrintThread("*").run();
```

上面这条语句会创建PrintThread类的实例，并执行该实例的run方法。但执行run方法的并不是新线程，而是主线程。

当输出1000个“*”之后，下面的语句才会被执行。

```
new PrintThread("+").run();
```

最终，所有的输出都是由主线程这一个线程来执行的。

也就是说，这个程序其实是一个单线程程序。

习题 I1-4 的答案 （习题见 P.28）

用来确认可用余额变为负数的可能性的程序如下所示。不过，根据时间点不同，花费在确认上的时间有时可能不会太久。

代码清单 AI1-1　用于确认可用余额变为负数的可能性的 Main 类（Main.java）

```
public class Main {
    public static void main(String[] args) {
        Bank bank = new Bank("A Bad Bank", 1000);    // 创建一个1000日元的银行账户
        new ClientThread(bank).start();
        new ClientThread(bank).start();
    }
}
```

该程序收录在本书配套的源代码 Introduction1/AI1–4 中

代码清单 AI1-2　反复取出、存入 1000 日元的 ClientThread 类（ClientThread.java）

```
public class ClientThread extends Thread {
    private Bank bank;
    public ClientThread(Bank bank) {
        this.bank = bank;
    }
    public void run() {
        while (true) {
            boolean ok = bank.withdraw(1000);
            if (ok) {
                bank.deposit(1000);
            }
        }
    }
}
```

该程序收录在本书配套的源代码 Introduction1/AI1–4 中

图 AI1-1　运行结果示例

```
可用余额为负数！ money = -1000
（按 CTRL+C 终止程序）
```

习题 I1-5 的答案

（习题见 P.29）

这是因为，执行 t.sleep(1000); 时暂停的并不是与 t 相关的线程，而是执行这条语句的线程。

```
t.sleep(1000);
```

上面这条语句调用出来的并不是 t 的实例方法，而是 Thread 的静态方法。也就是说，这等同于执行下面这条语句。

```
Thread.sleep(1000);
```

当想要暂停新启动的线程时，我们可以在 MyThread 类的 run 方法中调用 sleep 方法。

▶▶小知识：通过实例来调用静态方法会引起误解

在这个题中，通过实例来调用静态方法的写法在语法上并没有错，但会让阅读程序的人误解。因此，在实际程序中不能那么写。

```
t.sleep(1000);                × 引起误解的写法
Thread.sleep(1000);           √最佳写法
```

习题 I1-6 的答案

（习题见 P.29）

√（1）x.iA();
　　与
　　x.iA();
　　非 synchronized 方法可在任意时间由多个线程运行。

√（2）x.iA();
　　与
　　x.iB();
　　非 synchronized 方法可在任意时间由多个线程运行。

√（3）x.iA();
　　与
　　x.iSyncA();
　　非 synchronized 方法可在任意时间由多个线程运行，即使存在正在运行其他的 synchronized 方法的线程，非 synchronized 方法也仍然可以由多个线程运行。

×（4）x.iSyncA();
　　与
　　x.iSyncA();
　　同一个实例的 synchronized 实例方法同时只能由一个线程运行。

×（5）x.iSyncA();
　　与
　　x.iSyncB();
　　同一个实例的 synchronized 实例方法同时只能由一个线程运行。

√（6）x.iSyncA();

与

y.iSyncA();

实例不同，锁也就不同，所以就算是 synchronized 实例方法，也可以由多个线程同时运行。

√（7）x.iSyncA();

与

y.iSyncB();

实例不同，锁也就不同，所以就算是 synchronized 实例方法，也可以由多个线程同时运行。

√（8）x.iSyncA();

与

Something.cA();

静态方法本来就不是 synchronized 方法，因此可以同时运行。

√（9）x.iSyncA();

与

Something.cSyncA();

synchronized 实例方法和 synchronized 静态方法的锁不同，所以可以由多个线程同时运行。

×（10）Something.cSyncA();

与

Something.cSyncA();

synchronized 静态方法不可以由多个线程同时运行。

×（11）Something.cSyncA();

与

Something.cSyncB();

synchronized 静态方法不可以由多个线程同时运行。

×（12）x.cSyncA();

与

y.cSyncB();

由于 x.cSyncA() 调用的方法是 Something.cSyncA()，y.cSyncB() 调用的方法是 Something.cSyncB()，所以都是 synchronized 静态方法，不可以由多个线程同时运行。

序章 2

习题 I2-1 的答案　（习题见 P.34）

（1）在方法中一概加上 synchronized 就“好”。

【安全性】

加上 synchronized 不会降低安全性，但也不一定会提高安全性。例如，若将应该保护的字段声明为 public，不管在方法中加上多少 synchronized，程序还是欠缺安全性。

【生存性】

如果一概加上 synchronized，通常会降低生存性。例如，容易引起死锁。关于死锁，请参见 1.5 节中“生存性与死锁”部分的讲解。

【性能】

如果加了不必要的 synchronized，性能（例如吞吐量）就会降低。这是因为调用 synchronized 方法通常比调用非 synchronized 方法更耗费时间。

（2）synchronized 方法中进入了无限循环，这程序“不好”。

【安全性】

尽管 synchronized 方法中是无限循环，但只要循环中执行的处理正确，就不会降低安全性。

【生存性】

如果 synchronized 方法中是无限循环，那么想要执行该 synchronized 方法的其他线程就会阻塞，从而降低生存性。

【性能】

生存性降低的话，性能（例如吞吐量）也会跟着降低。

（3）由于程序错误，启动了 100 个只是进行无限循环的线程，但这些线程也不过是在循环执行而已，所以还算“好”吧。

【安全性】

即使有许多只是正在进行循环的线程，也不会降低安全性。

【生存性】

如果仅是有许多正在执行循环的线程，生存性并不会降低。但是，如果线程消耗的内存超过了系统所能提供的内存，那么就有可能无法启动必要的线程，从而降低生存性。

【性能】

线程运行需要内存，还会消耗 CPU 时间资源，所以会降低性能。

（4）这个服务器每次只能连接一个客户端，请将该服务器改“好”一点。

【性能】

这句话中所谓的“好”是指服务器能够同时连接多个客户端。也就是服务器“容量”的问题。

（5）这个查找程序可真够“差”的，一旦查找开始，在全部查找完毕之前都无法取消。

【性能】

这是程序“响应性”的问题。

（6）这样的话，线程 A 和线程 B 就都需要互斥处理，这点“不好”。

【可复用性】

这是类的“可复用性”的问题。说这句话的人可能关注的是代码要考虑类 A 和类 B 都需要执行互斥处理的问题。有时，所启动的线程的相关代码仅封装在一个类中，可以降低类之间的依赖，提高组件的可复用性。

习题 I2-2 的答案

（习题见 P.34）

一般不会变为 2 倍，比如会有如下这些原因。

原因 1：受到硬件的限制，2 倍的线程并不一定可以真正同时运行（并发运行）。另外，这时也可能会造成线程切换的额外开销。

原因 2：所要处理的工作不一定能平均分配给所有的线程。

原因3：即使没有硬件的限制，2倍的线程可以并发运行，执行线程间的互斥处理也会造成额外开销。

第1章

习题1-1的答案

（习题见P.55）

延长临界区可以提高检查出错误的可能性。

例如，如果在pass方法中的“给name赋值”和“给address赋值”之间调用sleep方法，那么代码清单A1-1中的线程会停止约1000毫秒。

代码清单A1-1　尽早检查出非线程安全的Gate类（Gate.java）

```
public class Gate {
    private int counter = 0;
    private String name = "Nobody";
    private String address = "Nowhere";
    public void pass(String name, String address) {
        this.counter++;
        this.name = name;
        try {
            Thread.sleep(1000);
        } catch (InterruptedException e) {
        }
        this.address = address;
        check();
    }
    public String toString() {
        return "No." + counter + ": " + name + ", " + address;
    }
    private void check() {
        if (name.charAt(0) != address.charAt(0)) {
            System.out.println("***** BROKEN ***** " + toString());
        }
    }
}
```

该程序收录在本书配套的源代码SingleThreadedExecution/A1-1中

运行结果示例如图A1-1所示。在该示例中，counter的值变为3时错误就已经被检查出来了。

图A1-1　运行结果示例

```
Testing Gate, hit CTRL+C to exit.
Alice BEGIN
Bobby BEGIN
Chris BEGIN
***** BROKEN ***** No.3: Chris, Alaska
***** BROKEN ***** No.4: Alice, Brazil
***** BROKEN ***** No.5: Bobby, Canada
***** BROKEN ***** No.6: Chris, Alaska
***** BROKEN ***** No.7: Alice, Brazil
***** BROKEN ***** No.8: Bobby, Canada
***** BROKEN ***** No.9: Chris, Alaska
***** BROKEN ***** No.10: Alice, Brazil
（以下省略。按CTRL+C终止程序）
```

▶▶ **小知识：Thread.yield**

也可以在临界区中调用 Thread 类的 yield 方法，加快线程的切换。

习题 1-2 的答案

（习题见 P.55）

之所以将字段声明为 private，是为了便于开发人员确认类的安全。

private 字段只有在该类内部才可以访问。因此，只要确认该类中声明的方法是否在安全地访问字段，便可以确认字段的安全性，而无需确认该类以外的类。

protected 字段可以被该类的子类和同一个包内的类访问。因此，确认安全性时，必须对子类和同一个包内的类也进行确认。

public 字段则可以被任何类访问。因此，确认安全性时，必须对访问该字段的所有类都进行确认。

习题 1-3 的答案

（习题见 P.55）

我们来思考一下其他程序使用代码清单 1-4 中的 Gate 类的情形。

```
public String toString() {
    return "No." + counter + ": " + name + ", " + address;
}
```

假设当 UserThread 类的线程正在执行 pass 方法时，其他线程 X 调用了 toString 方法。在线程 X 引用了 name 字段的值但尚未引用 address 字段的值的这段期间，UserThread 线程可能会修改 address 的值。这样一来，toString 方法对线程 X 创建字符串时使用的 name 和 address 的首字母可能并不一致。

虽然在示例程序中，不将 toString 声明为 synchronized 方法也不会失去安全性，但一般来说，**多个线程共享的字段必须使用 synchronized（或者 volatile）来加以保护**。

习题 1-4 的答案

（习题见 P.55）

√（1）无法创建 Point 类的子类。

由于 Point 类声明为了 final，所以无法创建子类。

√（2）给 Point 类的 x 字段赋值的语句不可以写在 Point 类之外的类中。

由于 x 字段声明为了 private，所以 Point 类之外的类不可以对其赋值。

√（3）对于 Point 类的实例，此处的 move 方法同时只能由一个线程执行。

由于 move 方法声明为了 synchronized，所以该方法同时只能由一个线程执行。

×（4）该 Point 类即使由多个线程使用也是安全的。

如果只使用 move 方法，那么该 Point 类就是安全的。但 Point 类中未读的部分可能会有如下所示的分别对字段赋值的方法，这样一来就无法断言该 Point 类“是安全的”。

```
public synchronized void setX(int x) {
    this.x = x;
}
```

```
    public synchronized void setY(int y) {
        this.y = y;
    }
```

×（5）读完 `Point` 类的其他所有方法后就能够判断是否会发生死锁。

即使读完 `Point` 类的其他方法，有时也无法判断是否会发生死锁。这是因为使用 `Point` 类的其他类也有可能会发生死锁。

▶▶ 小知识：开发人员应该注意的范围

我们来思考一下这个题中"只阅读一部分源代码"的含义。

可见性在仅阅读类的那部分时就可以判断，但安全性却不可以。而生存性即使在读完整个类后也不一定能够判断出来。

由此可知多线程程序设计的困难之处。相比一般的程序设计，多线程程序设计中，开发人员应该注意的范围更广。

习题 1-5 的答案

（习题见 P.56）

不安全。为了确保安全，`enter`、`exit`、`getCounter` 这些方法都必须声明为 `synchronized` 方法。

我们来思考一下下面这条让 `counter` 字段的值递增的语句。

```
counter++;
```

虽然这条语句只有一行，但线程并不可以互斥执行（防止其他线程的干涉）这条语句。线程将执行一系列处理：检查 `counter` 字段的值，递增 1，赋给 `counter` 字段。

当线程 A 在执行 `enter` 方法且同时线程 B 在执行 `exit` 方法时，如果不使用 Single Threaded Execution 模式，执行顺序有可能会变成如下这样。这时，线程 B 对 `exit` 方法的执行就会无效。

图 A1-2　线程 B 对 exit 执行无效的示例

线程 A （enter）	线程 B （exit）	counter 的值
		100
检查 counter 的值		100
递增 1		100
<<<< 在此切换到线程 B>>>>		
	检查 counter 的值	100
	递减 1	100
	赋给 counter	99
<<<< 在此切换到线程 A>>>>		
赋给 counter		101

这里，我们也想给出直接测试 `SecurityGate` 类的安全性的程序，但是对如图 A1-2 所示的情形进行测试是非常困难的。

作为退一步的对策，我们修改了 `SecurityGate` 类，在 `counter` 递增、递减的地方调用了 `Thread.yield` 方法（代码清单 A1-2）。

代码清单 A1-2　为了让线程在 counter 值变化前和变化后都易于切换而修改 SecurityGate 类（SecurityGate.java）

```
public class SecurityGate {
    private int counter = 0;
    public void enter() {
        int currentCounter = counter;
        Thread.yield();
        counter = currentCounter + 1;
    }
    public void exit() {
        int currentCounter = counter;
        Thread.yield();
        counter = currentCounter - 1;
    }
    public int getCounter() {
        return counter;
    }
}
```

该程序收录在本书配套的源代码 SingleThreadedExecution/A1-5 中

经过上述修改，我们执行代码清单 A1-3 所示的程序之后，便可以检查出程序是不安全的。代码清单 A1-3 所示的程序会反复执行“创建 5 个 `CrackerThread` 类（代码清单 A1-4）的实例，每个实例执行 10 次 `enter` 和 `exit`”处理。由于 `enter` 和 `exit` 的调用次数是相同的，所以每当回到最外层的 `for` 循环时，`getCounter()` 的值都应该归 0。但如运行结果示例（图 A1-3）所示，有时并不会变为 0。

下面是一个使用 `join` 方法来检查线程是否终止的程序。

代码清单 A1-3　检查安全门的程序（Main.java）

```
public class Main {
    public static void main(String[] args) {
        System.out.println("Testing SecurityGate...");
        for (int trial = 0; true; trial++) {
            SecurityGate gate = new SecurityGate();
            CrackerThread[] t = new CrackerThread[5];

            // 启动 CrackerThread
            for (int i = 0; i < t.length; i++) {
                t[i] = new CrackerThread(gate);
                t[i].start();
            }

            // 等待 CrackerThread 终止
            for (int i = 0; i < t.length; i++) {
                try {
                    t[i].join();
                } catch (InterruptedException e) {
                }
            }

            // 确认
            if (gate.getCounter() == 0) {
                // 无矛盾
                System.out.print(".");
            } else {
                // 发现矛盾
                System.out.println("SecurityGate is NOT safe!");
```

```
                System.out.println("getCounter() == " + gate.getCounter());
                System.out.println("trial = " + trial);
                break;
            }
        }
    }
}
```

该程序收录在本书配套的源代码 SingleThreadedExecution/A1-5 中

代码清单 A1-4 表示执行 10 次 enter 和 exit 的线程的类 (CrackerThread.java)

```
public class CrackerThread extends Thread {
    private final SecurityGate gate;
    public CrackerThread(SecurityGate gate) {
        this.gate = gate;
    }
    public void run() {
        for (int i = 0; i < 10; i++) {
            gate.enter();
            gate.exit();
        }
    }
}
```

该程序收录在本书配套的源代码 SingleThreadedExecution/A1-5 中

图 A1-3 运行结果示例

```
Testing SecurityGate...
.......................................SecurityGate is NOT safe!
getCounter() == 1          ←未变成0
trial = 44                 ←在第44次循环时检查出
```

相信各位读者已经明白了 enter 方法和 exit 方法声明为 synchronized 的理由了，但 getCounter 为什么也声明为 synchronized 呢？如果 getCounter 方法不声明为 synchronized 方法，或者 counter 字段不声明为 volatile，那么不管其他线程怎么修改 counter 字段的值，也只是对各自线程持有的缓存执行的操作而已，并不一定会反映到共享内存中。关于缓存和共享内存，请参见附录 B。

习题 1-6 的答案 (习题见 P.56)

下面介绍两种方法（当然还有其他方法）。

◆方法 1：Alice 和 Bobby 以相同顺序拿取餐具

最简单的方法就是让 Alice 和 Bobby 以相同顺序拿取餐具。在代码清单 A1-5 的 Main 类中，Alice 和 Bobby 都是按"勺子→叉子"的顺序拿取，这样便不会发生死锁。这就是本书 1.5 节中提到的"SharedResource 角色是对称的"这一条件不成立时的情况。该方法并不需要修改 Tool 类和 EaterThread 类。

代码清单 A1-5　按方法 1 进行修改之后的 Main 类（Main.java）

```
public class Main {
    public static void main(String[] args) {
        System.out.println("Testing EaterThread, hit CTRL+C to exit.");
        Tool spoon = new Tool("Spoon");
        Tool fork = new Tool("Fork");
        new EaterThread("Alice", spoon, fork ).start();
        new EaterThread("Bobby", spoon, fork ).start();
    }
}
```

该程序收录在本书配套的源代码 SingleThreadedExecution/A1–6a 中

图 A1-4　方法 1 的运行结果示例

```
（以上省略）
Alice takes up [ Spoon ] (left).
Alice takes up [ Fork ] (right).
Alice is eating now, yum yum!
Alice puts down [ Fork ] (right).
Alice puts down [ Spoon ] (left).
Alice takes up [ Spoon ] (left).
Alice takes up [ Fork ] (right).
Alice is eating now, yum yum!
Alice puts down [ Fork ] (right).
Alice puts down [ Spoon ] (left).
Alice takes up [ Spoon ] (left).
Alice takes up [ Fork ] (right).
（以下省略。按 CTRL+C 终止程序）
```

◆方法 2："勺子和叉子" 成对拿取

这里不再单独获取勺子或叉子的锁，而是提供另外一个对象，来表示"成对的勺子和叉子"。然后假设获取实例的锁就相当于拿取"成对的勺子和叉子"，这样便不会发生死锁。这就是本书 1.5 节中提到的"存在多个 SharedResource 角色"这一条件不成立时的情况。

修改后的程序如代码清单 A1-6 ~ 代码清单 A1-8 所示。

代码清单 A1-6　按方法 2 进行修改后的 Main 类（Main.java）

```
public class Main {
    public static void main(String[] args) {
        System.out.println("Testing EaterThread, hit CTRL+C to exit.");
        Tool spoon = new Tool("Spoon");
        Tool fork = new Tool("Fork");
        Pair pair = new Pair(spoon, fork);
        new EaterThread("Alice", pair ).start();
        new EaterThread("Bobby", pair ).start();
    }
}
```

该程序收录在本书配套的源代码 SingleThreadedExecution/A1–6b 中

代码清单 A1-7　按方法 2 进行修改后的 EaterThread 类（EaterThread.java）

```
public class EaterThread extends Thread {
```

```
    private String name;
    private final Pair pair;
    public EaterThread(String name, Pair pair) {
        this.name = name;
        this.pair = pair;
    }
    public void run() {
        while (true) {
            eat();
        }
    }
    public void eat() {
        synchronized (pair) {
            System.out.println(name + " takes up " + pair + ".");
            System.out.println(name + " is eating now, yum yum!");
            System.out.println(name + " puts down " + pair + ".");
        }
    }
}
```

该程序收录在本书配套的源代码 SingleThreadedExecution/A1-6b 中

代码清单 A1-8　新建的 Pair 类（Pair.java）

```
public class Pair {
    private final Tool lefthand;
    private final Tool righthand;
    public Pair(Tool lefthand, Tool righthand) {
        this.lefthand = lefthand;
        this.righthand = righthand;
    }
    public String toString() {
        return "[ " + lefthand + " and " + righthand + " ]";
    }
}
```

该程序收录在本书配套的源代码 SingleThreadedExecution/A1-6b 中

图 A1-5　方法 2 的运行结果示例

```
Alice takes up [ [ Spoon ] and [ Fork ] ].
Alice is eating now, yum yum!
Alice puts down [ [ Spoon ] and [ Fork ] ].
Alice takes up [ [ Spoon ] and [ Fork ] ].
Alice is eating now, yum yum!
Alice puts down [ [ Spoon ] and [ Fork ] ].
Bobby takes up [ [ Spoon ] and [ Fork ] ].
Bobby is eating now, yum yum!
Bobby puts down [ [ Spoon ] and [ Fork ] ].
Alice takes up [ [ Spoon ] and [ Fork ] ].
Alice is eating now, yum yum!
Alice puts down [ [ Spoon ] and [ Fork ] ].
（以下省略。按 CTRL+C 终止程序）
```

习题 1-7 的答案

（习题见 P.59）

实现方法有很多，这里介绍其中三个。

◆答案示例 1：简单的 Mutex 类

代码清单 A1-9 是最简单的 Mutex 类。这里使用了 boolean 类型的字段 busy（繁忙），若 busy 为 true，则表示执行了 lock 方法；若 busy 为 false，则表示执行了 unlock 方法。

lock 方法和 unlock 方法都是 synchronized 方法，保护着 busy 字段。

代码清单 A1-9　简单的 Mutex 类（Mutex.java）

```
public final class Mutex {
    private boolean busy = false;
    public synchronized void lock() {
        while (busy) {
            try {
                wait();
            } catch (InterruptedException e) {
            }
        }
        busy = true;
    }
    public synchronized void unlock() {
        busy = false;
        notifyAll();
    }
}
```

该程序收录在本书配套的源代码 SingleThreadedExecution/A1-7a 中

代码清单 A1-9 中的 Mutex 类会保证习题 1-7 的程序正确运行，但必须注意如下限制。

【限制 1：不可以重入】

假如某个线程连续两次调用 lock 方法，那么第二次调用时，由于 busy 字段已经变为 true，所以会执行 wait。这就好像自己把自己锁在外面，进不了门一样。这称为代码清单 A1-9 中的 Mutex 类“不可以重入”或“非 reentrant”。

【限制 2：任何人都可以 unlock】

在代码清单 A1-9 中的 Mutex 类中，即使线程没有调用 lock 方法，也可以调用 unlock 方法。这就好像不是自己上的锁，自己也可以打开一样。

◆答案示例 2：改良了的 Mutex 类

代码清单 A1-10 中的 Mutex 类解除了答案示例 1 中的限制。这里将当前锁的个数计录到 locks 字段中。该锁的个数是 lock 的调用次数减去 unlock 的调用次数后得出的结果。同时，调用 lock 方法的线程被记录到了 owner（拥有者）字段中。通过使用 locks 字段和 owner 字段，我们便可以解除上面的限制。

代码清单 A1-10　改良了的 Mutex 类（Mutex.java）

```
public final class Mutex {
    private long locks = 0;
    private Thread owner = null;
```

```
    public synchronized void lock() {
        Thread me = Thread.currentThread();
        while (locks > 0 && owner != me) {
            try {
                wait();
            } catch (InterruptedException e) {
            }
        }
        assert locks == 0 || owner == me;
        owner = me;
        locks++;
    }
    public synchronized void unlock() {
        Thread me = Thread.currentThread();
        if (locks == 0 || owner != me) {
            return;
        }
        assert locks > 0 && owner == me;
        locks--;
        if (locks == 0) {
            owner = null;
            notifyAll();
        }
    }
}
```

该程序收录在本书配套的源代码 SingleThreadedExecution/A1-7b 中

▶▶ 小知识：assert

代码清单 A1-10 使用了两个断言（assertion）。

lock 中使用的如下断言表示"lock 个数为 0，或者自己已经 lock 了"。

```
assert locks == 0 || owner == me;
```

unlock 中使用的如下断言表示"lock 个数大于 0，且是自己 lock 的"。

```
assert locks > 0 && owner == me;
```

像这样，使用 assert 之后，就可以显式地表达此处肯定可以成立的条件了。如果该条件不成立，则表明这与开发人员预期的状态不一致。

默认情况下，断言条件不成立的话，什么反应都没有。但如果在 java 命令中加上 -ea 选项，条件不成立时会抛出 java.lang.AssertionError 异常。

assert 是 J2SE 1.4 中新增的功能。详细内容请参考如下网站。

Assertion 功能

http://docs.oracle.com/javase/1.5.0/docs/guide/language/assert.html

◆答案示例 3：使用 java.util.concurrent.locks.ReentrantLock 的 Mutex 类

J2SE 5.0 的标准类库中新增的 java.util.concurrent.locks.ReentrantLock 类包含了本习题中改良了的 Mutex 的所有功能。lock、unlock 方法的名字都是一样的。因此，如代码清单 A1-11 所示，仅创建 ReentrantLock 类的空子类就可以实现想要的 Mutex。

代码清单 A1-11　使用了 ReentrantLock 类的 Mutex 类（Mutex.java）

```
import java.util.concurrent.locks.ReentrantLock;

public class Mutex extends ReentrantLock {
}
```

该程序收录在本书配套的源代码 SingleThreadedExecution/A1-7c 中

第 2 章

习题 2-1 的答案

（习题见 P.77）

√（1）java.lang.String 类是 immutable 类。

×（2）java.lang.StringBuffer 类是 immutable 类。

√（3）声明为 final 的字段不可以赋值两次。

×（4）声明为 private 的字段可由所在类及子类直接访问。

声明为 private 的字段仅可由声明该字段的类本身直接访问。

×（5）将方法声明为 synchronized 也不会有什么问题，所以应该尽可能地加上 synchronized。

有可能会降低类的生存性或性能，所以并不是说加上 synchronized 就好。

习题 2-2 的答案

（习题见 P.77）

的确，习题中所示的程序（代码清单 2-10）运行之后，会显示 CAT。但变量 s 中保存的实例内容并没有被改写。replace 方法会新建一个实例，用来保存替换后的字符串中的字符，并将该实例作为返回值[①]。

用于确认已新建其他实例的程序如代码清单 A2-1 所示，其运行结果如图 A2-1 所示。

代码清单 A2-1　确认 replace 方法已新建其他实例的程序（Main.java）

```
public class Main {
    public static void main(String[] args) {
        String s = "BAT";
        String t = s.replace('B', 'C');          // 将 'B' 替换为 'C'
        System.out.println("s = " + s);          // 执行 replace 后的 s
        System.out.println("t = " + t);          // replace 的返回值 t
        if (s == t) {
            System.out.println("s == t");
        } else {
            System.out.println("s != t");
        }
    }
}
```

该程序收录在本书配套的源代码 Immutable/A2-2 中

① 不过，当 replace 方法的参数中传入的替换前字符相同时（也就是实际上不进行替换时），replace 方法就不会创建新的实例，而是使用原来的实例（this）作为返回值。

图 A2-1　运行结果

```
s = BAT      ←replace 被执行后，s 的值仍为 "BAT"
t = CAT      ←replace 的返回值为 "CAT"
s != t       ←两个实例不一样
```

习题 2-3 的答案

（习题见 P.77）

在笔者使用的环境下，运行结果如图 A2-2 所示。使用 synchronized 时的执行时间大约是使用 Immutable 模式时的 2 倍。这是在完全没有发生线程冲突的情况下测量的，所以，测得的时间也就是获取和释放实例锁所花费的时间。

图 A2-2　运行结果

```
NotSynch: BEGIN
NotSynch: END
Elapsed time = 38896msec.      ←没有 synchronized 时花费的时间
Synch: BEGIN
Synch: END
Elapsed time = 76400msec.      ←有 synchronized 时花费的时间
```

但请注意，这里连续调用的方法中几乎没有任何处理。因此，在整个处理时间中，使用 synchronized 时增多的时间所占的比例有可能比一般的程序大。

Java 编译器的优化或者 Java 运行环境的不同也会影响时间差的比例，所以该程序的运行结果示例仅供参考。

习题 2-4 的答案

（习题见 P.78）

这是因为如果修改了 getInfo 方法的返回值（StringBuffer 的实例），info 字段所引用的实例内容也会发生变化。

我们实际动手来实现一下修改 UserInfo 实例内容的程序吧（代码清单 A2-2）。

代码清单 A2-2　修改 UserInfo 状态的 Main 类（Main.java）

```
public class Main {
    public static void main(String[] args) {
        // 创建实例
        UserInfo userinfo = new UserInfo("Alice", "Alaska");

        // 显示
        System.out.println("userinfo = " + userinfo);

        // 修改状态
        StringBuffer info = userinfo.getInfo();
        info.replace(12, 17, "Bobby");        // 12 到 17 是字符串 "Alice" 的位置

        // 再次显示
        System.out.println("userinfo = " + userinfo);
    }
}
```

该程序收录在本书配套的源代码 Immutable/A2-4 中

这里首先创建了 Alice（出生地 Alaska）的信息，并输出显示，然后利用 getInfo 方法获取的 StringBuffer 的实例（info）将 "Alice" 替换为了 "Bobby"。当再次显示后，我们便可以发现 UserInfo 的实例确实发生了改变（图 A2-3）。

图 A2-3 运行结果

```
userinfo = [ UserInfo: <info name="Alice" address="Alaska" /> ]
userinfo = [ UserInfo: <info name="Bobby" address="Alaska" /> ] ←姓名变成了 Bobby
```

getInfo 方法获取的 info 字段中保存的实例并不是 String 实例，而是 StringBuffer 实例。StringBuffer 类与 String 类不同，包含修改内部状态的方法，所以 info 字段的内容也可以被外部修改。

String 类的 replace 方法并不会修改实例本身，但 StringBuffer 类的 replace 方法却会修改实例本身。这是因为 StringBuffer 类是 mutable 类。

由于 info 字段声明为了 final，所以 info 字段的值本身（指向的实例）并不会改变。但 info 字段所指向的实例的状态却有可能改变。

习题 2-5 的答案

（习题见 P.78）

Line 类不是 immutable 类。

我们先从 Line 类使用的 Point 类看起。由于 Point 类的 x 字段和 y 字段都是 public，且不是 final，所以这两个字段的值可以随意改写。因此，Point 类是 mutable 类。

接下来，我们再来关注一下 Line 类的第二个构造函数。

```
public Line(Point startPoint, Point endPoint) {
    this.startPoint = startPoint;
    this.endPoint = endPoint;
}
```

构造函数中传入的实例直接赋给了字段。我们来仔细思考一下这是什么意思。由于参数中传入的 Point 实例是在构造函数外部创建的，所以该构造函数的调用者很可能持有该实例的索引。通过上面的赋值语句，Line 类的字段也持有了同一个实例的索引。

的确，this.startPoint 是 final 类型，该字段的值本身不会改变。但该字段指向的 Point 实例的内部状态却有可能发生改变。

用于确认的程序如代码清单 A2-3 所示。

代码清单 A2-3 修改 Line 状态的 Main 类（Main.java）

```
public class Main {
    public static void main(String[] args) {
        // 创建实例
        Point p1 = new Point(0, 0);
        Point p2 = new Point(100, 0);
        Line line = new Line(p1, p2);

        // 显示
        System.out.println("line = " + line);
```

```
        // 修改状态
        p1.x = 150;
        p2.x = 150;
        p2.y = 250;

        // 再次显示
        System.out.println("line = " + line);
    }
}
```

该程序收录在本书配套的源代码 Immutable/A2-5a 中

图 A2-4　运行结果

```
line = [ Line: (0,0)-(100,0) ]
line = [ Line: (150,0)-(150,250) ]      ←直线移动了
```

虽然我们只是随意修改了一下 p1、p2 这两个 Point 实例，但从图 A2-4 中可以看到 Line 实例的内容改变了。

在 Point 这个非 immutable 类（mutable 类）的影响下，Line 类也就成为了 mutable 类。

◆将 Line 类修改为 immutable 类的方法

怎样才能将 Line 类修改为 immutable 类呢？当然，如果将 Point 类修改为 immutable 类，Line 类也就会随之成为 immutable 类。例如，将 Point 的 x 字段和 y 字段修改为 public final 类型，就可以实现了。

另外，无论 Point 是 immutable 类还是 mutable 类，我们都可以将 Line 修改为 immutable 类，比如像代码清单 A2-4 这样修改。

代码清单 A2-4　修改为 immutable 类的 Line 类（Line.java）

```
public class Line {
    private final Point startPoint;
    private final Point endPoint;
    public Line(int startx, int starty, int endx, int endy) {
        this.startPoint = new Point(startx, starty);
        this.endPoint = new Point(endx, endy);
    }
    public Line(Point startPoint, Point endPoint) {
        this.startPoint = new Point(startPoint.x, startPoint.y);
        this.endPoint = new Point(endPoint.x, endPoint.y);
    }
    public int getStartX() { return startPoint.x; }
    public int getStartY() { return startPoint.y; }
    public int getEndX() { return endPoint.x; }
    public int getEndY() { return endPoint.y; }
    public String toString() {
        return "[ Line: " + startPoint + "-" + endPoint + " ]";
    }
}
```

该程序收录在本书配套的源代码 Immutable/A2-5b 中

代码清单 A2-4 并没有直接使用参数中传入的实例，而是创建了一个与传入实例的内容相同的新实例，并将该新实例赋给了字段。

对于代码清单 A2-4 中被修改为 immutable 类的 `Line` 类，我们使用前面代码清单 A2-3 来运行确认后，结果如图 A2-5 所示。可见 `Line` 确实不会受到外部的影响。

图 A2-5 运行结果

```
line = [ Line: (0,0)-(100,0) ]
line = [ Line: (0,0)-(100,0) ]        ←没有改变
```

习题 2-6 的答案

（习题见 P.79）

`ImmutablePerson` 类中有错误。

验证代码清单 2-16 中的 `ImmutablePerson` 类是否欠缺安全性的程序如代码清单 A2-5 所示。

这里，主线程连续不断地改写 `MutablePerson` 的实例。为了便于检查，我们将 `name` 字段和 `address` 字段设置为了相同的字符串（数字串）。

而 `CrackerThread` 类则基于传入的 `MutablePerson` 实例一个接一个地创建新的 `ImmutablePerson` 实例。下面来检查这些创建的 `ImmutablePerson` 实例的 `name` 和 `address` 的值是否一直相等（代码清单 A2-5）。

代码清单 A2-5 验证 ImmutablePerson 类是否欠缺安全性的 Main 类（Main.java）

```
import person.MutablePerson;
import person.ImmutablePerson;

public class Main {
    public static void main(String[] args) {
        MutablePerson mutable = new MutablePerson("start", "start");
        new CrackerThread(mutable).start();
        new CrackerThread(mutable).start();
        new CrackerThread(mutable).start();
        for (int i = 0; true; i++) {
            mutable.setPerson("" + i, "" + i);
        }
    }
}

class CrackerThread extends Thread {
    private final MutablePerson mutable;
    public CrackerThread(MutablePerson mutable) {
        this.mutable = mutable;
    }
    public void run() {
        while (true) {
            ImmutablePerson immutable = new ImmutablePerson(mutable);
            if (!immutable.getName().equals(immutable.getAddress())) {
                System.out.println(currentThread().getName() + " ***** BROKEN ***** "
+ immutable);
            }
        }
    }
}
```

该程序收录在本书配套的源代码 Immutable/A2-6a 中

程序运行之后，会输出如图 A2-6 所示的 BROKEN。由此可知 `ImmutablePerson` 类欠缺安全性。

图 A2-6 运行结果示例

```
Thread-1 ***** BROKEN ***** [ ImmutablePerson: 213444, 214742 ]
Thread-2 ***** BROKEN ***** [ ImmutablePerson: 386237, 387624 ]
Thread-1 ***** BROKEN ***** [ ImmutablePerson: 618964, 619060 ]
Thread-2 ***** BROKEN ***** [ ImmutablePerson: 918612, 919875 ]
(以下省略。按 CTRL+C 终止程序)
```

下面我们找出错误所在，并进行修改。

ImmutablePerson 类的一个构造函数将 MutablePerson 作为了参数。该构造函数调用了 MutablePerson 类的 getName 方法和 getAddress 方法，如下所示。

```
this.name = person.getName();
this.address = person.getAddress();
```

而这两个调用必须放入临界区中。

这是因为在调用 getName 之后、调用 getAddress 之前，可能会有其他线程使用 MutablePerson 的 setPerson 方法来改写 address 字段。

由于此处是构造函数，所以要使用 synchronized 代码块，但需要注意参数中传入的 MutablePerson 实例应该获取锁。

修改后的 ImmutablePerson 类如代码清单 A2-6 所示。

代码清单 A2-6 具备安全性的 ImmutablePerson 类（ImmutablePerson.java）

```java
package person;

public final class ImmutablePerson {
    private final String name;
    private final String address;
    public ImmutablePerson(String name, String address) {
        this.name = name;
        this.address = address;
    }
    public ImmutablePerson(MutablePerson person) {
        synchronized (person) {
            this.name = person.getName();
            this.address = person.getAddress();
        }
    }
    public MutablePerson getMutablePerson() {
        return new MutablePerson(this);
    }
    public String getName() {
        return name;
    }
    public String getAddress() {
        return address;
    }
    public String toString() {
        return "[ ImmutablePerson: " + name + ", " + address + " ]";
    }
}
```

该程序收录在本书配套的源代码 Immutable/A2-6b/person 中

这时再来执行前面的 Main 类，就不会输出 BROKEN 了（图 A2-7）。

图 A2-7　运行结果示例

```
（什么都不显示。按 CTRL+C 终止程序）
```

第 3 章

习题 3-1 的答案

（习题见 P.95）

√（1）getRequest 和 putRequest 是由不同的线程调用的。

getRequest 由 ServerThread 调用，而 putRequest 则由 ClientThread 调用。

×（2）RequestQueue 的实例创建了两个。

RequestQueue 的实例仅有 Main 类创建的那一个，该实例由 ClientThread 和 ServerThread 共享。

√（3）getRequest 中的 remove 方法被调用时，queue.peek() != null 的值一定是 true。

queue.peek() != null 是守护条件。Guarded Suspension 模式会确保执行目标处理时，守护条件一定是成立的。

√（4）getRequest 中的 wait 方法被调用时，queue.peek() != null 的值一定是 false。

当守护条件不成立时，wait 方法才会被调用。

×（5）ClientThread 线程正在执行 putRequest 时，ServerThread 线程是不运行的。

ServerThread 线程有时是运行的，有时是不运行的。如果 ServerThread 线程执行 getRequest，则会获取不到锁并发生阻塞。如果 ServerThread 线程执行 wait，则会停在等待队列中。如果 ServerThread 线程执行 sleep，则会在指定时间内停止。但除此之外，ServerThread 线程是可以自由运行的。

×（6）线程调用 getRequest 中的 wait 方法后会释放锁，并进入 queue 的等待队列。

进入的不是 queue（LinkedList 类的实例）的等待队列，而是 this（RequestQueue 类的实例）的等待队列。

×（7）putRequest 方法中的 notifyAll(); 语句与 queue.notifyAll(); 的含义是等同的。

notifyAll(); 与 this.notifyAll(); 的含义是等同的，而不是 queue.notifyAll();。

习题 3-2 的答案

（习题见 P.95）

即使先执行 notifyAll，RequestQueue 类也会安全运行。

在执行 notifyAll 时，参数 request 还没有添加到 queue 中。不过，由于执行 notifyAll 的线程持有着 this 的锁，所以执行 notifyAll 之后，从等待队列中退出的其他线程会在获取锁时阻塞。因此，其他线程的操作实际上并没有什么进展（也不会检查守护条件）。

而执行 notifyAll 的线程会在执行 offer 之后，从 putRequest 返回。这时，this 的锁才会被释放。之后，阻塞中的其他线程（之一）会获取 this 的锁，继续执行操作（首先会检查守护条件）。

因此，无论 putRequest 中两条语句的顺序如何，RequestQueue 类都能安全运行。

不过，将 notifyAll 写在最后更容易理解，所以建议在编程时采用这样的写法。

习题 3-3 的答案

（习题见 P.95）

首先，我们来具体思考一下所谓“按预期运行”到底是怎样的运行。

- 调用 getRequest 后，若 queue.peek() != null，线程 Bobby 则 wait。
- 执行 putRequest 后，线程 Alice 会执行 notifyAll。
- 执行 notifyAll 后，正在 wait 的线程 Bobby 则停止 wait。

于是，我们试着在 wait() 的前后，以及执行 notifyAll() 的地方加上调试输出（代码清单 A3-1）。

代码清单 A3-1　加上调试输出的 RequestThread 类（RequestQueue.java）

```
import java.util.Queue;
import java.util.LinkedList;

public class RequestQueue {
    private final Queue<Request> queue = new LinkedList<Request>();
    public synchronized Request getRequest() {
        while (queue.peek() == null) {
            try {
                System.out.println(Thread.currentThread().getName() + ": wait() begins, 
queue = " + queue);
                wait();
                System.out.println(Thread.currentThread().getName() + ": wait() ends, 
queue = " + queue);
            } catch (InterruptedException e) {
            }
        }
        return queue.remove();
    }
    public synchronized void putRequest(Request request) {
        queue.offer(request);
        System.out.println(Thread.currentThread().getName() + ": notifyAll() begins, 
queue = " + queue);
        notifyAll();
        System.out.println(Thread.currentThread().getName() + ": notifyAll() ends, 
queue = " + queue);
    }
}
```

该程序收录在本书配套的源代码 GuardedSuspension/A3-3 中

图 A3-1 运行结果示例

```
Alice requests [ Request No.0 ]          ←Alice 发送请求 No.0
Alice: notifyAll() begins, queue = [[ Request No.0 ]]
                                         ←Alice 执行 notifyAll（没有人正在等待）
Alice: notifyAll() ends, queue = [[ Request No.0 ]]
Bobby handles  [ Request No.0 ]          ←Bobby 处理 No.0（不等待）
Bobby: wait() begins, queue = []         ←Bobby 进行 wait（开始等待）
Alice requests [ Request No.1 ]          ←Alice 发送请求 No.1
Alice: notifyAll() begins, queue = [[ Request No.1 ]]
                                         ←Alice 执行 notifyAll（Bobby 正在等待）
Alice: notifyAll() ends, queue = [[ Request No.1 ]]
Bobby: wait() ends, queue = [[ Request No.1 ]]
                                         ←Bobby 结束 wait。No.1 进入 queue
Bobby handles  [ Request No.1 ]          ←Bobby 处理 No.1（等待之后）
Alice requests [ Request No.2 ]          ←Alice 发送请求 No.2
Alice: notifyAll() begins, queue = [[ Request No.2 ]]
                                         ←Alice 执行 notifyAll（没有人正在等待）
Alice: notifyAll() ends, queue = [[ Request No.2 ]]
Bobby handles  [ Request No.2 ]          ←Bobby 处理 No.2（不等待）
Alice requests [ Request No.3 ]          ←Alice 发送请求 No.3
Alice: notifyAll() begins, queue = [[ Request No.3 ]]
                                         ←Alice 执行 notifyAll（没有人正在等待）
Alice: notifyAll() ends, queue = [[ Request No.3 ]]
Alice requests [ Request No.4 ]          ←Alice 发送请求 No.4
Alice: notifyAll() begins, queue = [[ Request No.3 ], [ Request No.4 ]]
                                         ←Alice 执行 notifyAll（没有人正在等待）
Alice: notifyAll() ends, queue = [[ Request No.3 ], [ Request No.4 ]]
Bobby handles  [ Request No.3 ]          ←Bobby 处理 No.3（不等待）
Bobby handles  [ Request No.4 ]          ←Bobby 处理 No.4（不等待）
（以下省略。按 CTRL+C 终止程序）
```

习题 3-4 的答案

（习题见 P.96）

改写后的（1）～（4）都存在问题，具体如下所示。

（1）将 while 改为 if（代码清单 3-8）

这样修改在本书的示例程序中是不会发生问题，但一般情况下还是会发生问题的。

这里假设多个线程都在 wait 时，RequestQueue 的实例被执行了 notifyAll。这样一来，多个线程都会开始运行。这时，如果 queue 中只有一个元素，第一个开始运行的线程调用 queue.remove() 后，queue 会变为空；若 queue 为空，queue.peek() 的值则为 null。但如果第二个及之后开始运行的线程之前已经确认守护条件成立，那么即使这时 queue.peek() == null，queue.remove() 也还是会被调用。因此，使用这个类时，程序可能会欠缺安全性。

正在 wait 的线程在开始运行前，必须要再次检查守护条件，所以不应该使用 if，而是要使用 while。

如果用 notify 来替换 notifyAll，这时是不是就可以使用 if，而不必使用 while 了呢？这在示例程序中没有问题。但是，如果用在非常大的程序中就会发生问题。这是因为，RequestQueue

实例有可能会被某个线程 notify/notifyAll。用 notify 来替换 notifyAll、用 if 来替换 while……这样来实现的 Guarded Suspension 模式的类可复用性会很低。

这里再强调一下：在 Guarded Suspension 模式中，使用 while 来检查守护条件是非常重要的。notify/notifyAll 只不过是检查守护条件的触发器而已。

例如，请试着想象一下如下场景：假如你正在开车，遇到红灯后就停下来，坐在那里发呆。这时即使副驾驶的人突然提醒你可以走了，你也不能慌慌张张地踩油门就走，而是应该在自己确认信号灯已经变绿，行车安全的情况下，才可以踩油门。Guarded Suspension 模式与此相同，notify/notifyAll 只不过是提醒了一声。在继续执行处理之前，必须要再次切实检查守护条件。

（2）将 synchronized 的范围改为只包含 wait（代码清单 3-9）

这样修改在本书的示例程序中是不会发生问题，但一般情况下还是会发生问题的。

因为这时以下处理会跑到 synchronized 代码块的外面。

- 检查条件
- 调用 remove

当 queue 中的元素只有一个时，如果有两个线程像图 A3-2 这样运行，线程 1 会抛出 NoSuchElementException 异常。

同时，queue 字段的 LinkedList 类本就是非线程安全的。

使用这个类时，程序会欠缺安全性。

图 A3-2 两个线程交叉处理

线程 1	线程 2
检查条件	
	检查条件
	调用 remove
调用 remove	

（3）将 try...catch 移到 while 外面（代码清单 3-10）

这样修改在本书的示例程序中是不会发生问题，但一般情况下还是会发生问题的。

这里假设当线程正在 wait 时，其他线程调用了 interrupt 方法。这时，即使守护条件不成立，该线程也会跳出 while 语句，进入 catch 语句块，调用 remove 方法。也就是说，“等到守护条件满足”这一功能并未实现。

使用这个类时，程序可能会欠缺安全性。习题 3-6 中会创建一个正确处理 InterruptedException 异常的程序。

（4）将 wait 替换为 Thread.sleep（代码清单 3-11）

这样修改即使在本书的示例程序中也是会发生问题的。

“每隔约 100 毫秒才检查一次守护条件，所以性能会下降”这个回答是不正确的。这里并不是性能的问题，而是生存性的问题。wait 与 Thread.sleep 不同，执行 wait 的线程会释放对象实例的锁，而 Thread.sleep 不会释放实例的锁。因此，如果在 getRequest 这个 synchronized 方法中执行 Thread.sleep，那么其他线程无论哪一个都无法进入 putRequest 方法或

getRequest 方法（即陷入阻塞）。由于无法进入 putRequest，所以 queue.peek() 的值一直都是 null，守护条件永远都不会成立。正在 sleep 的线程会每隔约 100 毫秒醒来一次以检查守护条件。但守护条件一直为假，所以线程会再次休眠。线程就这样一直重复“醒来→检查→再休眠”的过程。而在这期间，其他想要执行 putRequest 或 getRequest 的线程会一直处于阻塞状态。

因此，使用这个类时，程序会欠缺生存性。在这个示例中，线程每隔约 100 毫秒检查一次守护条件，操作并不是停止的。但也只是这样不断地定期检查守护条件而已，处理永远都没有进展。像这样，虽然程序一直在运行，但并没有实质进展的状况，我们通常称为活锁（livelock）。活锁与死锁一样，都失去了生存性。

该示例就是习题 I2-1 中“synchronized 方法中进入了无限循环”时的一种情况。

习题 3-5 的答案

（习题见 P.97）

程序不运行的原因是 Alice 和 Bobby 这两个线程发生了死锁。

仔细查看 TalkThread 类的 run 方法，你会发现 run 方法是从 getRequest 方法开始执行的。

- Alice 在 getRequest 中等待 Bobby 发送请求，进行 wait
- Bobby 在 getRequest 中等待 Alice 发送请求，进行 wait

就这样，Alice 和 Bobby 面面相觑，动弹不了（死锁）。这就像互相模仿对方的两只鹦鹉，互不作声，你瞪着我、我瞪着你一样。

代码清单 A3-2 展示了该问题的一种解决方法。在代码清单 A3-2 中，程序首先向 requestQueue1 中 putRequest 一个名为 "Hello" 的请求，这就是所谓的“种子”。Alice 通过最开始的 getRequest 获取的就是这个请求。

另外，当 Alice 和 Bobby 陷入死锁时，两人都未持有 requestQueue1 或 requestQueue2 的锁。这是因为两人都正在 wait，而锁正在被释放。大家可以和习题 1-6 中介绍的死锁比较一下。

代码清单 A3-2　最开始放入“种子”的解决方案（Main.java）

```
public class Main {
    public static void main(String[] args) {
        RequestQueue requestQueue1 = new RequestQueue();
        RequestQueue requestQueue2 = new RequestQueue();
        requestQueue1.putRequest(new Request("Hello"));
        new TalkThread(requestQueue1, requestQueue2, "Alice").start();
        new TalkThread(requestQueue2, requestQueue1, "Bobby").start();
    }
}
```

该程序收录在本书配套的源代码 GuardedSuspension/A3-5 中

图 A3-3 运行结果

```
Alice:BEGIN
Alice gets  [ Request Hello ]        ←最开始由 Alice 获取“种子”
Alice puts  [ Request Hello! ]       ←加上一个感叹号并返回
Bobby:BEGIN
Bobby gets  [ Request Hello! ]       ← Bobby 接收该请求
Bobby puts  [ Request Hello!! ]      ←再加上一个感叹号并返回（共两个）
Alice gets  [ Request Hello!! ]      ← Alice 接收该请求
Alice puts  [ Request Hello!!! ]     ←再加上一个感叹号并返回（共三个）
（中间省略）
Alice gets  [ Request Hello!!!!!!!!!!!!!!!!!!!!!!!!!!!!!!!!!!!!!!!!!! ]
Alice puts  [ Request Hello!!!!!!!!!!!!!!!!!!!!!!!!!!!!!!!!!!!!!!!!!!! ]
Alice:END
Bobby gets  [ Request Hello!!!!!!!!!!!!!!!!!!!!!!!!!!!!!!!!!!!!!!!!!!! ]
Bobby puts  [ Request Hello!!!!!!!!!!!!!!!!!!!!!!!!!!!!!!!!!!!!!!!!!!!! ]
Bobby:END
```

习题 3-6 的答案

（习题见 P.98）

即使调用 interrupt 方法，线程也不会终止。这是因为调用 sleep 方法和 wait 方法的类忽略了 InterruptedException 异常。

我们来修改一下 RequestQueue 类，让 getRequest 方法抛出 InterruptedException 异常。

另外，我们再修改一下 ClientThread 类和 ServerThread 类，让它们在程序抛出 InterruptedException 异常时跳出 for 循环。这样程序便可以正常终止了。

代码清单 A3-3 不忽略 InterruptedException 的 RequestQueue 类（RequestThread.java）

```
import java.util.Queue;
import java.util.LinkedList;

public class RequestQueue {
    private final Queue<Request> queue = new LinkedList<Request>();
    public synchronized Request getRequest() throws InterruptedException {
        while (queue.peek() == null) {
            wait();
        }
        return queue.remove();
    }
    public synchronized void putRequest(Request request) {
        queue.offer(request);
        notifyAll();
    }
}
```

该程序收录在本书配套的源代码 GuardedSuspension/A3-6 中

代码清单 A3-4 不忽略 InterruptedException 的 ClientThread 类（ClientThread.java）

```
import java.util.Random;

public class ClientThread extends Thread {
    private final Random random;
    private final RequestQueue requestQueue;
```

```
    public ClientThread(RequestQueue requestQueue, String name, long seed) {
        super(name);
        this.requestQueue = requestQueue;
        this.random = new Random(seed);
    }
    public void run() {
        try {
            for (int i = 0; i < 10000; i++) {
                Request request = new Request("No." + i);
                System.out.println(Thread.currentThread().getName() + " requests " + request);
                requestQueue.putRequest(request);
                Thread.sleep(random.nextInt(1000));
            }
        } catch (InterruptedException e) {
        }
    }
}
```

该程序收录在本书配套的源代码 GuardedSuspension/A3-6 中

代码清单 A3-5　不忽略 InterruptedException 的 ServerThread 类（ServerThread.java）

```
import java.util.Random;

public class ServerThread extends Thread {
    private final Random random;
    private final RequestQueue requestQueue;
    public ServerThread(RequestQueue requestQueue, String name, long seed) {
        super(name);
        this.requestQueue = requestQueue;
        this.random = new Random(seed);
    }
    public void run() {
        try {
            for (int i = 0; i < 10000; i++) {
                Request request = requestQueue.getRequest();
                System.out.println(Thread.currentThread().getName() + " handles  " + request);
                Thread.sleep(random.nextInt(1000));
            }
        } catch (InterruptedException e) {
        }
    }
}
```

该程序收录在本书配套的源代码 GuardedSuspension/A3-6 中

图 A3-4　运行结果示例

```
（以上省略）
Alice requests [ Request No.14 ]
Bobby handles  [ Request No.14 ]
Alice requests [ Request No.15 ]
Bobby handles  [ Request No.15 ]
Alice requests [ Request No.16 ]
Bobby handles  [ Request No.16 ]
Alice requests [ Request No.17 ]
Bobby handles  [ Request No.17 ]
***** calling interrupt *****        ←程序到此终止
```

▶▶ 小知识：如果忘记修改 RequestQueue 类会怎么样呢

我们来思考一下如果忘记修改 RequestQueue 类会怎么样。

假设我们没有修改 RequestQueue 类，当调用 interrupt 方法时，如果线程正在 sleep，那么程序可以正常终止。但如果线程正在 wait，程序便不会终止。这是因为，抛出的 InterruptedException 异常被忽略了。也就是说，这个程序每运行数次就会有一次（或者每数十次、数百次就会有一次）无法按预期终止。

关于如何让线程切实、优雅地终止，我们将在第 10 章"Two-Phase Termination 模式"中进行介绍。

第 4 章

习题 4-1 的答案

（习题见 P.112）

× （1）save 方法仅可由 SaverThread 调用。

save 方法可由 SaverThread 和 ChangerThread 两者调用。

× （2）将所有的 synchronized 都删掉，并将 changed 字段声明为 volatile 之后，程序运行仍然是一样的。

由于 change 方法和 save 方法都不再是 Single Threaded Execution 模式（第 1 章），运行也就不再相同。即使声明为 volatile，线程的互斥处理也不会被执行，详见附录 B。

× （3）在 change 方法中，给 content 字段赋值后，必须将 changed 设置为 true。

即使先将 changed 设置为 true，程序也可以正常运行。

√（4）doSave 方法不是 synchronized 方法。

doSave 方法并不是 synchronized 方法。但是，由于 doSave 方法仅由 synchronized 方法调用，所以执行到 doSave 方法的线程一定持有着 this 的锁。

√（5）doSave 方法不可以由两个线程同时调用。

save 方法是 synchronized，并且 private 类型的 doSave 方法仅可由 save 方法调用。因此，doSave 方法不可以由 2 个线程同时调用。

习题 4-2 的答案

（习题见 P.112）

按（1）和（2）进行修改后的 Data 类分别如代码清单 A4-1 和 A4-2 所示。

（1）加上调试输出

save 方法中的 return 部分相当于 balk，故在 return 前面加上了调试输出。

代码清单 A4-1　加上调试输出后的 Data 类（Data.java）

```
import java.io.IOException;
import java.io.FileWriter;
import java.io.Writer;

public class Data {
```

```
    private final String filename;  // 保存的文件名称
    private String content;         // 数据内容
    private boolean changed;        // 修改后的内容若未保存，则为 true

    public Data(String filename, String content) {
        this.filename = filename;
        this.content = content;
        this.changed = true;
    }

    // 修改数据内容
    public synchronized void change(String newContent) {
        content = newContent;
        changed = true;
    }

    // 若数据内容修改过，则保存到文件中
    public synchronized void save() throws IOException {
        if (!changed) {
            System.out.println(Thread.currentThread().getName() + " balks");
            return;
        }
        doSave();
        changed = false;
    }

    // 将数据内容实际保存到文件中
    private void doSave() throws IOException {
        System.out.println(Thread.currentThread().getName() + " calls doSave, content
= " + content);
        Writer writer = new FileWriter(filename);
        writer.write(content);
        writer.close();
    }
}
```

该程序收录在本书配套的源代码 Balking/A4-2a 中

图 A4-1　运行结果示例（确实在 balk）

```
SaverThread calls doSave, content = No.0
ChangerThread balks
ChangerThread calls doSave, content = No.1
ChangerThread calls doSave, content = No.2
SaverThread calls doSave, content = No.3
ChangerThread balks
SaverThread calls doSave, content = No.4
ChangerThread balks
ChangerThread calls doSave, content = No.5
SaverThread calls doSave, content = No.6
ChangerThread balks
（中间省略）
ChangerThread balks
SaverThread calls doSave, content = No.78
ChangerThread balks
ChangerThread calls doSave, content = No.79
SaverThread calls doSave, content = No.80
ChangerThread balks
SaverThread balks
ChangerThread calls doSave, content = No.81
SaverThread calls doSave, content = No.82
ChangerThread balks
（以下省略。按 CTRL+C 终止程序）
```

（2）删掉synchronized

删掉synchronized，并在将changed标志设置为false之前，sleep约100毫秒。这样一来，程序便会如运行结果示例（图A4-2）所示，重复进行写入。

代码清单A4-2　加上调试输出并删掉synchronized后的Data类（Data.java）

```
import java.io.IOException;
import java.io.FileWriter;
import java.io.Writer;

public class Data {
    private final String filename;     // 保存的文件名称
    private String content;            // 数据内容
    private boolean changed;           // 修改后的内容若未保存，则为true

    public Data(String filename, String content) {
        this.filename = filename;
        this.content = content;
        this.changed = true;
    }

    // 修改数据内容
    public synchronized void change(String newContent) {
        content = newContent;
        changed = true;
    }

    // 若数据内容修改过，则保存到文件中
    public void save() throws IOException {    // not synchronized
        if (!changed) {
            System.out.println(Thread.currentThread().getName() + " balks");
            return;
        }
        doSave();
        try {
            Thread.sleep(100);
        } catch (InterruptedException e) {
        }
        changed = false;
    }

    // 将数据内容实际保存到文件中
    private void doSave() throws IOException {
        System.out.println(Thread.currentThread().getName() + " calls doSave, content
= " + content);
        Writer writer = new FileWriter(filename);
        writer.write(content);
        writer.close();
    }
}
```

该程序收录在本书配套的源代码Balking/A4-2b中

图 A4-2 运行结果示例

```
SaverThread calls doSave, content = No.0
ChangerThread balks
SaverThread calls doSave, content = No.1
ChangerThread balks
SaverThread calls doSave, content = No.2
ChangerThread calls doSave, content = No.2    ←No.2 被写入两次
ChangerThread calls doSave, content = No.3
SaverThread calls doSave, content = No.4
ChangerThread balks
ChangerThread calls doSave, content = No.5
SaverThread calls doSave, content = No.6
ChangerThread balks
ChangerThread calls doSave, content = No.7
SaverThread calls doSave, content = No.8
ChangerThread balks
SaverThread calls doSave, content = No.9
ChangerThread calls doSave, content = No.9    ←No.9 被写入两次
ChangerThread calls doSave, content = No.10
SaverThread calls doSave, content = No.10    ←No.10 被写入两次
ChangerThread balks
SaverThread calls doSave, content = No.12
（以下省略。按 CTRL+C 终止程序）
```

习题 4-3 的答案

（习题见 P.112）

如图 A4-3 所示，这里将 changed 字段为 true 时的范围以灰色背景显示。灰色范围从 change 方法的执行过程中开始，到 doSave 方法执行后终止。

从图中可以看出，在 changed 字段为 true 时的范围（灰色背景）中，如果 save 方法被调用了，那么 doSave 也会被调用；而在 changed 字段为 false 时的范围（白色背景）中，即使 save 方法被调用了，doSave 方法也不会被调用。

图 A4-3　展示 changed 字段为 true 时的范围的时序图

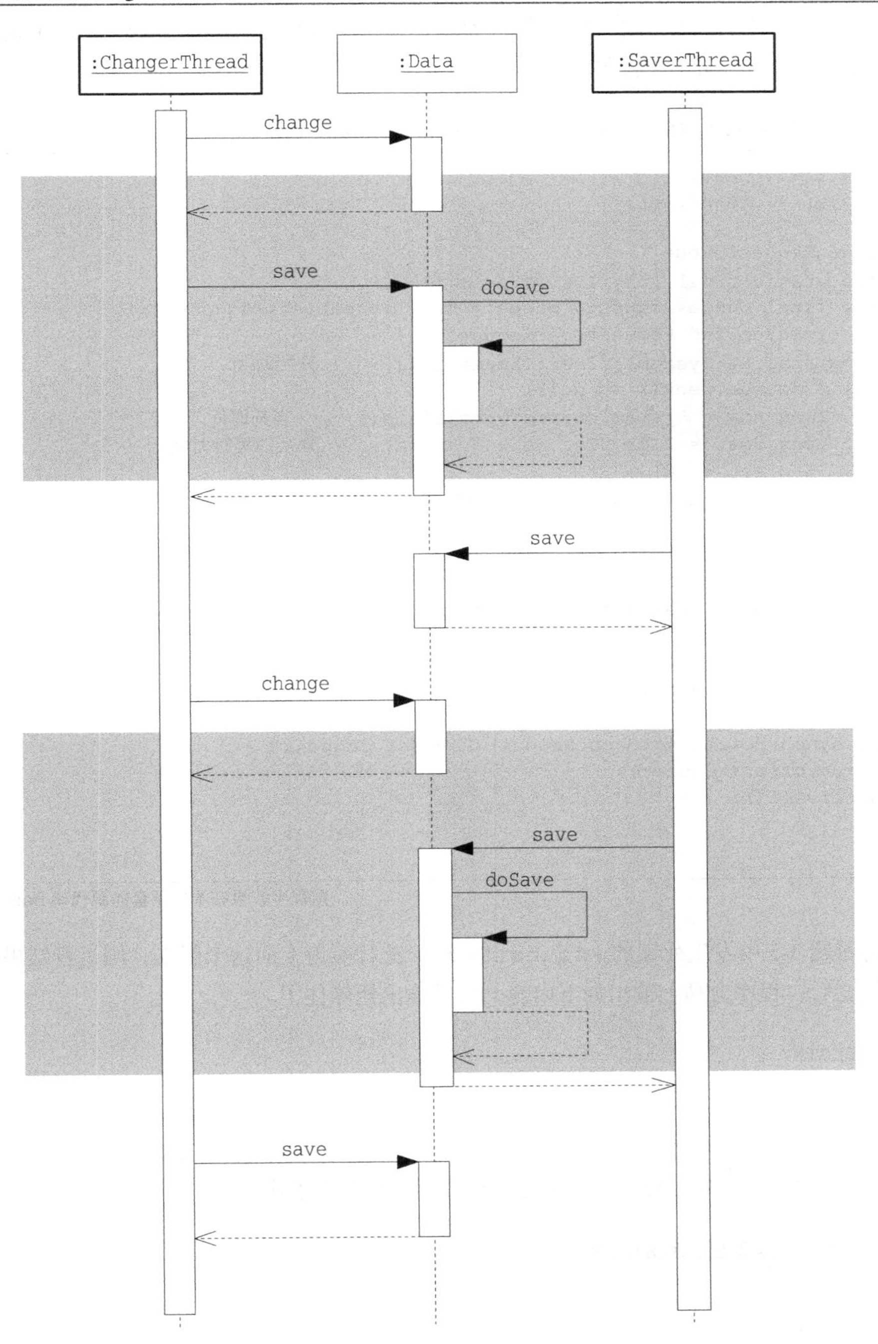

习题 4-4 的答案

（习题见 P.112）

◆答案 1：使用了 java.util.LinkedList 的版本

修改后的 RequestQueue 类如代码清单 A4-3 所示。

这里，我们编写的代码是在进入 while 循环后“到守护条件成立为止的超时时间约为 30 秒”，而不是 while 循环中"每次 wait 的超时时间约为 30 秒"。即使 wait 多次被 interrupt，但如果进入 while 循环后，到守护条件成立为止的超时时间达到了约 30 秒，程序仍然会抛出 LivenessException 异常（代码清单 4-8）。

代码清单 A4-3　答案 1：RequestQueue 类（RequestQueue.java）

```
import java.util.Queue;
import java.util.LinkedList;

public class RequestQueue {
    private static final long TIMEOUT = 30000L;
    private final Queue<Request> queue = new LinkedList<Request>();
    public synchronized Request getRequest() {
        long start = System.currentTimeMillis(); // 开始时间
        while (queue.peek() == null) {
            long now = System.currentTimeMillis(); // 当前时间
            long rest = TIMEOUT - (now - start); // 剩余的等待时间
            if (rest <= 0) {
                throw new LivenessException("thrown by " + Thread.currentThread().getName());
            }
            try {
                wait(rest);
            } catch (InterruptedException e) {
            }
        }
        return queue.remove();
    }
    public synchronized void putRequest(Request request) {
        queue.offer(request);
        notifyAll();
    }
}
```

该程序收录在本书配套的源代码 Balking/A4-4a 中

如果将习题 3-5 中发生死锁的 RequestQueue 类替换为上面这个版本，则运行结果如图 A4-4 所示。运行之后，程序会马上输出如下内容，然后输出便停住了。

```
Alice:BEGIN
Bobby:BEGIN
```

就这样（心情非常紧张地）等待大约 30 秒之后，我们便会发现，Alice 和 Bobby 线程会分别抛出 LivenessException 异常。可见超时检查很好地发挥了作用。

图 A4-4　答案 1：检查出死锁的示例

```
Alice:BEGIN
Bobby:BEGIN    ←输出该内容之后，等待约 30 秒
Exception in thread "Alice" LivenessException: thrown by Alice    ←Alice 抛出异常
LivenessException
        at RequestQueue.getRequest(RequestQueue.java:13)
        at TalkThread.run(TalkThread.java:13)
Exception in thread "Bobby" LivenessException: thrown by Bobby    ←Bobby 抛出异常
LivenessException
        at RequestQueue.getRequest(RequestQueue.java:13)
        at TalkThread.run(TalkThread.java:13)
```

◆答案 2：使用了 java.util.concurrent.LinkedBlockingQueue 的版本

修改后的 RequestQueue 类如代码清单 A4-4 所示。

java.util.concurrent.LinkedBlockingQueue 类中已经提供了处理超时的方法。

像下面这样使用 poll 方法之后，如果约 30 秒内未获取元素（超时），返回值便会为 null。

```
req = queue.poll(30L, TimeUnit.SECONDS);
```

另外，像下面这样使用 offer 方法之后，如果约 30 秒内未添加元素（超时），返回值便会为 false。

```
offered = queue.offer(request, 30L, TimeUnit.SECONDS);
```

这里使用的 java.util.concurrent.TimeUnit 类是超时时间指定为 long 类型时的时间单位，是 Enum 类型的（J2SE 5.0 里新增的常量）。

代码清单 A4-4　答案 2：RequestQueue 类（RequestQueue.java）

```
import java.util.concurrent.TimeUnit;

import java.util.concurrent.BlockingQueue;
import java.util.concurrent.LinkedBlockingQueue;

public class RequestQueue {
    private final BlockingQueue<Request> queue = new LinkedBlockingQueue<Request>();
    public Request getRequest() {
        Request req = null;
        try {
            req = queue.poll(30L, TimeUnit.SECONDS);
            if (req == null) {
                throw new LivenessException("thrown by " + Thread.currentThread().getName());
            }
        } catch (InterruptedException e) {
        }
        return req;
    }
    public void putRequest(Request request) {
        try {
            boolean offered = queue.offer(request, 30L, TimeUnit.SECONDS);
            if (!offered) {
                throw new LivenessException("thrown by " + Thread.currentThread().getName());
            }
        } catch (InterruptedException e) {
        }
    }
}
```

该程序收录在本书配套的源代码 Balking/A4-4b 中

答案 2 的运行结果与答案 1（图 A4-4）相同。

习题 4-5 的答案

（习题见 P.113）

这是因为，在 Main 类的 main 方法中，我们对 TestThread 的一个实例持续调用了 start 方法。一个实例只可调用一次 start 方法。

Thread 类（及其子类）的实例调用了 start 方法之后，会变为“start 终止”状态。这里所谓的“start 终止”，是指 Thread.getState() 的值不为 Thread.State.NEW 的情形。

当再次调用 start 方法时，为防止线程再次启动，线程会进行 balk，并抛出 IllegalThreadStateException 异常。

Thread 类的 start 方法就是 4.4 节介绍的“不会执行两次及以上的处理”。也就是说，Thread 类的 start 方法使用了 Balking 模式。

该问题的运行结果示例（图 4-6）中只显示了一次 BEGIN...END，而且是由最开始 start 时启动的线程显示的。

线程的状态迁移请参见序章 1 中的图 I1-22。

第 5 章

习题 5-1 的答案

（习题见 P.137）

√（1）MakerThread 类的构造函数中所写的表达式 super(name) 用于调用 Thread 类的构造函数。

×（2）将 MakerThread 类的 nextId 方法声明为 synchronized 是因为 EaterThread 类也会调用该方法。

将 MakerThread 类的 nextId 方法声明为 synchronized 是因为会有多个 MakerThread 类调用该方法。EaterThread 类并不调用 nextId。

×（3）当桌子上一个蛋糕都没有时，如果调用 take 方法，线程会在获取 Table 实例的锁时阻塞。

线程并不是由于要获取锁而阻塞，而是因为守护条件不成立而正在进行 wait。

√（4）当桌子上一个蛋糕都没有时，count 字段的值为 0。

×（5）当桌子上放满蛋糕，再也放不下时，count 字段的值等于 buffer.length-1。

当桌子上放满蛋糕时，count 的值是 buffer.length，而不是 buffer.length-1。

√（6）head 字段的值不会大于 buffer.length。

习题 5-2 的答案

（习题见 P.137）

MakerThread 的 Alice 和 EaterThread 的 Bobby 收到的是 Table 类的不同实例。也就是说，这两个线程并不共享桌子。

Alice 做好 3 个蛋糕（No.0、No.1、No.2）并将其放到桌子上，当要放第 4 个（No.3）蛋糕时会 wait。但是，拿取 Alice 放到桌子上的蛋糕的线程并不存在。因此，Alice 会一直 wait 下去。而 Bobby 拿取蛋糕时，并不是从 Alice 放置蛋糕的桌子上拿取的，而是从另一个桌子上拿取的，此时这个桌子上什么都没有，所以 Bobby 会 wait。但是，往 Bobby 等待的桌子上放置蛋糕的线程并不存在。因此，Bobby 也会一直 wait 下去。

于是，运行结果便如图 5-8 所示了。

习题 5-3 的答案

（习题见 P.138）

在非多线程程序中，要是持续执行 take 方法的“有蛋糕就拿”的处理，并没有什么问题。但在多线程程序中，有时会有多个线程来调用 take 方法，所以就不那么简单了。

take 方法执行的是“有蛋糕就拿”的处理，这个处理分为如下两个步骤。

（1）判断“有蛋糕”

（2）执行“拿取”处理

假设这里没有将 take 方法声明为 synchronized。这样一来，当线程 A 执行了（1），但还没执行（2）时，其他线程 B 有可能会插进来执行（1）和（2）。也就是说，在一个线程判断“有蛋糕”，但还未实际“拿取”的这个期间，存在其他线程插进来执行“有蛋糕就拿”的处理的危险。如果桌子上只剩最后一个蛋糕，那么线程 A 就无法获取原本以为能拿的蛋糕了。

如果将 take 方法声明为 synchronized，那么一次就只能有一个线程执行 take，所以不会发生上面所述的线程干涉。

因此，我们才将 take 方法声明为 synchronized。将 put 方法声明为 synchronized 的理由与此相同。

习题 5-4 的答案

（习题见 P.138）

加上调试输出后的 Table 类如代码清单 A5-1 所示。

代码清单 A5-1　加上调试输出后的 Table 类（Table.java）

```
public class Table {
    private final String[] buffer;
    private int tail;                   // 下次 put 的位置
    private int head;                   // 下次 take 的位置
    private int count;                  // buffer 中的蛋糕个数
    public Table(int count) {
        this.buffer = new String[count];
        this.head = 0;
        this.tail = 0;
        this.count = 0;
    }
    public synchronized void put(String cake) throws InterruptedException {
        System.out.println(Thread.currentThread().getName() + " puts " + cake);
        while (count >= buffer.length) {
            System.out.println(Thread.currentThread().getName() + " wait BEGIN");
            wait();
            System.out.println(Thread.currentThread().getName() + " wait END");
        }
        buffer[tail] = cake;
        tail = (tail + 1) % buffer.length;
        count++;
        notifyAll();
    }
    public synchronized String take() throws InterruptedException {
        while (count <= 0) {
            System.out.println(Thread.currentThread().getName() + " wait BEGIN");
            wait();
            System.out.println(Thread.currentThread().getName() + " wait END");
        }
        String cake = buffer[head];
```

```
        head = (head + 1) % buffer.length;
        count--;
        notifyAll();
        System.out.println(Thread.currentThread().getName() + " takes " + cake);
        return cake;
    }
}
```

该程序收录在本书配套的源代码 ProducerConsumer/A5-4 中

运行结果示例如图 A5-1 所示。

图 A5-1　代码清单 A5-1 的运行结果示例

```
（以上省略）
MakerThread-1 puts [ Cake No.8 by MakerThread-1 ]
MakerThread-2 puts [ Cake No.9 by MakerThread-2 ]
EaterThread-3 takes [ Cake No.8 by MakerThread-1 ]
EaterThread-2 takes [ Cake No.9 by MakerThread-2 ]
EaterThread-3 wait BEGIN          ←桌子是空的，EaterThread-3 等待
EaterThread-1 wait BEGIN          ←桌子是空的，EaterThread-1 也等待
MakerThread-3 puts [ Cake No.10 by MakerThread-3 ]
                                  ←MakerThread-3 将蛋糕放到桌子上（执行 notifyAll）
EaterThread-3 wait END            ←EaterThread-3 获取锁，向前执行
EaterThread-3 takes [ Cake No.10 by MakerThread-3 ]      ←拿取蛋糕
EaterThread-1 wait END            ←EaterThread-1 也获取锁，向前执行
EaterThread-1 wait BEGIN          ←桌子是空的，再次等待
MakerThread-1 puts [ Cake No.11 by MakerThread-1 ]
                                  ←MakerThread-1 将蛋糕放到桌子上（执行 notifyAll）
EaterThread-1 wait END            ←EaterThread-1 获取锁，向前执行
EaterThread-1 takes [ Cake No.11 by MakerThread-1 ]
                                  ←拿取蛋糕
EaterThread-2 wait BEGIN          ←桌子是空的，EaterThread-2 等待
EaterThread-1 wait BEGIN          ←桌子是空的，EaterThread-1 等待
MakerThread-2 puts [ Cake No.12 by MakerThread-2 ]
                                  ←MakerThread-2 将蛋糕放到桌子上（执行 notifyAll）
EaterThread-2 wait END            ←EaterThread-2 获取锁，向前执行
EaterThread-2 takes [ Cake No.12 by MakerThread-2 ]      ←拿取蛋糕
（以下省略。按 CTRL+C 终止程序）
```

习题 5-5 的答案

（习题见 P.138）

实现示例如代码清单 A5-2 所示。

在 clear 方法中，我们将 head、tail、count 字段的值设置为 0，并执行了 notifyAll。

如果忘记执行 notifyAll，且 put 方法中有线程正在等待“桌子上有空位置”，那么这些线程就会一直 wait 下去。

在代码清单 A5-2 中，buffer 的内容保持了原状，当然也可以像下面这样赋值为 null。

```
for (int i = 0; i < buffer.length; i++) {
    buffer[i] = null;
}
```

我们还创建了使用了 clear 方法的示例 ClearThread 类（代码清单 A5-3）。ClearThread 类每隔约 1 秒就调用一次 clear。运行结果示例如图 A5-2 所示。

代码清单 A5-2 加上 clear 方法后的 Table 类（Table.java）

```
public class Table {
    private final String[] buffer;
    private int tail;            // 下次 put 的位置
    private int head;            // 下次 take 的位置
    private int count;           // buffer 中的蛋糕个数
    public Table(int count) {
        this.buffer = new String[count];
        this.head = 0;
        this.tail = 0;
        this.count = 0;
    }
    public synchronized void clear()  {
        // 该 while 语句用来表示清除的蛋糕，也可以不写
        while (count > 0) {
            String cake = buffer[head];
            System.out.println(Thread.currentThread().getName() + " clears " + cake);
            head = (head + 1) % buffer.length;
            count--;
        }
        head = 0;
        tail = 0;
        count = 0;
        notifyAll();
    }
    public synchronized void put(String cake) throws InterruptedException {
        System.out.println(Thread.currentThread().getName() + " puts " + cake);
        while (count >= buffer.length) {
            wait();
        }
        buffer[tail] = cake;
        tail = (tail + 1) % buffer.length;
        count++;
        notifyAll();
    }
    public synchronized String take() throws InterruptedException {
        while (count <= 0) {
            wait();
        }
        String cake = buffer[head];
        head = (head + 1) % buffer.length;
        count--;
        notifyAll();
        System.out.println(Thread.currentThread().getName() + " takes " + cake);
        return cake;
    }
}
```

该程序收录在本书配套的源代码 ProducerConsumer/A5-5 中

代码清单 A5-3 每隔约 1 秒调用一次 clear 的 ClearThread 类（ClearThread.java）

```
public class ClearThread extends Thread {
    private final Table table;
    public ClearThread(String name, Table table) {
```

```
        super(name);
        this.table = table;
    }
    public void run() {
        try {
            while (true) {
                Thread.sleep(1000);
                System.out.println("===== " + getName() + " clears =====");
                table.clear();
            }
        } catch (InterruptedException e) {
        }
    }
}
```

该程序收录在本书配套的源代码 ProducerConsumer/A5-5 中

代码清单 A5-4　用于启动糕点师、客人和清扫人员的 Main 类（Main.java）

```
public class Main {
    public static void main(String[] args) {
        Table table = new Table(3);     // 创建一个能放置 3 个蛋糕的桌子
        new MakerThread("MakerThread-1", table, 31415).start();
        new MakerThread("MakerThread-2", table, 92653).start();
        new MakerThread("MakerThread-3", table, 58979).start();
        new EaterThread("EaterThread-1", table, 32384).start();
        new EaterThread("EaterThread-2", table, 62643).start();
        new EaterThread("EaterThread-3", table, 38327).start();
        new ClearThread("ClearThread-0", table).start();
    }
}
```

该程序收录在本书配套的源代码 ProducerConsumer/A5-5 中

图 A5-2　运行结果示例

```
（以上省略）
EaterThread-1 takes [ Cake No.95 by MakerThread-3 ]
MakerThread-2 puts [ Cake No.97 by MakerThread-2 ]
EaterThread-1 takes [ Cake No.96 by MakerThread-1 ]
MakerThread-3 puts [ Cake No.98 by MakerThread-3 ]
EaterThread-2 takes [ Cake No.97 by MakerThread-2 ]
===== ClearThread-0 clears =====   ←打扫桌子（之前放了蛋糕 No.98）
ClearThread-0 clears [ Cake No.98 by MakerThread-3 ]
MakerThread-3 puts [ Cake No.99 by MakerThread-3 ]
EaterThread-3 takes [ Cake No.99 by MakerThread-3 ]
MakerThread-2 puts [ Cake No.100 by MakerThread-2 ]
MakerThread-1 puts [ Cake No.101 by MakerThread-1 ]
EaterThread-1 takes [ Cake No.100 by MakerThread-2 ]
MakerThread-2 puts [ Cake No.102 by MakerThread-2 ]
MakerThread-3 puts [ Cake No.103 by MakerThread-3 ]
EaterThread-3 takes [ Cake No.101 by MakerThread-1 ]
EaterThread-2 takes [ Cake No.102 by MakerThread-2 ]
EaterThread-2 takes [ Cake No.103 by MakerThread-3 ]
===== ClearThread-0 clears =====   ←想要打扫桌子，但之前并未放蛋糕
MakerThread-3 puts [ Cake No.104 by MakerThread-3 ]
```

图 A5-2 （续）

```
EaterThread-1 takes [ Cake No.104 by MakerThread-3 ]
MakerThread-1 puts [ Cake No.105 by MakerThread-1 ]
MakerThread-3 puts [ Cake No.106 by MakerThread-3 ]
EaterThread-1 takes [ Cake No.105 by MakerThread-1 ]
MakerThread-3 puts [ Cake No.107 by MakerThread-3 ]
EaterThread-2 takes [ Cake No.106 by MakerThread-3 ]
MakerThread-1 puts [ Cake No.108 by MakerThread-1 ]
EaterThread-3 takes [ Cake No.107 by MakerThread-3 ]
MakerThread-2 puts [ Cake No.109 by MakerThread-2 ]
MakerThread-2 puts [ Cake No.110 by MakerThread-2 ]
EaterThread-2 takes [ Cake No.108 by MakerThread-1 ]
MakerThread-2 puts [ Cake No.111 by MakerThread-2 ]
===== ClearThread-0 clears =====   ←打扫桌子（之前放了蛋糕 No.109、110、111）
ClearThread-0 clears [ Cake No.109 by MakerThread-2 ]
ClearThread-0 clears [ Cake No.110 by MakerThread-2 ]
ClearThread-0 clears [ Cake No.111 by MakerThread-2 ]
MakerThread-3 puts [ Cake No.112 by MakerThread-3 ]
MakerThread-3 puts [ Cake No.113 by MakerThread-3 ]
EaterThread-1 takes [ Cake No.112 by MakerThread-3 ]
EaterThread-3 takes [ Cake No.113 by MakerThread-3 ]
MakerThread-1 puts [ Cake No.114 by MakerThread-1 ]
EaterThread-1 takes [ Cake No.114 by MakerThread-1 ]
（按 CTRL+C 终止程序）
```

习题 5-6 的答案

（习题见 P.138）

修改后的 Main 类如代码清单 A5-5 所示。程序在使用 sleep 休眠约 10 秒之后，对各个线程调用了 interrupt 方法。然后，程序就会终止。

代码清单 A5-5　约 10 秒之后终止线程的 Main 类（Main.java）

```java
public class Main {
    public static void main(String[] args) {
        Table table = new Table(3);     // 创建一个能放置 3 个蛋糕的桌子
        Thread[] threads = {
            new MakerThread("MakerThread-1", table, 31415),
            new MakerThread("MakerThread-2", table, 92653),
            new MakerThread("MakerThread-3", table, 58979),
            new EaterThread("EaterThread-1", table, 32384),
            new EaterThread("EaterThread-2", table, 62643),
            new EaterThread("EaterThread-3", table, 38327),
        };

        // 启动线程
        for (int i = 0; i < threads.length; i++) {
            threads[i].start();
        }

        // 休眠约 10 秒
        try {
            Thread.sleep(10000);
        } catch (InterruptedException e) {
        }

        System.out.println("***** interrupt *****");
```

```
        // 中断
        for (int i = 0; i < threads.length; i++) {
            threads[i].interrupt();
        }
    }
}
```

该程序收录在本书配套的源代码 ProducerConsumer/A5-6 中

习题 5-7 的答案

（习题见 P.138）

我们可以加上 throws 语句块，使得 execute 方法可以抛出 InterruptedException 异常，然后在可以取消的地方加上如下语句。

```
if (Thread.interrupted()) {
    throw new InterruptedException();
}
```

这样一来，如果当前运行的线程为中断状态，程序便会抛出 InterruptedException 异常。并且，由于执行的是 Thread.interrupted，所以线程会变为非中断状态。

开始执行 100 次繁重的处理后约 15 秒就取消的程序如代码清单 A5-6 所示，运行结果示例如图 A5-3 所示。仅在 Thread.interrupted 检查出中断状态时，程序才会抛出 InterruptedException 异常，并不是在输出 ***** interrupt ***** 之后，立马抛出 InterruptedException 异常。

代码清单 A5-6　Main 处理（Main.java）

```
public class Main {
    public static void main(String[] args) {
        // 执行 Host 的繁重处理的线程
        Thread executor = new Thread() {
            public void run() {
                System.out.println("Host.execute BEGIN");
                try {
                    Host.execute(100);
                } catch (InterruptedException e) {
                    e.printStackTrace();
                }
                System.out.println("Host.execute END");
            }
        };

        // 启动
        executor.start();

        // 休眠约 15 秒
        try {
            Thread.sleep(15000);
        } catch (InterruptedException e) {
        }

        // 取消
        System.out.println("***** interrupt *****");
        executor.interrupt();
    }
}
```

该程序收录在本书配套的源代码 ProducerConsumer/A5-7 中

代码清单 A5-7　繁重的处理（Host.java）

```
public class Host {
    public static void execute(int count) throws InterruptedException {
        for (int i = 0; i < count; i++) {
            if (Thread.interrupted()) {
                throw new InterruptedException();
            }
            doHeavyJob();
        }
    }
    private static void doHeavyJob() {
        // 下面代码用于表示“无法取消的繁重处理”（循环处理约 10 秒）
        System.out.println("doHeavyJob BEGIN");
        long start = System.currentTimeMillis();
        while (start + 10000 > System.currentTimeMillis()) {
            // busy loop
        }
        System.out.println("doHeavyJob END");
    }
}
```

该程序收录在本书配套的源代码 ProducerConsumer/A5-7 中

图 A5-3　运行结果示例

```
Host.execute BEGIN                    ←开始执行 execute
doHeavyJob BEGIN                      ←开始执行第一次繁重处理 doHeavyJob
doHeavyJob END                        ←在第一次繁重处理开始执行后约 10 秒，执行结束
doHeavyJob BEGIN                      ←开始执行第二次繁重处理 doHeavyJob
***** interrupt *****                 ←此处由主线程执行 interrupt
doHeavyJob END                        ←在第二次繁重处理开始执行后约 10 秒，执行结束
java.lang.InterruptedException        ←在 catch 语句块中显示调用栈
        at Host.execute(Host.java:5)
        at Main$1.run(Main.java:8)
Host.execute END                      ← execute 执行结束
```

习题 5-8 的答案

（习题见 P.138）

notify 方法仅唤醒正在等待队列中等待的一个线程。因此，**当不相关的线程进入等待队列时，如果 notify 恰巧唤醒了该线程，那么就会造成 notify 的通知失灵的情况。**

证实这一情况的程序如下所示。

代码清单 A5-8 的 LazyThread 类虽然会在 Table 的实例上进行 wait，但该线程并不执行任何实际的操作。如果代码清单 A5-9 的 Main 类中混入并执行了 LazyThread 类，程序便会如运行结果示例（图 A5-4）所示，执行到一半就停下来了。

这是因为，调用 notify 方法时 LazyThread 线程被唤醒了。如果 Table 类不使用 notify 方法，而使用 notifyAll 方法，那么即使等待队列中混入了 LazyThread 线程，程序也不会停下来，而会继续运行。

▶▶ 小知识：隐藏获取锁的对象

通过习题 5-8 可知，获取锁的对象的等待队列中混入无关的线程是非常不好的。为了让等待队列中不再混入无关的线程，最好的方法就是隐藏获取锁的对象。具体来说就是事先新建一个获取锁的对象，并保存在局部变量或 private 字段中。

代码清单 A5-8　不执行任何操作的线程（LazyThread.java）

```
public class LazyThread extends Thread {
    private final Table table;
    public LazyThread(String name, Table table) {
        super(name);
        this.table = table;
    }
    public void run() {
        while (true) {
            try {
                synchronized (table) {
                    table.wait();
                }
                System.out.println(getName() + " is notified!");
            } catch (InterruptedException e) {
            }
        }
    }
}
```

该程序收录在本书配套的源代码 ProducerConsumer/A5-8 中

代码清单 A5-9　混杂不执行任何操作的线程，并启动糕点师和客人的 Main 类（Main.java）

```
public class Main {
    public static void main(String[] args) {
        Table table = new Table(3);      // 创建一个能放置 3 个蛋糕的桌子
        new MakerThread("MakerThread-1", table, 31415).start();
        new MakerThread("MakerThread-2", table, 92653).start();
        new MakerThread("MakerThread-3", table, 58979).start();
        new EaterThread("EaterThread-1", table, 32384).start();
        new EaterThread("EaterThread-2", table, 62643).start();
        new EaterThread("EaterThread-3", table, 38327).start();
        new LazyThread("LazyThread-1", table).start();
        new LazyThread("LazyThread-2", table).start();
        new LazyThread("LazyThread-3", table).start();
        new LazyThread("LazyThread-4", table).start();
        new LazyThread("LazyThread-5", table).start();
        new LazyThread("LazyThread-6", table).start();
        new LazyThread("LazyThread-7", table).start();
    }
}
```

该程序收录在本书配套的源代码 ProducerConsumer/A5-8 中

图 A5-4 运行结果示例

```
（以上省略）
LazyThread-5 is notified!
EaterThread-3 takes [ Cake No.25 by MakerThread-2 ]
LazyThread-6 is notified!
MakerThread-2 puts [ Cake No.26 by MakerThread-2 ]
LazyThread-7 is notified!
EaterThread-3 takes [ Cake No.26 by MakerThread-2 ]
LazyThread-1 is notified!
MakerThread-2 puts [ Cake No.27 by MakerThread-2 ]
LazyThread-2 is notified!
MakerThread-2 puts [ Cake No.28 by MakerThread-2 ]
MakerThread-2 puts [ Cake No.29 by MakerThread-2 ]
MakerThread-3 puts [ Cake No.30 by MakerThread-3 ]    ←执行到一半停下来了
（按 CTRL+C 终止程序）
```

习题 5-9 的答案

（习题见 P.139）

Something.method(long) 等同于 Thread.sleep(long)，意即在参数指定的时间（毫秒）内暂停。

调用 sleep 时参数指定为 0，表示线程运行停止 0 毫秒，而调用 wait 时参数指定为 0，则表示超时时间无限长。因此，这里使用了 if 语句来排除参数为 0 的情况。

另外，为了防止 wait 被 notify 或 notifyAll 中断，我们在该方法中创建了获取锁的实例。由于没有从外部获取该实例的方法，所以线程不会被 notify 或 notifyAll。

代码清单 A5-10 所示的程序会使用 Something.method 来休息约 3 秒。运行结果如图 A5-5 所示。

该习题参考了附录 G 中的 [Lea]。

代码清单 A5-10 试着执行起来看看（Main.java）

```
public class Main {
    public static void main(String[] args) {
        System.out.println("BEGIN");
        try {
            Something.method(3000);
        } catch (InterruptedException e) {
        }
        System.out.println("END");
    }
}
```

该程序收录在本书配套的源代码 ProducerConsumer/A5-9 中

图 A5-5 运行结果

```
BEGIN    ←马上显示
END      ←约 3 秒后显示
```

第 6 章

习题 6-1 的答案

（习题见 P.157）

√（1）doWrite 方法不可以被多个线程同时执行。

×（2）doRead 方法不可以被多个线程同时执行。

doRead 方法可以被多个 ReaderThread 线程同时执行。

√（3）当 doWrite 方法正在被某个线程执行时，readingReaders 字段的值一定是 0。

当写入操作正在执行时，其他线程不可以同时进行读取操作。

√（4）当 doRead 方法正在被某个线程执行时，writingWriters 字段的值一定是 0。

当读取操作正在执行时，其他线程不可以同时进行写入操作。

习题 6-2 的答案

（习题见 P.157）

ReaderThread 线程和 WriterThread 线程都完全没有执行互斥处理。因此，如图 A6-1 所示，“正在写入字符”这个状态，或者“多个 WriterThread 正在写入字符”这个状态会被读取。前一种情况会导致 read-write conflict，而后一种情况则会导致 write-write conflict 和 read-write conflict。

此时，Data 角色便失去了安全性。

图 A6-1　运行结果示例

```
（以上省略）
Thread-1 reads aaaa******    ←“正在写入 a”这个状态会被读取（read-write conflict）
Thread-2 reads aaaa******
Thread-0 reads aaaa******
Thread-3 reads aaaa******
Thread-4 reads aaaa******
Thread-5 reads aaaa******
Thread-0 reads aaaaa*****
Thread-1 reads aaaaa*****
（中间省略）
Thread-0 reads hhhhFFgggg    ←在写入 F 时，“正在写入 h”这个状态会被读取
Thread-3 reads hhhhhFFggg     （write-write conflict 和 read-write conflict）
Thread-4 reads hhhhhFFggg
Thread-5 reads hhhhhFFggg
Thread-2 reads hhhhhFFggg
（以下省略。按 CTRL+C 终止程序）
```

习题 6-3 的答案

（习题见 P.158）

为了比较代码清单 6-2 和代码清单 6-8 花费的时间，我们修改了 ReaderThread 类，如代码清单 A6-1 所示。ReaderThread 线程调用了 20 次 read，并在调用前后获取当前时间，计算了花费的时间。

运行结果示例分别如图 A6-2、图 A6-3 所示。从图中可以看出，使用 ReadWriteLock 类时，程序大约 3 秒后运行终止，而使用 synchronized 时，程序大约耗时 10 ~ 11 秒。不过，这些值会因 doRead 或 doWrite 花费的时间，以及 ReaderThread 和 WriterThread 的个数而有所不同。另外请注意，这还与 Java 虚拟机有关。

代码清单 A6-1　为了测量时间而修改的 ReaderThread 类（ReaderThread.java）

```
public class ReaderThread extends Thread {
    private final Data data;
    public ReaderThread(Data data) {
        this.data = data;
    }
    public void run() {
        try {
            long begin = System.currentTimeMillis();
            for (int i = 0; i < 20; i++) {
                char[] readbuf = data.read();
                System.out.println(Thread.currentThread().getName() + " reads " + 
String.valueOf(readbuf));
            }
            long time = System.currentTimeMillis() - begin;
            System.out.println(Thread.currentThread().getName() + ": time = " + time);
        } catch (InterruptedException e) {
        }
    }
}
```

该程序收录在本书配套的源代码 ReadWriteLock/A6-3a、A6-3b 中

图 A6-2　运行结果示例（使用 ReadWriteLock 类时）

```
（以上省略）
Thread-4 reads bbbbbbbbbb
Thread-3 reads bbbbbbbbbb
Thread-1 reads bbbbbbbbbb
Thread-2 reads bbbbbbbbbb
Thread-0 reads bbbbbbbbbb
Thread-0: time = 3054
Thread-5 reads bbbbbbbbbb
Thread-4 reads bbbbbbbbbb
Thread-4: time = 3054
Thread-2 reads bbbbbbbbbb
Thread-1 reads bbbbbbbbbb
Thread-3 reads bbbbbbbbbb
Thread-1: time = 3054
Thread-3: time = 3054
Thread-2: time = 3054
Thread-5: time = 3054   ←中途停止
（按 CTRL+C 终止程序）
```

图 A6-3 运行结果示例（不使用 ReadWriteLock 类，而使用 synchronized 时）

```
（以上省略）
Thread-2 reads EEEEEEEEEE
Thread-3 reads EEEEEEEEEE
Thread-4 reads EEEEEEEEEE
Thread-5 reads EEEEEEEEEE
Thread-0 reads EEEEEEEEEE
Thread-1 reads EEEEEEEEEE
Thread-2 reads EEEEEEEEEE
Thread-3 reads eeeeeeeeee
Thread-4 reads eeeeeeeeee
Thread-5 reads eeeeeeeeee
Thread-0 reads eeeeeeeeee
Thread-0: time = 10835
Thread-1 reads eeeeeeeeee
Thread-1: time = 10885
Thread-2 reads eeeeeeeeee
Thread-2: time = 10935
Thread-3 reads FFFFFFFFFF
Thread-3: time = 11486
Thread-4 reads FFFFFFFFFF
Thread-4: time = 11536
Thread-5 reads FFFFFFFFFF
Thread-5: time = 11586 ←中途停止
（按 CTRL+C 终止程序）
```

习题 6-4 的答案

（习题见 P.159）

应用 Read-Write Lock 模式的 Database 类如代码清单 A6-2 所示。

该类使用了 java.util.concurrent.locks 包中的 Lock、ReadWriteLock 及 ReentrantReadWriteLock。

Database 类的三个 public 方法中，clear 和 assign 是“写入”方法，retrieve 是“读取”方法。因此，clear 和 assign 通过 writeLock 来保护，而 retrieve 则通过 readLock 来保护。另外，我们删掉了原来使用的所有 synchronized。

代码清单 A6-2 Database 类（Database.java）

```java
import java.util.Map;
import java.util.HashMap;

import java.util.concurrent.locks.Lock;
import java.util.concurrent.locks.ReadWriteLock;
import java.util.concurrent.locks.ReentrantReadWriteLock;
public class Database<K,V> {
    private final Map<K,V> map = new HashMap<K,V>();

    private final ReadWriteLock lock = new ReentrantReadWriteLock(true /* fair */);
    private final Lock readLock = lock.readLock();
    private final Lock writeLock = lock.writeLock();

    // 全部清除
    public void clear() {
```

```
        writeLock.lock();
        try {
            verySlowly();
            map.clear();
        } finally {
            writeLock.unlock();
        }
    }

    // 给 key 分配 value
    public void assign(K key, V value) {
        writeLock.lock();
        try {
            verySlowly();
            map.put(key, value);
        } finally {
            writeLock.unlock();
        }
    }

    // 获取给 key 分配的值
    public V retrieve(K key) {
        readLock.lock();
        try {
            slowly();
            return map.get(key);
        } finally {
            readLock.unlock();
        }
    }

    // 模拟耗时的操作
    private void slowly() {
        try {
            Thread.sleep(50);
        } catch (InterruptedException e) {
        }
    }
    // 模拟非常耗时的操作
    private void verySlowly() {
        try {
            Thread.sleep(500);
        } catch (InterruptedException e) {
        }
    }
}
```

该程序收录在本书配套的源代码 ReadWriteLock/A6–4a 中

终于创建完了，现在我们来比较一下使用 Read-Write Lock 模式的 Database（代码清单 A6-2）与不使用 Read-Write Lock 模式的 Database（问题中的代码清单 6-9）之间的性能差异。为此，我们需要创建 RetrieveThread、AssignThread、Main 这三个类。

RetrieveThread 类（代码清单 A6-3）用来连续调用 Database 的 retrieve 方法。

这里，我们稍微花了点心思，定义了一个 atomicCounter 静态字段，用来计算 retrieve 方法的调用次数。该字段为 java.util.concurrent.atomic.AtomicInteger 类的实例，可以使用 incrementAndGet 方法原子递增 1。由于 atomicCounter 是静态字段，所以我们能够知道所有线程的 retrieve 调用次数。

代码清单 A6-3　连续调用 Database 的 retrieve 方法的 RetrieveThread 类（RetrieveThread.java）

```
import java.util.concurrent.atomic.AtomicInteger;

public class RetrieveThread extends Thread {
    private final Database<String,String> database;
    private final String key;
    private static final AtomicInteger atomicCounter = new AtomicInteger(0);

    public RetrieveThread(Database<String,String> database, String key) {
        this.database = database;
        this.key = key;
    }

    public void run() {
        while (true) {
            int counter = atomicCounter.incrementAndGet();
            String value = database.retrieve(key);
            System.out.println(counter + ":" + key + " => " + value);
        }
    }
}
```

该程序收录在本书配套的源代码 ReadWriteLock/A6–4a 中

`AssignThread` 类（代码清单 A6-4）用来连续调用 `Database` 的 `assign` 方法。

为了表示“写入”操作的频率低，线程会 `sleep` 一段随机长的时间。

代码清单 A6-4　连续调用 Database 的 assign 方法的 AssignThread 类（AssignThread.java）

```
import java.util.*;

public class AssignThread extends Thread {
    private static Random random = new Random(314159);
    private final Database<String,String> database;
    private final String key;
    private final String value;

    public AssignThread(Database<String,String> database, String key, String value) {
        this.database = database;
        this.key = key;
        this.value = value;
    }

    public void run() {
        while (true) {
            System.out.println(Thread.currentThread().getName() + ":assign(" + key +
", " + value + ")");
            database.assign(key, value);
            try {
                Thread.sleep(random.nextInt(1000));
            } catch (InterruptedException e) {
            }
        }
    }
}
```

该程序收录在本书配套的源代码 ReadWriteLock/A6–4a 中

`Main` 类（代码清单 A6-5）让 `AssignThread` 和 `RetrieveThread` 运行约 10 秒。

程序会启动 4 个 `AssignThread` 线程、200 个 `RetrieveThread` 线程，并在停止约 10 秒后强制终止。

代码清单 A6-5 让 AssignThread 和 RetrieveThread 运行约 10 秒的 Main 类（Main.java）

```
public class Main {
    public static void main(String[] args) {
        Database<String,String> database  = new Database<String,String>();

        // 启动 AssignThread 线程
        new AssignThread(database, "Alice", "Alaska").start();
        new AssignThread(database, "Alice", "Australia").start();
        new AssignThread(database, "Bobby", "Brazil").start();
        new AssignThread(database, "Bobby", "Bulgaria").start();

        // 启动 RetrieveThread 线程
        for (int i = 0; i < 100; i++) {
            new RetrieveThread(database, "Alice").start();
            new RetrieveThread(database, "Bobby").start();
        }

        // 停止约 10 秒
        try {
            Thread.sleep(10000);
        } catch (InterruptedException e) {
        }

        // 强制终止
        System.exit(0);
    }
}
```

该程序收录在本书配套的源代码 ReadWriteLock/A6–4a 中

运行结果示例如图 A6-4 和图 A6-5 所示。在使用了 Read-Write Lock 模式的程序（图 A6-4）中，`RetrieveThread` 调用了 1197 次 `retrieve`；而在没有使用 Read-Write Lock 模式的程序（图 A6-5）中，`RetrieveThread` 仅仅调用了 160 次 `retrieve`。

图 A6-4 使用了 Read-Write Lock 模式的 Database（代码清单 A6-2）的运行结果示例

```
Thread-0:assign(Alice, Alaska)
Thread-1:assign(Alice, Australia)
Thread-2:assign(Bobby, Brazil)
Thread-3:assign(Bobby, Bulgaria)
Thread-1:assign(Alice, Australia)
Thread-0:assign(Alice, Alaska)
Thread-3:assign(Bobby, Bulgaria)
1:Alice => Australia
2:Bobby => Bulgaria
3:Alice => Australia
4:Bobby => Bulgaria
（中间省略）
1200:Bobby => Brazil
1192:Bobby => Brazil
1193:Bobby => Brazil
1194:Alice => Australia
1195:Alice => Australia
1196:Alice => Australia
1197:Alice => Australia
```

图 A6-5　未使用 Read-Write Lock 模式的 Database（代码清单 6-9）的运行结果示例

```
Thread-0:assign(Alice, Alaska)
Thread-1:assign(Alice, Australia)
Thread-2:assign(Bobby, Brazil)
Thread-3:assign(Bobby, Bulgaria)
Thread-1:assign(Alice, Australia)
Thread-0:assign(Alice, Alaska)
Thread-3:assign(Bobby, Bulgaria)
1:Alice => Australia
2:Bobby => Bulgaria
3:Alice => Australia
4:Bobby => Bulgaria
（中间省略）
153:Alice => Australia
154:Bobby => Bulgaria
155:Alice => Australia
156:Bobby => Bulgaria
157:Alice => Australia
158:Bobby => Bulgaria
159:Alice => Australia
160:Bobby => Bulgaria
```

习题 6-5 的答案

（习题见 P.160）

在示例程序的范围内，程序可以正常运行。

但当线程被 interrupt 时，程序就可能存在过多调用 readUnlock 或 writeUnlock 的危险。

假如现在线程正在 lock.readLock() 中进行 wait。那么，当该线程被 interrupt 时，程序便会抛出 InterruptedException 异常，并退出 readLock 方法。这时，readingReaders 字段并不会递增。

从 readLock 退出的线程会跳到 finally 语句块，执行 lock.readUnlock()。在这当中，之前未递增的 readingReaders 字段会执行递减操作，readingReaders 字段的值会变得比正常要小。

为了提高程序的响应性，我们需要处理 InterruptedException，但稍微一修改就有可能会使程序失去安全性，因此，我们需要多加注意。

我们再来看一下问题中介绍的 Before/After 模式的结构。

```
before();
try {
    execute();
} finally {
    after();
}
```

这里把 before 放在了 try 外面，这表示“如果在执行 before 的过程中发生异常，execute 当然不会执行，而 after 也不会执行”。例如，当 before 中抛出 InterruptedException 异常时，我们便可以理解为“before 执行中断”。如果把 before 放在 try 语句块中，即使 before 执行中断，after 也会被调用。

习题 6-6 的答案

（习题见 P.161）

这种现象是 ReaderThread 线程的个数多于 WriterThread 线程造成的。

即使有一个 ReaderThread 在执行 doRead，WriterThread 也无法执行 doWrite。但是，由于 ReaderThread 未被执行互斥处理，所以会不断地执行 doRead。最终，WriterThread 会越来越无法执行 doWrite。这就像马路上的车辆川流不息，行人总是无法穿过马路一样。

示例程序的 ReadWriteLock 类（代码清单 6-5）中的 waitingWriters 字段用来保存正在 wait 的 WriterThread 的个数。当 waitingWriters > 0 成立时，通过让 ReaderThread 线程 wait，就可以防止 WriterThread 无法开始执行的情况发生。这就像当有行人正在等待时，如果汽车行进方向的信号灯自动变为红灯，川流不息的车辆便会停下来，行人就可以安全过马路一样。

但是，如果仅考虑 waitingWriters，接下来 ReaderThread 就可能会无法开始执行 doRead。这种情况就是，在一个 WriterThread 结束执行 doWrite 之前，其他线程已经开始执行 write。即使有一个 WriterThread 在 wait，ReaderThread 也无法开始执行 doRead。最终，不管到什么时候，ReaderThread 都无法开始执行 doRead。这就像有许多行人一直过马路，车辆完全无法前进一样。

示例程序的 ReadWriteLock 类（代码清单 6-5）中的 preferWriter 字段是一个用来确定 ReaderThread 和 WriterThread 哪一个更优先的标志。只要 preferWriter 变为 true，程序就要检查守护条件的 waitingWriters。并且，在 readUnlock 中（即当 doRead 终止时），preferWriter 被设置为 true。此外，在 writeUnlock 中（即当 doWrite 终止时），preferWriter 被设置为 false。最终就是，read 操作终止后优先执行 write 操作，write 操作终止后优先执行 read 操作。preferWriter 字段用来让 ReaderThread 和 WriterThread 轮流优先执行。这就像车行方向的信号灯和人行方向的信号灯轮流变为红灯一样。

习题 6-7 的答案

（习题见 P.162）

（1）不是

有时候 ReaderThread 和 WriterThread 这两个线程都在 this 上 wait。

（2）不是

有时候 ReaderThread 和 WriterThread 这两个线程都在 this 上 wait。例如，preferWriter && waitingWriters > 0 为 true 时，后面的 ReaderThread 线程就要进行等待。

第 7 章

习题 7-1 的答案

（习题见 P.180）

√（1）每次调用 request 方法时都会启动新的线程。

request 方法每次都会启动新的线程。

×（2）每次调用 request 方法时都会创建 Helper 类的实例。

Helper 类的实例仅在 Host 类的实例被创建时才会创建。

×（3）如果线程不从 request 方法返回，handle 方法就不会被调用。

request 方法会启动新的线程，该新线程再调用 handle 方法。这与最开始的线程是否从 request 方法返回无关。

× （4）调用 handle 方法来显示字符的是主线程。

调用 handle 方法的并不是主线程，而是 request 方法新启动的线程。

× （5）如果将 slowly 方法中的 sleep 时间延长，从 request 方法返回的时间也会变长。

即使延长 slowly 方法中的 sleep 时间，从 request 方法返回的时间也不会改变。这是因为执行 request 方法的线程并不调用 slowly 方法。

习题 7-2 的答案

（习题见 P.180）

修改后的 Host 类如代码清单 A7-1 所示。其中，request 方法可以直接调用 handle 方法。Main 类和 Helper 类无需修改。

代码清单 A7-1　修改后的 Host 类（Host.java）

```
public class Host {
    private final Helper helper = new Helper();
    public void request(final int count, final char c) {
        System.out.println("    request(" + count + ", " + c + ") BEGIN");
        helper.handle(count, c);
        System.out.println("    request(" + count + ", " + c + ") END");
    }
}
```

该程序收录在本书配套的源代码 ThreadPerMessage/A7-2 中

运行结果如图 A7-1 所示。该运行结果并不会因时间点不同而有所变化。而本章示例程序的运行结果示例（图 7-2）则会因时间点不同而有所变化。

由图 A7-1 可知，一个 request 终止之后，下一个 request 才会开始，所以 A、B、C 字符不会混在一起显示。另外，当所有的 request 都终止之后，主线程才会终止。

图 A7-1　运行结果

```
main BEGIN
    request(10, A) BEGIN
        handle(10, A) BEGIN
AAAAAAAAAA
        handle(10, A) END
    request(10, A) END
    request(20, B) BEGIN  ←上一个 request 终止之后，下一个 request 开始
        handle(20, B) BEGIN
BBBBBBBBBBBBBBBBBBBB
        handle(20, B) END
    request(20, B) END
    request(30, C) BEGIN  ←上一个 request 终止之后，下一个 request 开始
        handle(30, C) BEGIN
CCCCCCCCCCCCCCCCCCCCCCCCCCCCCC
        handle(30, C) END
    request(30, C) END
main END                  ←所有的 request 都终止之后，主线程才终止
```

习题 7-3 的答案

（习题见 P.180）

运行结果如图 A7-2 所示。这与上一个习题中的单线程运行结果（图 A7-2）是一样的。这是因为，代码清单 7-14 中启动线程部分调用的不是 start 方法，而是 run 方法。调用 run 方法并不会启动新的线程，只是由主线程来执行匿名内部类的 run 方法。这时，程序的响应性并不会有所提高。

图 A7-2 运行结果

```
main BEGIN
    request(10, A) BEGIN
        handle(10, A) BEGIN
AAAAAAAAAA
        handle(10, A) END
    request(10, A) END
    request(20, B) BEGIN
        handle(20, B) BEGIN
BBBBBBBBBBBBBBBBBBBB
        handle(20, B) END
    request(20, B) END
    request(30, C) BEGIN
        handle(30, C) BEGIN
CCCCCCCCCCCCCCCCCCCCCCCCCCCCCC
        handle(30, C) END
    request(30, C) END
main END
```

习题 7-4 的答案

（习题见 P.181）

下面介绍两个答案示例。

◆答案 1：将 HelperThread 类声明为顶级类

Host 类、HelperThread 类分别编写为代码清单 A7-2、代码清单 A7-3 所示的代码。Main 类、Helper 类采用示例程序中的代码就可以。

与使用匿名内部类的情况相比，如果使用将请求中包含的参数传递给线程的方式，写代码时稍微有点繁琐，因为我们必须要将传递的信息整理为字段形式。不过，对于不太熟悉匿名内部类的人来说，代码的可读性也许会更高。

代码清单 A7-2 答案 1：Host 类（Host.java）

```
public class Host {
    private Helper helper = new Helper();
    public void request(int count, char c) {
        System.out.println("    request(" + count + ", " + c + ") BEGIN");
        new HelperThread(helper, count, c).start();
        System.out.println("    request(" + count + ", " + c + ") END");
    }
}
```

该程序收录在本书配套的源代码 ThreadPerMessage/A7-4a 中

代码清单 A7-3　答案 1：HelperThread 类（HelperThread.java）

```
public class HelperThread extends Thread {
    private final Helper helper;
    private final int count;
    private final char c;
    public HelperThread(Helper helper, int count, char c) {
        this.helper = helper;
        this.count = count;
        this.c = c;
    }
    public void run() {
        helper.handle(count, c);
    }
}
```

该程序收录在本书配套的源代码 ThreadPerMessage/A7-4a 中

◆答案 2：将 HelperThread 类声明为非匿名的内部类

如代码清单 A7-4 所示，Helper 类和 HelperThread 类都可以声明在 Host 类中。这就表明，Helper 和 HelperThread 这两个类与 Host 类有非常紧密的关系。不过，这样也会有缺点，那就是 Host 类的声明会变得很长，不易阅读。

请注意，当创建 HelperThread 的实例时，其构造函数的参数中可以不传入 helper。这是因为，Host 的 helper 字段可以由内部类 HelperThread 的实例自由访问。

Main 类采用示例程序中的代码就可以。

代码清单 A7-4　答案 2：Host 类（Host.java）

```
public class Host {
    private final Helper helper = new Helper();
    public void request(int count, char c) {
        System.out.println("    request(" + count + ", " + c + ") BEGIN");
        new HelperThread(count, c).start();
        System.out.println("    request(" + count + ", " + c + ") END");
    }

    // Inner class
    private class Helper {
        public void handle(int count, char c) {
            System.out.println("        handle(" + count + ", " + c + ") BEGIN");
            for (int i = 0; i < count; i++) {
                slowly();
                System.out.print(c);
            }
            System.out.println("");
            System.out.println("        handle(" + count + ", " + c + ") END");
        }
        private void slowly() {
            try {
                Thread.sleep(100);
            } catch (InterruptedException e) {
            }
        }
    }

    // Inner class
    private class HelperThread extends Thread {
```

```
        private final int count;
        private final char c;
        public HelperThread(int count, char c) {
            this.count = count;
            this.c = c;
        }
        public void run() {
            helper .handle(count, c);
        }
    }
}
```

该程序收录在本书配套的源代码 ThreadPerMessage/A7–4b 中

习题 7-5 的答案

（习题见 P.181）

下面介绍四个答案示例。在这四个答案中，用户连续按下按钮时的程序行为是不一样的。

◆答案 1：使用 Thread–Per–Message 模式

service 方法会启动一个新的线程，由该新线程来调用 doService 方法。然后程序在 doService 中执行实际的处理。这样，线程便可以立即从 service 方法返回。

在该答案中，当用户连续按下按钮时，多个线程可以同时执行 doService（图 A7-3）。

代码清单 A7-5　答案 1：连续按下按钮时，每次按下都会执行 doService 的 Service 类（Service.java）

```
public class Service {
    public static void service() {
        new Thread() {
            public void run() {
                doService();
            }
        }.start();
    }
    private static void doService() {
        System.out.print("service");
        for (int i = 0; i < 50; i++) {
            System.out.print(".");
            try {
                Thread.sleep(100);
            } catch (InterruptedException e) {
            }
        }
        System.out.println("done.");
    }
}
```

该程序收录在本书配套的源代码 ThreadPerMessage/A7–5a 中

图 A7-3　答案 1：按下三次按钮后的运行结果示例（三个线程的输出混在一起）

```
service.......service.............service..................................
...............................................................done.
.............done.
......done.
```

◆答案 2：使用 Thread-Per-Message 模式和 Single Threaded Execution 模式

答案 2 如代码清单 A7-6 所示。在该程序中，线程会立即从 service 方法返回。并且，即使用户连续按下按钮，同时执行 doService 方法的线程也只有一个。

在该答案中，当用户连续按下按钮时，按下几次，doService 就会执行几次，但输出不会混在一起（图 A7-4）。

代码清单 A7-6　答案 2：即使连续按下按钮，输出也不混在一起的 Service 类（Service.java）

```
public class Service {
    public static void service() {
        new Thread() {
            public void run() {
                doService();
            }
        }.start();
    }
    private static synchronized void doService() {
        System.out.print("service");
        for (int i = 0; i < 50; i++) {
            System.out.print(".");
            try {
                Thread.sleep(100);
            } catch (InterruptedException e) {
            }
        }
        System.out.println("done.");
    }
}
```

该程序收录在本书配套的源代码 ThreadPerMessage/A7-5b 中

图 A7-4　答案 2：按下三次按钮后的运行结果示例（3 个线程的输出依次执行）

```
service..................................................done.
service..................................................done.
service..................................................done.
```

◆答案 3：使用 Thread-Per-Message 模式和 Balking 模式

代码清单 A7-7 的答案 3 是，让线程立即从 service 方法返回，并且当用户连续按下按钮时，保证执行 doService 方法的只有第一个线程。这里，我们需要使用 Balking 模式（第 4 章），将想要同时执行 doService 方法的线程 balk（图 A7-5）。

代码清单 A7-7　答案 3：连续按下按钮时进行 balk 的 Service 类（Service.java）

```
public class Service {
    private static volatile boolean working = false;
    public static synchronized void service() {
        System.out.print("service");
        if (working) {
            System.out.println(" is balked.");
            return;
        }
        working = true;
```

```
        new Thread() {
            public void run() {
                doService();
            }
        }.start();
    }
    private static void doService() {
        try {
            for (int i = 0; i < 50; i++) {
                System.out.print(".");
                try {
                    Thread.sleep(100);
                } catch (InterruptedException e) {
                }
            }
            System.out.println("done.");
        } finally {
            working = false;
        }
    }
}
```

该程序收录在本书配套的源代码 ThreadPerMessage/A7-5c 中

图 A7-5　答案 3：按下三次按钮后的运行结果示例（第二次和第三次按下时进行 balk）

```
service.......service is balked.
...........service is balked.
...............................done.
```

◆答案 4：连续按下时取消执行中的处理

代码清单 A7-8 的答案 4 是，让线程立即从 service 方法返回，并且，当用户连续按下按钮时，可以取消执行 doService 方法（图 A7-6）。

这里，我们需要使用 interrupt 来取消处理。关于终止线程，请也参照一下 Two-Phase Termination 模式（第 10 章）。

代码清单 A7-8　答案 4：连续按下按钮时，取消执行中的处理的 Service 类（Service.java）

```
public class Service {
    private static Thread worker = null;
    public static synchronized void service() {
        // 当存在执行中的处理时，使用 interrupt 将其取消
        if (worker != null && worker.isAlive()) {
            worker.interrupt();
            try {
                worker.join();
            } catch (InterruptedException e) {
            }
            worker = null;
        }
        System.out.print("service");
        worker = new Thread() {
            public void run() {
                doService();
            }
```

```
        };
        worker.start();
    }
    private static void doService() {
        try {
            for (int i = 0; i < 50; i++) {
                System.out.print(".");
                Thread.sleep(100);
            }
            System.out.println("done.");
        } catch (InterruptedException e) {
            System.out.println("cancelled.");
        }
    }
}
```

该程序收录在本书配套的源代码 ThreadPerMessage/A7-5d 中

图 A7-6　答案 4：按下三次按钮后的运行结果示例（第一次和第二次被取消）

```
service...............cancelled.
service.........cancelled.
service..................................................done.
```

习题 7-6 的答案

（习题见 P.182）

需要修改的是代码清单 7-19 中的 MiniServer 类，而 Main 类、Service 类则保持原状。

◆答案 1：使用 java.lang.Thread 的 MiniServer 类

代码清单 A7-9　使用 java.lang.Thread 的 MiniServer 类（MiniServer.java）

```
import java.net.Socket;
import java.net.ServerSocket;
import java.io.IOException;

public class MiniServer {
    private final int portnumber;
    public MiniServer(int portnumber) {
        this.portnumber = portnumber;
    }
    public void execute() throws IOException {
        ServerSocket serverSocket = new ServerSocket(portnumber);
        System.out.println("Listening on " + serverSocket);
        try {
            while (true) {
                System.out.println("Accepting...");
                final Socket clientSocket = serverSocket.accept();
                System.out.println("Connected to " + clientSocket);
                new Thread() {
                    public void run() {
                        try {
                            Service.service(clientSocket);
                        } catch (IOException e) {
                            e.printStackTrace();
                        }
```

```
                }
            }.start();
        }
    } catch (IOException e) {
        e.printStackTrace();
    } finally {
        serverSocket.close();
    }
  }
}
```

该程序收录在本书配套的源代码 ThreadPerMessage/A7-6a 中

当通过 Web 浏览器进行访问时，命令提示符中会显示如图 A7-7 所示的内容。

图 A7-7　答案 1 的运行结果示例

```
Listening on ServerSocket[addr=0.0.0.0/0.0.0.0,port=0,localport=8888]
Accepting...
Connected to Socket[addr=/127.0.0.1,port=1546,localport=8888]
Accepting...
Thread-0: Service.service(Socket[addr=/127.0.0.1,port=1546,localport=8888]) BEGIN
Thread-0: Countdown i = 10        ←以 1 秒间隔进行倒计时
Thread-0: Countdown i = 9
Thread-0: Countdown i = 8
Thread-0: Countdown i = 7
Thread-0: Countdown i = 6
Thread-0: Countdown i = 5
Thread-0: Countdown i = 4
Thread-0: Countdown i = 3
Thread-0: Countdown i = 2
Thread-0: Countdown i = 1
Thread-0: Countdown i = 0
Thread-0: Service.service(Socket[addr=/127.0.0.1,port=1546,localport=8888]) END
（以下省略。按 CTRL+C 终止程序）
```

◆答案 2：使用 java.util.concurrent.ExecutorService 的 MiniServer 类

代码清单 A7-10　使用 java.util.concurrent.ExecutorService 的 MiniServer 类（MiniServer.java）

```
import java.net.Socket;
import java.net.ServerSocket;
import java.io.IOException;
import java.util.concurrent.ExecutorService;
import java.util.concurrent.Executors;

public class MiniServer {
    private final int portnumber;
    public MiniServer(int portnumber) {
        this.portnumber = portnumber;
    }
    public void execute() throws IOException {
        ServerSocket serverSocket = new ServerSocket(portnumber);
        ExecutorService executorService = Executors.newCachedThreadPool();
        System.out.println("Listening on " + serverSocket);
        try {
```

```
            while (true) {
                System.out.println("Accepting...");
                final Socket clientSocket = serverSocket.accept();
                System.out.println("Connected to " + clientSocket);
                executorService.execute(
                    new Runnable() {
                        public void run() {
                            try {
                                Service.service(clientSocket);
                            } catch (IOException e) {
                                e.printStackTrace();
                            }
                        }
                    }
                );
            }
        } catch (IOException e) {
            e.printStackTrace();
        } finally {
            executorService.shutdown();
            serverSocket.close();
        }
    }
}
```

该程序收录在本书配套的源代码 ThreadPerMessage/A7-6b 中

当通过 Web 浏览器进行访问时，命令提示符中会显示如图 A7-8 所示的内容。

图 A7-8 答案 2 的运行结果示例

```
Listening on ServerSocket[addr=0.0.0.0/0.0.0.0,port=0,localport=8888]
Accepting...
Connected to Socket[addr=/127.0.0.1,port=1547,localport=8888]
Accepting...
pool-1-thread-1: Service.service(Socket[addr=/127.0.0.1,port=1547,localport=8888])
BEGIN
pool-1-thread-1: Countdown i = 10        ←以 1 秒间隔进行倒计时
pool-1-thread-1: Countdown i = 9
pool-1-thread-1: Countdown i = 8
pool-1-thread-1: Countdown i = 7
pool-1-thread-1: Countdown i = 6
pool-1-thread-1: Countdown i = 5
pool-1-thread-1: Countdown i = 4
pool-1-thread-1: Countdown i = 3
pool-1-thread-1: Countdown i = 2
pool-1-thread-1: Countdown i = 1
pool-1-thread-1: Countdown i = 0
pool-1-thread-1: Service.service(Socket[addr=/127.0.0.1,port=1547,localport=8888])
END
（以下省略。按 CTRL+C 终止程序）
```

习题 7-7 的答案

（习题见 P.184）

答案如代码清单 A7-11 所示（当然还有其他方法）。

下面按顺序来介绍一下代码清单 A7-11 的实现思路。

通过查看预期的运行结果（图 7-10），我们可以了解到如下情况。

[1] Step 2 被输出了，说明 magic 方法并未抛出异常

[2] Step 3 和 END 并未被输出，说明线程并未从 enter 方法返回

[3] Step 3 并未被输出，说明线程因未能获取 obj 的锁而阻塞

如果已经明白了以上内容，那么就应该能想到 magic 方法的操作就是下面的处理 [4]。

[4] magic 方法的操作就是获取参数 obj 的锁

但是，要想获取锁，仅使用 synchronized 代码块是不行的。这是因为，当线程从 magic 方法返回时，跳出了 synchronized 代码块，那么锁就会被释放。为此，我们还需要执行下面的处理 [5] 和 [6]。

[5] 在 magic 方法中启动新的线程，让该新线程来获取 obj 的锁

[6] 新线程一直持有着 obj 的锁

如果你觉得到这里就没问题了，那么你很可能忽视了下面的处理 [7]。

[7] 在新线程已启动，但尚未获取 **obj** 的锁之前，原来的线程不可以从 magic 方法返回

代码清单 A7-11 就是基于上面的处理 [1] ~ [7] 编写而成的。为了将参数 obj 传递给内部类的 run 方法，这里将参数 obj 声明为了 final 类型。

另外，为了实现处理 [7]，这里使用了 Guarded Suspension 模式（第 3 章）。原来的线程在 thread 的名称变为非空之前，一直在 thread 上 wait。另外，新线程在获取 obj 的锁之后，名称会变为 "Locked"，并 notifyAll 在 thread（这与 this 的值相等）上 wait 的原来的线程。

这里使用的是 notifyAll，但由于在 thread 上 wait 的线程肯定只有一个，所以也可以使用 notify。

代码清单 A7-11　完成的 Blackhole 类（答案 1）（Blackhole.java）

```
public class Blackhole {
    public static void enter(Object obj) {
        System.out.println("Step 1");
        magic(obj);
        System.out.println("Step 2");
        synchronized (obj) {
            System.out.println("Step 3 (never reached here)");  // 不会执行到这里
        }
    }
    public static void magic(final Object obj) {
        // 线程 thread 用来获取 obj 的锁并执行无限循环
        // thread 的名称用作守护条件
        Thread thread = new Thread() {          // inner class
            public void run() {
                synchronized (obj) {            // 在此处获取 obj 的锁
```

```
                synchronized (this) {
                    this.setName("Locked"); // 改变守护条件
                    this.notifyAll();        // 通知已经获取了 obj 的锁
                }
                while (true) {
                    // 无限循环
                }
            }
        }
    };
    synchronized (thread) {
        thread.setName("");
        thread.start();                      // 启动线程
        // Guarded Suspension 模式
        while (thread.getName().equals("")) {
            try {
                thread.wait();               // 等待新的线程获取 obj 的锁
            } catch (InterruptedException e) {
            }
        }
    }
  }
}
```

该程序收录在本书配套的源代码 ThreadPerMessage/A7-7a 中

答案 2 如代码清单 A7-12 所示。这里，notifyAll 也可以替换为 notify。

代码清单 A7-12　完成的 Blackhole 类（答案 2）（Blackhole.java）

```
public class Blackhole {
    public static void enter(Object obj) {
        System.out.println("Step 1");
        magic(obj);
        System.out.println("Step 2");
        synchronized (obj) {
            System.out.println("Step 3 (never reached here)");  // 不会执行到这里
        }
    }
    public static void magic(final Object obj) {
        // 线程 thread 获取 obj 的锁之后，一直等待自身终止
        Thread thread = new Thread() {
            public void run() {
                synchronized (obj) {         // 在此处获取 obj 的锁
                    synchronized (this) {
                        this.notifyAll();    // 通知已经获取了 obj 的锁
                    }
                    try {
                        this.join();         // 一直等待
                    } catch (InterruptedException e) {
                    }
                }
            }
        };
        synchronized (thread) {
            thread.start();     // 启动线程
            try {
                thread.wait(); // 等待新的线程获取 obj 的锁
            } catch (InterruptedException e) {
            }
```

```
            }
        }
}
```

该程序收录在本书配套的源代码 ThreadPerMessage/A7-7b 中

习题 7-8 的答案

（习题见 P.185）

例如，输出如图 A7-9 所示的结果。

图 A7-9 运行结果示例 1

```
MainThread:main:BEGIN
MainThread:execute:BEGIN
MainThread:newThread:BEGIN
MainThread:newThread:END
MainThread:execute:END
MainThread:main:END
QuizThread:run:BEGIN
QuizThread:Hello!
QuizThread:run:END
```

以 "QuizThread：" 开始的下面三行输出结果有时会出现在其他行的输出结果之前或之后。

```
QuizThread:run:BEGIN
QuizThread:Hello!
QuizThread:run:END
```

不过，以 "QuizThread：" 开始的输出结果会出现在下面这行输出结果之后（见运行结果示例 2）。

```
MainThread:newThread:END
```

图 A7-10（运行结果示例 2）是在主线程终止之前 QuizThread 就已经运行的情形。从时间点上来说，在 execute 方法终止之前 QuizThread 就已经运行的情形几乎不会出现，但从规范上来说，可以出现这种情形。

图 A7-10 运行结果示例 2

```
MainThread:main:BEGIN
MainThread:execute:BEGIN
MainThread:newThread:BEGIN
MainThread:newThread:END
MainThread:execute:END
QuizThread:run:BEGIN
QuizThread:Hello!
QuizThread:run:END
MainThread:main:END
```

代码清单 A7-13 的程序等同于习题 7-8 中的代码清单 7-23。这里是先创建 ThreadFactory、Executor、Runnable 这三个匿名内部类的实例，最后再执行 execute。还是这种写法更容易理解。将变量 threadFactory 声明为 final 是因为，Executor 对象的 execute 方法引用了该变量。

代码清单 A7-13　与代码清单 7-23（习题 7-8）等同的程序（Main.java）

```
import java.util.concurrent.*;

class Log {
    public static void println(String s) {
        System.out.println(Thread.currentThread().getName() + ":" + s);
    }
}

public class Main {
    public static void main(String[] args) {
        Thread.currentThread().setName("MainThread");
        Log.println("main:BEGIN");

        // ThreadFactory
        final ThreadFactory threadFactory = new ThreadFactory() {
            public Thread newThread(Runnable r) {
                Log.println("newThread:BEGIN");
                Thread t = new Thread(r, "QuizThread");
                Log.println("newThread:END");
                return t;
            }
        };

        // Executor
        Executor executor = new Executor() {
            public void execute(Runnable r) {
                Log.println("execute:BEGIN");
                threadFactory.newThread(r).start();
                Log.println("execute:END");
            }
        };

        // Runnable
        Runnable runnable = new Runnable() {
            public void run() {
                Log.println("run:BEGIN");
                Log.println("Hello!");
                Log.println("run:END");
            }
        };

        // 将 Runnable 传递给 Executor 来执行
        executor.execute(runnable);

        Log.println("main:END");
    }
}
```

该程序收录在本书配套的源代码 ThreadPerMessage/A7-8 中

第 8 章

习题 8-1 的答案　（习题见 P.208）

阅读下面关于示例程序的内容，叙述正确请画√，错误请画 ×。

×（1）当一个请求都没有的时候，WorkerThread 的线程会 sleep。

当没有请求时，WorkerThread 的线程会在 Channel 的实例上 wait（并非 sleep）。

×（2）当正在 execute 来自某个 ClientThread 的请求的时候，不会再 execute 来自同一个 ClientThread 的下一个请求。

在一个 execute 终止之前，其他的 WorkerThread 的线程可能会 execute 来自同一个 ClientThread 的请求。在示例程序中，这种现象会频繁发生。

√（3）调用 putRequest 方法的只有 ClientThread。

√（4）调用 takeRequest 方法的只有 WorkerThread。

√（5）没有必要将 execute 方法设置为 synchronized 方法。

在示例程序中，execute 一个 Request 的实例的只有一个线程，因此没有必要将 execute 方法设置为 synchronized 方法。

习题 8-2 的答案　（习题见 P.208）

修改后的代码如代码清单 A8-1 所示。putRequest 方法会启动新线程。这就是 Thread-Per-Message 模式（第 7 章）。程序运行结果示例如图 A8-1 所示。

代码清单 A8-1　每次都启动新线程的 Channel 类（Channel.java）

```
public final class Channel {
    public Channel(int threads) {
    }
    public void startWorkers() {
    }
    public void putRequest(final Request request) {
        new Thread() {
            public void run() {
                request.execute();
            }
        }.start();
    }
}
```

该程序收录在本书配套的源代码 WorkerThread/A8-2 中

图 A8-1 运行结果示例

```
Thread-1 executes [ Request from Alice No.0 ]
Thread-2 executes [ Request from Bobby No.0 ]
Thread-3 executes [ Request from Chris No.0 ]
Thread-4 executes [ Request from Chris No.1 ]
Thread-5 executes [ Request from Alice No.1 ]
Thread-6 executes [ Request from Alice No.2 ]
Thread-7 executes [ Request from Bobby No.1 ]
Thread-8 executes [ Request from Bobby No.2 ]
Thread-9 executes [ Request from Chris No.2 ]
Thread-10 executes [ Request from Alice No.3 ]
Thread-11 executes [ Request from Bobby No.3 ]
Thread-12 executes [ Request from Alice No.4 ]
Thread-13 executes [ Request from Chris No.3 ]
Thread-14 executes [ Request from Chris No.4 ]
Thread-15 executes [ Request from Bobby No.4 ]
Thread-16 executes [ Request from Chris No.5 ]
Thread-17 executes [ Request from Alice No.5 ]
（以下省略。按 CTRL+C 终止程序）
```

从图中可以看出，线程编号为 Thread-0, Thread-1, Thread-2, …，在不断地增加，确实是每次都由新线程执行请求。

线程名字“Thread- 数字”是由 java.lang.Thread 类自动赋予的。

习题 8-3 的答案

（习题见 P.208）

这里修改了示例程序的 Main 类，让其在程序开始运行 30 秒后强制退出（代码清单 A8-2）。通过比较线程编号可以看出两个程序的吞吐量的差异。为了便于看出这种差异，这里移除了线程中的等待时间（代码清单 A8-3、代码清单 A8-4）。

代码清单 A8-2 修改为强制退出后的 Main 类（Main.java）

```
public class Main {
    public static void main(String[] args) {
        Channel channel = new Channel(5);   // 工人线程的个数
        channel.startWorkers();
        new ClientThread("Alice", channel).start();
        new ClientThread("Bobby", channel).start();
        new ClientThread("Chris", channel).start();

        try {
            Thread.sleep(30000);
        } catch (InterruptedException e) {
        }
        System.exit(0);
    }
}
```

该程序收录在本书配套的源代码 WorkerThread/A8-3a、A8-3b 中

代码清单 A8-3 移除等待时间后的 ClientThread 类（ClientThread.java）

```
public class ClientThread extends Thread {
```

```
    private final Channel channel;
    public ClientThread(String name, Channel channel) {
        super(name);
        this.channel = channel;
    }
    public void run() {
        for (int i = 0; true; i++) {
            Request request = new Request(getName(), i);
            channel.putRequest(request);
        }
    }
}
```

该程序收录在本书配套的源代码 WorkerThread/A8-3a、A8-3b 中

代码清单 A8-3　移除等待时间后的 Request 类（Request.java）

```
public class Request {
    private final String name;
    private final int number;
    public Request(String name, int number) {
        this.name = name;
        this.number = number;
    }
    public void execute() {
        System.out.println(Thread.currentThread().getName() + " executes " + this);
    }
    public String toString() {
        return "[ Request from " + name + " No." + number + " ]";
    }
}
```

该程序收录在本书配套的源代码 WorkerThread/A8-3a、A8-3b 中

运行环境不同，运行结果也会有很大差异，因此我们将展示两个运行环境（A、B）中的运行结果示例。

在环境 A 中运行时，使用 Worker Thread 模式时运行结果如图 A8-2 所示，不使用 Worker Thread 模式时运行结果如图 A8-3 所示。在使用 Worker Thread 模式的情况下，一共处理了 409 683（= 135956 + 136879 + 136848）个请求；而不使用 Worker Thread 模式的情况下，则一共处理了 37 799（= 12186 + 13002 + 12611）个请求。在这个运行环境中，吞吐量提高了 10 倍多。

图 A8-2　运行环境 A 中的运行结果示例（使用 Worker Thread 模式）

```
（以上省略）
Worker-0 executes [ Request from Alice No.136876 ]
Worker-4 executes [ Request from Chris No.136845 ]
Worker-2 executes [ Request from Bobby No.135954 ]
Worker-0 executes [ Request from Alice No.136877 ]
Worker-4 executes [ Request from Chris No.136846 ]
Worker-2 executes [ Request from Bobby No.135955 ]     ←处理了 0 ~ 135955 共 135956 个
                                                        Bobby 的请求
Worker-3 executes [ Request from Alice No.136878 ]     ←处理了 0 ~ 136878 共 136879 个
                                                        Alice 的请求
Worker-0 executes [ Request from Chris No.136847 ]     ←处理了 0 ~ 136847 共 136848 个
                                                        Chris 的请求
```

图 A8-3　运行环境 A 中的运行结果示例（不使用 Worker Thread 模式，而是每次都启动新线程）

```
（以上省略）
Thread-37705 executes [ Request from Alice No.12183 ]
Thread-37706 executes [ Request from Alice No.12184 ]
Thread-37707 executes [ Request from Alice No.12185 ]  ←处理了 0 ~ 12185 共 12186 个
                                                         Alice 的请求
（中间省略）
Thread-37783 executes [ Request from Chris No.12999 ]
Thread-37784 executes [ Request from Chris No.13000 ]
Thread-37785 executes [ Request from Chris No.13001 ]  ←处理了 0 ~ 13001 共 13002 个
                                                         Chris 的请求
（中间省略）
Thread-37797 executes [ Request from Bobby No.12608 ]
Thread-37798 executes [ Request from Bobby No.12609 ]
Thread-37799 executes [ Request from Bobby No.12610 ]  ←处理了 0 ~ 12610 共 12611 个
                                                         Bobby 的请求
```

在环境 B 中运行时，使用了 Worker Thread 模式的运行结果如图 A8-4 所示，不使用 Worker Thread 模式的运行结果如图 A8-5 所示。在使用 Worker Thread 模式的情况下，一共处理了 75 401（= 26777 + 23773 + 24851）个请求，而不使用 Worker Thread 模式的情况下，则一共处理了 68 304（= 22232 + 22980 + 23092）个请求。在这个运行环境中，吞吐量只提高了 10% 左右。

图 A8-4　运行环境 B 中的运行结果示例（使用 Worker Thread 模式）

```
（以上省略）
Worker-1 executes [ Request from Bobby No.26776 ]    ←处理了 0 ~ 26776 共 26777 个
                                                       Bobby 的请求
Worker-2 executes [ Request from Alice No.23767 ]
Worker-0 executes [ Request from Chris No.24848 ]
Worker-3 executes [ Request from Chris No.24849 ]
Worker-4 executes [ Request from Alice No.23770 ]
Worker-1 executes [ Request from Alice No.23771 ]
Worker-2 executes [ Request from Alice No.23772 ]    ←处理了 0 ~ 23772 共 23773 个
                                                       Alice 的请求
Worker-0 executes [ Request from Chris No.24850 ]    ←处理了 0 ~ 24850 共 24851 个
                                                       Chris 的请求
```

图 A8-5　运行环境 B 中的运行结果示例（不使用 Worker Thread 模式，而是每次都启动新线程）

```
（以上省略）
Thread-68297 executes [ Request from Chris No.22231 ]  ←处理了 0 ~ 22231 共 22232 个
                                                         Chris 的请求
Thread-68298 executes [ Request from Alice No.22974 ]
Thread-68299 executes [ Request from Alice No.22975 ]
Thread-68300 executes [ Request from Alice No.22976 ]
Thread-68301 executes [ Request from Alice No.22977 ]
Thread-68302 executes [ Request from Alice No.22978 ]
Thread-68303 executes [ Request from Alice No.22979 ]  ←处理了 0 ~ 22979 共 22980 个
                                                         Alice 的请求
Thread-68294 executes [ Request from Bobby No.23091 ]  ←处理了 0 ~ 23091 共 23092 个
                                                         Bobby 的请求
```

习题 8-4 的答案

（习题见 P.208）

因为会失去生存性。

调用 invokeAndWait 方法后，当事件队列中积累的事件全部被处理后，控制权会在参数 Runnable 被执行后返回。但是，“事件分发线程调用 invokeAndWait”相当于事件队列中积累的一个事件就是调用 invokeAndWait 自身。当控制权从 invokeAndWait 返回后，该事件才会结束。为了能够从 invokeAndWait 返回，首先必须将事件队列中的全部内容处理完成。但是，这样一来，就会导致无法从 invokeAndWait 返回。由于事件分发线程无法工作，所以 GUI 应用程序将无法进行事件处理。

为了防止这种情况，在 Swing 中，当事件分发线程调用 invokeAndWait 时，程序会抛出 java.lang.Error。

习题 8-5 的答案

（习题见 P.208）

之所以会出现习题中描述的结果，是因为 Swing 事件分发线程自身在处理中进行了大约 10 秒循环。绘制界面的是事件分发线程。只要事件分发线程没有从 actionPerformed 方法中返回，界面显示就不会刷新。

修改后的 MyFrame 类如代码清单 10-5 所示。修改后的界面如图 A8-6 ～图 A8-10 所示。程序运行结果如图 A8-11 所示。

为了解决该问题，这里进行了以下修改。

◆将工作交给其他线程以提高响应速度

countUp 方法启动了 invokeThread 线程。该线程会负责实际的计数工作。调用 countUp 方法的线程（事件分发线程）在启动 invokeThread 后立即从 countUp 方法返回。这就是第 7 章讲解过的 Thread-Per-Message 模式。

◆使用 invokeLater 方法让事件分发线程进行工作

invokeThread 在进行 0, 1, 2, …, 9 的计数时，使用 sleep 方法在每次计数后休息约 1 秒。invokeThread 并不会调用 setText 直接显示计数值，因为 invokeThread 并不是事件分发线程。为了让事件分发线程做“setText 数值”这项工作，这里使用了以下语句。

```
SwingUtilities.invokeLater(executor);
```

参数 executor 用于让事件分发线程在 Runnable 对象（实现了 Runnable 接口的匿名内部类的实例）中执行以下语句。

```
label.setText(string);
```

虽然上述语句看起来非常复杂，但是只要大家仔细地逐句分析代码应该就可以理解。图 A8-12 展示了修改后的程序的时序图。

代码清单 A8-5　修改后的 MyFrame 类（MyFrame.java）

```
import javax.swing.JFrame;
import javax.swing.JButton;
import javax.swing.JLabel;
```

```
import javax.swing.SwingUtilities;
import java.awt.FlowLayout;
import java.awt.event.ActionEvent;
import java.awt.event.ActionListener;

public class MyFrame extends JFrame implements ActionListener {
    private final JLabel label = new JLabel("Event Dispatching Thread Sample");
    private final JButton button = new JButton("countUp");
    public MyFrame() {
        super("MyFrame");
        getContentPane().setLayout(new FlowLayout());
        getContentPane().add(label);
        getContentPane().add(button);
        button.addActionListener(this);
        setDefaultCloseOperation(JFrame.EXIT_ON_CLOSE);
        pack();
        setVisible(true);
    }
    public void actionPerformed(ActionEvent e) {
        if (e.getSource() == button) {
            countUp();
        }
    }
    private void countUp() {
        System.out.println(Thread.currentThread().getName() + ":countUp:BEGIN");

        // invokeLater 在 sleep 指定时间后调用 SwingUtilities.invokeLater
        new Thread("invokerThread") {
            public void run() {
                System.out.println(Thread.currentThread().getName() + ":invokerThread:B
EGIN");
                for (int i = 0; i < 10; i++) {
                    final String string = "" + i;
                    try {
                        // executor 被事件分发线程调用
                        final Runnable executor = new Runnable() {
                            public void run() {
                                System.out.println(Thread.currentThread().getName() + "
:executor:BEGIN:string = " + string);
                                label.setText(string);
                                System.out.println(Thread.currentThread().getName() +
":executor:END");
                            }
                        };

                        // 让事件分发线程调用 executor
                        SwingUtilities.invokeLater(executor);

                        Thread.sleep(1000);
                    } catch (Exception e) {
                        e.printStackTrace();
                    }
                }
                System.out.println(Thread.currentThread().getName() + ":invokerThread:END");
            }
        }.start();

        System.out.println(Thread.currentThread().getName() + ":countUp:END");
    }
}
```

该程序收录在本书配套的源代码 WorkerThread/A8-5 中

图 A8-6　启动后的界面

图 A8-7　点击 [countUp] 按钮后的界面

图 A8-8　约 1 秒后的界面

图 A8-9　约 2 秒后的界面

图 A8-10　最后的界面

图 A8-11　运行结果

```
main:BEGIN
main:END
AWT-EventQueue-0:countUp:BEGIN
AWT-EventQueue-0:countUp:END
invokerThread:invokerThread:BEGIN
AWT-EventQueue-0:executor:BEGIN:string = 0
AWT-EventQueue-0:executor:END
AWT-EventQueue-0:executor:BEGIN:string = 1
AWT-EventQueue-0:executor:END
AWT-EventQueue-0:executor:BEGIN:string = 2
AWT-EventQueue-0:executor:END
AWT-EventQueue-0:executor:BEGIN:string = 3
AWT-EventQueue-0:executor:END
AWT-EventQueue-0:executor:BEGIN:string = 4
AWT-EventQueue-0:executor:END
AWT-EventQueue-0:executor:BEGIN:string = 5
AWT-EventQueue-0:executor:END
```

图 A8-11 （续）

```
AWT-EventQueue-0:executor:BEGIN:string = 6
AWT-EventQueue-0:executor:END
AWT-EventQueue-0:executor:BEGIN:string = 7
AWT-EventQueue-0:executor:END
AWT-EventQueue-0:executor:BEGIN:string = 8
AWT-EventQueue-0:executor:END
AWT-EventQueue-0:executor:BEGIN:string = 9
AWT-EventQueue-0:executor:END
invokerThread:invokerThread:END
```

图 A8-12 习题 8-5 的时序图

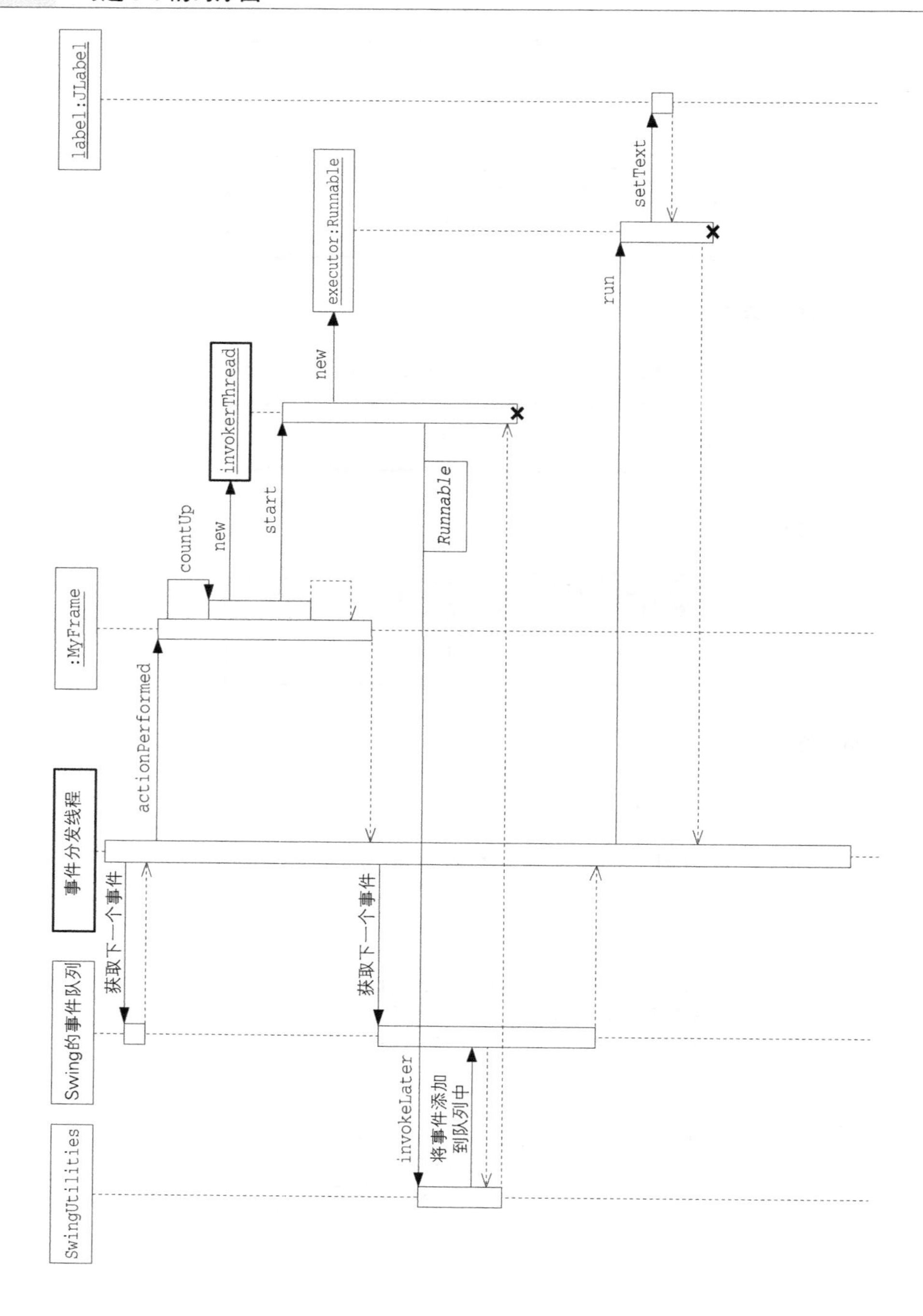

习题 8-6 的答案

（习题见 P.210）

修改后的代码如代码清单 A8-6 ~代码清单 A8-8 所示。运行结果示例如图 A8-13 所示。

首先，这里不使用 Thread 类的 stop 方法。因为即使是加锁的线程也会被 stop 方法立即终止，所以它无法确保安全性。关于这个问题，我们在 5.6 节“不可以使用 Thread 类的 stop 方法”部分讨论过。

这里我们将代码修改为在 Channel 类的 putRequest 方法和 takeRequest 方法中抛出异常。接着，实现让 stopAllWorkers 方法调用自己持有的 WorkerThread 类的 stopThread 方法。

在各线程（ClientThread、WorkerThread）的 stopThread 中，设置 terminated 字段为 true 并调用 interrupt 方法。terminated 字段是表示是否已经执行终止处理的字段，interrupt 方法是用于中断指定线程（此处是该线程自己）的方法。关于该方法，我们会在 Two-Phase Termination 模式（第 10 章）中详细说明。

此外，如本章 8.7 节中的代码清单 8-6 ~代码清单 8-8 所示，如果使用 java.util.concurrent.ThreadPoolExecutor 来创建线程池，当想要停止工人线程时，只需调用 shutdown 方法即可。这种情况下，ClientThread 在运行时会抛出异常 RejectedExecutionException。

代码清单 A8-6　修改后的 Channel 类（Channel.java）

```java
public final class Channel {
    private static final int MAX_REQUEST = 100;
    private final Request[] requestQueue;
    private int tail;            // 下次 putRequest 的位置
    private int head;            // 下次 takeRequest 的位置
    private int count;           // Request 的数量

    private final WorkerThread[] threadPool;

    public Channel(int threads) {
        this.requestQueue = new Request[MAX_REQUEST];
        this.head = 0;
        this.tail = 0;
        this.count = 0;

        threadPool = new WorkerThread[threads];
        for (int i = 0; i < threadPool.length; i++) {
            threadPool[i] = new WorkerThread("Worker-" + i, this);
        }
    }
    public void startWorkers() {
        for (int i = 0; i < threadPool.length; i++) {
            threadPool[i].start();
        }
    }
    public void stopAllWorkers() {
        for (int i = 0; i < threadPool.length; i++) {
            threadPool[i].stopThread();
        }
    }
    public synchronized void putRequest(Request request) throws InterruptedException {
        while (count >= requestQueue.length) {
            wait();
        }
        requestQueue[tail] = request;
        tail = (tail + 1) % requestQueue.length;
```

```
            count++;
            notifyAll();
        }
        public synchronized Request takeRequest() throws InterruptedException {
            while (count <= 0) {
                wait();
            }
            Request request = requestQueue[head];
            head = (head + 1) % requestQueue.length;
            count--;
            notifyAll();
            return request;
        }
}
```

该程序收录在本书配套的源代码 WorkerThread/A8-6 中

代码清单 A8-7　　修改后的 WorkerThread 类（WorkerThread.java）

```
public class WorkerThread extends Thread {
    private final Channel channel;
    private volatile boolean terminated = false;
    public WorkerThread(String name, Channel channel) {
        super(name);
        this.channel = channel;
    }
    public void run() {
        try {
            while (!terminated) {
                try {
                    Request request = channel.takeRequest();
                    request.execute();
                } catch (InterruptedException e) {
                    terminated = true;
                }
            }
        } finally {
            System.out.println(Thread.currentThread().getName() + " is terminated.");
        }
    }
    public void stopThread() {
        terminated = true;
        interrupt();
    }
}
```

该程序收录在本书配套的源代码 WorkerThread /A8-6 中

代码清单 A8-8　　修改后的 ClientThread 类（ClientThread.java）

```
import java.util.Random;

public class ClientThread extends Thread {
    private final Channel channel;
    private static final Random random = new Random();
    private volatile boolean terminated = false;
    public ClientThread(String name, Channel channel) {
        super(name);
        this.channel = channel;
    }
```

```
    public void run() {
        try {
            for (int i = 0; !terminated; i++) {
                try {
                    Request request = new Request(getName(), i);
                    channel.putRequest(request);
                    Thread.sleep(random.nextInt(1000));
                } catch (InterruptedException e) {
                    terminated = true;
                }
            }
        } finally {
            System.out.println(Thread.currentThread().getName() + " is terminated.");
        }
    }
    public void stopThread() {
        terminated = true;
        interrupt();
    }
}
```

该程序收录在本书配套的源代码 WorkerThread /A8-6 中

图 A8-13 运行结果示例

```
（以上省略）
Worker-4 executes [ Request from Alice No.10 ]
Worker-0 executes [ Request from Alice No.11 ]
Worker-1 executes [ Request from Alice No.12 ]
Worker-4 executes [ Request from Bobby No.9 ]
Worker-0 executes [ Request from Chris No.8 ]
Worker-2 executes [ Request from Bobby No.10 ]
Worker-3 executes [ Request from Chris No.9 ]
Worker-4 executes [ Request from Alice No.13 ]
Worker-0 executes [ Request from Chris No.10 ]
Worker-1 executes [ Request from Alice No.14 ]
Worker-3 executes [ Request from Bobby No.11 ]
Worker-0 is terminated.
Worker-1 is terminated.
Worker-2 is terminated.
Worker-3 is terminated.
Worker-4 is terminated.
Alice is terminated.
Bobby is terminated.
Chris is terminated.
```

第 9 章

习题 9-1 的答案

（习题见 P.226）

√（1）调用 request 方法时程序会启动一个新线程。

√（2）request 方法的返回值的类型虽然是 Data 接口，但是实际的返回值是 FutureData 的实例。

request 方法 new 出了 FutureData 类的实例。

×（3）调用 setRealData 方法的是主线程。

调用 setRealData 方法的是在 request 方法中启动的线程。

√（4）执行 RealData 类的 getContent 方法的是主线程。

×（5）如果多个线程同时调用 request 方法，那么必须将 request 方法设置为 synchronized 方法。

由于 request 方法不会对被多个线程共享的字段做任何处理，所以没有必要将其设置为 synchronized 方法。request 方法的参数（count，c）和局部变量（future）只会被调用了 request 方法的线程访问。

习题 9-2 的答案

（习题见 P.226）

除了主线程外，示例程序还启动了三个线程。这三个线程各自进行“创建 RealData 的实例”的操作。

这里假设我们各线程命名如下。

- 执行 new RealData(10, 'A') 的线程——A 线程
- 执行 new RealData(20, 'B') 的线程——B 线程
- 执行 new RealData(30, 'C') 的线程——C 线程

那么从图 A9-1 中可以看出，示例程序运行结果示例（图 9-3）中的各个部分分别由图 A9-1 中的这些线程输出。

图 A9-1　示例程序的显示内容（图 9-3）中各个部分分别由哪些线程输出呢

线程的种类	显示内容
主线程	main BEGIN
主线程	request(10, A) BEGIN
主线程	request(10, A) END
主线程	request(20, B) BEGIN
主线程	request(20, B) END
主线程	request(30, C) BEGIN
A 线程	making RealData(10, A) BEGIN
B 线程	making RealData(20, B) BEGIN
主线程	request(30, C) END
主线程	main otherJob BEGIN
C 线程	making RealData(30, C) BEGIN
A 线程	making RealData(10, A) END
B 线程	making RealData(20, B) END
主线程	main otherJob END
主线程	data1 = AAAAAAAAAA
主线程	data2 = BBBBBBBBBBBBBBBBBBBB
C 线程	making RealData(30, C) END
主线程	data3 = CCCCCCCCCCCCCCCCCCCCCCCCCCCCCC
主线程	main END

习题 9-3 的答案

（习题见 P.226）

首先，修改 Retriever 类的 retrieve 方法，使其返回 AsyncContentImpl 类的实例（代码清单 A9-1）。然后，像代码清单 A9-2 这样编写 AsyncContentImpl 类。AsyncContentImpl 类扮演 Future 角色，SyncContentImpl 类扮演 RealData 角色。

注意　获取 Web 页面所需的时间取决于具体的环境，这里的测量时间只是参考值。

代码清单 A9-1　修改后的 Retriever 类，它可以返回 AsyncContentImpl 类的实例（Retriever.java）

```
package content;

public class Retriever {
    public static Content retrieve(final String urlstr) {
        final AsyncContentImpl future = new AsyncContentImpl();

        new Thread() {
            public void run() {
                future.setContent(new SyncContentImpl(urlstr));
            }
        }.start();

        return future;
    }
}
```

该程序收录在本书配套的源代码 Future/A9–3a/content 中

代码清单 A9-2　AsyncContentImpl 类（AsyncContentImpl.java）

```
package content;

class AsyncContentImpl implements Content {
    private SyncContentImpl synccontent;
    private boolean ready = false;
    public synchronized void setContent(SyncContentImpl synccontent) {
        this.synccontent = synccontent;
        this.ready = true;
        notifyAll();
    }
    public synchronized byte[] getBytes() {
        while (!ready) {
            try {
                wait();
            } catch (InterruptedException e) {
            }
        }
        return synccontent.getBytes();
    }
}
```

该程序收录在本书配套的源代码 Future/A9–3a/content 中

图 A9-2　习题 9-3 的类图（多线程版）

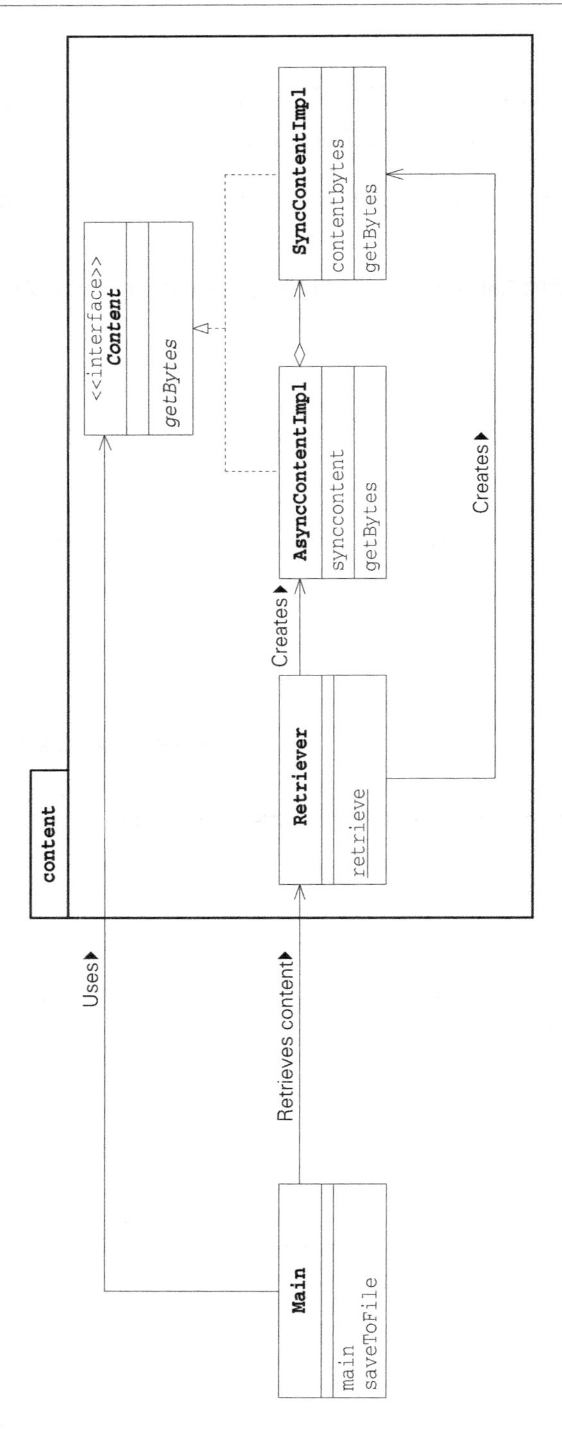

图 A9-3　运行结果示例

```
Thread-0: Getting http://www.yahoo.com/
Thread-1: Getting http://www.google.com/
Thread-2: Getting http://www.hyuki.com/
main: Saving to yahoo.html
main: Saving to google.html
main: Saving to hyuki.html
Elapsed time = 1062msec.
```

◆另外一种答案——使用 FutureTask 类

代码清单 A9-3~A9-4 展示的是使用了 java.util.concurrent.FutureTask 类的答案。代码清单 A9-3 展示的是修改后的 Retriever 类，该类使用了 java.util.concurrent.Callable。

由于“创建 SyncContentImpl 的实例”这部分处理需要花费很长时间，所以这里创建了一个 Callable 对象，在它的 call 方法中进行该处理。接着，该 Callable 对象会被传递给 AsyncContentImpl 的构造函数。

最后，新创建一个线程来运行 AsyncContentImpl 的实例。

代码清单 A9-3　其他答案：修改后的 Retriever 类，它使用了 java.util.concurrent.Callable（Retriever.java）

```
package content;

import java.util.concurrent.Callable;

public class Retriever {
    public static Content retrieve(final String urlstr) {
        AsyncContentImpl future = new AsyncContentImpl(
            new Callable<SyncContentImpl>() {
                public SyncContentImpl call() {
                    return new SyncContentImpl(urlstr);
                }
            }
        );

        new Thread(future).start();

        return future;
    }
}
```

该程序收录在本书配套的源代码 Future/A9–3b/content 中

代码清单 A9-4 展示的是继承 java.util.concurrent.FutureTask 类而成的 AsyncContentImpl 类。构造函数中接收到的参数 callable 会被传递给父类 FutureTask。

在 getBytes 方法中，程序先调用 get 方法获取 SyncContentImpl 的实例，然后调用该实例的 getBytes 方法来获取目标 Web 页面的 byte[]。

该处理的流程与在 9.6 节中编写的示例程序几乎相同。

代码清单 A9-4　其他答案：继承 java.util.concurrent.FutureTask 类而成的 AsyncContentImpl 类（AsyncContentImpl.java）

```
package content;

import java.util.concurrent.Callable;
```

```
import java.util.concurrent.FutureTask;
import java.util.concurrent.ExecutionException;

class AsyncContentImpl extends FutureTask<SyncContentImpl> implements Content {
    public AsyncContentImpl(Callable<SyncContentImpl> callable) {
        super(callable);
    }
    public byte[] getBytes() {
        byte[] bytes = null;
        try {
            bytes = get().getBytes();
        } catch (InterruptedException e) {
            e.printStackTrace();
        } catch (ExecutionException e) {
            e.printStackTrace();
        }
        return bytes;
    }
}
```

该程序收录在本书配套的源代码 Future/A9-3b/content 中

习题 9-4 的答案

（习题见 P.229）

下面分别看看不使用 java.util.concurrent.FutureTask 的答案（答案 1）和使用了 FutureTask 的答案（答案 2）。

◆答案 1：不使用 java.util.concurrent.FutureTask 的答案

使用附录 G 中的 [Lea] 一书介绍的方法（包装异常）。

- 修改 Host 类为：如果在创建 RealData 的实例时发生了异常，那么将异常设置至 FutureData 类中（代码清单 A9-5）
- 在 FutureData 类中增加一个设置异常的 setException 方法（代码清单 A9-7）
- 使用 java.util.concurrent.ExecutionException 来“包装”实际发生的异常（代码清单 A9-7）
- 修改 getContent 方法为可以抛出 ExecutionException 异常（代码清单 A9-6、A9-7）

代码清单 A9-5　答案 1：修改后的 Host 类（Host.java）

```
public class Host {
    public Data request(final int count, final char c) {
        System.out.println("    request(" + count + ", " + c + ") BEGIN");

        // (1) 创建 FutureData 的实例
        final FutureData future = new FutureData();

        // (2) 启动一个用于创建 RealData 的实例的新线程
        new Thread() {
            public void run() {
                try {
                    RealData realdata = new RealData(count, c);
                    future.setRealData(realdata);
                } catch (Exception e) {
                    future.setException(e);
                }
            }
```

```
        }.start();

        System.out.println("    request(" + count + ", " + c + ") END");

        // (3) 返回 FutureData 的实例
        return future;
    }
}
```

该程序收录在本书配套的源代码 Future/A9-4a 中

代码清单 A9-6　答案 1：修改后的 Data 接口（Data.java）

```
import java.util.concurrent.ExecutionException;

public interface Data {
    public abstract String getContent() throws ExecutionException;
}
```

该程序收录在本书配套的源代码 Future/A9-4a 中

FutureData 类（代码清单 A9-7）的 setException 方法与 setRealData 方法几乎相同，只不过被赋值的对象不是 realdata 字段，而是 exception 字段。

赋给 exception 的值是 ExecutionException 的实例。

代码清单 A9-7　答案 1：修改后的 FutureData 类（FutureData.java）

```
import java.util.concurrent.ExecutionException;

public class FutureData implements Data {
    private RealData realdata = null;
    private ExecutionException exception = null;
    private boolean ready = false;
    public synchronized void setRealData(RealData realdata) {
        if (ready) {
            return;
        }
        this.realdata = realdata;
        this.ready = true;
        notifyAll();
    }
    public synchronized void setException(Throwable throwable) {
        if (ready) {
            return;
        }
        this.exception = new ExecutionException(throwable);
        this.ready = true;
        notifyAll();
    }
    public synchronized String getContent() throws ExecutionException {
        while (!ready) {
            try {
                wait();
            } catch (InterruptedException e) {
            }
        }
        if (exception != null) {
            throw exception;
        }
        return realdata.getContent();
    }
}
```

该程序收录在本书配套的源代码 Future/A9-4a 中

图 A9-4　答案 1：运行结果

```
main BEGIN
    request(-1, N) BEGIN
    request(-1, N) END
        making RealData(-1, N) BEGIN
java.util.concurrent.ExecutionException: java.lang.NegativeArraySizeException
        at FutureData.setException(FutureData.java:19)
        at Host$1.run(Host.java:15)
Caused by: java.lang.NegativeArraySizeException         ←异常
        at RealData.<init>(RealData.java:5)
        at Host$1.run(Host.java:12)                     ←程序到这里终止
```

这相当于将异常的发生推迟至从 Future 角色中获取必要的值时[1]。这就像是傍晚，我们拿着提货单去蛋糕店时，店员却告诉我们“对不起，烤箱坏了，所以今天没做蛋糕”一样。

◆答案 2：使用了 java.util.concurrent.FutureTask 的答案

下面讲解使用了 `java.util.concurrent.FutureTask` 的答案。

- `RealData` 类、`Main` 类——与习题中相同
- `Data` 接口——与答案 1 相同
- `Host` 类——与代码清单 9-6 相同

代码清单 A9-8 中的 `FutureData` 类与代码清单 A9-7 基本相同，区别只有一点：没有捕获 `ExecutionException`。

图 A9-5 展示的是答案 2 的运行结果。

代码清单 A9-8　答案 2：继承 java.util.concurrent.FutureTask 而成的 FutureData 类（FutureData.java）

```
import java.util.concurrent.Callable;
import java.util.concurrent.FutureTask;
import java.util.concurrent.ExecutionException;

public class FutureData extends FutureTask<RealData> implements Data {
    public FutureData(Callable<RealData> callable) {
        super(callable);
    }
    public String getContent() throws ExecutionException {
        String string = null;
        try {
            string = get().getContent();
        } catch (InterruptedException e) {
            e.printStackTrace();
        }
        return string;
    }
```

该程序收录在本书配套的源代码 Future/A9-4b 中

① 即 getContent 方法。——译者注

图 A9-5 答案 2：运行结果

```
main BEGIN
    request(-1, N) BEGIN
    request(-1, N) END
        making RealData(-1, N) BEGIN
java.util.concurrent.ExecutionException: java.lang.NegativeArraySizeException
        at java.util.concurrent.FutureTask$Sync.innerGet(Unknown Source)
        at java.util.concurrent.FutureTask.get(Unknown Source)
        at FutureData.getContent(FutureData.java:12)
        at Main.main(Main.java:9)
Caused by: java.lang.NegativeArraySizeException
        at RealData.<init>(RealData.java:5)
        at Host$1.call(Host.java:12)
        at Host$1.call(Host.java:11)
        at java.util.concurrent.FutureTask$Sync.innerRun(Unknown Source)
        at java.util.concurrent.FutureTask.run(Unknown Source)
        at java.lang.Thread.run(Unknown Source)
```

▶▶ 小知识：java.util.concurrent.ExecutionException 异常

在习题 9-4 中，我们使用 `java.util.concurrent.ExecutionException` 这个异常来包装了异常。通过使用 `ExecutionException` 这样的另外一个异常来包装某个异常，我们就可以不必关心实际可能发生的异常类型，从而在 `getContent` 方法的 `throws` 语句中明确地写出要抛出的异常类型。

关于包装异常的方法，请参见以下网址中的内容。

Chained Exception Facility（英文版）

https://docs.oracle.com/javase/8/docs/technotes/guides/lang/chained-exceptions.html

第 10 章

习题 10-1 的答案

（习题见 P.253）

√（1）调用 `shutdownRequest` 方法的是主线程。

×（2）`doWork` 方法只会被调用一次。

由于 `doWork` 方法在 `while` 语句中被调用了，所以通常都会被多次调用。

√（3）当 `doWork` 方法抛出了 `InterruptedException` 时，`doShutdown` 方法也会被调用。

因为即使 `doWork` 方法抛出了 `InterruptedException`，`finally` 语句块也会被执行。

×（4）`shutdownRequest` 方法内的 `interrupt()` 还可以写作 `Thread.currentThread().interrupt()`，意思相同。

`shutdownRequest` 方法内的 `interrupt()` 与 `this.interrupt()` 意思相同。这时，无论哪个线程调用 `shutdownRequest` 方法，`CountupThread` 的线程都会被中断。那么，如果在 `shutdownRequest` 方法内写为 `Thread.currentThread().`

interrupt() 会怎样呢？表达式 Thread.currentThread() 的值是与调用了该方法的线程相对应的对象。因此，如果在 shutdownRequest 方法内写为了 Thread.currentThread().interrupt()，调用了 shutdownRequest 方法的线程就会被中断。以示例程序为例来说，就是主线程会被中断。

习题 10-2 的答案

（习题见 P.254）

代码清单 A10-1 展示了一种修改方法。这里我们用 try...catch 语句块将 sleep 方法的调用包围起来，忽略了 InterruptedException。通过这道习题我们可以理解 shutdownRequested 字段的存在意义。

代码清单 A10-1 CountupThread 类（CountupThread.java）

```
public class CountupThread extends Thread {
    // 计数值
    private long counter = 0;

    // 终止请求
    public void shutdownRequest() {
        interrupt();
    }

    // 线程体
    public void run() {
        try {
            while (!isInterrupted()) {
                doWork();
            }
        } catch (InterruptedException e) {
        } finally {
            doShutdown();
        }
    }

    // 操作
    private void doWork() throws InterruptedException {
        counter++;
        System.out.println("doWork: counter = " + counter);
        try {
            Thread.sleep(500);
        } catch (InterruptedException e) {
        }
    }

    // 终止处理
    private void doShutdown() {
        System.out.println("doShutdown: counter = " + counter);
    }
}
```

该程序收录在本书配套的源代码 TwoPhaseTermination/A10-2 中

图 A10-1　运行结果示例（程序不终止）

```
main: BEGIN
doWork: counter = 1
doWork: counter = 2
doWork: counter = 3
doWork: counter = 4
doWork: counter = 5
doWork: counter = 6
doWork: counter = 7
doWork: counter = 8
doWork: counter = 9
doWork: counter = 10
doWork: counter = 11
doWork: counter = 12
doWork: counter = 13
doWork: counter = 14
doWork: counter = 15
doWork: counter = 16
doWork: counter = 17
doWork: counter = 18
doWork: counter = 19
doWork: counter = 20
main: shutdownRequest     ←终止请求
doWork: counter = 21      ←不进入终止处理
main: join
doWork: counter = 22 ┐
doWork: counter = 23 │
doWork: counter = 24 ├ 继续正常处理
doWork: counter = 25 ┘
（以下省略。按 Ctrl+C 终止程序）
```

习题 10-3 的答案

（习题见 P.255）

代码清单 A10-2 展示了一种修改方法。程序运行结果示例请参见图 A10-2。

代码清单 A10-2　计数值保存在文件中的 CountupThread 类（CountupThread.java）

```java
import java.io.IOException;
import java.io.FileWriter;

public class CountupThread extends Thread {
    // 计数值
    private long counter = 0;

    // 发出终止请求后变为 true
    private volatile boolean shutdownRequested = false;

    // 终止请求
    public void shutdownRequest() {
        shutdownRequested = true;
        interrupt();
    }

    // 检查是否发出了终止请求
```

```
    public boolean isShutdownRequested() {
        return shutdownRequested;
    }

    // 线程体
    public void run() {
        try {
            while (!isShutdownRequested()) {
                doWork();
            }
        } catch (InterruptedException e) {
        } finally {
            doShutdown();
        }
    }

    // 操作
    private void doWork() throws InterruptedException {
        counter++;
        System.out.println("doWork: counter = " + counter);
        Thread.sleep(500);
    }

    // 终止处理
    private void doShutdown() {
        System.out.println("doShutdown: counter = " + counter);
        System.out.println("doShutdown: Save BEGIN");
        try {
            FileWriter writer = new FileWriter("counter.txt");
            writer.write("counter = " + counter);
            writer.close();
        } catch (IOException e) {
            e.printStackTrace();
        }
        System.out.println("doShutdown: Save END");
    }
}
```

该程序收录在本书配套的源代码 TwoPhaseTermination/A10-3 中

图 A10-2 运行结果示例

```
main: BEGIN
doWork: counter = 1
doWork: counter = 2
doWork: counter = 3
（中间省略）
doWork: counter = 19
doWork: counter = 20
main: shutdownRequest
doShutdown: counter = 20
main: join
doShutdown: Save BEGIN      ←开始保存
doShutdown: Save END        ←保存完成
main: END
```

习题 10-4 的答案

（习题见 P.255）

代码清单 A10-3 展示的是继承了 GracefulThread 的 CountupThread 类。实现方法如下。

- 继承（extends）GracefulThread 类，声明 CountupThread 类
- 重写 GracefulThread 类中的 doWork、doShutdown 方法

CountupThread 的 doWork 和 doShutdown 会被父类的 run 方法在合适的时机以合适的顺序调用。

我们称像这样"在父类的方法中定义处理流程的框架，然后在子类中定义父类方法中将会调用的方法，实现具体处理"的模式为 Template Method 模式（见附录 G 中的 [GoF] [Yuki04]）。图 A10-3 展示了此时的类图。

在父类中定义处理流程的框架的方法称为模板方法（template method）。在 GracefulThread 中，run 方法是模板方法（因此我们设置 run 为 final 方法）。

另外，在子类中实现具体处理的方法称为钩子方法（hook method）（hook 有"钩住"的意思）。在本习题中，doWork 和 doShutdown 是钩子方法。

使用 J2SE 5.0 引入的 @Override 注解可以如代码清单 A10-3 那样显式地指明重写的方法。如果不小心写错了 doWork 和 doShutdown 的名字和参数，会导致无法正确重写方法，进而在使用 javac 命令进行编译时显示出错误信息。

代码清单 A10-3　继承了 GracefulThread 的 CountupThread 类（CountupThread.java）

```
public class CountupThread extends GracefulThread {
    // 计数值
    private long counter = 0;

    // 操作
    @Override
    protected void doWork() throws InterruptedException {
        counter++;
        System.out.println("doWork: counter = " + counter);
        Thread.sleep(500);
    }

    // 终止处理
    @Override
    protected void doShutdown() {
        System.out.println("doShutdown: counter = " + counter);
    }
}
```

该程序收录在本书配套的源代码 TwoPhaseTermination/A10-4 中

图 A10-3 使用了 Template Method 模式的 CountupThread 的类图

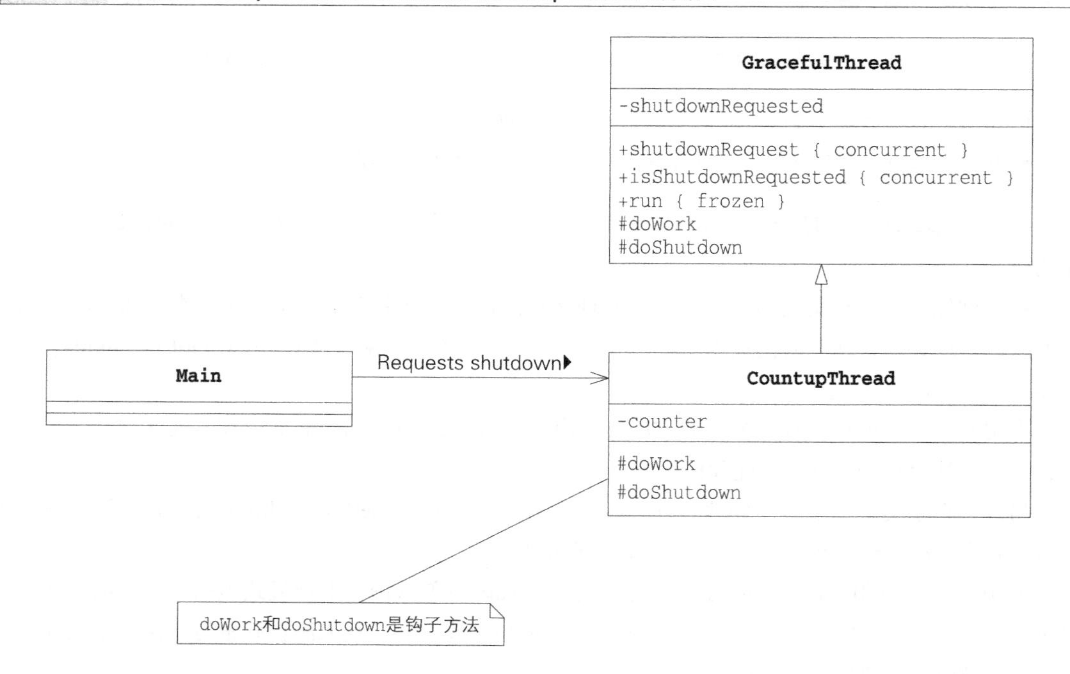

习题 10-5 的答案

（习题见 P.256）

答案请参见代码清单 A10-4 和代码清单 A10-5。我们编写了一个 ServiceThread 类，以继承习题 10-4 中的 GracefulThread 类（代码清单 10-5），然后修改了 Service 类，让它启动 ServiceThread 类。这样就形成 Thread-Per-Message 模式（第 7 章）。取消运行后的控制台显示结果如图 A10-4 所示。

当连续按下 [Execute] 按钮时，我们使用了 Balking 模式（第 4 章）来 balk。balk 时的控制台显示结果如图 A10-5 所示。

代码清单 A10-4 Service 类（Service.java）

```
public class Service {
    private static GracefulThread thread = null;

    // 服务开始运行（如果服务在运行中则 balk）
    public synchronized static void service() {
        System.out.print("service");
        if (thread != null && thread.isAlive()) {
            // Balking
            System.out.println(" is balked.");
            return;
        }
        // Thread-Per-Message
        thread = new ServiceThread();
        thread.start();
    }

    // 服务中止
    public synchronized static void cancel() {
        if (thread != null) {
```

```
            System.out.println("cancel.");
            thread.shutdownRequest();
        }
    }
}
```

该程序收录在本书配套的源代码 TwoPhaseTermination/A10-5 中

代码清单 A10-5　ServiceThread 类（ServiceThread.java）

```
public class ServiceThread extends GracefulThread {
    private int count = 0;

    // 操作中
    @Override
    protected void doWork() throws InterruptedException {
        System.out.print(".");
        Thread.sleep(100);
        count++;
        if (count >= 50) {
            shutdownRequest();  // 自己终止
        }
    }

    // 终止处理
    @Override
    protected void doShutdown() {
        System.out.println("done.");
    }
}
```

该程序收录在本书配套的源代码 TwoPhaseTermination/A10-5 中

图 A10-4　在服务运行过程中按下 [Cancel] 按钮

```
service...................cancel.
done.
```

图 A10-5　在服务运行过程中按下 [Execute] 按钮 3 次（Balking）

```
service...........service is balked.
.........service is balked.
..service is balked.
...........................done.
```

习题 10-6 的答案

（习题见 P.258）

在 Java 内存模型中，如果想要在多个线程间共享字段，需要用 synchronized 关键字保护字段或是将字段声明为 volatile 字段。否则，其他线程可能看不到某个线程修改了这个字段。

由于 shutdownRequested 字段被多个线程共享，这些线程都可以访问该字段，所以我们需要用 synchronized 关键字保护该字段或是将其声明为 volatile 字段。如果使用 synchronized

关键字保护该字段，则需要执行线程的互斥处理和同步；而如果将其声明为 volatile 字段则只需要执行同步。

在示例程序中，虽然不需要线程的互斥处理，但是需要同步。因此我们将 shutdownRequested 字段声明为了 volatile 字段。

关于线程的互斥处理与同步，请参见本书附录 B 中的内容。

习题 10-7 的答案

（习题见 P.258）

答案见代码清单 A10-6。HanoiThread 类的 doWork 方法调用了 isShutdownRequested 方法，如果已经发出了终止请求，则 InterruptedException 异常会被立即抛出。

程序运行结果示例如图 A10-6。从图中可以看出，从发出终止请求到进入终止处理的时间几乎为 0。

代码清单 A10-6　ServiceThread 类（ServiceThread.java）

```
public class HanoiThread extends Thread {
    // 发出终止请求后变为 true
    private volatile boolean shutdownRequested = false;
    // 发出终止请求的时间
    private volatile long requestedTimeMillis = 0;

    // 终止请求
    public void shutdownRequest() {
        requestedTimeMillis = System.currentTimeMillis();
        shutdownRequested = true;
        interrupt();
    }

    // 检查是否发出了终止请求
    public boolean isShutdownRequested() {
        return shutdownRequested;
    }

    // 线程体
    public void run() {
        try {
            for (int level = 0; !isShutdownRequested; level++) {
                System.out.println("==== Level " + level + " ====");
                doWork(level, 'A', 'B', 'C');
                System.out.println("");
            }
        } catch (InterruptedException e) {
        } finally {
            doShutdown();
        }
    }

    // 操作
    private void doWork(int level, char posA, char posB, char posC) throws Interrupted
Exception {
        if (level > 0) {
            if (isShutdownRequested()) {
                throw new InterruptedException();
            }
            doWork(level - 1, posA, posC, posB);
```

```
            System.out.print(posA + "->" + posB + " ");
            doWork(level - 1, posC, posB, posA);
        }
    }

    // 终止处理
    private void doShutdown() {
        long time = System.currentTimeMillis() - requestedTimeMillis;
        System.out.println("doShutdown: Latency = " + time + " msec.");
    }
}
```

该程序收录在本书配套的源代码 TwoPhaseTermination/A10-7 中

图 A10-6　程序运行结果示例

```
main: BEGIN
==== Level 0 ====

==== Level 1 ====
A->B
==== Level 2 ====
A->C A->B C->B
==== Level 3 ====
A->B A->C B->C A->B C->A C->B A->B
==== Level 4 ====
A->C A->B C->B A->C B->A B->C A->C A->B C->B C->A B->A C->B A->C A->B C->B
==== Level 5 ====
A->B A->C B->C A->B C->A C->B A->B A->C B->C B->A C->A B->C A->B A->C B->C A->B
C->A C->B A->B C->A B->C B->A C->A C->B A->B A->C B->C A->B C->A C->B A->B
==== Level 6 ====
A->C A->B C->B A->C B->A B->C A->C A->B C->B C->A B->A C->B A->C A->B C->B A->C
B->A B->C A->C B->A C->B C->A B->A B->C A->C A->B C->B A->C B->A B->C A->C A->B
C->B C->A B->A C->B A->C A->B C->B C->A B->A B->C A->C B->A C->B C->A B->A C->B
A->C A->B C->B A->C B->A B->C A->C A->B C->B C->A B->A C->B A->C A->B C->B
（中间省略）
C->A C->B A->B C->A B->C B->A C->A C->B A->B A->C B->C A->B C->A C->B A->B A->C
B->C B->A C->A B->C A->B A->C B->C B->A C->A C->B A->B C->A B->C B->A C->A B->C
A->B A->C B->C A->B C->A C->B A->B A->C B->C B->A C->A B->C A->B A->C B->C B->A
C->A C->B A->B C->A B->C B->A C->A C->B A->B A->C B->C A->B C->A C->B A->B C->A
main: shutdownRequest
main: join
doShutdown: Latency = 0 msec.  ←从发出终止请求到进入终止处理的时间
main: END
```

习题 10-8 的答案

（习题见 P.261）

运行结果是重复显示半角句号“.”大约 5 秒，然后重复显示星号“*”。程序运行结果示例如图 A10-7 所示。

图 A10-7　代码清单 10-15 的运行结果示例

```
（以上省略）
.....................................
.....................................
.....................................
.....................................
.....................................
.....................................
.....................................
....................*****************      ←大约 5 秒后开始重复显示 *
*************************************
*************************************
*************************************
*************************************
*************************************
*************************************
（以下省略。按 Ctrl+C 终止程序）
```

主线程会在大约 5 秒后中断之前创建的线程 t。这样，t 就变为了中断状态。通过查看语句 `Thread.currentThread().isInterrupted()` 的结果可以看到当前的线程变为了中断状态。但是，`isInterrupted` 方法并不会清除中断状态。因此在这之后，线程 t 会不断地在每次 `while` 循环时抛出 `InterruptedException` 异常。所以，程序会一直不断地显示星号“*”。

如果如代码清单 A10-7 这样使用 `Thread.interrupted` 方法，中断状态将会被清除，程序将只显示一个星号（图 A10-8）。

代码清单 A10-7　使用 Thread.interrupted 方法时（Main.java）

```
public class Main {
    public static void main(String[] args) {
        // 创建线程
        Thread thread = new Thread() {
            public void run() {
                while (true) {
                    try {
                        if (Thread.interrupted()) {
                            throw new InterruptedException();
                        }
                        System.out.print(".");
                    } catch (InterruptedException e) {
                        System.out.print("*");
                    }
                }
            }
        };

        // 启动线程
        thread.start();

        // 等待 5 秒
        try {
            Thread.sleep(5000);
        } catch (InterruptedException e) {
        }
```

```
        // 只 interrupt 线程一次
        thread.interrupt();
    }
}
```

该程序收录在本书配套的源代码 TwoPhaseTermination/A10-8 中

图 A10-8　代码清单 A10-7 的运行结果示例

```
(以上省略)
.......................................
.......................................
.......................................
.......................................
.......................................
.......................................
..........................*............        ←大约 5 秒后只显示一个 *
.......................................
.......................................
.......................................
.......................................
.......................................
.......................................
(以下省略。按 Ctrl+C 终止程序)
```

第 11 章

习题 11-1 的答案

(习题见 P.280)

×（1）创建了三个 ThreadLocal 的实例。

只创建了一个 ThreadLocal 的实例。该实例被赋值给了 Log 的静态字段 tsLogCollection。

√（2）创建了三个 PrinterWriter 的实例。

PrinterWriter 的实例被赋值给了 TSLog 类的实例字段 writer。而 TSLog 的实例数量等于 ClientThread 的实例数量（三个）。因此，PrinterWriter 的实例数量也是三个。

√（3）ThreadLocal 的 set 方法被调用了三次。

ThreadLocal 的 set 方法在 ClientThread 的线程初次调用 getTSLog 方法的时候会被调用。因此，ThreadLocal 的 set 方法的调用次数等于 ClientThread 的实例的数量（三个）。

×（4）ThreadLocal 的 get 方法被调用了三次。

ThreadLocal 的 get 方法在线程每次调用 println 方法和 close 方法时都会被调用。而 println 方法会被每个线程调用十次，close 方法会被每个线程调用一次。因此 ThreadLocal 的 get 方法并非被调用了三次，而是 11 次 ×3（线程的数量）= 33 次。

√（5）创建了三个 TSLog 的实例。

创建的 TSLog 的实例数量与 ClientThread 的实例数量（三个）相等。

×（6）创建了三个 Log 的实例。

Log 的实例一个都没有创建。

习题 11-2 的答案

（习题见 P.280）

（1）的答案：

这是因为，TSLog 类的 println 方法和 close 方法并不会被多个线程调用。ThreadLocal 类将 TSLog 的实例作为线程的特有信息进行管理。也就是说，某个线程能够使用的 TSLog 的实例是固定的。一个线程无法使用与其他线程对应的 TSLog 的实例。

（2）的答案：

虽然 Log 类的 println 方法和 close 方法会被多个线程调用，但是 Log 类中没有任何当被多个线程同时访问时可能会发生问题的字段，即没有任何字段处于需要被保护的状态。因此没有必要将这两个方法设置为 synchronized 方法。

虽然 tsLogCollection 字段会被多个线程同时访问，但是 java.lang.ThreadLocal 类是线程安全的类，所以可以确保安全性。

▶▶ 小知识：java.lang.ThreadLocal 类的实现

虽然 ThreadLocal 是线程安全的类，但是这并不意味着一定使用 synchronized 关键字执行了互斥处理。有没有使用 synchronized 关键字执行互斥处理取决于类库的实现方式。

不使用 synchronized 关键字也可以实现线程安全的 ThreadLocal。例如，可以在 java.lang.Thread 类的内部保存 Thread-Specific Storage 所需的信息，然后让 ThreadLocal 去访问这些信息。详细内容请参见以下 Web 网址。

- Exploiting ThreadLocalto enhance scalability
  http://www.ibm.com/developerworks/library/j-threads3/

习题 11-3 的答案

（习题见 P.280）

在以下答案中，我们采用了让另外一个线程来监控该线程是否已终止的方法。

代码清单 A11-1 和代码清单 A11-2 分别展示了修改后的 Client 类和 Log 类。

Log 类在新创建 TSLog 的实例的同时，启动了一个新线程（watcher）。watcher 会调用 join 方法来监视向 TSLog 输出日志的线程（target）是否已终止。

当 target 终止后，watcher 的线程会从 join 方法中返回，然后调用 close 方法关闭日志文件。

在这种处理方式下，看起来似乎有多个线程访问了（target 和 watcher）TSLog 的实例。但是在 watcher 调用 close 方法时，target 线程已经终止了，因此即使多个线程访问也不会发生互相干涉的危险。

程序运行结果示例如图 A11-1 所示。

代码清单 A11-1 修改后的 ClientThread 类（ClientThread.java）

```
public class ClientThread extends Thread {
    public ClientThread(String name) {
        super(name);
    }
    public void run() {
        System.out.println(getName() + " BEGIN");
        for (int i = 0; i < 10; i++) {
            Log.println("i = " + i);
            try {
                Thread.sleep(100);
            } catch (InterruptedException e) {
            }
        }
        // 不再需要 Log.close()
        System.out.println(getName() + " END");
    }
}
```

该程序收录在本书配套的源代码 ThreadSpecificStorage/A11-3 中

代码清单 A11-2 修改后的 Log 类（Log.java）

```
public class Log {
    private static final ThreadLocal tsLogCollection = new ThreadLocal();

    // 写日志
    public static void println(String s) {
        getTSLog().println(s);
    }

    // 关闭日志
    public static void close() {
        getTSLog().close();
    }

    // 获得线程特有的日志
    private static TSLog getTSLog() {
        TSLog tsLog = (TSLog)tsLogCollection.get();

        // 如果该线程是第一次调用本方法，就新生成并注册一个日志
        if (tsLog == null) {
            tsLog = new TSLog(Thread.currentThread().getName() + "-log.txt");
            tsLogCollection.set(tsLog);
            startWatcher(tsLog);
        }

        return tsLog;
    }

    // 启动一个等待该线程终止的线程
    private static void startWatcher(final TSLog tsLog) {
        // 被监视的线程
        final Thread target = Thread.currentThread();
        // 监视 target 的线程
        final Thread watcher = new Thread() {
            public void run() {
                System.out.println("startWatcher for " + target.getName() + " BEGIN");
                try {
                    target.join();
```

```
                } catch (InterruptedException e) {
                }
                tsLog.close();
                System.out.println("startWatcher for " + target.getName() + " END");
            }
        };
        // 开始监视
        watcher.start();
    }
}
```

该程序收录在本书配套的源代码 ThreadSpecificStorage/A11-3 中

图 A11-1 运行结果示例

```
Alice BEGIN
Bobby BEGIN
Chris BEGIN
startWatcher for Alice BEGIN      ←用于监视 Alice 的 watcher 线程开始工作
startWatcher for Bobby BEGIN      ←用于监视 Bobby 的 watcher 线程开始工作
startWatcher for Chris BEGIN      ←用于监视 Chris 的 watcher 线程开始工作
Bobby END
startWatcher for Bobby END        ←用于监视 Bobby 的 watcher 线程终止
Alice END
startWatcher for Alice END        ←用于监视 Alice 的 watcher 线程终止
Chris END
startWatcher for Chris END        ←用于监视 Chris 的 watcher 线程终止
```

习题 11-4 的答案

（习题见 P.280）

这是因为，在程序中，执行构造函数的线程是主线程。

执行 ClientThread 的 run 方法的线程是主线程启动的一个新线程，与主线程是不同的线程。

这道习题的目的在于，考察大家是否正确地理解了“执行 ClientThread 的构造函数的线程与执行 run 方法的线程是不同的线程”。

注意 习题中的程序会创建一个名为 main-log.txt 的文件。之所以文件名前面带有 main，是因为主线程的名字叫 main。但是，主线程并没有调用 close 方法，所以字符串“constructor is called.”可能不会被正确地保存在文件中。

习题 11-5 的答案

（习题见 P.281）

最常用的、在线程内中保存的特有信息是“线程的名字”。线程的名字被保存在 java.lang.Thread 的实例中，可以通过 getName 方法获取线程的名字。

我们可以通过以下语句获取当前线程的名字。

```
Thread.currentThread().getName()
```

除了线程的名字以外，以下的各种信息也属于线程特有的信息。括号中的内容是用于获取该信息的方法。

- 线程的优先级（getPriority）
- 线程组（getThreadGroup）
- 中断状态（isInterrupted）
- 是否是守护线程（isDaemon）
- 是否处于活动状态（isAlive）
- 用于识别线程的 long 值（getID）
- 线程的状态（getState）
- 未捕获的异常的处理器（getUncaughtExceptionHandler）

习题 11-6 的答案

（习题见 P.281）

这是因为，即使有 10 个任务，但是执行任务的线程只有三个。

习题 11-6 的程序（代码清单 11-8）是通过 Executors.newFixedThreadPool(3) 来获取执行任务的 ExecutorService 的。这样会轮流使用三个这一固定数量的线程来执行任务。在 Thread-Specific Storage 模式中，由于只是为每个正在执行的线程分配特有的存储空间，所以如果有三个线程就只会分配三个特有存储空间。其结果就是日志文件也变为了三个。

如果不使用 Executors.newFixedThreadPool 方法，而是使用 Executors.newCachedThreadPool 来获取 ExecutorService，那么就可以通过这个示例程序正确地输出日志文件。但是，即使是使用通过 Executors.newCachedThreadPool 获取到的 ExecutorService，如果重复使用线程，日志文件也会变少。

如代码清单 A11-3 所示，只要不能确保所有的任务都由不同线程执行，Thread-Specific Storage 模式可能就无法正确工作。这是使用 java.lang.ThreadLocal 时的一个重要制约条件。

也就是说，一旦使用了 java.lang.ThreadLocal，在设计线程时必须要注意哪个线程会执行哪个任务。

代码清单 A11-3　所有任务都由不同的线程执行的 Main 类（Main.java）

```
public class Main {
    private static final int TASKS = 10;
    public static void main(String[] args) {
        for (int t = 0; t < TASKS; t++) {
            // 写日志的任务
            Runnable printTask = new Runnable() {
                public void run() {
                    Log.println("Hello!");
                    Log.close();
                }
            };
            // 执行任务
            new Thread(printTask).start();
        }
    }
}
```

该程序收录在本书配套的源代码 ThreadSpecificStorage/A11-6 中

第 12 章

习题 12-1 的答案

（习题见 P.315）

√（1）Proxy 类（代码清单 12-6）和 Servant 类（代码清单 12-15）实现了 ActiveObject 接口。

×（2）MakerClientThread 类（代码清单 12-2）的线程要执行的 makeString 方法是在 Servant 类（代码清单 12-15）中实现的。

MakerClientThread 类的线程要执行的 makeString 方法并不是在 Servant 类中实现的，而是在 Proxy 类中实现的。

×（3）每次调用 displayString 方法时，程序都会创建一个新的线程。

×（4）由于 Servant 类（代码清单 12-15）会被多个线程访问，所以需要执行互斥处理。

访问 Servant 类的只有 SchedulerThread 类（代码清单 12-17）的线程这一个线程，因此无需互斥处理。

√（5）ActivationQueue 类（代码清单 12-8）的 putRequest 方法会被多个线程调用。

putRequest 方法会被 MakerClientThread 类的线程和 DisplayClientThread 类（代码清单 12-3）的线程调用。

×（6）ActivationQueue 类（代码清单 12-8）的 takeRequest 方法会被多个线程调用。

takeRequest 方法只会被 SchedulerThread 类（代码清单 12-17）的线程这一个线程调用。

√（7）如果在 MakerClientThread 类（代码清单 12-2）的线程调用 getResultValue 方法时，字符串还没有生成，线程会 wait。

√（8）要生成的字符串越长，Servant 类（代码清单 12-15）的 makeString 方法所花费的时间就会越多。

×（9）MakerClientThread 类（代码清单 12-2）的线程在调用 makeString 方法时，参数 count 的值越大，从该方法返回所需的时间就越长

MakerClientThread 类的线程在调用 makeString 方法时，并不会执行生成字符串的处理，只会创建 MakeStringRequest 类（代码清单 12-10）的实例，然后将其添加到队列中。因此，所需的时间并不取决于 count 的值。

习题 12-2 的答案

（习题见 P.316）

◆示例程序 1 的情况

答案如代码清单 A12-1 ~ 代码清单 A12-4 所示。这里按照 12.4 节中的“增加方法”部分的步骤进行修改。另外，java.math.BigInteger 是 immutable 类（见第 2 章）。

代码清单 A12-1　修改后的示例程序 1 的 ActiveObject 接口（ActiveObject.java）

```
package activeobject;

public interface ActiveObject {
    public abstract Result<String> makeString(int count, char fillchar);
```

```
    public abstract void displayString(String string);
    public abstract Result<String> add(String x, String y);
}
```

该程序收录在本书配套的源代码 ActiveObject/A12-2a/activeobject 中

代码清单 A12-2　修改后的示例程序 1 的 AddRequest 类（AddRequest.java）

```
package activeobject;

class AddRequest extends MethodRequest<String> {
    private final String x;
    private final String y;
    public AddRequest(Servant servant, FutureResult<String> future, String x, String y) {
        super(servant, future);
        this.x = x;
        this.y = y;
    }
    public void execute() {
        Result<String> result = servant.add(x, y);
        future.setResult(result);
    }
}
```

该程序收录在本书配套的源代码 ActiveObject/A12-2a/activeobject 中

代码清单 A12-3　修改后的示例程序 1 的 Proxy 类（Proxy.java）

```
package activeobject;

class Proxy implements ActiveObject {
    private final SchedulerThread scheduler;
    private final Servant servant;
    public Proxy(SchedulerThread scheduler, Servant servant) {
        this.scheduler = scheduler;
        this.servant = servant;
    }
    public Result<String> makeString(int count, char fillchar) {
        FutureResult<String> future = new FutureResult<String>();
        scheduler.invoke(new MakeStringRequest(servant, future, count, fillchar));
        return future;
    }
    public void displayString(String string) {
        scheduler.invoke(new DisplayStringRequest(servant, string));
    }
    public Result<String> add(String x, String y) {
        FutureResult<String> future = new FutureResult<String>();
        scheduler.invoke(new AddRequest(servant, future, x, y));
        return future;
    }
}
```

该程序收录在本书配套的源代码 ActiveObject/A12-2a/activeobject 中

代码清单 A12-4　修改后的示例程序 1 的 Servant 类（Servant.java）

```
package activeobject;

import java.math.BigInteger;
```

```
class Servant implements ActiveObject {
    public Result<String> makeString(int count, char fillchar) {
        char[] buffer = new char[count];
        for (int i = 0; i < count; i++) {
            buffer[i] = fillchar;
            try {
                Thread.sleep(100);
            } catch (InterruptedException e) {
            }
        }
        return new RealResult<String>(new String(buffer));
    }
    public void displayString(String string) {
        try {
            System.out.println("displayString: " + string);
            Thread.sleep(10);
        } catch (InterruptedException e) {
        }
    }
    public Result<String> add(String x, String y) {
        String retvalue = null;
        try {
            BigInteger bigX = new BigInteger(x);
            BigInteger bigY = new BigInteger(y);
            BigInteger bigZ = bigX.add(bigY);
            retvalue = bigZ.toString();
        } catch (NumberFormatException e) {
            retvalue = null;
        }
        return new RealResult<String>(retvalue);
    }
}
```

该程序收录在本书配套的源代码 ActiveObject/A12-2a/activeobject 中

◆示例程序 2 的情况

答案如代码清单 A12-5 ~代码清单 A12-6 所示。

代码清单 A12-5　修改后的示例程序 2 的 ActiveObject 接口（ActiveObject.java）

```
package activeobject;

import java.util.concurrent.Future;

public interface ActiveObject {
    public abstract Future<String> makeString(int count, char fillchar);
    public abstract void displayString(String string);
    public abstract Future<String> add(String x, String y);
    public abstract void shutdown();
}
```

该程序收录在本书配套的源代码 ActiveObject/A12-2b/activeobject 中

代码清单 A12-6　修改后的示例程序 2 的 ActiveObjectImpl 类（ActiveObjectImpl.java）

```
package activeobject;

import java.util.concurrent.Executors;
import java.util.concurrent.ExecutorService;
```

```
import java.util.concurrent.Callable;
import java.util.concurrent.Future;

import java.math.BigInteger;

// ActiveObject 接口的实现类
class ActiveObjectImpl implements ActiveObject {
    private final ExecutorService service = Executors.newSingleThreadExecutor();

    // 终止服务
    public void shutdown() {
        service.shutdown();
    }

    // 有返回值的调用
    public Future<String> makeString(final int count, final char fillchar) {
        // 请求
        class MakeStringRequest implements Callable<String> {
            public String call() {
                char[] buffer = new char[count];
                for (int i = 0; i < count; i++) {
                    buffer[i] = fillchar;
                    try {
                        Thread.sleep(100);
                    } catch (InterruptedException e) {
                    }
                }
                return new String(buffer);
            }
        }
        // 发出请求
        return service.submit(new MakeStringRequest());
    }

    // 没有返回值的调用
    public void displayString(final String string) {
        // 请求
        class DisplayStringRequest implements Runnable {
            public void run() {
                try {
                    System.out.println("displayString: " + string);
                    Thread.sleep(10);
                } catch (InterruptedException e) {
                }
            }
        }
        // 发出请求
        service.execute(new DisplayStringRequest());
    }

    // 有返回值的调用
    public Future<String> add(final String x, final String y) {
        // 请求
        class AddRequest implements Callable<String> {
            public String call() throws NumberFormatException {
                BigInteger bigX = new BigInteger(x);
                BigInteger bigY = new BigInteger(y);
                BigInteger bigZ = bigX.add(bigY);
                return bigZ.toString();
            }
```

```
        }
        // 发出请求
        return service.submit(new AddRequest());
    }
}
```

该程序收录在本书配套的源代码 ActiveObject/A12-2b/activeobject 中

当我们像下面这样向 add 方法中传递无法转换为整数的字符串时，AddRequest 类中的 call 方法会抛出 java.lang.NumberFormatException 异常。然后这个异常会在被包装为 java.util.concurrent.ExecutionException 后由 Future 的 get 方法抛出。

```
Future<String> future = activeObject.add("XXX", "YYY");
```

习题 12-3 的答案

（习题见 P.319）

这里展示两种答案。

答案 1 没有使用 java.util.concurrent 包，而是使用了示例程序 1 中的 ActiveObject 来实现的。这里使用了 Future 模式（第 9 章）来返回搜索结果（URL）。在答案 1 中，调用方（MyFram）为了等待值被设置到 Future 角色中而使用了一个新的线程（MyFrame 类的 searchWord 方法）。

答案 2 使用了 java.util.concurrent 包。向 MyFrame 发送搜索结果（URL）时，没有使用 Future 模式，而是使用了 display 方法来直接传递。在答案 2 中，我们使用了 Swing 框架的 SwingUtilities.invokeLater（见代码清单 A12-14）来扮演 Active Object 模式中的 Scheduler 角色 + ActivationQueue 角色。MyFrame 类则扮演了针对 Swing 框架的 Proxy 角色。

实际上，答案 2 中出现了两个主动对象。

- 主动对象（A）在 seacher 包中，是提供单词搜索服务的类
- 主动对象（B）由 Swing 框架和 MyFrame 类组成，提供的是在 MyFrame 的 TextArea 类中显示字符串的服务

这里的（A）和（B）两个主动对象互相调用对方的相当于异步消息的方法。这就像是第 12 章的扉页中的两个幽灵互相呼叫对方一样。这幅图描绘出了答案 2 中的两个主动对象互相调用异步消息的情形。

◆答案 1：通过 Future 模式返回搜索出的 URL

ActiveObjectFactory、SchedulerThread、ActivationQueue、MethodRequest、Result、FutureResult、RealResult 等各个类与示例程序 1 相同。

代码清单 A12-7　答案 1：Main 类（Main.java）

```
public class Main {
    public static void main(String[] args) {
        new MyFrame();
    }
}
```

该程序收录在本书配套的源代码 ActiveObject/A12-3a 中

代码清单 A12-8　答案 1：MyFrame 类（MyFrame.java）

```
import java.io.IOException;
import java.awt.BorderLayout;
import java.awt.event.ActionListener;
import java.awt.event.ActionEvent;
import javax.swing.SwingUtilities;
import javax.swing.JFrame;
import javax.swing.JLabel;
import javax.swing.JButton;
import javax.swing.JTextField;
import javax.swing.JTextArea;
import javax.swing.JScrollPane;
import javax.swing.JPanel;

import activeobject.ActiveObjectFactory;
import activeobject.ActiveObject;
import activeobject.Result;

public class MyFrame extends JFrame implements ActionListener {
    private final JTextField textfield = new JTextField("word", 10);
    private final JButton button = new JButton("Search");
    private final JTextArea textarea = new JTextArea(20, 30);
    private final ActiveObject activeObject = ActiveObjectFactory.createActiveObject();
    private final static String NEWLINE = System.getProperty("line.separator");

    public MyFrame() {
        super("ActiveObject Sample");
        getContentPane().setLayout(new BorderLayout());

        // North
        JPanel north = new JPanel();
        north.add(new JLabel("Search:"));
        north.add(textfield);
        north.add(button);
        button.addActionListener(this);

        // Center
        JScrollPane center = new JScrollPane(textarea);

        // Layout
        getContentPane().add(north, BorderLayout.NORTH);
        getContentPane().add(center, BorderLayout.CENTER);

        setDefaultCloseOperation(JFrame.EXIT_ON_CLOSE);
        pack();
        setVisible(true);
    }

    // 当 [Search] 按钮被按下时
    public void actionPerformed(ActionEvent e) {
        searchWord(textfield.getText());
    }

    // 显示
    private void println(String line) {
        textarea.append(line + NEWLINE);
    }

    // 搜索
    private void searchWord(final String word) {
```

```
        // 调用搜索
        final Result<String> result = activeObject.search(word);
        println("Searching " + word + "...");
        // 等待搜索结果的线程
        new Thread() {
            public void run() {
                // 等待结果
                final String url = result.getResultValue();
                // 已经获取到了结果，所以这里要委托事件分发线程显示结果
                SwingUtilities.invokeLater(
                    new Runnable() {
                        public void run() {
                            MyFrame.this.println("word = " + word + ", URL = " + url);
                        }
                    }
                );
            }
        }.start();
    }
}
```

该程序收录在本书配套的源代码 ActiveObject/A12-3a 中

代码清单 A12-9　答案 1：ActiveObject 接口（ActiveObject.java）

```
package activeobject;

public interface ActiveObject {
    public abstract Result<String> search(String word);
}
```

该程序收录在本书配套的源代码 ActiveObject/A12-3a/activeobject 中

代码清单 A12-10　答案 1：Proxy 类（Proxy.java）

```
package activeobject;

class Proxy implements ActiveObject {
    private final SchedulerThread scheduler;
    private final Servant servant;
    public Proxy(SchedulerThread scheduler, Servant servant) {
        this.scheduler = scheduler;
        this.servant = servant;
    }
    public Result<String> search(String word) {
        FutureResult<String> future = new FutureResult<String>();
        scheduler.invoke(new SearchRequest(servant, future, word));
        return future;
    }
}
```

该程序收录在本书配套的源代码 ActiveObject/A12-3a/activeobject 中

代码清单 A12-11　答案 1：SearchRequest 类（SearchRequest.java）

```
package activeobject;

class SearchRequest extends MethodRequest<String> {
    private final String word;
    public SearchRequest(Servant servant, FutureResult<String> future, String word) {
```

```
        super(servant, future);
        this.word = word;
    }
    public void execute() {
        Result<String> result = servant.search(word);
        future.setResult(result);
    }
}
```

该程序收录在本书配套的源代码 ActiveObject/A12-3a/activeobject 中

代码清单 A12-12　答案 1：Servant 类（Servant.java）

```
package activeobject;

public class Servant implements ActiveObject {
    public Result<String> search(String word) {
        System.out.print("search(" + word + ")");
        for (int i = 0; i < 50; i++) {
            System.out.print(".");
            try {
                Thread.sleep(100);
            } catch (InterruptedException e) {
            }
        }
        System.out.println("found.");
        String url = "http://somewhere/" + word + ".html"; // dummy URL
        return new RealResult<String>(url);
    }
}
```

该程序收录在本书配套的源代码 ActiveObject/A12-3a/activeobject 中

◆答案 2：通过调用 MyFrame 返回搜索出的 URL

代码清单 A12-13　答案 2：Main 类（Main.java）

```
public class Main {

    public static void main(String[] args) {
        new MyFrame();
    }
}
```

该程序收录在本书配套的源代码 ActiveObject/A12-3b 中

代码清单 A12-14　答案 2：MyFrame 类（MyFrame.java）

```
import java.io.IOException;
import java.awt.BorderLayout;
import java.awt.event.ActionListener;
import java.awt.event.ActionEvent;
import javax.swing.SwingUtilities;
import javax.swing.JFrame;
import javax.swing.JLabel;
import javax.swing.JButton;
import javax.swing.JTextField;
import javax.swing.JTextArea;
import javax.swing.JScrollPane;
```

```
import javax.swing.JPanel;

import searcher.Display;
import searcher.Searcher;
import searcher.SearcherFactory;

public class MyFrame extends JFrame implements Display, ActionListener {
    private final JTextField textfield = new JTextField("word", 10);
    private final JButton button = new JButton("Search");
    private final JTextArea textarea = new JTextArea(20, 30);
    private final Searcher searcher = SearcherFactory.createSearcher();
    private final static String NEWLINE = System.getProperty("line.separator");

    public MyFrame() {
        super("ActiveObject Sample");
        getContentPane().setLayout(new BorderLayout());

        // North
        JPanel north = new JPanel();
        north.add(new JLabel("Search:"));
        north.add(textfield);
        north.add(button);
        button.addActionListener(this);

        // Center
        JScrollPane center = new JScrollPane(textarea);

        // Layout
        getContentPane().add(north, BorderLayout.NORTH);
        getContentPane().add(center, BorderLayout.CENTER);

        setDefaultCloseOperation(JFrame.EXIT_ON_CLOSE);
        pack();
        setVisible(true);
    }

    // 当[Search]按钮被按下时
    public void actionPerformed(ActionEvent e) {
        searchWord(textfield.getText());
    }

    // 显示
    private void println(String line) {
        textarea.append(line + NEWLINE);
    }

    // 搜索
    private void searchWord(String word) {
        // 调用搜索
        searcher.search(word, this);
        println("Searching " + word + "...");
    }

    // 显示
    public void display(final String line) {
        // 委托事件分发线程进行显示
        SwingUtilities.invokeLater(
            new Runnable() {
                public void run() {
                    MyFrame.this.println(line);
                }
```

```
            }
        );
    }
}
```

该程序收录在本书配套的源代码 ActiveObject/A12-3b 中

代码清单 A12-15 答案 2：Display 接口（Display.java）

```
package searcher;

public interface Display {
    public abstract void display(String line);
}
```

该程序收录在本书配套的源代码 ActiveObject/A12-3b/searcher 中

代码清单 A12-16 答案 2：Searcher 接口（Searcher.java）

```
package searcher;

public abstract class Searcher {
    public abstract void search(String word, Display display);
}
```

该程序收录在本书配套的源代码 ActiveObject/A12-3b/searcher 中

代码清单 A12-17 答案 2：SearcherFactory 类（SearcherFactory.java）

```
package searcher;

public class SearcherFactory {
    public static Searcher createSearcher() {
        return new SearcherImpl();
    }
}
```

该程序收录在本书配套的源代码 ActiveObject/A12-3b/searcher 中

代码清单 A12-18 答案 2：SearcherImpl 类（SearcherImpl.java）

```
package searcher;

import java.util.concurrent.Executors;
import java.util.concurrent.ExecutorService;

class SearcherImpl extends Searcher {
    private final ExecutorService service = Executors.newSingleThreadExecutor();

    public void shutdown() {
        service.shutdown();
    }

    public void search(final String word, final Display display) {
        class SearchRequest implements Runnable {
            public void run() {
                System.out.print("search(" + word + ")");
                for (int i = 0; i < 50; i++) {
                    System.out.print(".");
                    try {
                        Thread.sleep(100);
```

```
                } catch (InterruptedException e) {
                }
            }
            System.out.println("found.");
            String url = "http://somewhere/" + word + ".html"; // dummy URL
            display.display("word = " + word + ", URL = " + url);
        }
    }
    service.execute(new SearchRequest());
  }
}
```

该程序收录在本书配套的源代码 ActiveObject/A12-3b/searcher 中

附录B Java 内存模型

Java 内存模型

在附录 B 中，我们将学习 Java 内存模型。

Java 内存模型（Java Memory Model）定义了 Java 的线程在访问内存时会发生什么。《Java 编程规范（第 3 版）》第 17 章“Threads and Locks”（见附录 G 中的 [JLS3]）讲解了 Java 内存模型，但是该规范中的内容很难理解。因此，我们将在这里针对规范中的以下要点进行学习。

- 重排序
- 可见性
- **synchronized**
- **volatile**
- **final**
- Double-Checked Locking

在开始学习之前，请大家先阅读下面的“与 Java 内存模型交互时的指南”。

与 Java 内存模型交互时的指南

- 使用 `synchronized` 或 `volatile` 来保护在多个线程之间共享的字段
- 将常量字段设置为 `final`
- 不要从构造函数中泄漏 `this`

▶▶ 小知识：JSR 133

我们即将学习的内容是《Java 编程规范（第 3 版）》[JLS3] 中的内存模型。它修订了《Java 编程规范（第 2 版）》[JLS2] 中关于内存模型的问题，被称为 JSR 133：Java Memory Model and Thread Specification Revision。关于 JSR 133，请参考以下 URL。

JSR 133

`http://jcp.org/en/jsr/detail?id=133`

重排序

什么是重排序

所谓重排序，英文记作 Reorder，是指编译器和 Java 虚拟机通过改变程序的处理顺序来优化程序。虽然重排序被广泛用于提高程序性能，不过开发人员几乎不会意识到这一点。实际上，在运行单线程程序时我们无法判断是否进行了重排序。这是因为，虽然处理顺序改变了，但是规范上有很多限制可以避免程序出现运行错误。

但是，在多线程程序中，有时就会发生明显是由重排序导致的运行错误。

示例程序

代码清单 B-1 展示了一段帮助我们理解重排序的示例程序。在 `Something` 类中，有 `x`、`y` 两个字段，以及 `write`、`read` 这两个方法。`x` 和 `y` 会在最开始被初始化为 `0`。`write` 方法会将 `x` 赋值为 `100`，`y` 赋值为 `50`。而 `read` 方法则会比较 `x` 和 `y` 的值，如果 `x` 比 `y` 小，则显示 `x < y`。

`Main` 类的 `main` 方法会创建一个 `Something` 的实例，并启动两个线程。写数据的线程 A 会调用 `write` 方法，而读数据的线程 B 则会调用 `read` 方法。

代码清单 B-1　会显示出 x < y 吗？（Main.java）

```
class Something {
    private int x = 0;
    private int y = 0;

    public void write() {
        x = 100;
        y = 50;
    }

    public void read() {
        if (x < y) {
            System.out.println("x < y");
        }
    }
}

public class Main {
    public static void main(String[] args) {
        final Something obj = new Something();

        // 写数据的线程 A
        new Thread() {
            public void run() {
                obj.write();
            }
        }.start();

        // 读数据的线程 B
        new Thread() {
            public void run() {
                obj.read();
            }
        }.start();
    }
}
```

该程序收录在本书配套的源代码 AppendixB/Synchronized1 中

问题是，在运行这段程序后“会显示出 `x < y` 吗”（图 B-1）？

图 B-1　会显示出 x < y 吗?

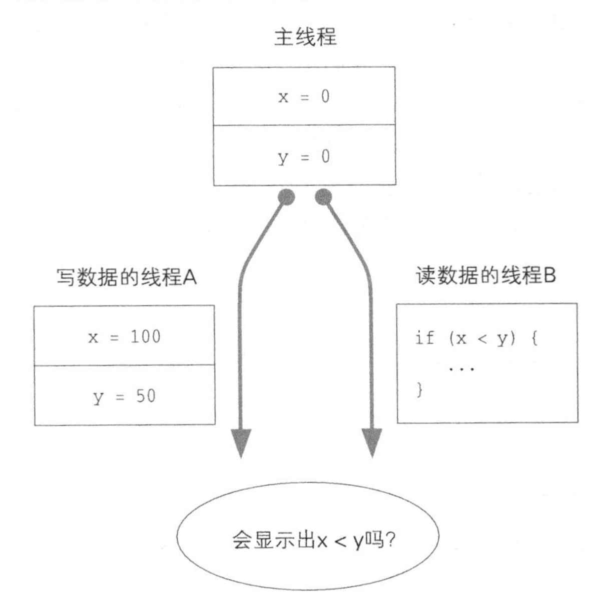

由于 `write` 方法在给 `x` 赋值后会接着给 `y` 赋值，所以 `x` 会先从 `0` 变为 `100`，而之后 `y` 则会从 `0` 变为 `50`。因此，大家可能会做出“绝对不可能显示出 `x < y`”的判断。但是，这么判断是错误的。

大家应该会很吃惊，因为在 Java 内存模型中，是有可能显示出 `x < y` 的。

原因就在于重排序。

在 `write` 方法中，由于对 `x` 的赋值和对 `y` 的赋值之间不存在任何依赖关系，编译器可能会如图 B-2 那样改变赋值顺序。而且，在线程 A 已经为 `y` 赋值，但是尚未为 `x` 赋值之前，线程 B 也可能会去查询 `x` 和 `y` 的值并执行 `if` 语句进行判断。这时，可能会如图 B-2 所示，`x < y` 的关系成立。

图 B-2　重排序可能会导致 x < y

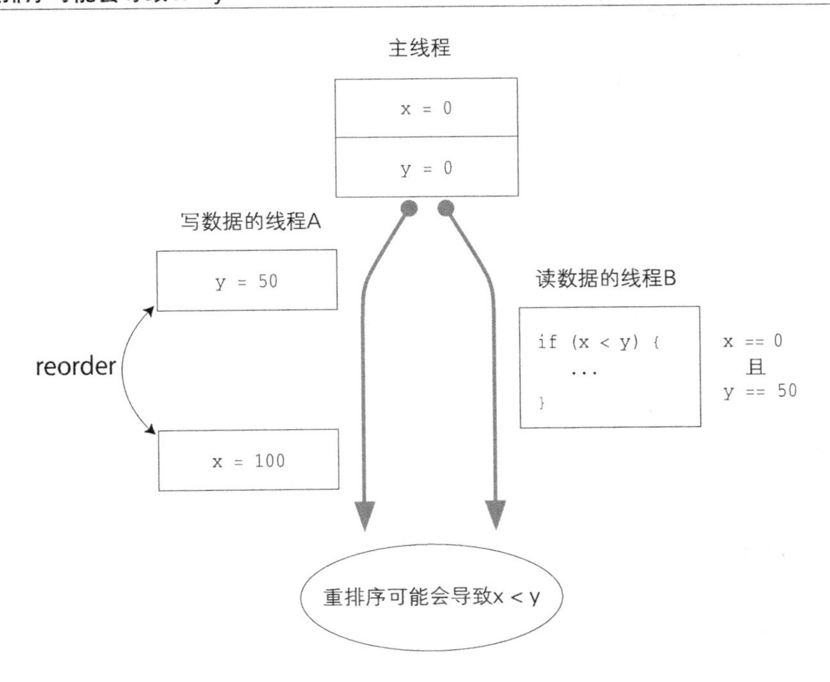

假设如本例所示，对于一个字段，有“写数据的线程”和“读数据的线程”，但是我们并没有使用 synchronized 关键字和 volatile 关键字修饰该字段来正确地同步线程时，我们称这种没有同步的状态为“存在数据竞争”。此外，我们称代码清单 B-1 这样存在数据竞争的程序为未正确同步（incorrectly synchronized）的程序。由于未正确同步的程序缺乏安全性，所以必须使用 synchronized 或 volatile 来正确地进行同步。

虽然代码清单 B-1 是未正确同步的程序，但是如果将 write 和 read 都声明为 synchronized 方法，就可以实现正确同步的程序（见代码清单 B-3）。

可见性

什么是可见性

假设线程 A 将某个值写入到了字段 x 中，而线程 B 读取到了该值。我们称其为“线程 A 向 x 的写值对线程 B 是可见的（visible）”。“是否是可见的”这个性质就称为可见性，英文记作 visibility。

在单线程程序中，无需在意可见性。这是因为，线程总是可以看见自己写入到字段中的值。

但是，在多线程程序中必须注意可见性。这是因为，如果没有使用 synchronized 或 volatile 正确地进行同步，**线程 A 写入到字段中的值可能并不会立即对线程 B 可见**。开发人员必须非常清楚地知道在什么情况下一个线程的写值对其他线程是可见的。

示例程序

代码清单 B-2 展示了一段因没有注意到可见性而导致程序失去生存性的示例程序。

代码清单 B-2　可能不会显示出 Done（Main.java）

```
class Runner extends Thread {
    private boolean quit = false;

    public void run() {
        while (! quit ) {
            // ...
        }
        System.out.println("Done");
    }

    public void shutdown() {
        quit = true;
    }
}

public class Main {
    public static void main(String[] args) {
        Runner runner = new Runner();

        // 启动线程
        runner.start();

        // 终止线程
```

```
        runner.shutdown();
    }
}
```

该程序收录在本书配套的源代码 AppendixB/Volatile1 中

Runner 类的 run 方法会在字段 quit 变为 true 之前一直进行 while 循环。当 quit 变为 true，while 循环结束后，会显示字符串 Done。

shutdown 方法会将字段 quit 设置为 true。

Main 类的 main 方法会先调用 start 方法启动 Runner 线程，然后调用 shutdown 方法将 quit 的值设置为 true。我们原本以为在运行这段程序时，Runner 线程会立即显示出 Done，然后退出。但是 Java 内存模型可能会导致 Runner 线程永远在 while 循环中不停地循环。也就是说，代码清单 B-2 中的程序可能会失去生存性。

原因是，向字段 quit 写值的线程（主线程）与读取字段 quit 的线程（Runner）是不同的线程。主线程向 quit 写入的 true 这个值可能对 Runner 线程永远不可见（非 visible）。

如果以“缓存”的思路来理解不可见的原因可能会有助于大家理解。主线程向 quit 写入的 true 这个值可能只是被保存在主线程的缓存中。而 Runner 线程从 quit 读取到的值，仍然是在 Runner 线程的缓存中保存着的值 false，并没有任何变化。关于缓存，我们将在下面进行了解。

代码清单 B-2 是未正确同步的程序。不过如果将 quit 声明为 volatile 字段，就可以实现正确同步的程序（见代码清单 B-4）。

共享内存与操作

在 Java 内存模型中，线程 A 写入的值并不一定会立即对线程 B 可见。图 B-3 展示了线程 A 和线程 B 通过字段进行数据交互的情形。

图 B-3　共享内存与缓存

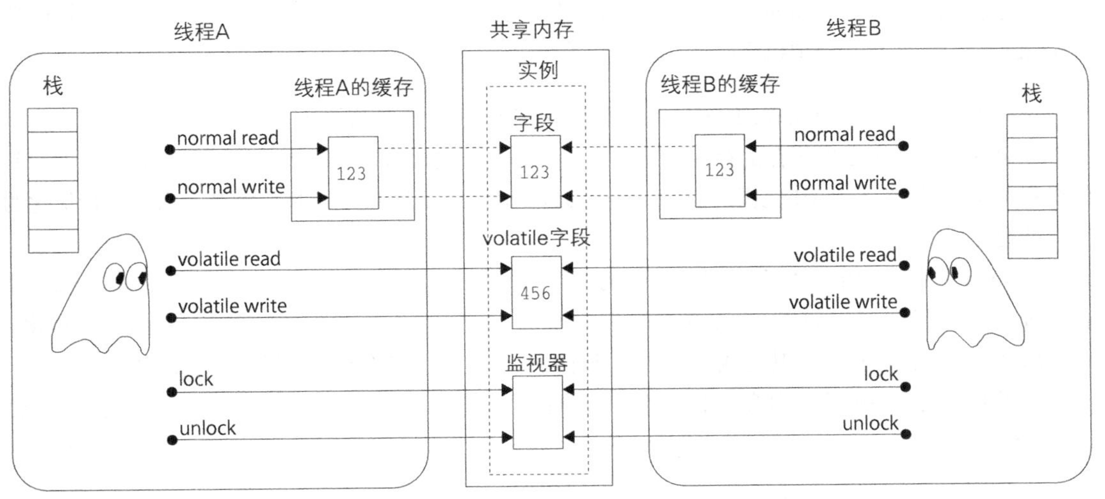

共享内存（shared memeory）是所有线程共享的存储空间，也被称为堆内存（heap memory）。因为实例会被全部保存在共享内存中，所以实例中的字段也存在于共享内存中。此外，数组的元素也被保存在共享内存中。也就是说，可以使用 new 在共享内存中分配存储空间。

局部变量不会被保存在共享内存中。通常，除局部变量外，方法的形参、catch 语句块中编写的异常处理器的参数等也不会被保存在共享内存中，而是被保存在各个线程特有的栈中[①]。正是由于它们没有被保存在共享内存中，所以其他线程不会访问它们。

在 Java 内存模型中，只有可以被多个线程访问的共享内存才会发生问题。

图 B-3 一共展示了以下 6 种操作（action）。这些操作是我们把在定义内存模型时使用到的处理分类而成的[②]。

（1）normal read 操作
（2）normal write 操作
（3）volatile read 操作
（4）volatile write 操作
（5）lock 操作
（6）unlock 操作
（3）～（6）：同步操作

这里，（3）～（6）的操作是进行同步（synchronization）的**同步操作**（synchronization action）。进行同步的操作具有防止重排序，控制可见性的效果。

normal read/normal write 操作表示的是对普通字段（`volatile` 以外的字段）的读写。如图 B-3 所示，这些操作是通过缓存来执行的。因此，通过 normal read 读取到的值并不一定是最新的值，通过 normal write 写入的值也不一定会立即对其他线程可见。

volatile read/volatile write 操作表示的是对 `volatile` 字段的读写。由于这些操作并不是通过缓存来执行的，所以通过 volatile read 读取到的值一定是最新的值，通过 volatile write 写入的值也会立即对其他线程可见。

lock/unlock 操作是当程序中使用了 `synchronized` 关键字时进行互斥处理的操作。lock 操作可以获取实例的锁，unlock 操作可以释放实例的锁。

▶▶小知识：缓存

这里说的缓存（cache）指的并不仅仅是 CPU 的缓存。我们将 CPU 的缓存、寄存器（register）以及 Java 虚拟机临时保存的变量等统称为缓存。

之所以在 normal read/normal write 操作中使用缓存，是为了提高性能。

如果这里完全不考虑缓存的存在，定义规范是“某个线程执行的写操作的结果都必须立即对其他线程可见”。那么，由于这项限制太过严格，Java 编译器以及 Java 虚拟机的开发人员进行优化的余地就会变得非常少。

在 Java 内存模型中，某个线程写操作的结果对其他线程可见是有条件的。因此，Java 编译器和 Java 虚拟机的开发人员可以在满足条件的范围内自由地进行优化。前面讲解的重排序就是一种优化。

那么，线程的写操作对其他线程可见的条件究竟是什么，应该怎样编写程序才好呢？

为了便于大家理解这些内容，下面将按照顺序讲解 `synchronized`、`volatile` 以及 `final` 这些关键字。

---

① 实际上它们是否被保存在栈中取决于 Java 虚拟机的实现。这里重要的是，确保局部变量等没有保存于共享内存中。

② 除了这些操作外，还有线程的启动操作、终止操作、启动后的第一个操作、终止前的最后一个操作等。这些也属于同步操作。

synchronized

synchronized 具有“线程的互斥处理”和“同步处理”两种功能。

线程的互斥处理

如果程序中有 synchronized 关键字，线程就会进行 lock/unlock 操作。线程会在 synchronized 开始时获取锁（lock），在 synchronized 终止时释放锁（unlock）。

进行 lock/unlock 的部分并不仅仅是程序中写有 synchronized 的部分。当线程在 wait 方法内部等待的时候也会释放锁。此外，当线程从 wait 方法中出来的时候还必须先重新获取锁后才能继续运行。

只有一个线程能够获取某个实例的锁。因此，当线程 A 正准备获取锁时，如果其他线程已经获取了锁，那么线程 A 就会进入等待队列（或入口队列）。这样就实现了线程的互斥（mutal exclusion）。

synchronized 的互斥处理如图 B-4 所示。这幅图展示了当线程 A 执行了 unlock 操作但是还没有从中出来时，线程 B 就无法执行 lock 操作的情形。图中的 unlock M 和 lock M 中都写了一个 M，这表示 unlock 操作和 lock 操作是对同一个实例的监视器进行的操作。

图 B-4　synchronized 与互斥

同步处理

synchronized（lock/unlock 操作）并不仅仅进行线程的互斥处理。Java 内存模型确保了**某个线程在进行 unlock M 操作前进行的所有写入操作对进行 lock M 操作的线程都是可见的**。

下面，我们使用示例程序来进行说明。代码清单 B-3 是将代码清单 B-1 中的 write 和 read 修改为 synchronized 方法后的程序。这是一段能够正确地进行同步的程序，绝对不可能显示出 x < y。

代码清单 B-3　不可能显示出 x < y（Main.java）

```
class Something {
    private int x = 0;
    private int y = 0;
```

```
    public synchronized void write() {
        x = 100;
        y = 50;
    }

    public synchronized void read() {
        if (x < y) {
            System.out.println("x < y");
        }
    }
}

public class Main {
    public static void main(String[] args) {
        final Something obj = new Something();

        // 写数据的线程 A
        new Thread() {
            public void run() {
                obj.write();
            }
        }.start();

        // 读数据的线程 B
        new Thread() {
            public void run() {
                obj.read();
            }
        }.start();
    }
}
```

该程序收录在本书配套的源代码 AppendixB/Synchronized2 中

通过 synchronized 进行同步的情形如图 B-5 所示。

图 B-5 通过 synchronized 同步

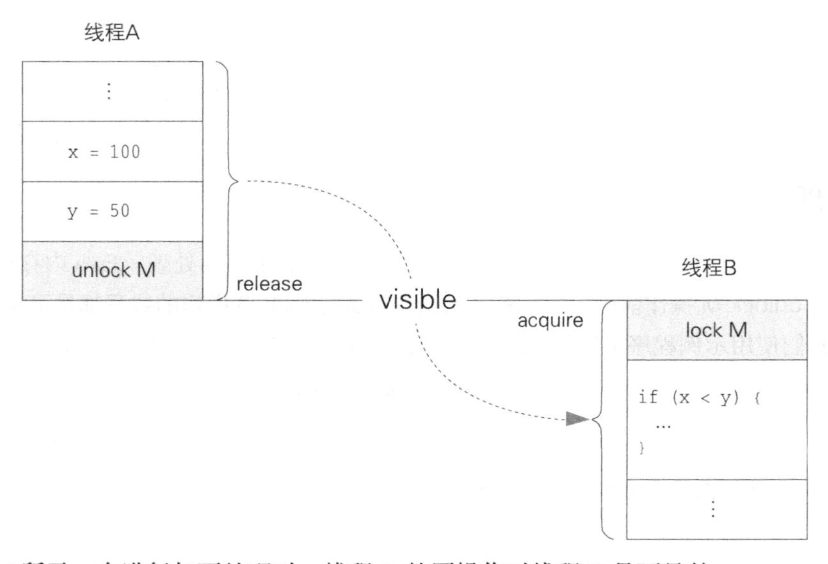

如图 B-5 所示，在进行如下处理时，线程 A 的写操作对线程 B 是可见的。

- 线程 A 对字段 x 和 y 写值（normal write 操作）
- 线程 A 进行 unlock 操作
- 线程 B 对同一个监视器 M 进行 lock 操作
- 线程 B 读取字段 x 和 y 的值（normal read）

大体说来就是，

- 进行 unlock 操作后，写入缓存中的内容会被强制地写入共享内存中
- 进行 lock 操作后，缓存中的内容会先失效，然后共享内存中的最新内容会被强制重新读取到缓存中

在代码清单 B-3 中不可能显示出 x < y 的原因有以下两个。

原因 1：互斥处理可以防止 read 方法中断 write 方法的处理。虽然在 write 方法内部会发生重排序，但是该重排序不会对 read 方法产生任何影响。

原因 2：同步处理可以确保 write 方法向字段 x、y 写入的值对运行 read 方法的线程 B 是可见的。

图 B-5 中的 release 和 acquire 表示进行同步处理的两端（synchronized-with edge）。unlock 操作是一种 release，lock 操作是一种 acquire。Java 内存模型可以确保处理是按照“release 终止后对应的 acquire 才开始”的顺序（synchronization order）进行的。

上面的内容总结起来就是，只要用 synchronized 保护会被多个线程读写的共享字段，就可以避免这些共享字段受到重排序和可见性的影响。

volatile

volatile 具有“同步处理”和“对 long 和 double 的原子操作”这两种功能。

同步处理

某个线程对 volatile 字段进行的写操作的结果对其他线程立即可见。换言之，对 volatile 字段的写入处理并不会被缓存起来。

代码清单 B-4 是将代码清单 B-2 中的 quit 修改为 volatile 字段后的程序。这是一段能够正确地进行同步的程序，绝对不会出现无限 while 循环这种情况。volatile 的这种使用方法，第 10 章曾讲解过。

代码清单 B-4　不可能出现无限 while 循环（Main.java）

```
class Runner extends Thread {
    private volatile boolean quit = false;

    public void run() {
        while (!quit) {
            // ...
        }
        System.out.println("Done");
    }
```

```
    public void shutdown() {
        quit = true;
    }
}
public class Main {
    public static void main(String[] args) {
        Runner runner = new Runner();
        runner.start();
        runner.shutdown();
    }
}
```

该程序收录在本书配套的源代码 AppendixB/Volatile2 中

volatile 字段并非只是不缓存读取和写入。如果线程 A 向 volatile 字段写入的值对线程 B 可见，那么之前向其他字段写入的所有值都对线程 B 是可见的。此外，在向 volatile 字段读取和写入前后不会发生重排序。

由于难以用语言表达清楚，我们还是看看示例程序吧（代码清单 B-5）。

代码清单 B-5　不可能会显示 0（Main.java）

```
class Something {
    private int x = 0;
    private volatile boolean valid = false;

    public void write() {
        x = 123;
        valid = true;
    }

    public void read() {
        if (valid) {
            System.out.println(x);
        }
    }
}

public class Main {
    public static void main(String[] args) {
        final Something obj = new Something();

        // 写数据的线程 A
        new Thread() {
            public void run() {
                obj.write();
            }
        }.start();

        // 读数据的线程 B
        new Thread() {
            public void run() {
                obj.read();
            }
        }.start();
    }
}
```

该程序收录在本书配套的源代码 AppendixB/Volatile3 中

如代码清单 B-5 所示，Something 类的 write 方法在将非 volatile 字段 x 赋值为 123

后，接着又将 volatile 字段 valid 赋值为了 true（请将字段 valid 理解为表示是否已经给字段 x 赋值的标志）。

在 read 方法中，当 valid 的值为 true 时，显示 x。

Main 类的 main 方法会启动两个线程，写数据的线程 A 会调用 write 方法，读数据的线程 B 会调用 read 方法。代码清单 B-5 是一段可以正确地进行同步处理的程序。

由于 valid 是 volatile 字段，所以以下两条赋值语句不会被重排序。

```
x = 123;                    [normal write]
valid = true;               [volatile write]
```

另外，下面两条语句也不会被重排序。

```
if (valid) {                [volatile read]
    System.out.println(x);  [normal read]
}
```

从 volatile 的使用目的来看，volatile 阻止重排序是理所当然的。如代码清单 B-5 所示，volatile 字段多被用作判断实例是否变为了特定状态的标志。因此，当要确认 volatile 字段的值是否发生了变化时，必须先确保非 volatile 的其他字段的值已经被更新了。

使用 volatile 进行同步的情形如图 B-6 所示。

图 B-6　使用 volatile 进行同步

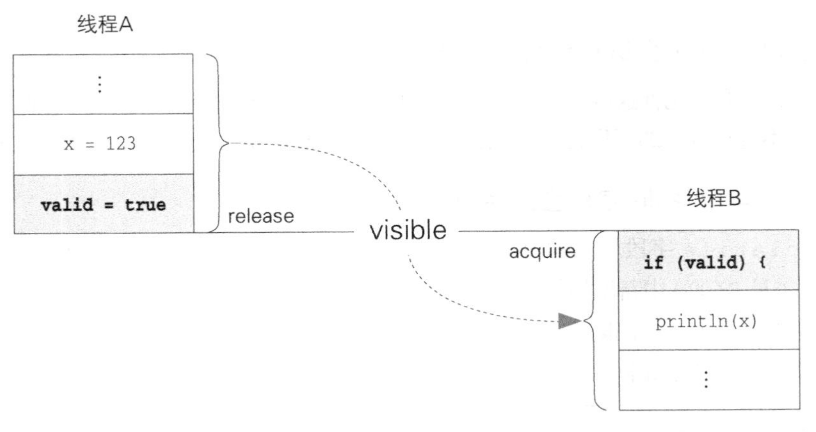

如图 B-6 所示，在进行如下处理时，线程 A 向 x 以及 valid 写入的值对线程 B 是可见的。

- 线程 A 向字段 x 写值（normal write）
- 线程 A 向 volatile 字段 valid 写值（volatile write）
- 线程 B 读取 volatile 字段 valid 的值（volatile read）
- 线程 B 读取字段 x 的值（normal read）

与图 B-5 一样，图 B-6 中也存在 release 和 acquire。volatile write 操作是一种 release，而 volatile read 操作是一种 acquire。如表 B-1 所示，我们整理出了附录 G 中的 [JLS3] 里规定的由 release 和 acquire 构成的同步。Java 内存模型可以确保下表中的每行都按照“release 终止后对应的 acquire 才开始”的顺序执行。

表 B-1　release 和 acquire

release	acquire
volatile write	volatile read
unlock	Lock
线程的启动（start）	线程启动后的第一个操作
线程终止前的最后一个操作	检测线程的终止（join、isAlive）
中断（interrupt）	检测中断（isInterrupted、Thread.interrupted、InterruptedException）
向字段写入默认值	线程的第一个操作

▶▶ 小知识：volatile 字段的赋值语句的位置很重要

在代码清单 B-4 中，volatile 字段的赋值语句的位置很重要。如果 write 方法中的赋值语句顺序如下，那么线程 B 绝对不可能显示出 0。

```
x = 123;
valid = true;
```

但是，如果像下面这样先对 volatile 字段赋值，则线程 B 可能会显示出 0。

```
valid = true;
x = 123;
```

▶▶ 小知识：volatile 不会进行线程的互斥处理

关于重排序和可见性这两点，volatile 的作用与 synchronized 的作用非常相似。但是，volatile 不进行线程的互斥处理。也就是说，访问 volatile 字段的线程不会进入等待队列。

▶▶ 小知识：访问 volatile 字段会产生性能开销

“向 volatile 字段写入的值如果对线程 B 可见，那么之前写入的所有值就都是可见的”是 JSR 133（见 P.609）中新增加的内容之一。由于增加了这项内容，向 volatile 字段读取和写入数据的性能开销就增大了很多。实际上，我们可以认为访问 volatile 字段与 synchronized 的处理耗费的时间几乎相同。

对 long 和 double 的原子操作

Java 规范无法确保对 long 和 double 的赋值操作的原子性（见 1.7 节）。但是，即使是 long 和 double 的字段，只要它是 volatile 字段，就可以确保赋值操作的原子性。

▶▶ 小知识：java.util.concurrent.atomic 包

在 java.util.concurrent.atomic 包中有 AtomicInteger 和 AtomicLong 等用于进行原子操作的类。这些类可以确保值的比较和加减等操作的原子性。我们可以认为 java.util.concurrent.atomic 包是 volatile 字段的一种通用化形式。

指南：使用 synchronized 或 volatile 来保护在多个线程之间共享的字段

通过以上讲解的 synchronized 以及 volatile 的功能，我们可以总结出一个指南：**使用 synchronized 或 volatile 来保护在多个线程之间共享的字段**。

final

final 字段与构建线程安全的实例

使用 final 关键字声明的字段（final 字段）只能被初始化一次。final 字段在创建不允许被改变的对象时起到了非常重要的作用。关于这一点，我们已经在第 2 章中学习过了。

final 字段的初始化只能在“字段声明时”或是“构造函数中”进行。那么，当 final 字段的初始化结束后，无论在任何时候，它的值对其他线程都是可见的（变为 visible）。Java 内存模型可以确保被初始化后的 final 字段在构造函数的处理结束后是可见的。也就是说，可以确保以下事情。

- 如果构造函数的处理结束了……
  * final 字段初始化后的值对所有线程都是可见的
  * 在 final 字段可以追溯到的所有范围内都可以看到正确的值[①]
- 在构造函数的处理结束前……
  * 可能会看到 final 字段的值是默认的初始值（0、false 或是 null）

在后面的内容中，我们将在此基础上学习如何将以上知识运用于实际编程中。

▶▶小知识：java.util.concurrent.ConcurrentHashMap 类

J2SE 5.0 的 java.util.concurrent.ConcurrentHashMap 类使用 final 和 volatile 特性实现了无阻塞的 Map。

指南：将常量字段设置为 final

Java 内存模型可以确保 final 字段在构造函数执行结束后可以正确地被看到。这样就不再需要通过 synchronized 和 volatile 进行同步了。因此，请将不希望被改变的字段设为 final。

这也是我们在第 2 章中反复练习过的内容。

指南：不要从构造函数中泄漏 this

在构造函数执行结束前，我们可能会看到 final 字段的值发生变化。也就是说，存在首先看到“默认初始值”[②]，然后看到“显式地初始化的值”的可能性。

---

① 所谓“在 final 字段可以追溯到的所有范围内”是指：在保存 final 字段的实例中，以 final 字段为起点可以追溯到的范围内的所有内容，如其他字段的值和数组的元素等。此外，“可以看到正确的值”是指：当构造函数的处理结束后，对执行构造函数的线程可见的写入对其他线程也可见。

② 整数的默认初始值是 0，boolean 的默认初始值是 false，引用类型的默认初始值是 null。

我们可以从中总结出**不要从构造函数中泄漏 this** 这个指南。下面来看看示例程序。

在代码清单 B-6 的 Something 类中，有一个 final 字段 x 和一个静态字段 last。

在构造函数中，final 字段 x 被显式地初始化为了 123，而静态字段 last 中保存的则是 this。请大家理解成我们将最后创建的实例保存在了 last 中。

在静态方法 print 中，如果静态字段 last 不为 null（即现在实例已经创建完成了），这个实例的 final 字段的值就会显示出来。

Main 类的 main 方法会启动两个线程。线程 A 会创建 Something 类的实例，而线程 B 则会调用 Something.print 方法来显示 final 字段的值。

这里的问题是，运行程序后会显示出 0 吗？

代码清单 B-6 可能会显示出 0（Main.java）

```
class Something {
    // final 的实例字段
    private final int x;
    // 静态字段
    private static Something last = null;

    // 构造函数
    public Something() {
        // 显式地初始化 final 字段
        x = 123;
        // 在静态字段中保存正在创建中的实例（this）
        last = this;
    }

    // 通过 last 显示 final 字段的值
    public static void print() {
        if (last != null) {
            System.out.println(last.x);
        }
    }
}

public class Main {
    public static void main(String[] args) {
        // 线程 A
        new Thread() {
            public void run() {
                new Something();
            }
        }.start();

        // 线程 B
        new Thread() {
            public void run() {
                Something.print();
            }
        }.start();
    }
}
```

该程序收录在本书配套的源代码 AppendixB/Final1 中

我们并没有使用 synchronized 和 volatile 对线程 A 和线程 B 进行同步，因此不知道它们会按照怎样的顺序执行。所以，我们必须考虑各种情况。

如果线程 B 在执行 print 方法时，看到 last 的值为 null，那么 if 语句中的条件就会变成 false，该程序什么都不会显示。这一点是确定的。

那么如果线程 B 在执行 print 方法时，看到 last 的值不是 null 会怎样呢？ last.x 的值一定是 123 吗？答案是否定的。根据 Java 内存模型，这时看到的 last.x 的值也可能会是 0。因为线程 B 在 print 方法中看到的 last 的值，是在构造函数处理结束前获取的 this。

Java 内存模型可以确保构造函数处理结束时 final 字段的值被正确地初始化，对其他线程是可见的。总而言之，如果使用通过 new Something() 获取的实例，final 字段是不会发生可见性问题的。但是，如果在构造函数的处理过程中 this 还没有创建完毕，就无法确保 final 字段的正确的值对其他线程是可见的。

如代码清单 B-7 这样修改后，就不可能会显示出 0 了。这里进行的具体修改如下。

- 将构造函数修改为 private，让外部无法调用
- 编写一个名为 create 的静态方法，在其中使用 new 关键字创建实例
- 将静态字段 last 赋值为上面使用 new 关键字创建的实例

这样修改后，只有当构造函数处理结束后静态字段 last 才会被赋值，因此可以确保 final 字段被正确地初始化。

代码清单 B-7　不会显示出 0（Main.java）

```
class Something {
    // final 的实例字段
    private final int x;
    // 静态字段
    private static Something last = null;

    // 构造函数
    private Something() {
        // 显式地初始化 final 字段
        x = 123;
    }
    // 将使用 new 关键字创建的实例赋值给 last
    public static Something create() {
        last = new Something();
        return last;
    }

    // 通过 last 显示 final 字段的值
    public static void print() {
        if (last != null) {
            System.out.println(last.x);
        }
    }
}

public class Main {
    public static void main(String[] args) {
        // 线程 A
        new Thread() {
            public void run() {
                Something.create();
            }
        }.start();
```

```
        // 线程 B
        new Thread() {
            public void run() {
                Something.print();
            }
        }.start();
    }
}
```

该程序收录在本书配套的源代码 AppendixB/Final2 中

通过上面的讲解我们可以知道，在构造函数中将静态字段赋值为 this 是非常危险的。因为其他线程可能会通过这个静态字段访问正在创建中的实例。同样地，向静态字段中保存的数组和集合中保存 this 也是非常危险的。

另外，在构造函数中进行方法调用时，以 this 为参数的方法调用也是非常危险的。因为该方法可能会将 this 放在其他线程可以访问到的地方。

综上，我们可以得出“不要从构造函数中泄漏 this”这个指南。

Double-Checked Locking 模式的危险性

Double-Checked Locking 模式原本是用于改善 Single Threaded Execution 模式的性能的方法之一，也被称为 test-and-test-and-set（见附录 G 中的 [Lea]）。

不过，在 Java 中使用 Double-Checked Locking 模式是很危险的。本节将在讲解 Double-Checked Locking 模式的危险性的同时顺带地一起确认一下 Java 内存模型。

示例程序

这里我们将实现一个具有以下特性的 MySystem 类。

- MySystem 类的实例是唯一的[①]
- 可以通过静态方法 getInstance 获取 MySystem 类的实例
- MySystem 类的实例中有一个字段（date）是 java.util.Date 类的实例。它的值是创建 MySystem 类的实例的时间。
- 可以通过 MySystem 类的实例方法 getDate 获取 date 字段的值

我们将会采用以下 3 种方式来实现上述 MySystem 类。

- 实现方式 1：Single Threaded Execution 模式（代码清单 B-8）
- 实现方式 2：Double-Checked Locking 模式（代码清单 B-9）
- 实现方式 3：Initialization On Demand Holder 模式（代码清单 B-10）

实现方式 1：Single Threaded Execution 模式

代码清单 B-8 是使用 Single Threaded Execution 模式实现的 MySystem 类。

① 这形成了 Singleton 模式（见附录 G 中的 [GoF][Yuki04]）。

考虑到可能会有多个线程访问 getInstance 方法，我们将 getInstance 方法定义为了 synchronized 方法。由于 instance 字段被 synchronized 保护着，所以即使多个线程调用 getInstance 方法，也可以确保 MySystem 类的实例是唯一的。

代码清单 B-8 的程序运行虽然与我们的需求一致，但是 getInstance 是 synchronized 的，因此性能并不好。

代码清单 B-8　实现方式 1：使用 Single Threaded Execution 模式实现的 MySystem 类（MySystem.java）

```
import java.util.Date;

public class MySystem {
    private static MySystem instance = null;
    private Date date = new Date();
    private MySystem() {
    }
    public Date getDate() {
        return date;
    }
    public static synchronized MySystem getInstance() {
        if (instance == null) {
            instance = new MySystem();
        }
        return instance;
    }
}
```

该程序收录在本书配套的源代码 AppendixB/SingleThreadedExecution 中

实现方式 2：Double-Checked Locking 模式

Double-Checked Locking 模式是用于改善实现方式 1 中的性能问题的模式。通过 Double-Checked Locking 模式实现的 MySystem 类如代码清单 B-9 所示。

getInstance 方法不再是 synchronized 方法。取而代之的是 if 语句中编写的一段 synchronized 代码块。

在（a）处的 if 语句的条件判断（第一次 test）中，如果 instance 等于 null，程序就会进入（b）的 synchronized 代码块中。获取锁的对象是 MySystem.class，即 MySystem 类的 Class 对象。

由于（a）处的条件判断是在临界区外进行的，所以需要在（c）处再次进行条件判断（第二次 test）。只有当 instance 确实等于 null 时，（d）处才会创建 MySystem 的实例。由于（d）处的实例创建是在（b）~（e）的临界区中进行的，所以这里不会创建两个或更多的 MySystem 的实例。

仅当在（a）处的条件判断中 instance 等于 null 时，程序才会进入（b）处的 synchronized 代码块。因此，当第二次及以后调用 getInstance 时，程序就不会再进入 synchronized 代码块。因此不用担心性能会下降。

以上就是 Double-Checked Locking 模式的逻辑。尽管目前为止这里讲解的内容与 Java 规范不存在矛盾，但是代码清单 B-9 中的程序仍然存在不能正确地运行的可能性。

不能正确地运行的一个原因是，当调用 getInstance 的返回值的 getDate 方法时，date 字段可能还没有被初始化。

代码清单 B-9　实现方式 2：虽然使用了 Double-Checked Locking 模式，但是无法确保程序可以正确运行的 MySystem 类（MySystem.java）

```
// × 无法确保能够正确地运行
import java.util.Date;

public class MySystem {
    private static MySystem instance = null;
    private Date date = new Date();
    private MySystem() {
    }
    public Date getDate() {
        return date;
    }
    public static MySystem getInstance() {
        if (instance == null) {                    // (a) 第一次 test
            synchronized (MySystem.class) {        // (b) 进入 synchronized 代码块
                if (instance == null) {            // (c) 第二次 test
                    instance = new MySystem();     // (d) set
                }
            }                                      // (e) 从 synchronized 代码块中退出
        }
        return instance;                           // (f)
    }
}
```

该程序收录在本书配套的源代码 AppendixB/DoubleCheckedLocking 中

下面将以两个线程同时执行 getInstance 的情况为例来详细讲解为什么代码清单 B-9 可能会无法正确地运行。

图 B-7　代码清单 B-9 无法正确地工作的场景

线程 A　　　　　　　　　　　线程 B

（A-1）（a）处的判断结果是 instance == null

（A-2）在（b）处进入 synchronized 代码块

（A-3）（c）处的判断结果是 instance == null

（A-4）在（d）处创建 MySystem 的实例并将其赋值给 instance 字段

<<<<<<<< 线程在此处发生切换 >>>>>>>>

（B-1）（a）处的判断结是 instance != null

（B-2）在（f）处将 instance 的值返回给 getInstance

（B-3）调用 getInstance 的返回值的 getDate 方法

请注意图 B-7 中的（A-4）。这里写着"在（d）处创建 MySystem 的实例并将其赋值给 instance 字段"。即代码中的以下部分。

```
instance = new MySystem();
```

这里创建了一个 MySystem 的实例。在创建 MySystem 的实例时，new Date() 的值会被赋给实例字段 date。如果线程 A 从 synchronized 代码块退出后，线程 B 才进入 synchronized 代码块，那么线程 B 也可以看见 date 的值。但是，在（A-4）这个阶段，我们无法确保线程 B 可以看见线程 A 写入的 date 字段的值。

接下来，我们再假设线程 B 在（B-1）这个阶段的判断结果是 instance != null。这样的话，线程 B 将不进入 synchronized 代码块，而是立即将 instance 的值作为返回值 return 出来。这之后，线程B会在（B-3）这个阶段调用 `getInstance` 的返回值的 `getDate` 方法。`getDate` 方法的返回值就是 `date` 字段的值，因此线程B会引用 `date` 字段的值。但是，线程A还没有从 `synchronized` 代码块中退出，线程B也没有进入 `synchronized` 代码块。因此，我们无法确保 `date` 字段的值对线程B可见。

▶▶ 小知识：为什么能够看到 instance 字段

细心的读者可能会觉得："在图B-7的（B-1）阶段，`instance` 字段的值对线程B可见，但是 `date` 字段的值却对线程B不可见，这不是很奇怪吗？"

但是，由于重排序的存在，我们的确可能会在看到 `date` 字段的值之前先看到 `instance` 字段的值。

▶▶ 小知识：使用 volatile 会怎样呢

细心的读者还可能会认为"只要将 `instance` 字段设置为 `volatile` 字段不就解决了吗？"因为这样可以确保如果其他线程可以看到 `volatile` 字段的赋值结果，那么也一定可以看到之前对非 `volatile` 字段的赋值结果。

确实如此。将 `instance` 字段设置为 `volatile` 字段后，Double-Checked Locking模式就可以正常工作了。但是，`volatile` 字段的读写性能开销与 `synchronized` 几乎相同。本来Double-Checked Locking模式就是用于避免 `synchronized` 引起的性能下降的，如果使用了 `volatile` 就无法改善性能了。

实现方式3：Initialization On Demand Holder模式

下面将讲解的解决方案——Initialization On Demand Holder模式（代码清单B-10）既不会像Single Threaded Execution模式（第1章）那样降低性能，也不会带来像Double-Checked Locking模式那样的危险性。

`Holder` 类是 `MySystem` 的嵌套类，有一个静态字段 `instance`，并使用 `new MySystem()` 来初始化该字段。

`MySystem` 类的静态方法 `getInstance` 的返回值是 `Holder.instance`。

这段程序会使用 `Holder` 的"类的初始化"来创建唯一的实例，并确保线程安全。这是因为在Java规范中，类的初始化是线程安全的（见附录G中的[JLS3] § 12.4.2 Detailed Initialization Procedure）。

在代码清单B-10中，我们并没有使用 `synchronized` 和 `volatile` 来进行同步，因此性能不会下降。

而且，我们还使用了嵌套类的延迟初始化（lazy initialization）。`Holder` 类的初始化在线程刚刚要使用该类时才会开始进行。也就是说，在调用 `MySystem.getInstance` 方法前，`Holder` 类不会被初始化，甚至连 `MySystem` 的实例都不会创建。因此，使用Initialization On Demand Holder模式可以避免内存浪费。

Initialization On Demand Holder模式参考了JSR 133（Java Memory Model）FAQ（`http://www.cs.umd.edu/~pugh/java/memoryModel/jsr-133-faq.html`）。

代码清单 B-10　实现方式 3：使用 Initialization On Demand Holder 模式实现的 MySystem 类（MySystem.java）

```
import java.util.Date;

public class MySystem {
    private static class Holder {
        public static MySystem instance = new MySystem();
    }
    private Date date = new Date();
    private MySystem() {
    }
    public Date getDate() {
        return date;
    }
    public static MySystem getInstance() {
        return Holder.instance;
    }
}
```

该程序收录在本书配套的源代码 AppendixB/ InitializationOnDemandHolder 中

参考资料

◆ JSR 133

http://jcp.org/en/jsr/detail?id=133

◆ The Java Memory Model

http://www.cs.umd.edu/users/pugh/java/memoryModel/

◆ JSR 133（Java Memory Model）FAQ

http://www.cs.umd.edu/~pugh/java/memoryModel/jsr-133-faq.html

◆ TheJSR-133 Cookbook for compiler writers

http://gee.cs.oswego.edu/dl/jmm/cookbook.html

◆ Don't let the "this" reference escape during construction

◆ "Double-checked locking:Clever,but broken" by Brian Goetz

http://www.javaworld.com/jw-02-2001/jw-0209-double.html

◆ The "Double-Checked Locking is Broken" Declaration

http://www.cs.umd.edu/~pugh/java/memoryModel/DoubleCheckedLocking.html

附录C Java线程的优先级

Java 线程的优先级

Java 的线程是有优先级（priority）的。在附录 C 中，我们将学习优先级的相关内容。

Java 的优先级只能在特定的 Java 平台运行环境中起作用

正如标题所写，Java 规范中几乎没有规定任何通用于所有 Java 平台运行环境的优先级。因此，优先级只在特定的 Java 平台运行环境（Java VM 的实现和版本，以及操作系统）中起作用。

Java 规范中并没有写明优先级的值是否会对线程的运行产生影响，以及如果会产生影响，具体是什么样的影响。虽然其中写着“优先级高的线程会优先执行”，但是因为并没有写明这里的“优先”到底是什么意思，所以没有太大意义。

在某个 Java 平台运行环境中，高优先级的线程可能会比低优先级的线程得到更长的 CPU 时间。但是在其他 Java 平台运行环境中，最高优先级的线程则可能会使用全部 CPU 时间。这时，只要高优先级的线程没有被阻塞，低优先级的线程就无法执行。此外，还有可能在另外一个 Java 平台运行环境中，不管线程是什么优先级，都不会对线程的执行产生任何影响。

可能会有读者认为“不管怎样，将想要优先执行的线程的优先级设置得高一点总没有坏处吧”。这其实是错的。因为在有些 Java 平台运行环境中，只要线程的优先级稍微高一点，就有可能会一直不停地执行下去。这种情况下，如果提高某个线程的优先级，就可能会导致只有该线程被执行，其他线程则全部被停止。也就是说，程序会变为类似单线程执行的状态。

如果无论如何都必须使用优先级，需要先确定 Java 平台运行环境，然后调查该运行环境是如何处理优先级的。但是，这种做法无法确保这段程序在其他运行环境中执行时与在当前运行环境中执行时程序行为是相同的。

下面我们来了解一下在 Java 中，与优先级相关的字段和方法。

表示优先级的静态字段

Java 线程的优先级是整数值（`int`）。Java 中声明了以下表示优先级的静态字段。

- `Thread.MIN_PRIORITY`：表示最低优先级的值
- `Thread.NORM_PRIORITY`：表示默认优先级的值
- `Thread.MAX_PRIORITY`：表示最高优先级的值

虽然 Java 定义了以上这些值，但是这些值并不一定直接表示操作系统中的优先级。

设置优先级的方法

setPriority 方法用于设置优先级，是 Thread 类的实例方法。

获取优先级的方法

getPriority 方法用于获取优先级，是 Thread 类的实例方法。

线程相关的主要 API

线程相关的主要 API

在附录 D 中，我们将了解一下与线程相关的主要 API（J2SE 5.0）。

这里讲解的 API 并没有罗列所有线程相关的 API。关于各个 API，这里的讲解也没有覆盖 Java 规范中的所有内容。本附录中的内容仅供大家参考。

在进行实际的设计和编程时，请大家务必参考所使用的 JDK 的 API 文档。

▶▶ 小知识："本线程"与"当前线程"

这里我们来看一下"本线程"与"当前线程"这两种表述的区别。

正如我们在 `java.lang.Thread` 的实例方法的说明中了解到的那样，"本线程"表示 `this`（以及与 `this` 对应的线程）的意思。

"当前线程"则是指调用对象方法的线程。

java.lang.Object 类

● **`public final void notify()`**

从在这个对象上 `wait` 着的线程中选择一个并唤醒它。

如果当前线程没有获取这个对象的锁（没有持有监视器），在运行时异常 `java.lang.IllegalMonitorStateException` 会被抛出。

● **`public final void notifyAll()`**

唤醒在这个对象上 `wait` 着的全部线程。

如果当前线程没有获取这个对象的锁（没有持有监视器），在运行时异常 `java.lang.IllegalMonitorStateException` 会被抛出。

● **`public final void wait() throws InterruptedException`**

让当前线程（调用 `wait` 方法的线程）`wait`。不会发生超时。

与 `sleep` 方法不同，当前线程获取的锁会被释放。

如果当前线程没有获取这个对象的锁（没有持有监视器），在运行时异常 `java.lang.IllegalMonitorStateException` 会被抛出。

如果其他线程 `interrupt` 了当前线程，异常 `java.lang.InterruptedException` 会被抛出，中断状态也会被清除（见 10.6 节）。

关于超时，请参见 4.6 节的内容。

● **`public final void wait(long millis) throws InterruptedException`**

让当前线程（调用 `wait` 方法的线程）`wait`。`millis` 是发生超时的时间（以毫秒为单位）。如果是 `wait(0)`，则不会发生超时。

与 sleep 方法不同，当前线程获取的锁会被释放。如果 millis 为负数，在运行时异常 java.lang.IllegalArgumentException 会被抛出。

如果当前线程没有获取这个对象的锁（没有持有监视器），在运行时异常 java.lang.IllegalMonitorStateException 会被抛出。

当正在 wait 时，如果其他线程 interrupt 了当前线程，异常 java.lang.InterruptedException 会被抛出，中断状态也会被清除（见 10.6 节）。

关于超时，请参见 4.6 节的内容。

- **public final void wait(long millis, int nanos) throws InterruptedException**

让当前线程（调用 wait 方法的线程）wait。1000000 * millis + nanos 是发生超时的时间（以纳秒为单位）。如果是 wait(0,0)，则不会发生超时。

与 sleep 方法不同，当前线程获取的锁会被释放。

如果 millis 为负数或者 nanos 的值不在 0 至 999999 之间，在运行时异常 java.lang.IllegalArgumentException 会被抛出。

如果当前线程没有获取这个对象的锁（没有持有监视器），在运行时异常 java.lang.IllegalMonitorStateException 会被抛出。

当正在 wait 时，如果其他线程 interrupt 了当前线程，异常 java.lang.InterruptedException 会被抛出，中断状态也会被清除（见 10.6 节）。

关于超时，请参见 4.6 节的内容。

java.lang.Runnable 接口

- **public void run()**

在创建 java.lang.Thread 的实例时，如果指定实现了 Runnable 接口的类的实例，那么线程启动后会调用 run 方法。

java.lang.Thread 类（implements Runnable）

- **public Thread()**

创建 java.lang.Thread 的实例

- **public Thread(Runnable target)**

指定一个实现了 java.lang.Runnable 接口的类的实例，创建 java.lang.Thread 的实例。

- **public Thread(Runnable target, String name)**

指定一个实现了 java.lang.Runnable 接口的类的实例和名字，创建 java.lang.Thread 的实例。

- **public Thread(String name)**

指定一个名字，创建 java.lang.Thread 的实例。

- **public Thread(ThreadGroup group, Runnable target)**

指定一个线程组，创建 `java.lang.Thread` 的实例。

- **public Thread(ThreadGroup group, Runnable target, String name)**

指定一个线程组，一个实现了 `java.lang.Runnable` 接口的类的实例，以及一个名字，创建 `java.lang.Thread` 的实例。

- **public Thread(ThreadGroup group, String name)**

指定一个线程组和一个名字，创建 `java.lang.Thread` 的实例。

- **public static final int MIN_PRIORITY**

表示可以设置的线程的最低优先级。

- **public static final int NORM_PRIORITY**

表示设置给线程的默认优先级。

- **public static final int MAX_PRIORITY**

表示可以设置的线程的最高优先级。

- **public static Thread currentThread()**

获取与当前线程（调用本方法的线程）对应的 `java.lang.Thread` 的实例。

- **public static Thread.UncaughtExceptionHandler getDefaultUncaughtExceptionHandler()**

获取当前线程的“未捕获异常的处理器”的默认处理器。如果返回值是 `null` 表示没有默认处理器。

- **public long getId()**

获取本线程（`this`）的线程 ID。线程 ID 是一个直到线程终止都不会改变的唯一的正整数。线程终止后，线程 ID 可能会被重复使用。

- **public final String getName()**

获取本线程（`this`）的名字。

- **public final int getPriority()**

获取本线程（`this`）的优先级。

- **public Thread.State getState()**

获取本线程（`this`）当前的状态。该状态是用于监视线程的，并不是用于线程同步的。状态迁移图请参见图 I1-22。

- **public Thread.UncaughtExceptionHandler getUncaughtExceptionHandler()**

获取当前线程的“未捕获异常的处理器”。如果没有显式地设置“未捕获异常的处理器”，本方法会返回当前线程的 `ThreadGroup` 的实例。如果线程已经终止，则本方法返回 `null`。

- **public static boolean holdsLock(Object obj)**

如果当前线程持有 obj 的监视器，则本方法返回 true。

- **public void interrupt()**

中断本线程（this）。

请注意，这里是中断与 this 对应的线程，并不一定会中断与 Thread.currentThread() 对应的线程。

- **public static boolean interrupted()**

判断当前线程（调用 interrupted 方法的线程）是否处于中断状态。调用本方法后，当前线程将不再处于中断状态（见 5.6 节）。

- **public static boolean isAlive()**

判断本线程（this）是否处于活动状态。

- **public static boolean isDaemon()**

判断本线程（this）是否是守护线程。

- **public boolean isInterrupted()**

判断本线程（this）是否处于中断状态。即使调用本方法，本线程（this）的中断状态也不会变化（见 5.2 节）。

- **public final void join() throws InterruptedException**

让当前线程（调用 join 方法的线程）等待本线程（this）终止。

如果其他线程中断了当前线程（调用 join 方法的线程），异常 java.lang.InterruptedException 会被抛出，当前线程的中断状态（见 5.6 节）会被清除。

- **public final void join(long millis) throws InterruptedException**

等待本线程（this）终止。

millis 是发生超时的时间（毫秒单位）。如果是 join(0)，则不会发生超时。

如果 millis 为负数，在运行时异常 java.lang.IllegalArgumentException 会被抛出。

如果在等待过程中其他线程 interrupt 了当前线程（调用 join 方法的线程），异常 java.lang.InterruptedException 会被抛出，当前线程的中断状态（见 5.6 节）也会被清除。

- **public final void join(long millis, int nanos) throws InterruptedException**

等待本线程（this）的终止。

1000000 * millis + nanos 是发生超时的时间（纳秒单位）。如果是 join(0, 0)，则不会发生超时。

如果 millis 为负数或者 nanos 不在 0 至 999999 之间，在运行时异常 java.lang.IllegalArgumentException 会被抛出。

如果在等待过程中其他线程 interrupt 了当前线程（调用 join 方法的线程），异常 java.lang.InterruptedException 会被抛出，当前线程的中断状态（见 5.6 节）也会被清除。

● **public void resume()**

不推荐使用本方法。本方法与 suspend（也不推荐该方法）组合使用。

● **public void run()**

当本线程（this）被启动后，本方法会被调用。

本方法通常会被 java.lang.Thread 类的子类重写。

java.lang.Thread 类的 run 方法不会进行任何处理，而是直接终止。

● **public final void setDaemon(boolean on)**

当 on 为 true 时，本线程（this）会变为守护线程。

如果本线程已经启动了，异常 java.lang.IllegalThreadStateException 会被抛出。

如果当前线程无法改变本线程（this），异常 java.lang.SecurityException 会被抛出。

● **public static void setDefaultUncaughtExceptionHandler(Thread.UncaughtExceptionHandler handler)**

设置默认的"未捕获的异常的处理器"。

● **public final void setName(String name)**

改变本线程（this）的名字。

如果当前线程无法改变本线程（this），异常 java.lang.SecurityException 会被抛出。

● **public final void setPriority(int newPriority)**

设置优先级。

如果被设置的优先级不在 MIN_PRIORITY 和 MAX_PRIORITY 的范围内，在运行时 java.lang.IllegalArgumentException 会被抛出。

如果当前线程无法改变本线程（this），异常 java.lang.SecurityException 会被抛出。

● **public void setUncaughtExceptionHandler(Thread.UncaughtExceptionHandler handler)**

设置"未捕获异常的处理器"。

● **public static void sleep(long millis) throws InterruptedException**

让当前线程（调用 sleep 方法的线程）在指定时间（毫秒单位）内停止运行。

与 wait 方法不同的是，当前线程获取的锁不会被释放。

如果 millis 为负数，在运行时异常 java.lang.IllegalArgumentException 会被抛出。

如果在运行停止期间，其他线程 interrupt 了当前线程，异常 java.lang.InterruptedException 会被抛出，中断状态也会被清除（见 5.6 节）。

详细内容请参见 5.6 节。

● **public static void sleep(long millis, int nanos) throws InterruptedException**

让当前线程（调用 sleep 方法的线程）在指定时间（纳秒单位）内停止运行。

与 wait 方法不同的是，当前线程获取的锁不会被释放。

如果 millis 为负数或者 nanos 的值不在 0 至 999999 之间，在运行时异常 java.lang.IllegalArgumentException 会被抛出。

如果在运行停止期间，其他线程 interrupt 了当前线程，异常 java.lang.InterruptedException 会被抛出，并清除中断状态（见 5.6 节）。

详细内容请参见 5.6 节。

- **public void start()**

启动线程。新启动的线程会调用 this 的 run 方法。

如果本线程（this）已经启动了，异常 java.lang.IllegalThreadStateException 会被抛出。

- **public final void stop()**

不推荐使用本方法。如果使用了本方法，程序可能会失去安全性。详细内容请参见 5.6 节和 10.4 节。

- **public final void stop(Throwable obj)**

不推荐使用本方法。如果使用了本方法，程序可能会失去安全性。

- **public final void suspend()**

不推荐使用本方法。如果使用了本方法，程序可能会失去安全性。

- **public String toString()**

获取由本线程（this）的名字、优先级、线程组等构成的字符串。

- **public static void yield()**

暂时停止当前线程（调用本方法的线程），让其他线程有被执行的可能性。

java.lang.ThreadLocal<T> 类（见第 11 章）

java.lang.ThreadLocal<T> 是带有类型参数的泛型类。

- **public T get()**

获取与当前线程（调用本方法的线程）对应的值。当一次都还没有通过 set 方法存储过值的时候，返回值是 null。

- **public void set(T value)**

设置与当前线程（调用本方法的线程）对应的值。

- **public void remove()**

删除与当前线程（调用本方法的线程）对应的值。

附录E java.util.concurrent 包

java.util.concurrent 包

java.util.concurrent 是自 J2SE 5.0 起引入的用于多线程编程的包。

Queue

java.util.concurrent.BlockingQueue 接口是当线程向队列中添加和取出元素时，在队列变为正常状态[①]前会阻塞线程的 Queue。

java.util.concurrent.ConcurrentLinkedQueue 类是通过分割内部的数据结构防止线程冲突的 Queue。

图 E-1 Queue

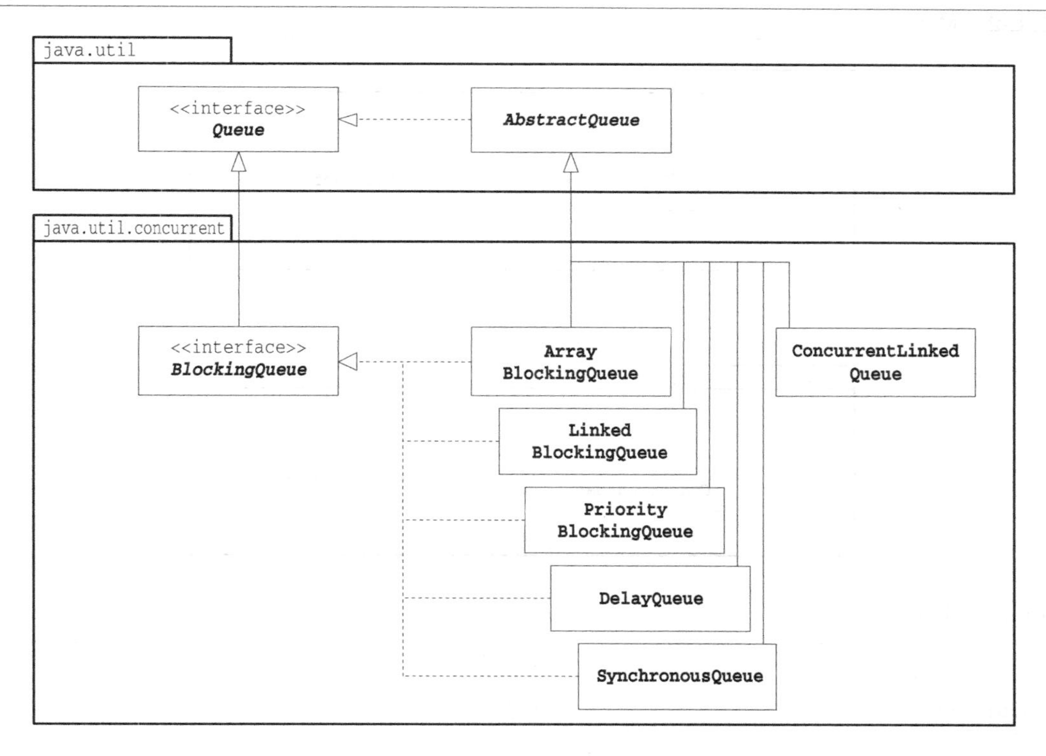

① 如果 BlockingQueue 是空的，线程从 BlockingQueue 取出元素的操作将会被阻断而进入等待状态，直到有元素被添加到 BlockingQueue 中才会被唤醒。同样地，如果 BlockingQueue 是满的，当线程试图往里添加元素操作也会被阻断而进入等待状态，直到 BlockingQueue 里有空间时才会被唤醒继续操作。——译者注

表 E-1 Queue

名字	内容	程序示例
BlockingQueue<E>	添加和取出元素时发生阻塞的队列	代码清单 3-6 代码清单 4-10
ArrayBlockingQueue<E>	以数组为基础的 BlockingQueue	代码清单 5-5
LinkedBlockingQueue<E>	以链表为基础的 BlockingQueue	代码清单 3-6 代码清单 4-10
PriorityBlockingQueue<E>	带有优先级的 BlockingQueue	
DelayQueue<E extends Delayed>	可以在一定时间后取出元素的 BlockingQueue	
SynchronousQueue<E>	一手交钱一手交货的 BlockingQueue	
ConcurrentLinkedQueue<E>	元素数量没有上限的线程安全的 Queue	

Map

java.util.concurrent.ConcurrentMap 接口是通过分割内部数据结构防止线程冲突的 Map。

图 E-2 Map

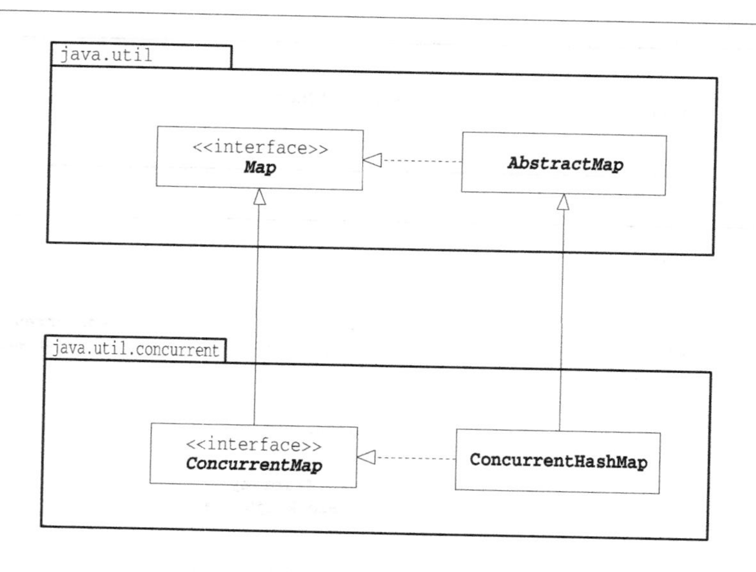

表 E-2 Map

名字	内容
ConcurrentMap<K,V>	考虑了并发性的 Map
ConcurrentHashMap<K,V>	考虑了并发性的 HashMap

写时复制

所谓写时复制（copy-on-write），是在对集合进行“写”操作时，在内部将数据结构全部复制一份的机制。使用这种机制后，即使在多个线程发生读写冲突时 ConcurrentModificationException 异常也不会被抛出。

图 E-3 写时复制

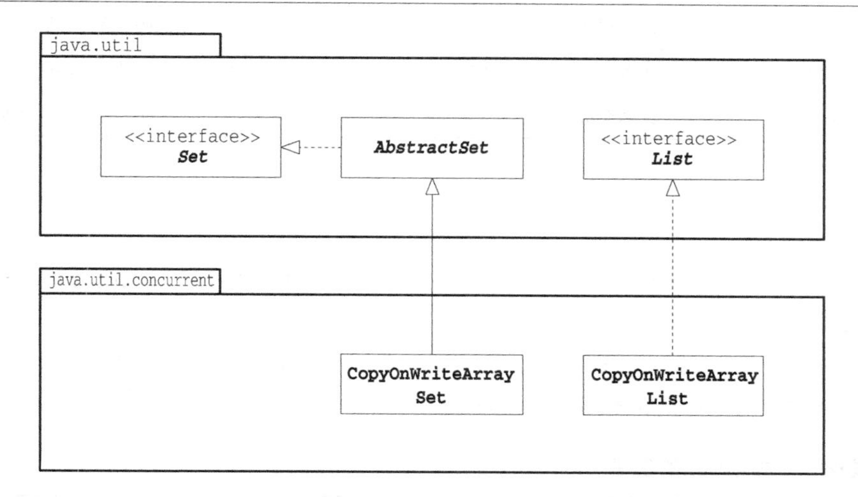

表 E-3 写时复制

名字	内容	程序示例
CopyOnWriteArrayList<E>	写时复制的 List	代码清单 2-9
CopyOnWriteArraySet<E>	写时复制的 Set	

同步机制

Semaphore、CountDownLatch、CyclicBarrier、Exchanger<V> 都是用于线程同步的类。

图 E-4 同步机制

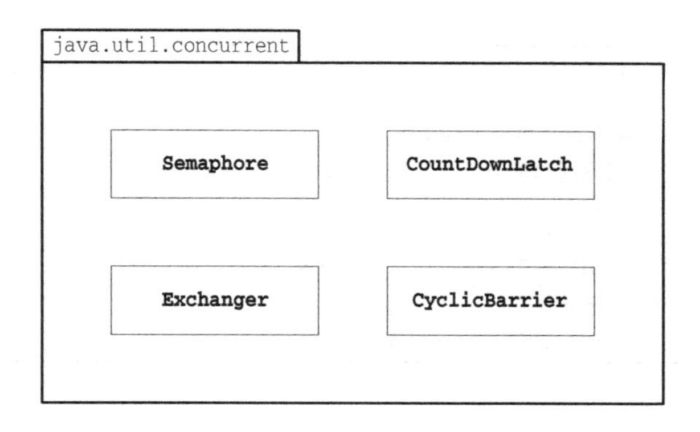

表 E-4 同步机制

名字	内容	程序示例
Semaphore	计数信号量	代码清单 1-11
CountDownLatch	让线程等待某个操作执行完指定次数的同步机制	代码清单 10-5
CyclicBarrier	让多个线程在特定位置（屏障）等待的同步机制	代码清单 10-6
Exchanger<V>	让两个线程交换对象的同步机制	代码清单 5-6、代码清单 5-7

创建

java.util.concurrent.ThreadFactory 类是用于创建线程（隐藏使用 new 关键字创建 Thread）的接口。

另外，java.util.concurrent.Executors 是用于创建 Executor、ExecutorService、ScheduledExecutorService、ThreadFactory、Callable 等各个对象的工具类。

表 E-5 线程的创建与对象的创建

名字	内容	程序示例
ThreadFactory	创建线程的接口	代码清单 I1-8、代码清单 7-6
Executors	创建 Executor、ExecutorService、ScheduledExecutorService、ThreadFactory、Callable 的工具类	代码清单 I1-8、代码清单 7-8、代码清单 8-6、代码清单 10-4、代码清单 11-7、代码清单 12-21

任务

java.lang.Runnable 接口不仅用于线程的创建与启动，还可以用作与没有返回值的方法对应的抽象任务。

此外，java.util.concurrent.Callable 接口可以用作与有返回值的方法对应的抽象任务。

表 E-6 任务

名字	内容	程序示例
java.lang.Runnable	提供了 run 方法的任务 （没有返回值的方法所对应的抽象化接口）	代码清单 7-5、代码清单 8-8、代码清单 10-5、代码清单 11-8、代码清单 12-21
Callable<V>	提供了 call 方法的任务 （有返回值的方法所对应的抽象化接口）	代码清单 9-6
Delayed	用于标记应该在一定时间后执行的对象的接口 （ScheduledFuture 的父接口）	

Executor 和 ExecutorService

java.util.concurrent.Executor 接口中定义了用于执行 Runnable 对象的 execute 方法。该接口隐藏了线程的存在，只是对外表明负责执行的主体存在于背后而已。

java.util.concurrent.ExecutorService 接口是可以关闭（shutdown）自己的 Executor 接口。该接口的默认实现类是 AbstractExecutorService，使用了线程池的实现类是 ThreadPoolExecutor。多使用工具类 Executors 来创建实际的实例。

java.util.concurrent.ScheduledExecutorService 接口是可以在一定时间后或周期性地执行提交上来的命令的 ExecutorService。该接口的一个典型的实现类是 ScheduledThreadPoolExecutor。多使用工具类 Executors 来创建实际的实例。

表 E-7　Executor 和 ExecutorService

名字	内容	程序示例
Executor	提供了用于执行 Runnable 对象的 execute 方法的接口	代码清单 7-9、代码清单 7-10
ExecutorService	提供了用于关闭自己的 shutdown 方法的 Executor 接口	代码清单 7-11、代码清单 8-6、代码清单 10-4、代码清单 11-8、代码清单 12-21
ScheduledExecutorService	在一定时间后或周期性地执行提交上来的命令的 ExecutorService 接口	代码清单 7-12、代码清单 7-13
AbstractExecutorService	ExecutorService 的默认实现类	
ThreadPoolExecutor	使用了线程池的 ExecutorService 的实现类	代码清单 7-11、代码清单 8-6、代码清单 10-4、代码清单 11-8
ScheduledThreadPoolExecutor	ScheduledExecutorService 的典型的实现类	代码清单 7-13

Future 和 FutureTask

java.util.concurrent.Future 是表示异步处理的执行结果的接口。该接口的主要实现类是 FutureTask 类。

表 E-8　Future

名字	内容	程序示例
Future<V>	表示异步处理的结果的接口 该接口是 ExecutorService 的返回值	代码清单 12-17
ScheduledFuture<V>	ScheduledExecutorService 的处理结果	
FutureTask<V>	可以调用 Runnable 对象的 run 方法或是 Callable 对象的 call 方法的任务。该类是 Future 接口的典型的实现类	代码清单 9-7
CompletionService<V>	将异步任务的创建与使用任务处理结果分离的服务	
ExecutorCompletionService<V>	面向 Executor 的 CompletionService	

Executor、ExecutorService、Future、Callable 的整体图

如果只有 Thread 和 Runnable 还不难理解，但是加上 Executor、ExecutorService、ScheduledExecutorService、Future、FutureTask、Callable 等众多的类和接口后，我们就难以整体地把握全貌了。

这里，图 E-5 描绘出了 Executor、ExecutorService、Future、Callable 的全貌。一边看图一边阅读以下描述应该能便于理解大致流程。

- Thread 调用 Runnbale 的 run 方法。
- Executor 调用 Runnable 的 run 方法。
- FutureTask 实现（implements）了 Runnable 和 Future。
- Executor 调用 Callable 的 call 方法。
- ExecutorService 调用 Callable 的 call 方法，返回（return）Future。
- ExecutorService 调用 Runnbale 的 run 方法，返回（return）Future。
- Executors 创建（create）ThreadFactory、ExecutorService、ScheduledExecutorService、Callable。

java.util.concurrent.locks 包

java.util.concurrent.locks 是在 J2SE 5.0 中引入的用于创建锁的包。除了要编写 Read-Write Lock 等具有特殊性质的锁，普通开发人员几乎不会用到这个包。

java.util.concurrent.atomic 包

java.util.concurrent.atomic 是在 J2SE 5.0 中引入的用于进行原子操作的包。例如，该包中的 compareAndSet 方法可以以原子方式进行“比较操作和赋值操作”。

图 E-5　Executor、ExecutorService、Future、Callable 的全貌

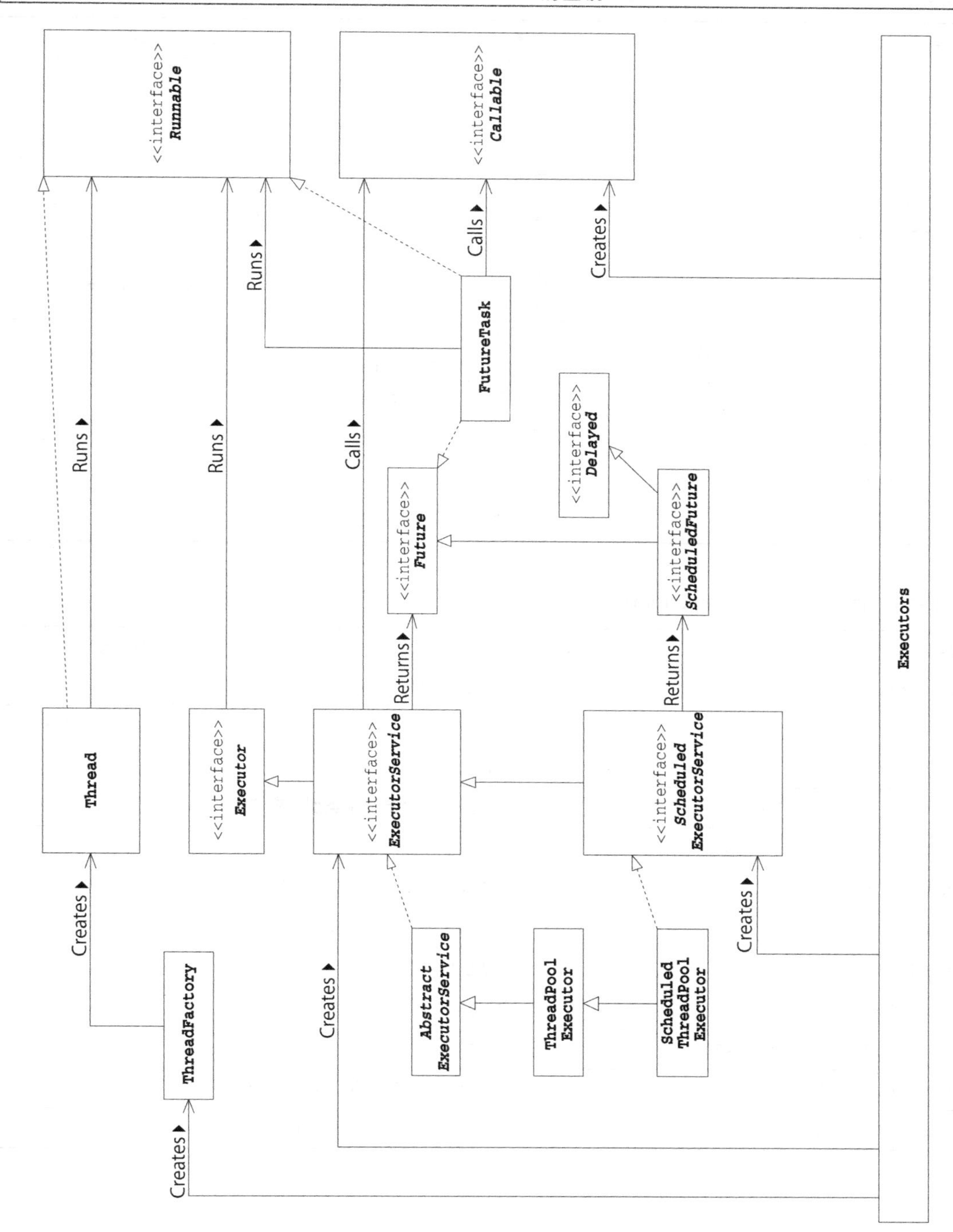

表 E-9 java.util.concurrent.locks 包

名字	内容	程序示例
Lock	可以创建出与 synchronized 的锁具有不同结构的锁的接口	代码清单 6-6
ReadWriteLock	用于创建 Read-Write Lock 的接口	代码清单 6-6
ReentrantLock	可以被多次获取的互斥锁	代码清单 A1-11
ReentrantReadWriteLock	具有与 ReentrantLock 类似功能的 ReadWriteLock 的实现类	代码清单 6-6
ReentrantReadWriteLock.ReadLock	通过 ReentrantReadWriteLock.readLock 方法获取的 Lock 对象	代码清单 6-6
ReentrantReadWriteLock.WriteLock	通过 ReentrantReadWriteLock.writeLock 方法获取的 Lock 对象	代码清单 6-6
Condition	用于与 Lock 组合使用，创建线程的等待队列的接口	
AbstractQueuedSynchronizer	用于创建一个以 FIFO 方式让线程等待的队列的框架	
LockSupport	制作锁和同步机制的基本原语	

表 E-10 java.util.concurrent.atomic 包

名字	内容	程序示例
AtomicBoolean	以原子方式操作的 boolean 类型的变量	
AtomicInteger	以原子方式操作的 int 类型的变量	代码清单 A6-3
AtomicLong	以原子方式操作的 long 类型的变量	
AtomicReference<V>	以原子方式操作的对象引用类型的变量	
AtomicIntegerFieldUpdater<T>	以原子方式操作的 int 类型的字段	
AtomicLongFieldUpdater<T>	以原子方式操作的 long 类型的字段	
AtomicReferenceFieldUpdater<V>	以原子方式操作的对象引用类型的字段	
AtomicIntegerArray	以原子方式操作的 int 类型的数组	
AtomicLongArray	以原子方式操作的 long 类型的数组	
AtomicReferenceArray<E>	以原子方式操作的对象引用类型的数组	
AtomicMarkableReference<E>	以原子方式操作的带有标记的对象引用	
AtomicStampedReference<V>	以原子方式操作的带有时间戳的对象引用	

示例程序的运行步骤

示例程序的获取方法

本书中的所有示例程序均可从以下网站下载。

http://www.ituring.com.cn/book/1812（点击“随书下载”）

示例程序分为 Windows 和 UNIX 两个版本。请读者根据自己的操作系统选择合适的版本。

下载

Windows 版的示例程序以 UTF-8 编码编写，保存为 zip 格式。

UNIX 版的示例程序以 UTF-8 编码编写，保存为 tar+gzip 格式。

示例程序的目录结构

示例程序的目录结构如下所示。

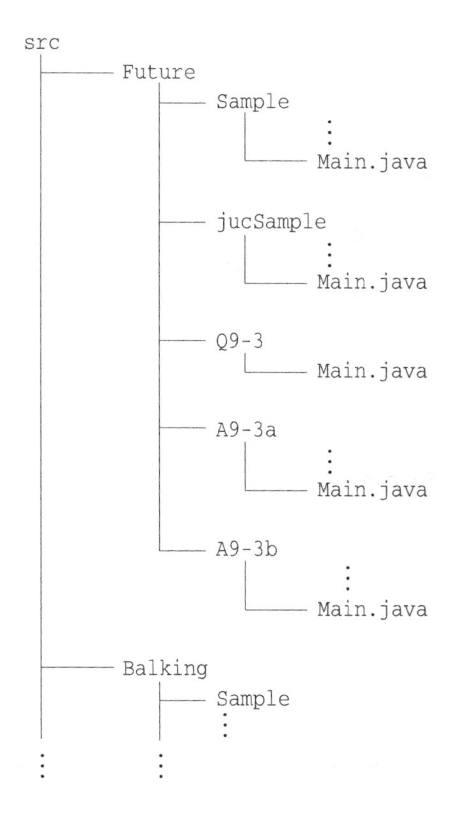

各个目录中保存的代码如下。

src/ 模式名 /Sample：示例程序

src/ 模式名 /jucSample：示例程序

（主要是使用了 **java.util.concurrent** 包的示例程序）

src/ 模式名 /Q ☆……：习题中的代码清单（☆表示习题编号）

src/ 模式名 /A ☆……：习题解答中的代码清单（☆表示习题编号）

编译和运行步骤

本书中的所有代码全部是用 Java 语言编写的。在编译和运行代码时需要有 J2SE 5.0 或者更高版本的 Java 开发环境（例如 Sun Microsystems① 公司免费提供的 JDK）。

下载 JDK

可以从以下地址下载 JDK。

http://java.sun.com②

以下步骤用于将本书代码解压至 work 目录，然后使用 JDK 来编译和运行程序。

①安装 JDK（根据需要设置环境变量 PATH）

②移动至 Main.java 所在目录

③编译 Main.java

④运行 Main 类文件

Windows 示例

在命令行界面中输入以下命令。

```
C:/> cd /work/src/Future/Sample ↵
C:/work/src/Future/Sample> javac Main.java ↵
C:/work/src/Future/Sample> java Main ↵
```

UNIX 示例

```
$ cd /work/src/Future/Sample ↵
$ javac Main.java ↵
$ java Main ↵
```

① SunMicrosystems 是 IT 及互联网技术服务公司，创建于 1982 年，已于 2009 年被甲骨文（Oracle）公司收购。——译者注

② 现在访问该网址会自动跳转至 Oracle 的主页。——译者注

附录G 参考文献

笔者在编写本书时参考了以下文献。本书讲解的模式在这些文献中有其他名字时，也已经标注出来了。这里，( ) 内的名字是参考文献中采用的名字。

深入学习 Java 多线程编程

[Lea] *Concurrent Programming in Java:Design Principles and Patterns, Second Edition*[①]
by Doug Lea
『Java スレッドプログラミング　並列オブジェクト指向プログラミングの設計原理』
松野良蔵 監訳 / 株式会社翔泳社 /ISBN4-88135-918-5

这是一部全面讲解 Java 多线程编程的著作，内容非常详细而准确。

书中涉及的模式

- Active Object（Actor）
- Balking
- Future（Futures）
- Guarded Suspension（Guarded Waits）
- Immutable
- Producer-Consumer
- Read-Write Lock（Readers and Writers）
- Thread-Per-Message
- Thread-Specific Storage（Thread-Specific Data）
- Worker Thread（Worker-Threads）

学习 Java 编程规范

[JLS2] *The Java Language Specification, Second Edition*
by Bill Joy, Guy Steele, James Gosling, Gilad Bracha
『Java 言語仕様 第 2 版』
村上雅章 訳 / 株式会社ピアソン・エデュケーション /ISBN4-89471-306-3

[JLS3] *The Java Language Specification, Third Edition*[②]
by Bill Joy, Guy Steele, James Gosling, Gilad Bracha
https://docs.oracle.com/javase/specs/jls/se6/html/j3TOC.html

学习 Java 虚拟机

[JVMS] *The Java Virtual Machine Specification, Second Edition*
by Tim Lindholm, Frank Yellin
『Java 仮想マシン仕様 第 2 版』

---

① 中文版名为《Java 并发编程设计原则与模式（第二版）》，赵涌等译，中国电力出版社，2004 年 2 月。——编者注

② 中文版名为《Java 编程规范（第三版）》，陈宗斌等译，中国电力出版社，2006 年 7 月。——编者注

村上雅章 訳 / 株式会社ピアソン・エデュケーション /ISBN4-89471-356-X
`https://docs.oracle.com/javase/specs/jvms/se6/html/VMSpecTOC.doc.html`

[Venners99] *Inside The Java 2 Virtual Machine, Second Edition*①
by Bill Venners / Osborne McGraw-Hill / ISBN0-07-135093-4

学习 GoF 的设计模式

[GoF] *Design Patterns: Elements of Resuable Object-Oriented Software*②
by Erich Gamma, Richard Helm, Ralph Johnson, John Vlissides
『オブジェクト指向における再利用のためのデザインパターン 改訂版』
本位田眞一、吉田和樹 監訳 / ソフトバンクパブリッシング株式会社 /ISBN4-7973-1112-6
`http://hillside.net/elements-of-reusable-object-oriented-software-book`

这是在设计模式方面堪比圣经的一本书，讲解了著名的 23 种设计模式。

用 Java 语言学习 GoF 的设计模式

[Yuki04]『增補改訂版 Java 言語で学ぶデザインパターン入門』③
結城浩 著 / ソフトバンクパブリッシング株式会社 /ISBN4-7973-2703-0
`http://www.hyuki.com/dp`

这是设计模式入门书，用 Java 语言编写的示例程序讲解了 GoF 的 23 种设计模式。

学习 GoF 以外的其他设计模式

[Grand] *Patterns in Java Volume 1: A Catalog of Reusable Design Patterns Illustrated with UML*④
by Mark Grand
『UML を使った Java デザインパターン—再利用可能なプログラミング設計集—』
原潔、宮本道夫、瀬尾明志 訳 / 株式会社カットシステム /ISBN4-87783-013-8

本书涉及多种设计模式。虽然本书也讲解了与多线程相关的各种模式，但是讲述过程中省略了许多内容，在阅读时需要格外注意。

书中涉及的模式

- Balking
- Guarded Suspension
- Immutable
- Producer-Consumer
- Read-Write Lock（Read/Write Lock）
- Single Threaded Execution
- Two-Phase Termination

① 中文版名为《深入 Java 虚拟机（原书第二版）》，曹晓钢等译，机械工业出版社，2003 年 9 月。——编者注

② 中文版名为《设计模式：可复用面向对象软件的基础》，刘建中等译，机械工业出版社，2007 年 1 月。——译者注

③ 中文版名为《图解设计模式》，杨文轩译，人民邮电出版社，2016 年 12 月。——译者注

④ 中文版名为《Java 模式》，亢勇等译，电子工业出版社，2004 年 1 月。——编者注

学习 GoF 以外的其他经典设计模式

[POSA1] *Pattern-Oriented Software Architecture, Volume 1: A System of Patterns*①

by Frank Buschmann, Regine Menuier, Hans Rohnert, Peter Sommerlad, and Michael Stal

『ソフトウェアアーキテクチャ』

金澤典子、水野貴之、桜井麻里、関富登志、千葉寛之 訳 / 近代科学社 /ISBN4-7649-0283-4

[POSA2] *Pattern-Oriented Software Architecture, Volume 2: Patterns for Concurrent and Networked Objects*②

by Douglas Schmidt, Michael Stal, Hans Rohnert, Frank Buschmann / JohnWiley & Sons / ISBN 0-47-160695-2

书中涉及的模式

- Active Object
- Thread-Specific Storage

[PLOPD]『プログラムデザインのためのパターン言語——Pattern Languages of Program Design 選集』

PLoPD Editors 著、細谷竜一、中山裕子 監訳 / ソフトバンクパブリッシング株式会社 /ISBN4-7973-1439-7

学习 Java 多线程编程

[Holub00] *Taming Java Threads*

by Allen I.Holub / Apress / ISBN1-89-311510-0

这是一本关于 Java 多线程编程的书。

书中涉及的模式

- Active Object
- Balking
- Guarded Suspension (Spin Lock)
- Immutable
- Read-Write Lock (Reader/Writer Lock)
- Single Threaded Execution (Critical Section)
- Thread-Per-Message (Thread-per-Method)
- Worker Thread (Thread Pool)

[Thomas00] *High-Performance Java Platform Computing:Multithreaded and Networked Programming*

by Thomas Christopher, Geroge K.Thiruvathukal / Prentice Hall / ISBN0-13-016164-0

[Lewis00] *Multithreaded Programming with Java Technology*

by Bil Lewis, Daniel J.Berg / Prentice Hall / ISBN0-13-017007-0

---

① 中文版名为《面向模式的软件体系结构（卷 1）》，贲可荣等译，机械工业出版社，2003 年 1 月。——编者注

② 中文版名为《面向模式的软件体系结构 卷 2: 用于并发和网络化对象的模式》，施密特译，机械工业出版社，2003 年 8 月。——编者注

从 Java 基础到多线程

[Tomatsu02]『Javaプログラムデザイン 第 3 版』
戸松豊和 著 / ソフトバンクパブリッシング株式会社 /ISBN4-7973-1923-2

这是 Java 基础、设计模式以及多线程相关的知识浓缩而成的一本书。

书中涉及的模式

- Single Threaded Execution（临界区）
- Guarded Suspension（有条件的同步、自定义锁）
- Future（提货单对象）
- Producer-Consumer（生产者、消费者）
- Immutable（不可变对象）
- Active Object（主动对象）

学习 Java 基础知识

[Yuki05]『改訂第 2 版 Java 言語プログラミングレッスン』（上下 2 巻）
结城浩著 / ソフトバンクパブリッシング株式会社 /ISBN4-7973-2525-1（上巻）
ISBN4-7973-2516-X（下巻）

http://www/hyuki.com/jb/

这是 Java 入门书。上卷讲述了 Java 基础知识，下卷讲述了面向对象与多线程的知识。

书中涉及的模式

- Single Threaded Execution
- Guarded Suspension
- Producer-Consumer

学习 Java 基础技巧

[Bloch] *Effective Java Programming Language Guide*①
by Joshua Bloch
『Effective Java プログラミング言語ガイド』
柴田芳樹 著 / 株式会社ピアソン・エデュケーション /ISBN4-89471-436-1

此书第 9 章讲解了线程相关的注意事项。

学习 J2SE 5.0 的新功能

[Brett] *Java 1.5 Tiger: A Developer's Notebook*②
by Brett McLaughlin and David Flanagan
此书只介绍了 J2SE 5.0 中的新功能。

---

① 中文版名为《Java 高效编程指南》，闻山等译，机械工业出版社，2002 年 1 月。——译者注
② 中文版名为《Java 5.0 Tiger：程序高手秘笈》，O'Reilly Taiwan 公司编译，东南大学出版社，2005 年 10 月。——译者注

参考网页

- 与本书相关的网页（日文）

  http://www.hyuki.com/dp/dp2.html

- Doug Lea's Home Page

  http://g.oswego.edu/dl/

- Patterns Home Page

  http://www.hillside.net/patterns/

- Object Management Group

  http://www.omg.org/

- Design Patterns in Wiki

  https://en.wikipedia.org/wiki/Design_Patterns

- Observer 模式与多线程（日文）

  http://www.objectclub.jp/technicaldoc/pattern/observer

- 不可变对象（日文）

  http://www.itmedia.co.jp/im/articles/0211/06/news001.html

- Threads and Swing

  http://www.pascal-man.com/navigation/faq-java-browser/java-concurrent/ThreadsAndSwing.pdf

- Using a Swing Worker Thread—New Ways to Perform Background Tasks

  https://docs.oracle.com/javase/tutorial/uiswing/concurrency/worker.html

- How to Use Threads—The Java Tutorial (Swing)

  http://www.it.cas.cz/manual/java/uiswing/misc/threads.html

- もしも自分が王様だったら：Java プログラム言語のスレッド不具合への解決策提案[①]

  https://www.ibm.com/developerworks/jp/java/library/j-king/

① If I were king:A proposal for fixing the Java programming language's threading problems 的日译版。

——编者注

●结城浩的著作

『C 言語プログラミングのエッセンス』，ソフトバンク，1993（新版: 1996）

『C 言語プログラミングレッスン　入門編』，ソフトバンク，1994（改訂第 2 版: 1998）

『C 言語プログラミングレッスン　文法編』，ソフトバンク，1995

『Perl で作る CGI 入門　基礎編』，ソフトバンク パブリッシング，1998

『Perl で作る CGI 入門　応用編』，ソフトバンク パブリッシング，1998

『Java 言語でプログラミングレッスン』上 · 下，ソフトバンク パブリッシング，1999（改訂版: 2003）

『Perl 言語でプログラミングレッスン　入門編』，ソフトバンク パブリッシング，2001

『Java 言語で学ぶデザインパターン入門』[①]，ソフトバンク パブリッシング，2001（増補改訂版: 2004）

『暗号技術入門』，ソフトバンク パブリッシング，2003

『結城浩の Wiki 入門』，インプレス，2004

『プログラマの数学』[②]，ソフトバンク パブリッシング，2005

『改訂第 2 版 Java 言語プログラミングレッスン』上 · 下，ソフトバンク クリエイティブ，2005

『新版 C 言語プログラミングレッスン　入門編』，ソフトバンク クリエイティブ，2006

『新版 C 言語プログラミングレッスン　文法編』，ソフトバンク クリエイティブ，2006

『新版 Perl 言語プログラミングレッスン　入門編』，ソフトバンク クリエイティブ，2006

『Java 言語で学ぶリファクタリング入門』，ソフトバンク クリエイティブ，2007

『数学ガール』[③]，ソフトバンク クリエイティブ，2007

『数学ガール / フェルマーの最終定理』[④]，ソフトバンク クリエイティブ，2008

『新版暗号技術入門』[⑤]，ソフトバンク クリエイティブ，2008

『数学ガール / ゲーデルの不完全性定理』[⑥]，ソフトバンク クリエイティブ，2009

『数学ガール / 乱択アルゴリズム』，ソフトバンク クリエイティブ，2011

『Java 言語プログラミングレッスン　第 3 版』上 · 下，ソフトバンク クリエイティブ，2012

『数学文章作法　基礎編』，筑摩書房，2013

---

① 中文版名为《图解设计模式》，杨文轩译，人民邮电出版社，2016 年 11 月。——编者注

② 中文版名为《程序员的数学》，管杰译，人民邮电出版社，2012 年 11 月。——编者注

③ 中文版名为《数学女孩》，朱一飞译，人民邮电出版社，2015 年 12 月。——编者注

④ 中文版名为《数学女孩 2：费马大定理》，丁灵译，人民邮电出版社，2015 年 12 月。——编者注

⑤ 中文版名为《图解密码技术》，周自恒译，人民邮电出版社，2014 年 11 月。另该书第 3 版，即《图解密码技术（第 3 版）》已于 2016 年 7 月引进出版，周自恒译，人民邮电出版社。——编者注

⑥ 中文版名为《数学女孩 3：哥德尔不完备定理》，人民邮电出版社即将引进出版。——编者注

『数学ガールの秘密ノート / 式とグラフ』，ソフトバンク クリエイティブ，2013
『数学ガールの誕生』，ソフトバンク クリエイティブ，2013
『数学ガールの秘密ノート / 整数で遊ぼう』，ソフトバンク クリエイティブ，2013
『数学ガールの秘密ノート / 丸い三角関数』，ソフトバンク クリエイティブ，2014

版权声明